普通高等教育"十三五"规划教材

土木工程类系列教材

土力学

（第2版）

苏栋　主编

清华大学出版社
北京

内 容 简 介

本书立足于经典土力学的内容,并吸收部分现代土力学的发展成果,系统地介绍了土的基本行为特性、土力学的基本原理和分析计算方法。全书共分 10 章,主要内容包括土的物理性质及分类、土中应力、土的渗透性与渗流、土的一维压缩与固结、土的剪切性状和抗剪强度、土的临界状态和本构模型、非饱和土的基本性状、土压力理论、土坡稳定分析和地基承载力等,每章后均附有思考题和习题,附录提供习题参考答案,并为任课教师免费提供电子课件。

本书主要作为高等学校土木工程、水利工程等有关专业本科学生的土力学课程教材,也可作为研究生教学参考书,还可供有关工程技术人员参考。

图书在版编目(CIP)数据

土力学/苏栋主编. —2 版. —北京:清华大学出版社,2019(2024.2重印)
(普通高等教育"十三五"规划教材. 土木工程类系列教材)
ISBN 978-7-302-52851-7

Ⅰ. ①土… Ⅱ. ①苏… Ⅲ. ①土力学—高等学校—教材 Ⅳ. ①TU43

中国版本图书馆 CIP 数据核字(2019)第 082687 号

责任编辑:赵益鹏 秦 娜
封面设计:陈国熙
责任校对:刘玉霞
责任印制:刘海龙

出版发行:清华大学出版社
　　　　网　　　址:https://www.tup.com.cn, https://www.wqxuetang.com
　　　　地　　　址:北京清华大学学研大厦 A 座　　　　　邮　　编:100084
　　　　社 总 机:010-83470000　　　　　　　　　　　邮　　购:010-62786544
　　　　投稿与读者服务:010-62776969,c-service@tup.tsinghua.edu.cn
　　　　质量反馈:010-62772015,zhiliang@tup.tsinghua.edu.cn
印 装 者:三河市君旺印务有限公司
经　　销:全国新华书店
开　　本:185mm×260mm　　印　张:19.5　　　　字　　数:473 千字
版　　次:2015 年 8 月第 1 版　　2019 年 8 月第 2 版　　印　　次:2024 年 2 月第 4 次印刷
定　　价:65.00 元

产品编号:078894-02

本书获深圳大学教材出版基金资助

第 2 版前言

Foreword

　　本书自 2015 年初版以来,一直作为本科生课程教材和研究生教学参考书使用,在广大师生及读者使用过程中,发现了一些问题及不足之处,并给出了非常好的反馈和建议。根据这些反馈和建议,并结合这几年积累的教学经验,特对本书进行修订。

　　本书第 2 版保持了第 1 版的主导思想和基本框架,除了对第 1 版中存在的错误和部分论述进行了修正以外,特邀请哈尔滨工业大学(深圳)陈锐编写了"非饱和土的基本性状"一章,作为第 2 版的新增内容。本书第 1 版重点介绍了饱和土的性状及相关理论,但是地球表面有很大一部分是属于干旱或半干旱地带,实际工程经常涉及非饱和土,部分现象(如降雨后的滑坡、湿陷性黄土的增湿变形和膨胀性土遇水膨胀等)即由非饱和土体浸水后应力状态的变化所引发。考虑到部分本科生毕业后就从事与岩土工程相关的工作,因此有必要让他们在本科阶段接触并初步了解非饱和土的基本性状和相关理论,建立对非饱和土的基本认识。

　　本次修订工作主要由苏栋和姬凤玲负责,分别对第 1 版全书内容进行了审阅,并由陈锐编写了第 2 版中的第 7 章,全书由苏栋统稿。由于编者水平有限,虽然经过修订,书中难免仍有不当或错误之处,敬请读者批评指正,以便进一步提高教材质量。

　　本教材获深圳大学教材出版资助。

苏　栋

2019 年 4 月

土力学是研究土的力学行为和特性的学科。本书围绕这一核心思想,立足于经典土力学的内容,并吸收部分现代土力学的发展成果,较系统地介绍了土的基本行为特性、土力学的基本原理和分析计算方法。在编写过程中,力求体系清晰、内容连贯、概念准确、表述精练。与现有教材相比,本书具有如下特点:

(1) 突出了有效应力原理在土力学学科中的地位。第 2 章从应力的定义出发,给出了有效应力原理的推导过程;第 3~5 章强调土的行为特性与有效应力的关系,并利用有效应力原理去理解和解决相关土力学问题。

(2) 吸收了现代土力学中的临界状态理论。第 5 章应用临界状态的概念解释了不同状态的砂土和黏土在不同条件下的剪切性状;第 6 章介绍了基于临界状态的黏土行为预测,以及在临界状态理论框架下建立的黏土模型(原始剑桥模型和修正剑桥模型)和砂土模型(与状态相关的剪胀性砂土模型)。

(3) 采用双语目录。对于目录中没有出现的专业术语,正文中提供英文翻译,使读者更容易理解和记忆土力学专业术语的英文名称。

本书由深圳大学苏栋主编,深圳大学姬凤玲和包小华参与编写。其中,绪论及第 1~6、9 章由苏栋编写,第 7 章由姬凤玲编写,第 8 章由包小华编写。全书由苏栋统稿,编写者互相审校书稿,其中第 5、6 章由深圳大学明海燕教授审阅,在此谨表谢意。

虽然本书编写历时两年,部分内容也进行了反复斟酌、修改,但因编者水平有限,书中难免出现不妥或错误之处,敬请读者批评指正,以便再版时修改和提高。本书提供与教学配套的电子课件,以方便任课教师使用。

苏 栋

2015 年 5 月

目 录

Contents

绪论(**Introduction**)

1. 土力学的研究对象及其特性

土力学是研究土的力学行为和特性的学科。土力学的研究对象是土,而土是各类岩石历经漫长的地质年代,经崩解、破碎、风化作用后的产物,是碎散颗粒的集合体。**天然性**、**碎散性**和**多相性**是土区别于其他材料的三大特性。

天然性是指土是自然作用的产物,形成过程中由于条件和环境的不同,决定了其性质的不同,因此土具有明显的不均匀性。同一场地、不同水平位置或不同深度的土的性质往往存在差异。由于在土的形成过程中,各种自然力(如重力、风、降雨和流水等)都具有方向性,因此即使同一点的土,其力学性质也随方向的不同而不同,这种特性称为各向异性。例如,在重力作用下沉积的土,其竖向刚度往往大于水平向的刚度。

碎散性是指土是由大小不同的颗粒堆积而成,某些土的颗粒之间存在一定的黏聚力,但联结强度远小于颗粒本身的强度,因此在大多数情况下,土抵抗外部剪切作用主要靠颗粒之间的摩擦作用,即土是一种以摩擦为主的材料,具有"压硬性"。此外,大部分材料在剪应力作用下体积不发生变化,而土体在剪应力作用下颗粒会移动或翻滚,土体不仅会产生剪切变形,大多数情况下还将产生体积变形,即表现出剪胀或剪缩的行为特性。

碎散的土体颗粒之间存在大量的孔隙,孔隙中通常存在空气或水,因此土是由固体颗粒、水和气体组成的三相材料。如果土体完全饱和,那么它是由固体和水组成的两相物质;如果土体完全干燥,那么它是由固体和空气组成的两相材料。多相材料的力学性质要比单相固体材料复杂得多。土体所受外部荷载由土骨架和孔隙介质共同承担,其变形和强度与三相之间的比例关系及相互作用有关。此外,液相和气相在孔隙之间的流动也是多相材料特有的行为。

2. 土力学的基本内容及特点

土力学是力学的一个分支,是运用力学知识和土工测试技术研究土的组成、物理和应力状态、**变形特性**、**强度特性**及**渗透特性**,并将其应用于分析和解决地基沉降、地基承载力、支挡结构土压力和边坡稳定等实际工程问题。土力学涉及的学科较广,与工程地质学、材料力学、弹性力学、流体力学等学科都有密切的联系。同时,土力学是一门理论性和实践性都很强的学科。因此,除了学习基本概念和基本理论,还应了解和掌握测定土的基本物理和力学参数的土工试验方法。

3. 土力学的发展简史

土力学的发展大体可以分为三个阶段,即1925年以前的萌芽奠基阶段、1925—1960年的"古典土力学"阶段和1960年以后的"现代土力学"阶段。

自远古以来,人类就懂得利用土作为建筑地基和材料。古代的许多建筑物,如我国著名的万里长城、大运河、赵州石拱桥以及遍布全国各地的宫殿庙宇等,国外的金字塔、比萨斜塔等的修建都需要有丰富的土的知识和在土上面修建建筑物的经验。例如,福建客家土楼的墙体是将未经焙烧且按一定比例的砂质黏土和黏质砂土拌和后,用夹墙板夯筑而成,坚固耐久。再如北宋初期著名木工喻皓(989年)在建造开封开宝寺木塔时,考虑到当地多西北风,特意使建于饱和土上的塔身稍向西北倾斜,以利其在风力的长期作用下渐趋复正,可见当时的工匠已考虑到建筑物地基的沉降问题了。然而,由于社会生产力和技术条件的限制,直到18世纪中叶,人们对土的力学性质的认识还停留在感性阶段。

土力学的研究始于18世纪工业革命兴起的欧洲,由于工业和城市发展的需要,大量建筑物的兴建,尤其是铁路的修筑面临着许多与土有关的问题,促使人们对土进行研究,并对积累的经验进行理论归纳和解释。1773年,法国科学家库仑(Coulomb)创立了著名的砂土抗剪强度公式,并提出了计算挡土墙土压力的滑楔理论;1856年,法国工程师达西(Darcy)通过试验研究了砂土的透水性,提出了达西渗透公式;1857年,英国学者朗肯(Rankine)提出了基于土体极限平衡条件的土压力理论;1885年,法国科学家布辛内斯克(Boussinesq)求得了均匀的、各向同性的半无限体表面在竖向集中力作用下的位移和应力分布的理论解答;1916年,瑞典彼得森(Petterson)提出了土坡稳定分析的圆弧滑动法;1922年,瑞典弗兰纽斯(Fellenius)提出了土坡稳定分析的条分法。这些早期的理论用于解决不同的岩土工程问题,对土力学的发展起了极大的推动作用,奠定了土力学的基础,但并没有形成统一的理论从而使土力学成为独立的学科。

1925年,太沙基(Terzaghi)系统地归纳和总结了以往土力学研究的成果,并撰写了第一本内容较为全面的著作——《土力学》。这本著作比较系统地论述了若干重要的土力学问题,并提出了著名的饱和土有效应力原理。它的出现,带动了各国学者对土力学问题进行更深入的研究,并不断取得进展。因此,这本著作的出版被认为是土力学成为一门独立学科的标志,而太沙基也被公认为"土力学之父"。

从那时起,直到20世纪60年代,土力学的研究基本上是对原有古典理论与试验技术的完善与提升。如毕肖普(Bishop)、简布(Janbu)和摩根斯坦(Morgenstern)等人相继提出了可以考虑条块间作用力而且滑动面可取任意形状的土坡稳定计算方法,解决了原有条分法的不足;卡萨格兰德(Casagrande)、斯肯普顿(Skempton)和其他许多学者通过理论和试验研究,进一步完善了土的抗剪强度、变形和渗透方面的理论,并应用于不同工程问题的解决。

土力学发展至20世纪60年代,进入了一个新的时期,即"现代土力学"阶段。现代土力学的基石是由罗斯科(Roscoe)、斯科菲尔德(Schofield)和罗思(Wroth)提出的临界状态理论,它把经典土力学中不相关的性质(如强度和变形)有机地结合在一起。建立在临界状态理论框架下和弹塑性理论基础之上的弹塑性本构模型,可以很好地反映土体应力和应变之间关系的非线性和部分变形的不可恢复性。而电子计算机的出现和计算技术的高速发展,使应用高级本构模型分析和解决重大工程问题成为可能和趋势。

【人物简介】

太沙基（Karl von Terzaghi）于 1883 年 10 月 2 日出生于捷克首都布拉格，1904 年和 1912 年先后获得格拉茨（Graz）技术大学的学士和博士学位。1916—1925 年，他在土耳其的伊斯坦布尔技术大学和 Bogazici 大学任教，并从事土的特性方面的研究工作。1923 年，他发表了渗流固结理论，第一次科学地研究土体的固结过程，同时提出了土力学的一个基本原理，即有效应力原理。1925 年，他出版了世界上第一本土力学专著《土力学》（*Erdbaumechanik*），该书标志着土力学这门学科的诞生。1925 年，他被派往麻省理工学院担任访问教授，4 年后到维也纳技术大学任教授。1938 年，德国占领奥地利后，太沙基前往美国，并在哈佛大学任教，直到 1956 年退休。在此期间的 1943 年，他还出版了《理论土力学》（*Theoretical Soil Mechanics*），在这部著作中，太沙基系统地阐述了固结理论、沉降计算、地基承载力、土压力、抗剪强度及边坡稳定等问题。

太沙基
（1883—1963）

太沙基是一个理论家，更是一个享誉国际土木工程界的咨询工程师，他是许多重大工程的顾问，这其中包括加拿大的使命（Mission）大坝。1965 年，为表达对太沙基的敬意，该坝被命名为太沙基大坝。太沙基是第一届到第三届（1936—1957 年）ISSMFE（国际土力学与基础工程学会）的主席，曾 4 次荣获 ASCE（美国土木工程师协会）的诺曼（Norman）奖（1930 年，1943 年，1946 年，1955 年），并被 8 个国家的 9 个大学授予荣誉博士学位。为表彰太沙基的杰出成就，美国土木工程师协会还设立了太沙基奖。

太沙基是公认的"土力学之父"。

土的物理性质及分类（Physical Properties of Soil and Soil Classification）

1.1 概述（Introduction）

土是地球表面的岩石经过物理风化和化学风化作用后的产物，经历不同的搬运方式、在不同环境中沉积下来的碎散颗粒的堆积物。一般情况下，土颗粒之间的孔隙存在水和空气，因而土是由固相（固体颗粒）、液相（水）和气相（空气）组成的三相混合体。固体颗粒构成土的骨架，是土的主要组成部分。固体颗粒的大小、形状、矿物成分等是决定土的工程性质的主要因素。土中固体颗粒的矿物成分绝大部分是矿物质，部分含有有机质，而矿物质可分为原生矿物和次生矿物。粗大土颗粒的形状都呈块状或粒状，矿物成分通常是原生矿物；而细小土颗粒的形状主要呈片状或针状，矿物成分主要是次生矿物。

土中的液态水分为结合水和自由水两大类。水的含量对土体的性质有明显的影响。对于由细小土颗粒组成的黏性土，含水量的多少直接决定土的强度和变形特性。土中的气体主要是与大气连通的自由气体，对土的性质影响较小。土的物理和力学性质在很大程度上取决于组成土的三相物质的质量和体积之间的比例关系，反映这种关系的指标称为土的物理性质指标。

本章主要介绍土的形成和三相组成、土的结构和构造，定量描述土的物理性质和状态的指标、土的分类和土的压实等，这些是土力学的基础。

1.2 土的形成（Soil Formation）

地球表面的完整岩石在太阳辐射、水、大气、生物等因素的长期影响下，发生风化作用而崩解、破碎，形成形状不同、大小不一的颗粒，这些颗粒受各种不同自然力的搬运作用，在不同的自然环境下堆积下来，即形成通常所说的土。因而土是指覆盖在地表的没有胶结或弱胶结的颗粒堆积物。土的物理、力学性质和土形成过程中所受的风化作用、搬运方式与沉积环境密切相关。

1.2.1 风化作用（Weathering）

风化作用指岩石在自然界各种因素和外力的作用下破碎或分解，产生颗粒大小或化学成分改变的现象。风化作用包括**物理风化**（physical weathering）和**化学风化**（chemical weathering），它们通常是同时进行、互相加剧发展的。风化过程中有生物参与的也称为**生物风化**（biological weathering）。

1. 物理风化

物理风化是指由于温度的变化、水的冻胀、波浪冲击、地震等引起的物理力使岩体崩解、碎裂成岩块、岩屑的过程。物理风化使岩石从比较完整的固结状态变为松散破碎状态，使岩石的孔隙和表面积增大，逐渐变成碎块和细小的颗粒。土中的碎石、砾石、砂等是物理风化的产物。物理风化生成的土，其矿物成分和原来的母岩相同，颗粒之间没有黏结作用。

2. 化学风化

化学风化指岩石在水、水溶液和空气中的氧气与二氧化碳等的作用下，发生溶解、水化、水解、碳酸化和氧化等化学变化，形成大量细微颗粒（黏性颗粒）和可溶盐类的过程。化学分化生成的矿物和母岩不同，称为次生矿物。化学风化的方式主要有：

（1）溶解作用

岩石中某些矿物成分被水溶解，形成水溶液而流失，如石灰岩中的方解石遇到含有 CO_2 的水时，会生成碳酸氢钙溶解于水而流失。

（2）水解作用

岩石中大部分矿物属于硅酸盐和铝硅酸盐，它们是弱酸强碱化合物，容易被水分解形成新的矿物，如正长石经水解作用后释放出钾离子，变成高岭石。

（3）水化作用

有些矿物和水接触后，其离子和水分子相互吸引结合在一起，形成了新的矿物，如硬石膏（$CaSO_4$）水化后成为石膏（$CaSO_4 \cdot 2H_2O$）。

（4）碳酸化作用

CO_2 溶于水中形成的碳酸溶液能与一些盐类矿物反应，使矿物分解，如正长石经碳酸化作用变成高岭土。

（5）氧化作用

大气和水中都存在大量的氧，一些矿物和氧结合形成新的矿物，如黄铁矿（FeS_2）氧化后转化成褐铁矿（Fe_2O_3）。

3. 生物风化

生物风化指植物、动物和微生物在其生长或活动的过程中，直接或间接对岩石的物理或化学风化作用。生物的物理风化主要是生物产生的机械力造成岩石崩解、破碎，如生长在岩石裂隙中的植物，在根系生长的过程中将岩石劈裂。生物的化学风化包括生物在新陈代谢过程中，分泌出一些化合物，如硝酸、碳酸和有机酸等，溶解某些矿物，对岩石产生腐蚀破坏等。

1.2.2   搬运与沉积(Transportation and Sedimentation)

根据搬运与堆积方式的不同,土可分为两类:**残积土**和**运积土**。残积土是指岩石风化的产物未被搬运而残留在原地的堆积物。残积土由于未经搬运的碰撞和磨损,所以土体颗粒一般较粗且带棱角,空间分布无分选性、无层理构造,均质性较差。运积土是指岩石分化后的产物经自然力的作用,搬离生成地点后重新沉积下来的堆积物。根据搬运力和沉积环境的不同,运积土可分为坡积土、洪积土、冲积土、湖积土、海积土、风积土、冰积土等。下面简要介绍各种运积土的特点。

1. 坡积土

坡积土是指岩石风化后的产物在重力和雨雪水流的作用下,沿着斜坡逐渐向下移动,在较平缓的山坡或山脚下沉积而形成的堆积物。坡积土颗粒分选明显,随斜坡自上而下颗粒由粗而细。坡积土一般厚度变化较大,作为地基容易引起不均匀沉降。

2. 洪积土

洪积土是指岩石风化后的产物受山洪急流冲刷、挟带,在山沟出口处或山前平原沉积而形成的土。洪积土具有一定的分选性,靠近山地的颗粒较粗,而离山较远的颗粒较细,颗粒具有一定的磨圆度。

3. 冲积土

冲积土是指由于江、河流水的作用,河床和两岸的基岩和沉积物受到剥蚀、冲刷和搬运后,在平缓地带沉积而形成的堆积物。冲积土的主要类型有山区河谷冲积土、平原河谷冲积土和三角洲冲积土等。冲积土颗粒具有较好的分选性和磨圆度,但不同类型的冲积土性质差异较大,如山区河谷冲积土颗粒较粗,承载力较高,而三角洲冲积土的颗粒较细,含水量大,承载力较低。

4. 湖积土

湖积土是指在湖泊及沼泽等缓慢水流或静水条件下沉积下来的堆积物。湖积土含有大量的细微颗粒,且常伴有由生物化学作用形成的有机物,土质疏松,含水量高,工程性质一般较差。

5. 海积土

海积土是指岩石风化后的产物由河流流水搬运到海洋环境下沉积而成的堆积物。海积土颗粒细,表层土质疏松,工程性质较差。

6. 风积土

风积土是指风力带动土颗粒,经过一段距离的搬运后沉积下来的堆积物。风积土没有明显的层理,颗粒以细砂粒和粉粒为主。我国西北地区的黄土是典型的风积土。

7. 冰积土

冰积土是指由岩石风化后的产物在冰川作用的搬运下,在谷地或沟口堆积所形成的土。冰积土颗粒粗细变化大,无层理。

1.3 土的组成(Composition of Soil)

土是固体颗粒的堆积物,土颗粒之间的相互架叠构成了土的骨架,称为**土骨架**(soil skeleton)。骨架之间有许多孔隙,而孔隙由水或气体所填充。如果土中孔隙全部被水充满,称其为**饱和土**(saturated soils);如果土中孔隙全部被气体所充满,则称为**干土**(dry soils);如果土中孔隙同时存在水和空气,则称为**非饱和土**(unsaturated soils)。饱和土和干土都是两相系,非饱和土为三相系,如图 1.1 所示。土的物理力学性质在很大程度上取决于组成土的固相、液相、气相所占的比例关系,即土的三相组成。

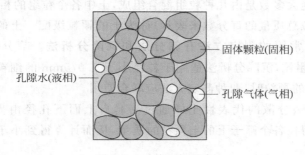

图 1.1　土的三相组成

1.3.1 固体颗粒(Solid Particle)

固体颗粒构成土的骨架,是土的主要组成部分。固体颗粒的大小、形状、矿物成分等是决定土的工程性质的主要因素。

1. 颗粒大小

(1) 粒组划分

自然界的土都是由大小不同的土颗粒组成,粒径大小在一定范围内的土,其矿物成分和性质往往比较相近。工程上通常把一定范围的土粒划分为一组,称为**粒组**,划分粒组的分界尺寸称为**界限粒径**。对于粒组的划分,不同国家,甚至一个国家的不同部门规定的划分方法都不完全一致。表 1.1 是我国国家标准《土的工程分类标准》(GB/T 50145—2007)中规定的土颗粒粒径范围划分方法,其根据界限粒径 60mm 和 0.075mm 把土粒划分为巨粒、粗粒和细粒,而巨粒进一步划分为漂石(块石)和卵石(碎石),粗粒进一步划分为砾粒和砂粒,细粒进一步划分为粉粒和黏粒。

表 1.1   粒组划分

粒 组	颗 粒 名 称		粒径 d/mm
巨粒	漂石（块石）		$d>200$
	卵石（碎石）		$60<d\leqslant200$
粗粒	砾粒	粗砾	$20<d\leqslant60$
		中砾	$5<d\leqslant20$
		细砾	$2<d\leqslant5$
	砂粒	粗砂	$0.5<d\leqslant2$
		中砂	$0.25<d\leqslant0.5$
		细砂	$0.075<d\leqslant0.25$
细粒	粉粒		$0.005<d\leqslant0.075$
	黏粒		$d\leqslant0.005$

（2）颗粒级配分析

自然界中的土绝大多数是由几种粒组混合组成，土中各个粒组的相对含量（通常以各粒组颗粒质量占土颗粒总质量的百分数来表示）称为土的颗粒级配。土的颗粒级配通过土的颗粒分析试验测定，常用的测定方法有**筛分法**和**沉降分析法**。筛分法适用于粒径大于 0.075mm 的巨粒和粗粒，沉降分析法适用于粒径小于 0.075mm 的细粒。当土内兼含有大于和小于 0.075mm 的颗粒时，两种测定方法应联合使用。

筛分法是将风干、分散的代表性土样通过一套自上而下孔径由大到小的标准筛（如图 1.2 所示），称出留在各个筛子上的土颗粒的质量，从而计算得到小于某粒径的土粒累积百分含量 X_i，即

$$X_i = \frac{m_i}{m} \times 100\% \tag{1.1}$$

式中，m_i——小于某粒径的土粒质量（g）；

m——土样的总质量（g）。

沉降分析法包括密度计法和移液管法，其理论基础都是球形颗粒在溶液中的沉降规律。下面简单介绍密度计法的测量原理。如图 1.3 所示，将粒径不同、密度比水大的球形颗粒与水混合倒入量筒中，悬液经过搅拌，在停止搅拌的瞬间，各种粒径的颗粒均匀地分布在悬液中，此时量筒内不同深度处悬液的浓度是相同的。随着时间的推移，颗粒在悬液中下沉，粒径大的颗粒沉降较快，粒径小的颗粒沉降较慢，在某一时刻 t_i，图中在深度 L_i 处只含有粒径小于 d_i 的颗粒，悬液浓度降低了，用密度计测出该位置的密度 ρ_i，则可计算出量筒内粒径小于 d_i 的颗粒的质量 m_i，即

$$m_i = \frac{\rho_i - \rho_w}{\rho_s - \rho_w} \rho_s V \tag{1.2}$$

式中，ρ_w——水的密度（g/cm³）；

ρ_s——土颗粒的密度（g/cm³）；

V——量筒中悬液的体积（cm³）。

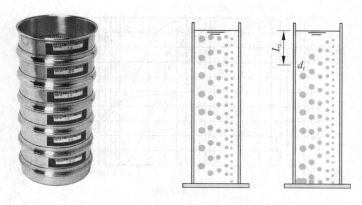

图 1.2 　 筛子照片 　　　　　　 图 1.3 　 密度计法的原理

根据斯托克斯(Stokes,1845)定律,球状的细颗粒在水中的下沉速度与颗粒直径的平方成正比,即

$$v = \frac{\rho_s - \rho_w}{18\eta} g d^2 \qquad (1.3)$$

式中,v——球状颗粒在水中的下沉速度(cm/s);

　　g——重力加速度(m/s^2);

　　d——球形颗粒的直径(m);

　　η——水的黏度(Pa·s)。

密度计的读数既表示浮泡中心处的悬液密度,又表示从悬液表面到浮泡中心处的沉降距离 L_i,因而可计算出粒径大小为 d_i 的颗粒的下沉速度,计算公式为

$$v_i = L_i/t_i \qquad (1.4)$$

由式(1.3)和式(1.4)可得

$$d_i = \sqrt{\frac{18\eta L_i}{(\rho_s - \rho_w)g t_i}} \qquad (1.5)$$

因此,只要在悬液静止后不同时刻 t_i 测读密度计的读数,即能计算出相应的粒径 d_i 和悬液中粒径小于 d_i 的颗粒质量占总质量的百分数。

斯托克斯定律适用于球状的细颗粒,而细小的土颗粒一般为片状,因而根据式(1.5)计算出来的粒径并非土颗粒的真实尺寸,而是与实际土颗粒具有相同下沉速度的理想球体的直径。用密度计法测定得到的细粒土级配结果与真实的情况有一定的差异,但这试验结果能满足绝大多数岩土工程的需要。

根据颗粒分析试验结果,可以绘制出土的**粒径级配曲线**(particle size distribution curve)。如图 1.4 所示,粒径级配曲线的横坐标为粒径,由于土颗粒的粒径相差悬殊,所以采用对数坐标表示;纵坐标为小于某粒径的土质量占总质量的百分数。如果曲线平缓,则表示粒径大小相差较大,土粒不均匀;反之,曲线较陡,则表示粒径的大小相差不大,土粒较均匀。

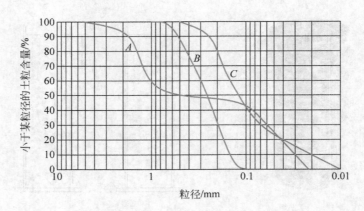

图 1.4   土的粒径级配曲线

根据土的粒径级配曲线,可以确定如下特征粒径:

① 平均粒径(d_{50}):小于某粒径的土粒质量占土的总质量的 50% 时所对应的粒径。

② 限定粒径(d_{60}):小于某粒径的土粒质量占土的总质量的 60% 时所对应的粒径。

③ 中值粒径(d_{30}):小于某粒径的土粒质量占土的总质量的 30% 时所对应的粒径。

④ 有效粒径(d_{10}):小于某粒径的土粒质量占土的总质量的 10% 时所对应的粒径。

显然,对某一种土存在以下关系:$d_{60} \geqslant d_{50} \geqslant d_{30} \geqslant d_{10}$。

根据特征粒径,可以定义两个工程上常采用的级配指标,即**不均匀系数** C_u(coefficient of uniformity)和**曲率系数** C_c(coefficient of curvature)。不均匀系数 C_u 反映粒径分布的均匀程度,其表达式为

$$C_u = \frac{d_{60}}{d_{10}} \tag{1.6}$$

C_u 越大,则曲线越平缓,粒径的分布范围越大,土粒越不均匀;C_u 越小,则曲线越陡,粒径的分布范围越窄,土粒越均匀。工程中,一般把 $C_u \geqslant 5$ 的土称为不均匀土,把 $C_u < 5$ 的土称为均匀土。

C_c 反映颗粒级配的连续程度,其表达式为

$$C_c = \frac{d_{30}^2}{d_{60} \times d_{10}} \tag{1.7}$$

经验表明,当级配连续时,曲率系数 C_c 的范围为 1~3。当粒径级配曲线在 $d_{10} \sim d_{30}$ 范围内出现平台(即缺少此范围内的土颗粒)时,曲率系数偏大;当粒径级配曲线在 $d_{30} \sim d_{60}$ 范围内出现平台时,曲率系数偏小。因此,当 $C_c < 1$ 或 $C_c > 3$ 时,均表示粒径级配曲线不连续。

我国国家标准《土的工程分类标准》(GB/T 50145—2007)中规定:对于砂类土或砾类土,当 $C_u \geqslant 5$ 且 $3 \geqslant C_c \geqslant 1$ 时,为**级配良好**的砂或砾;若不能同时满足,则为**级配不良**的砂或砾。对于级配良好的土,较粗颗粒间的孔隙能被较细的颗粒所填充,作为填方材料,比较容易获得较大的密实度。密实度高的土,其强度和稳定性较好,透水性和压缩性也较小。

[**例题 1.1**]   取某干砂试样 800g 进行筛分试验,称得留存在各级筛上的土粒质量见表 1.2 第 2 行数据。根据试验结果,绘制出该土样的粒径级配累积曲线,计算其不均匀系数和曲率系数,并评价其级配好坏。

表 1.2 筛分试验结果

指　标	筛子孔径/mm							
	10	5	2	1	0.5	0.25	0.1	0.075
各级筛上的土粒质量/g	0	28.3	120.3	165.6	170.6	152.5	95.7	35.2
小于该孔径的土粒质量/g	800.0	771.7	651.4	485.8	315.2	162.7	67.0	31.8
小于该孔径的土粒含量/%	100.00	96.46	81.43	60.73	39.40	20.34	8.38	3.98

解：根据留存在各级筛上的土粒质量计算出小于各级筛子孔径的土粒质量，如表 1.2 中第 3 行数据所示。小于各级筛子孔径的土粒质量分别除以土样总质量（800g），得到小于各级筛子孔径的土粒含量，如表 1.2 中第 4 行数据所示。

根据表 1.2 的数据绘制出该土样的粒径级配累积曲线，如图 1.5 所示。

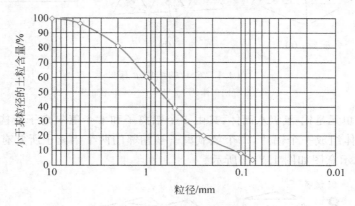

图 1.5　例题 1.1 的粒径级配累积曲线图

根据曲线查得：$d_{10}=0.113$mm，$d_{30}=0.36$mm，$d_{60}=0.97$mm，因此

$$C_u = \frac{d_{60}}{d_{10}} = \frac{0.97}{0.113} = 8.58$$

$$C_c = \frac{d_{30}^2}{d_{60} \times d_{10}} = \frac{0.36^2}{0.97 \times 0.113} = 1.18$$

由于 $C_u \geqslant 5$ 且 $3 \geqslant C_c \geqslant 1$，所以该砂的级配良好。

2. 矿物成分

土中固体颗粒的矿物成分绝大部分是矿物质，部分含有有机质。如图 1.6 所示，矿物质分为两大类：**原生矿物和次生矿物**。原生矿物成分与母岩相同，常见的有石英、长石、云母、角闪石和辉石等。由物理风化生成的土颗粒通常由一种或几种原生矿物构成，其颗粒一般较粗，物理化学性质较稳定，吸附水的能力弱，无塑性。次生矿物是由原生矿物经化学风化作用生成的新矿物，成分与母岩完全不同。土中的次生矿物主要是黏土矿物，此外还有无定形氧化物胶体和可溶盐（如 $NaCl$、$CaSO_4$ 等）。

黏土矿物是一种复合的铝-硅酸盐晶体，是由硅片和铝片构成的晶胞组叠而成，颗粒成片状。硅片的基本单元是硅-氧四面体，由 1 个居中的硅离子和 4 个在角点的氧离子所构成，如图 1.7(a) 所示。6 个硅-氧四面体组成一个硅片，硅片底面的氧离子被相邻的两个硅离子所共有，如图 1.7(b) 所示。硅片的简化示意图如图 1.7(c) 所示。

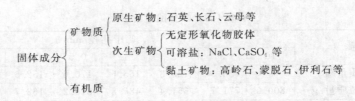

图 1.6   固体颗粒矿物成分

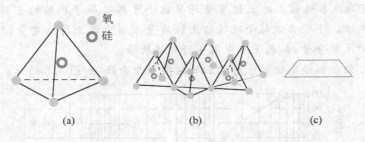

图 1.7   硅片的结构示意图

(a) 硅-氧四面体；(b) 硅片；(c) 硅片简图

铝片的基本单元是铝-氢氧八面体，其由 1 个铝离子和 6 个氢氧离子所构成，如图 1.8(a) 所示。4 个八面体组成一个铝片，每个氢氧离子被相邻的两个铝离子所共有，如图 1.8(b) 所示。铝片的简化示意图如图 1.8(c) 所示。

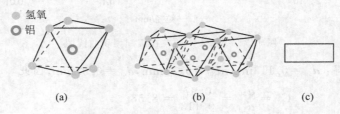

图 1.8   铝片的结构示意图

(a) 铝-氢氧八面体；(b) 铝片；(c) 铝片简图

黏土矿物的主要类型有高岭石(kaolinite)、蒙脱石(montmorillonite)、伊利石(illite)等，它们在硅片和铝片的组叠形式和特性方面存在明显差异。

（1）高岭石

高岭石的结构示意图如图 1.9(a) 所示，其由一层硅片和一层铝片上下组叠而成，属于 1∶1 型的两层结构。高岭石晶层之间通过 O^{2-} 和 OH^- 相互联结，称为氢键联结。氢键具有较强的联结力，能组叠很多晶层，所以高岭石矿物形成的颗粒较粗。由于氢键的联结力较强，晶格不能自由活动，水难以进入晶格之间，因此高岭石不容易吸水膨胀及失水收缩；与其他黏土矿物相比，高岭石的亲水能力较差。

（2）蒙脱石

蒙脱石的结构示意图如图 1.9(b) 所示，其由两层硅片中间夹一层铝片所构成，属于 2∶1 型的三层结构。蒙脱石晶层之间通过水分子中的 O^{2-} 相互联结，联结力很弱，每一颗粒能组叠的晶层数较少，所以蒙脱石矿物形成的颗粒细小。由于 O^{2-} 之间联结力弱，水容易进入晶格之间，因此蒙脱石具有显著的吸水膨胀及失水收缩特性，具有很强的亲水能力。

（3）伊利石

伊利石的结构示意图如图 1.9（c）所示，与蒙脱石一样，伊利石也属于 2：1 型的三层结构，但晶层之间主要通过 K^+ 联结，联结力弱于氢键但强于 O^{2-} 之间的联结力，因而伊利石的特性介于高岭石和蒙脱石之间。

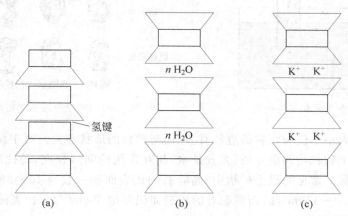

图 1.9　黏土矿物的晶格构造
(a) 高岭石；(b) 蒙脱石；(c) 伊利石

3. 黏土颗粒的带电特性

莫斯科国立大学罗依斯（Reuss）于 1807 年通过试验证明黏土颗粒是带电的。试验示意图如图 1.10 所示，将潮湿的黏土块放入一个玻璃器皿内，再把两个玻璃管插入黏土中，向玻璃管中撒入一些洗净的砂，再注入相同高度的清水，并将两个电极分别放入两个管内的清水中。电极接通直流电后，发现阳极管中的水位下降，同时水自下而上的浑浊起来，说明黏土颗粒在向阳极移动；在阴极管中的水仍然清澈，但水位逐渐升高，说明水在向阴极移动。在直流电作用下，固体颗粒向某一电极移动的现象称为电泳；而水分子向相反电极移动的现象称为电渗。试验中黏土颗粒向阳极移动说明其**颗粒表面带有负电荷**。

4. 颗粒形状和比表面积

粗大土颗粒的形状都呈块状或粒状，而细小土颗粒的形状主要呈片状或针状。反映粗颗粒形状的指标主要有**球形度**（sphericity）和**磨圆度**（roundness）。球形度反映颗粒整体外形与标准球形的接近程度，颗粒外形越扁平、狭长，越偏离标准球形，球形度越小。磨圆度指颗粒原始棱角被磨圆的程度，表面棱角数目越多及突出程度越明显的颗粒，其磨圆度越小。颗粒根据球形度可分为高球形度、中球形度和低球形度，而根据磨圆度可分为圆状、次圆状、次棱角状和棱角状，如图 1.11 所示。

单位质量的土颗粒所拥有的总表面积称为**比表面积**（specific surface area），其表达式为

$$A_s = \frac{\sum A}{m} \tag{1.8}$$

式中，A_s——比表面积（m^2/g）；

$\sum A$——全部土颗粒的表面积之和（m^2）；

m——全部土颗粒的质量（g）。

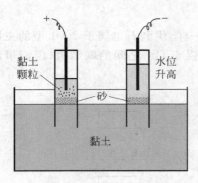

图 1.10　黏土颗粒带电现象

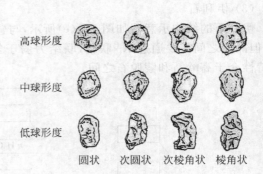

图 1.11　颗粒的球形度和磨圆度

比表面积的大小不仅与颗粒的直径有关,还与颗粒的形状有关。对于黏性土,比表面积的大小直接反映土颗粒与四周介质(尤其是水)相互作用的强烈程度,是代表黏性土特征的一个很重要的指标。常见的黏土矿物中,高岭石的比表面积一般为 $10\sim20m^2/g$,伊利石的比表面积一般为 $80\sim100m^2/g$,而蒙脱石的比表面积可达 $800m^2/g$。比表面积越大,其与四周介质相互作用越强烈。

1.3.2　土中水(Water in Soil)

土中的液态水分为**结合水**(adsorbed water)和**自由水**(free water)两大类。结合水是指受颗粒表面电场作用力吸引而吸附在颗粒表面的土中水,根据其距土颗粒表面的远近又可分为强结合水和弱结合水。自由水是指颗粒表面电场影响范围以外的土中水,按所受作用力的不同,又可分为**重力水**(gravitational water)和**毛细水**(capillary water)。

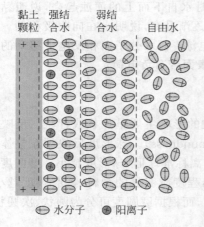

图 1.12　结合水所受电场力变化示意图

1. 结合水

由于黏土颗粒表面带负电,在颗粒四周形成一个电场。在电场作用范围内的水分子和水溶液中的阳离子(如 Na^+、Ca^{2+}、Al^{3+} 等)被吸附在土颗粒周围,如图 1.12 所示。强结合水是指受强大电场力作用,牢固地被土颗粒表面吸附的一层极薄水层。强结合水紧靠土颗粒表面,水分子完全失去自由活动的能力,并且紧密排列,其密度大于普通液态水的密度,冰点大大低于普通液态水;不能传递静水压力,具有极大的黏滞性、弹性和抗剪强度,力学性质类似固体。

弱结合水是指距土颗粒表面稍远,在强结合水以外、电场作用范围以内的水。弱结合水也受颗粒表面电荷的吸引而定向排列,但所受的电场作用力随距离的增加而减弱。弱结合水层是一种黏滞水膜,能发生变形,受力时能由水膜较厚处缓慢转移到水膜较薄处;也可以因为电场力作用从一个土颗粒的周围移到另一个土颗粒的周围,但不会因重力作用而流动。弱结合水的密度小于强结合水,但仍大于普通液态水,弱结合水膜的厚度变化较大,但一般比强结合水膜厚得多。弱结合水的存在是黏性土在某一含水量范围内表现出可塑性的原因。

2. 自由水

距离颗粒表面较远的水分子不再受电场力的吸附作用,这些水称为自由水。自由水中受重力和表面张力同时作用的水称为毛细水,而只受重力作用的水称为重力水。

(1) 毛细水

毛细水是指受到水与空气交界面处表面张力的作用、存在于自由水位以上土颗粒孔隙中的水。分布在土颗粒之间互相贯通的孔隙可以看成是许多形状不一、尺寸各异、彼此连通的毛细管。在毛细管周壁,水膜与空气的分界处存在着界面张力 T_s(T_s 为线荷载),其作用方向与毛细管壁成夹角 α。由于界面张力的作用,毛细管内水被提升到自由水面以上高度 h_c 处,如图 1.13 所示。以毛细管内高度为 h_c 的水柱为受力分析对象,因为毛细管内水面处即为大气压,则该处压力 $p_a = 0$(以大气压力为基准),根据竖向力的平衡可得

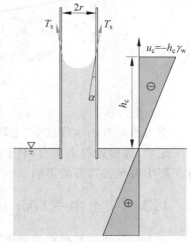

$$\pi r^2 h_c \gamma_w = 2\pi r T_s \cos\alpha \qquad (1.9)$$

式中,r——毛细管的半径(m);

γ_w——水的重度(kN/m^3)。

图 1.13 毛细水中的张力

由式(1.9)可得

$$h_c = \frac{2T_s \cos\alpha}{r\gamma_w} \qquad (1.10)$$

式(1.10)表明,毛细水上升高度 h_c 与毛细管半径成反比。显然,土颗粒的粒径越小,孔隙的尺寸也越小,毛细水的上升高度越大。不同类别的土,土中毛细水的高度也不同。砾类与粗砂中毛细水上升的高度很小,粉细砂和粉土中毛细水上升的高度大,而黏性土由于颗粒电场力的存在,毛细水在上升时受到很大阻力,上升高度受到影响,不能简单由式(1.10)计算得到。

若弯液面处毛细水的压力为 u_c,分析该处水膜的受力。根据水膜竖向力的平衡可得

$$2\pi r T_s \cos\alpha + u_c \pi r^2 = 0 \qquad (1.11)$$

将式(1.9)代入式(1.11),得

$$u_c = -h_c \gamma_w \qquad (1.12)$$

式(1.12)表明毛细水区域内的孔隙水压力的大小与水头高度 h_c 成正比,**负号表示孔隙水压力为拉力**。自由水位上下的水压力分布如图 1.13 所示,自由水位以下为压力,自由水位以上、毛细水区域内为拉力,自由水位处作用力为 0。颗粒骨架承受水的反作用力,因此在自由水位以下,土骨架受孔隙水的压力作用,颗粒间压力减小;在毛细水区域内,土骨架受孔隙水的拉力作用,颗粒间压力增大。

如果土骨架的孔隙内不完全充满水,这时水大多集中在颗粒间的缝隙处,由于水和空气的界面处存在界面张力,形成如图 1.14 所示的弯液面。此时孔隙中的水称为毛细角边水。

毛细角边水的压力为负（即为拉力），它促使颗粒互相靠拢，联结在一起，这正是稍湿的砂土存在某种黏聚力的原因。但这种黏聚力并不像黏土一样是由颗粒间的分子力引起的，而是由毛细力引起的，当土中的孔隙被水充满变成饱和土，或者水分蒸发变成干土，毛细角边水将消失，这种毛细黏聚力也将消失。因此在海滩中，处于毛细区的砂土承载力高于完全干或完全饱和的砂土，如图 1.14 所示。

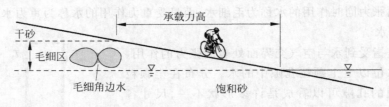

图 1.14 海滩中的毛细区

（2）重力水

重力水是自由水位以下、土颗粒表面电场力影响范围以外的水。这部分水仅在重力作用下运动，能传递静水压力，对土颗粒有浮力作用。重力水在土中的运动及对土颗粒的作用在工程中有至关重要的影响。

1.3.3 土中气（Air in Soil）

土中的气体按其存在的状态可以分为：①自由气体；②封闭气体；③溶解于水中的气体；④吸附在颗粒表面的气体。自由气体与大气连通，对土的性质影响不大。封闭气体被土颗粒和水封闭在土中，其体积和压力有关，压力增大则体积减小，压力减小则体积增大。封闭气体会增加土的弹性，同时阻塞土的渗流通道，减小土的渗透性，对土的工程性质影响较大。溶解于水中的气体和吸附在颗粒表面的气体由于含量极少，对土的力学特性基本没有影响。

1.4 土的结构与构造（Soil Fabric and Soil Structure）

1.4.1 土的结构（Soil Fabric）

土的结构是指土颗粒的大小、形状、相互排列及相互联结等因素形成的综合特征。土的结构及其变化对土的物理力学性质有很大的影响。土的天然结构是土在沉积和存在的历史环境、过程中形成的，其三种基本类型为单粒结构、蜂窝结构和絮凝结构，如图 1.15 所示。

单粒结构是由粗大土粒在水及空气中下沉而形成的。碎石、砾石和砂类土等粗粒土都具有单粒结构。因其颗粒较大、土粒间的分子引力很小，颗粒之间基本上没有联结，只有稍湿的砂存在微弱的毛细黏聚力。单粒结构可能是疏松的，也可能是紧密的。紧密排列的单粒结构土，其骨架稳定，强度较大，压缩性小，在动、静荷载作用下不会产生较大的沉降，是较好的天然地基。疏松的单粒结构土其骨架不稳定，在动、静荷载作用下，土粒易于移动，土中孔隙剧烈减小，从而引起土体较大的变形，因此这种土层须加以处理才可作为建筑物的地基。

蜂窝结构是主要由粉土组成的土的结构形式。粒径 0.005～0.075mm 的颗粒自重很

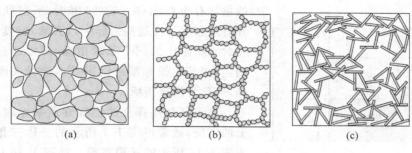

图 1.15　土的结构示意图

(a) 单粒结构；(b) 蜂窝结构；(c) 絮凝结构

小,在水中沉积时,当碰上已沉积的土粒,颗粒之间的相互引力大于颗粒自重,就停留在最初的接触点上而不再下沉,逐渐形成土粒链。土粒链相互联结组成蜂窝状结构。具有蜂窝状结构的土有很大的孔隙,一旦由于环境的变化使颗粒之间的引力削弱,或外力作用使土粒链断裂,其结构将破坏,产生严重的变形。

絮凝结构是由黏粒和胶粒组成的土的结构形式。黏粒($d<0.005$mm)和胶粒($d<0.002$mm)颗粒呈薄片状,比表面积极大,与颗粒之间的作用力相比,自身重力很小,颗粒能够在水中长期悬浮,不因自重而下沉。起主导作用的粒间作用力有范德华力、库仑力、胶结作用力、毛细力(非饱和状态)等,粒间作用力中排斥力和吸引力是并存的,当总的吸引力大于排斥力时表现为净吸力,反之为净斥力。若以斥力为主,则颗粒间的凝聚受阻,土颗粒悬浮液处于分散状态;若以引力为主,则处于凝聚状态。絮凝沉积形成的土在结构上极不稳定,溶液性质的改变或外界振动会造成结构破坏,强度迅速降低。但黏粒之间的联结强度往往由于长期的压密和胶结作用而得到加强,这是黏土的内聚力的主要来源。

自然界的土都不是由单一颗粒组成的,其实际结构要比上述的几种典型结构形式复杂得多,通常是一种混合的结构。

1.4.2　土的构造(Soil Structure)

土的构造是指土体中各个组成部分之间的排列、分布及外貌特征。土的构造最主要的特征是成层性,就是不同阶段沉积的土由于物质成分、颗粒大小、颜色和厚度的不同而表现出的层状构造。除了层状构造外,还有裂隙状构造、分散状构造、结核状构造和包裹状构造等。土的构造反映了土形成时的地质环境、气候特征和形成后的地质演变等,也直接反映了土体的不均匀性、各向异性等特点。

1.5　土的物理性质指标(Physical Property Indexes of Soil)

土由固体颗粒、孔隙水和孔隙气体组成,土的物理性质和状态取决于这三相组成部分的**质量和体积之间的比例关系**,反映这种关系的指标称为土的物理性质指标。土的物理性质指标不仅可以描述土的物理性质和状态,在一定程度上也能反映土的力学性质。

常用的土的物理性质指标有 10 个,其中反映土的松密程度的指标有孔隙比、孔隙率和比体积;反映土的含水程度的指标有含水率、饱和度;反映土颗粒和特定条件下的土的密度

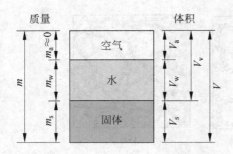

质量　　　　　　　　　体积

空气

水

固体

图 1.16　土的三相草图

的指标有土粒比重、(天然)密度、干密度、饱和密度和有效密度。在这些指标中,(天然)密度、土粒比重和含水率是土的三个**基本指标**,可以通过试验直接测定,而其他指标都可以用基本指标来间接换算得到,又称为**换算指标**。

在定义和换算土的物理性质指标时,为了表示上的方便,通常将图 1.1 所示的土体三相组成简化成图 1.16 所示的**三相草图**。在图 1.16 中,m_a、m_w、m_s、m 分别为土中气体的质量、水的质量、固体颗粒的质量和总质量;V_a、V_w、V_s、V 分别为土中气体的体积、水的体积、固体颗粒的体积和总体积;$V_v = V_a + V_w$,为土的孔隙体积。

1.5.1　基本指标(Basic Indexes)

1.(天然)密度 ρ

土的(天然)密度(density)是指天然状态下单位体积土的质量,用符号 ρ 表示,其表达式为

$$\rho = \frac{m}{V} = \frac{m_a + m_w + m_s}{V_a + V_w + V_s} \approx \frac{m_w + m_s}{V_a + V_w + V_s} \tag{1.13}$$

密度的常用单位为 kg/m^3 或 g/cm^3,土的密度一般为 $1.60 \sim 2.20 g/cm^3$。对于黏性土,土的密度常用环刀法测定。

在工程中,为了计算土的自重应力,常用到与土的密度相关的一个指标——土的重度 γ(unit weight),它与土的密度的关系式为

$$\gamma = \rho g \tag{1.14}$$

式中,g——重力加速度(m/s^2)。

重度的常用单位为 kN/m^3。工程中为了计算方便,重力加速度常取值 $10m/s^2$。

2. 土粒比重 G_s

土粒比重(specific gravity)是指土粒的密度与 4℃时纯蒸馏水密度的比值,其表达式为

$$G_s = \frac{m_s}{V_s \cdot \rho_w^{4℃}} = \frac{\rho_s}{\rho_w^{4℃}} \tag{1.15}$$

式中,ρ_s——土粒的密度(g/cm^3);

$\rho_w^{4℃}$——4℃时纯蒸馏水的密度,通常取值为 $1g/cm^3$。

从式(1.15)可以看出,土粒比重是无量纲的物理量。土粒比重的大小取决于土粒的矿物成分,砂土的土粒比重一般为 2.65 左右,而黏性土的土粒比重一般在 $2.70 \sim 2.75$ 之间。

土粒比重采用比重瓶法测定。

3. 含水率 w

土的含水率(也称为含水量,water content)为土中水的质量与固体颗粒的质量之比,以百分数表示,其表达式为

$$w = \frac{m_w}{m_s} \times 100\% \qquad (1.16)$$

不同土的含水率差异较大,有些土的含水率可以达到甚至超过100%。

含水率一般采用烘干法测定,即先称出湿土的总质量,然后把土放在烘箱中,在100～105℃条件下烘干24h,冷却后称得干土的质量,按式(1.16)计算得到含水率。

1.5.2　换算指标(Converted Indexes)

1. 孔隙比 e

土的孔隙比(void ratio)为土中孔隙的体积与固体颗粒的体积之比,其表达式为

$$e = \frac{V_v}{V_s} \qquad (1.17)$$

孔隙比为无量纲的物理量,常以小数表示。

2. 比体积 ν

土的比体积(specific volume)为土的总体积与固体颗粒的体积之比,其表达式为

$$\nu = \frac{V}{V_s} \qquad (1.18)$$

土的比体积也可以看做固体体积为单位体积时土体的总体积,其和孔隙比的关系为

$$\nu = 1 + e \qquad (1.19)$$

3. 孔隙率 n

土的孔隙率(porosity)为土中孔隙的体积与土的总体积之比,以百分数表示,其表达式为

$$n = \frac{V_v}{V} \times 100\% \qquad (1.20)$$

土的孔隙比和孔隙率都是反映土的松密程度的指标。对于同一种土,孔隙比或孔隙率越大则表明土越疏松。根据孔隙比和孔隙率的定义,可以推导出它们存在如下换算关系:

$$e = \frac{n}{1-n} \quad 或 \quad n = \frac{e}{1+e} \qquad (1.21)$$

4. 饱和度 S_r

土的饱和度(degree of saturation)为土中孔隙水的体积与孔隙体积之比,以百分数表示,其表达式为

$$S_r = \frac{V_w}{V_v} \times 100\% \qquad (1.22)$$

饱和度是反映土中孔隙充水程度的指标。对于干土,$S_r = 0$;对于饱和土,$S_r = 100\%$。

5. 干密度 ρ_d 和干重度 γ_d

土的干密度(dry density)是单位体积土内固体颗粒的质量,用符号 ρ_d 表示,其表达式为

$$\rho_d = \frac{m_s}{V} \tag{1.23}$$

干重度（dry unit weight）用符号 γ_d 表示，其与干密度 ρ_d 的关系式为

$$\gamma_d = \rho_d g \tag{1.24}$$

工程上常以干密度或干重度作为评价黏性土密实度的指标，用来控制填土压实的质量。

6. 饱和密度 ρ_{sat} 和饱和重度 γ_{sat}

土的饱和密度（saturated density）是指当土的孔隙中充满水时，土中固体颗粒和水的质量之和，与土的总体积之比，用符号 ρ_{sat} 表示，其表达式为

$$\rho_{sat} = \frac{m_s + \rho_w V_v}{V} \tag{1.25}$$

饱和重度（saturated unit weight）用符号 γ_{sat} 表示，其与饱和密度 ρ_{sat} 的关系式为

$$\gamma_{sat} = \rho_{sat} g \tag{1.26}$$

7. 有效重度（浮重度）γ' 和有效密度 ρ'

水中的土体除了受到重力作用外，还受到水的浮力作用，因而有效重量减小。有效重度（effective unit weight）即为水中单位体积土的有效重量（固体颗粒重量与同体积水的重量之差），用符号 γ' 表示，其表达式为

$$\gamma' = \frac{W_s - \gamma_w V_s}{V} \tag{1.27}$$

式中，W_s——固体颗粒的重量（N）。

可以推导出有效重度和饱和重度存在如下关系：

$$\gamma' = \gamma_{sat} - \gamma_w \tag{1.28}$$

与有效重度相应的密度称为有效密度（effective density），有效密度是单位体积内固体颗粒质量与同体积水的质量之差，用符号 ρ' 表示，其表达式为

$$\rho' = \frac{\gamma'}{g} = \frac{m_s - \rho_w V_s}{V} \tag{1.29}$$

同样可以推导出有效密度和饱和密度存在如下关系：

$$\rho' = \rho_{sat} - \rho_w \tag{1.30}$$

从（天然）密度、干密度、饱和密度、有效密度和相应重度的定义可知，同一土样的各个密度或重度指标在数值上存在如下关系：

$$\rho_{sat} \geqslant \rho \geqslant \rho_d > \rho' \tag{1.31}$$

$$\gamma_{sat} \geqslant \gamma \geqslant \gamma_d > \gamma' \tag{1.32}$$

表 1.3 给出了部分土重度的典型值。

表 1.3　土重度的典型值

土的类别	$\gamma_{sat}/(kN/m^3)$	$\gamma_d/(kN/m^3)$
砾石	20～22	15～17
砂	18～20	13～16
粉土	18～20	14～18
黏土	16～22	14～21

[**例题 1.2**]　从某土层中取原状土做试验,测得土样体积为 $100cm^3$,湿土样质量为 183g,烘干后质量为 152g,土粒比重为 2.67。计算土的天然密度 ρ、饱和密度 ρ_{sat}、有效密度 ρ'、天然含水率 w、孔隙比 e、孔隙率 n 及饱和度 S_r。

思路:先根据已知条件求出各相的质量和体积,然后根据定义求出各个物理性质指标。

解:绘制三相草图,如图 1.17 所示。

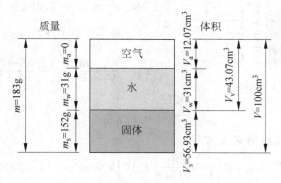

图 1.17　例题 1.2 图

已知 $V=100cm^3$,$m=183g$,$m_s=152g$,$G_s=2.67$,所以

$$V_s = \frac{m_s}{G_s \rho_w} = \frac{152}{2.67 \times 1}cm^3 = 56.93cm^3$$

$$V_v = V - V_s = 43.07cm^3$$

$$m_w = m - m_s = (183-152)g = 31g$$

$$V_w = \frac{m_w}{\rho_w} = \frac{31}{1.0}cm^3 = 31cm^3$$

根据各物理性质指标的定义可得

$$\rho = \frac{m}{V} = \frac{183}{100}g/cm^3 = 1.83g/cm^3$$

$$\rho_{sat} = \frac{m_s + \rho_w V_v}{V} = \frac{152 + 1 \times 43.07}{100}g/cm^3 = 1.95g/cm^3$$

$$\rho' = \rho_{sat} - \rho_w = 0.95g/cm^3$$

$$w = \frac{m_w}{m_s} \times 100\% = \frac{31}{152} \times 100\% = 20.4\%$$

$$e = \frac{V_v}{V_s} = \frac{43.07}{56.93} = 0.76$$

$$n = \frac{V_v}{V} \times 100\% = \frac{43.07}{100} \times 100\% = 43.07\%$$

$$S_r = \frac{V_w}{V_v} \times 100\% = \frac{31}{43.07} \times 100\% = 71.98\%$$

[**例题 1.3**]　已知某土样的土粒比重 G_s 为 2.68,天然密度 ρ 为 $1.89g/cm^3$,天然含水率 w 为 31%。计算土的干重度 γ_d、饱和重度 γ_{sat}、有效重度 γ'、孔隙比 e 及饱和度 S_r。

思路:假定某相的质量或体积为 1,然后根据已知条件求出各相的质量和体积,再根据定义求出各个物理性质指标。

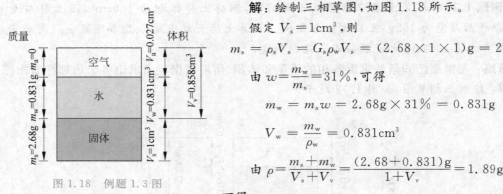

图 1.18   例题 1.3 图

解：绘制三相草图，如图 1.18 所示。

假定 $V_s = 1\text{cm}^3$，则

$$m_s = \rho_s V_s = G_s \rho_w V_s = (2.68 \times 1 \times 1)\text{g} = 2.68\text{g}$$

由 $w = \dfrac{m_w}{m_s} = 31\%$，可得

$$m_w = m_s w = 2.68\text{g} \times 31\% = 0.831\text{g}$$

$$V_w = \frac{m_w}{\rho_w} = 0.831\text{cm}^3$$

由 $\rho = \dfrac{m_s + m_w}{V_s + V_v} = \dfrac{(2.68 + 0.831)\text{g}}{1 + V_v} = 1.89\text{g/cm}^3$，

可得

$$V_v = 0.858\text{cm}^3$$

根据各物理性质指标的定义可得

$$\gamma_d = \rho_d g = \frac{m_s}{V_s + V_v} g = \left(\frac{2.68}{1 + 0.858} \times 10\right)\text{kN/m}^3 = 14.42\text{kN/m}^3$$

$$\gamma_{sat} = \rho_{sat} g = \frac{m_s + \rho_w V_v}{V_s + V_v} g = \left(\frac{2.68 + 1 \times 0.858}{1 + 0.858} \times 10\right)\text{kN/m}^3 = 19.04\text{kN/m}^3$$

$$\gamma' = \gamma_{sat} - \gamma_w = (19.04 - 10)\text{kN/m}^3 = 9.04\text{kN/m}^3$$

$$e = \frac{V_v}{V_s} = \frac{0.858}{1} = 0.858$$

$$S_r = \frac{V_w}{V_v} \times 100\% = \frac{0.831}{0.858} \times 100\% = 96.9\%$$

1.5.3   指标之间的换算（Relationships between Indexes）

土的物理性质指标可以根据定义直接计算，也可以通过别的物理性质指标进行换算，为了方便应用，表 1.4 列出了常用的换算公式，以供参考。例题 1.4 给出了部分换算公式的推导过程，其他换算公式也可依照类似方法推导得到。**初学者切忌直接套用公式**，而应着重掌握各物理性质指标的定义和三相草图法。

表 1.4   土的常用物理性质指标的换算公式

指标名称及符号	表达式	换算公式
含水率 w	$w = \dfrac{m_w}{m_s} \times 100\%$	$w = \left(\dfrac{\rho}{\rho_d} - 1\right) \times 100\%$
孔隙比 e	$e = \dfrac{V_v}{V_s}$	$e = \dfrac{\rho_s}{\rho_d} - 1,\ e = \dfrac{w G_s}{S_r}$
孔隙率 n	$n = \dfrac{V_v}{V} \times 100\%$	$n = \dfrac{e}{1+e},\ n = 1 - \dfrac{\rho_d}{\rho_s}$
饱和度 S_r	$S_r = \dfrac{V_w}{V_v} \times 100\%$	$S_r = \dfrac{w G_s}{e}$
密度 ρ	$\rho = \dfrac{m}{V}$	$\rho = \dfrac{G_s + S_r e}{1+e} \rho_w$
干密度 ρ_d	$\rho_d = \dfrac{m_s}{V}$	$\rho_d = \dfrac{\rho}{1+w},\ \rho_d = \dfrac{G_s \rho_w}{1+e},\ \rho_d = \dfrac{n S_r \rho_w}{w}$

续表

指标名称及符号	表　达　式	换　算　公　式
饱和密度 ρ_{sat}	$\rho_{sat} = \dfrac{m_s + \rho_w V_v}{V}$	$\rho_{sat} = \dfrac{G_s + e}{1+e}\rho_w,\ \rho_{sat} = G_s \rho_w(1-n) + n\rho_w$
有效密度 ρ'	$\rho' = \dfrac{\gamma'}{g}$	$\rho' = \dfrac{G_s - 1}{1+e}\rho_w,\ \rho' = (G_s - 1)(1-n)\rho_w$

［例题 1.4］　证明如下物理性质指标之间的换算公式：

(1) $\rho = \dfrac{G_s + S_r e}{1+e}\rho_w$；

(2) $S_r = \dfrac{wG_s}{e}$；

(3) $\rho_d = \dfrac{\rho}{1+w}$。

思路：假定某相的质量或体积为 1，利用三相草图结合物理性质指标的定义进行推导。

证明：(1) 如图 1.19(a)所示，假定固体颗粒体积 $V_s = 1$，则

$$m_s = \rho_s V_s = G_s V_s \rho_w = G_s \rho_w, \quad V_v = e, \quad m_w = \rho_w V_w = \rho_w V_v S_r = \rho_w e S_r$$

根据定义可得

$$\rho = \frac{m}{V} = \frac{m_s + m_w}{V_s + V_v} = \frac{G_s + S_r e}{1+e}\rho_w$$

(2) 如图 1.19(a)所示，假定固体颗粒体积 $V_s = 1$，则

$$V_v = e, \quad m_s = \rho_s V_s = G_s V_s \rho_w = G_s \rho_w$$

$$m_w = wm_s = wG_s V_s \rho_w = wG_s \rho_w, \quad V_w = \frac{m_w}{\rho_w} = wG_s V_s = wG_s$$

根据定义可得

$$S_r = \frac{V_w}{V_v} = \frac{wG_s}{e}$$

(3) 如图 1.19(b)所示，假定总体积 $V = 1$，则

$$m_s = \rho_d V = \rho_d, \quad m_w = wm_s = w\rho_d V = w\rho_d$$

根据定义可得

$$\rho = \frac{m}{V} = \frac{m_s + m_w}{1} = \rho_d(1+w)$$

所以

$$\rho_d = \frac{\rho}{1+w}$$

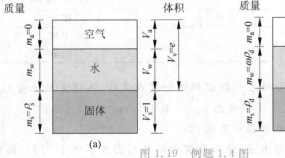
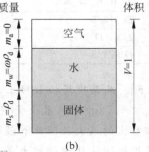

图 1.19　例题 1.4 图
(a) 假定 $V_s = 1$；(b) 假定 $V = 1$

1.6 土的物理状态指标(Physical State Indexes of Soil)

1.6.1 无黏性土的相对密度(Relative Density of Cohesionless Soil)

无黏性土包括块石、碎石、砾石和砂类土,影响无黏性土工程性质的主要因素是密实度。若土颗粒排列疏松,密实度小,则结构不稳定,压缩性大;若土颗粒排列紧密,密实度大,则结构稳定,压缩性小。在土的基本物理性质指标中,孔隙比 e、孔隙率 n 和干密度 ρ_d 都可以反映土密实度的大小,但这些指标不能反映颗粒形状和级配的影响。如图 1.20 所示,两种不同级配的圆棒,虽然它们当前都处于最密实的状态,但其孔隙比 e 却并不相同。

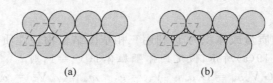

图 1.20 级配对孔隙比的影响

(a) $e=0.103$; (b) $e=0.086$

为了反映颗粒级配和形状的影响,引入**相对密度**(relative density)的概念,即用无黏性土的天然孔隙比 e 与该土最松散状态下的孔隙比(最大孔隙比)$e_{\max}$ 和最密实状态下的孔隙比(最小孔隙比)$e_{\min}$ 进行对比。相对密度用符号 D_r 表示,其表达式为

$$D_r = \frac{e_{\max} - e}{e_{\max} - e_{\min}} \tag{1.33}$$

相对密度也可由下式通过干密度计算得到:

$$D_r = \frac{(\rho_d - \rho_{d\min})\rho_{d\max}}{(\rho_{d\max} - \rho_{d\min})\rho_d} \tag{1.34}$$

式中,ρ_d——天然状态下的干密度;

$\rho_{d\max}$——该土在最密实状态下的干密度;

$\rho_{d\min}$——该土在最松散状态下的干密度。

根据相对密度,无黏性土的密实度可按表 1.5 划分。

表 1.5 无黏性土的密实度

相 对 密 度	密 实 状 态
$D_r > 2/3$	密实
$2/3 \geqslant D_r > 1/3$	中密
$D_r \leqslant 1/3$	松散

[**例题 1.5**] 从某现场松散砂土层取试样进行室内试验,测得土粒比重 $G_s = 2.65$,最大干密度为 $\rho_{d\max} = 1.72\text{g/cm}^3$,最小干密度为 $\rho_{d\min} = 1.38\text{g/cm}^3$。

(1) 求该砂土的最大孔隙比和最小孔隙比;

(2) 若采用振冲法处理该砂土层,要求处理后的相对密度不低于 0.75,则处理后的孔隙比和干密度应为多少?

解：（1）由 $\rho_d = \dfrac{G_s \rho_w}{1+e}$，可得 $e = \dfrac{G_s \rho_w}{\rho_d} - 1$，所以

$$e_{max} = \frac{G_s \rho_w}{\rho_{dmin}} - 1 = \frac{2.65 \times 1}{1.38} - 1 = 0.92$$

$$e_{min} = \frac{G_s \rho_w}{\rho_{dmax}} - 1 = \frac{2.65 \times 1}{1.72} - 1 = 0.54$$

（2）由 $D_r = \dfrac{e_{max} - e}{e_{max} - e_{min}}$，得

$$e = e_{max} - D_r(e_{max} - e_{min})$$
$$= 0.92 - 0.75 \times (0.92 - 0.54)$$
$$= 0.635$$

所以

$$\rho_d = \frac{G_s \rho_w}{1+e} = \frac{2.65 \times 1}{1 + 0.635} \mathrm{g/cm^3} = 1.62 \mathrm{g/cm^3}$$

因此处理后的孔隙比应不大于 0.635，干密度应不小于 1.62g/cm³。

1.6.2 黏性土的界限含水量及状态指标（Boundary Water Contents and State Indexes of Cohesive Soil）

黏性土的状态与其含水率有关。黏土颗粒带负电，在其周围形成电场，吸引水分子向其表面靠近，形成结合水膜。当含水率很低时，土中水被紧紧吸附于颗粒表面，形成强结合水膜，如图 1.21 所示。强结合水膜的性质接近固体的性质，根据水膜的厚薄，土表现为固态或半固态。当含水率增大时，部分水将以弱结合水的形式存在，弱结合水具有黏滞特性，此时黏性土表现出可塑性，在外力作用下形状可发生改变而不开裂。当含水率继续增大时，土中除了结合水，还将出现相当数量的自由水，土颗粒之间被自由水隔开，相互之间的引力减小，此时土体表现出流动特性。

1. 界限含水率

黏性土从一种状态进入另一种状态的分界含水率称为土的界限含水率。黏性土的界限含水率有**液限** w_L（liquid limit）、**塑限** w_P（plastic limit）和**缩限** w_S（shrinkage limit）。液限和塑限的概念最早由瑞典化学家和农学家阿太堡（Atterberg）于 1911 年提出，因此也称为阿太堡界限。如图 1.21 所示，液限 w_L 表示土从可塑状态转变为流动状态的界限含水率，塑限 w_P 表示土从半固态转变为可塑状态的界限含水率，缩限 w_S 表示土从固态转变为半固态的界限含水率。通常情况下，土体体积会随着含水率的减小而发生收缩现象，但当土中含水率低于缩限 w_S 时，土中只有强结合水，这时即使土中含水率减小，土样体积也不再减小，故称缩限。

欧美等国大多采用碟式液限仪测定黏性土的液限，而采用搓条法测定黏性土的塑限，这些测试方法是经验性的，影响因素较多，人工操作过程烦琐，试验结果不稳定。目前，我国《土工试验方法标准》（GB/T 50123—1999）采用液、塑限联合测定法测定黏性土的液限和塑限。试验采用液塑限联合测定仪，如图 1.22 所示。液、塑限联合测定法试验通过制备三种不同含水率的试样，分别用电磁落锥法测定圆锥在自重下经 5s 后沉入试样的深度。如图 1.23 所示，以含水率为横坐标，圆锥入土深度为纵坐标，在双对数图中绘制出试验数据

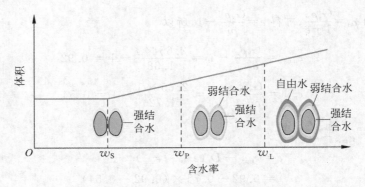

图 1.21   黏性土的界限含水率

点,三点应在一直线上。根据所确定的直线,入土深度 2mm 对应的含水率为塑限,入土深度 10mm 对应的含水率称为 10mm 液限,而入土深度 17mm 对应的含水率称为 17mm 液限。

图 1.22   液塑限联合测定仪

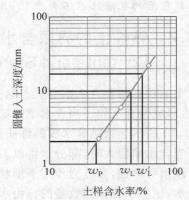

图 1.23   圆锥入土深度与土样含水率关系曲线

2. 塑性指数

液限与塑限之差(去掉"%"后)称为**塑性指数**,用 I_P 表示,即

$$I_P = (w_L - w_P) \times 100 \tag{1.35}$$

如图 1.21 所示,塑性指数反映了黏性土处于可塑状态的含水率变化的最大范围。I_P 越大,说明土的可塑范围越大,土粒表面能吸附的弱结合水膜越厚;也表明土的颗粒越细,比表面积越大,土中黏粒或亲水矿物的含量越高。因此,塑性指数是一个反映土的矿物成分和颗粒大小及与孔隙水相互作用强弱的综合指标,工程上常以塑性指数作为细粒土分类的依据。

3. 液性指数

对于不同的黏性土,即使具有相同的含水率,如果其液、塑限不同,则它们处于的稠度状态也不同。为了更直接地表征土的稠度状态,引入一个能反映土的天然含水率和界限含水率之间相对关系的指标,即**液性指数**,其表达式为

$$I_L = \frac{w - w_P}{w_L - w_P} \tag{1.36}$$

式中，w 为土的天然含水率(%)。由式(1.36)可知，当土的天然含水率 $w<w_P$ 时，$I_L<0$，土体处于坚硬状态；当 $w>w_L$ 时，$I_L>1$，土体处于流动状态；当 w 在 w_P 和 w_L 之间时，I_L 在 0 和 1 之间，土体处于可塑状态。由此可见，可以利用 I_L 来表示黏性土所处的稠度状态。工程上，按 I_L 的大小，把黏性土划分为五种状态，划分标准如表 1.6 所示。

表 1.6　黏性土的状态

液 性 指 数	状　态
$I_L \leqslant 0$	坚硬
$0 < I_L \leqslant 0.25$	硬塑
$0.25 < I_L \leqslant 0.75$	可塑
$0.75 < I_L \leqslant 1.0$	软塑
$I_L > 1.0$	流塑

[例题 1.6]　从某现场黏土层取试样进行室内试验，测得其天然含水率为 45%，液限为 52%，塑限为 26%，求该土的塑性指数、液性指数并判断该土处于何种状态。

解：已知 $w=45\%$，$w_L=52\%$，$w_P=26\%$，所以

$$I_P = (w_L - w_P) \times 100 = (52\% - 26\%) \times 100 = 26$$

$$I_L = \frac{w - w_P}{w_L - w_P} = \frac{45\% - 26\%}{52\% - 26\%} = 0.73$$

查表 1.6 可知该土处于可塑状态。

【人物简介】

阿太堡(Albert Mauritz Atterberg)于 1846 年 3 月 19 日出生，是瑞典化学家和农学家，他于 1872 年获得乌普萨拉大学(Uppsala University)化学博士学位，之后在该校担任分析化学讲师。从 1877 年开始，阿太堡担任卡尔玛(Kalmar)化学站和种子控制研究所的主任。在 1891—1900 年间，他发表了大量有关燕麦和谷物分类的文章。

54 岁之后，阿太堡开始进行土的塑性和分类方面的研究。他是第一个提出将粒径小于 0.002mm 的土颗粒划分为黏粒的人，同时他发现塑性是黏土的重要特性，并通过研究提出了界限含水率的概念。

阿太堡的研究成果在农业科学和与黏土相关的一些领域（如陶瓷领域）并没有引起足够的重视。太沙基在阿太堡进行相关研究的早期就意识到界限含水率的重要性，并将其引入岩土工程领域，太沙基的助手卡萨格兰德(Casagrande)在 1932 年发表的论文中将界限含水率的测试方法标准化，并沿用至今。

阿太堡
(1846—1946)

1.7　土的分类（Soil Classification）

1.7.1　土的分类原则（Principles of Soil Classification）

自然界中土的种类很多,其成分和工程性质也各不相同。根据土按颗粒之间有无黏性可以分为黏性土和无黏性土两大类。但在实际工程中,这种粗略的分类不能满足工程的要求,还必须进一步利用更能反映土的工程特性的指标来系统分类。土的分类采用的指标应能在一定程度上反映不同类土工程特性的差异,而且这些指标应容易测定、使用方便。粗粒土的工程特性主要取决于粒径级配,而细粒土的工程特性不仅与粒径级配有关,还与土颗粒和水之间的相互作用有关,因而反映土颗粒与水相互作用的特性指标（如液限 w_L、塑限 w_P 和塑性指数 I_P）常用作细粒土的分类指标。

我国不同的行业和部门结合各自的工程特点和实践经验,制定了各自的土的分类标准,如表 1.7 所示。本节主要介绍《土的工程分类标准》（GB/T 50145—2007）和《建筑地基基础设计规范》（GB 50007—2011）对土的分类方法。

表 1.7　不同行业土的分类

规　范	土 的 分 类
《土的工程分类标准》（GB/T 50145—2007）	巨粒类土、粗粒类土和细粒类土
《建筑地基基础设计规范》（GB 50007—2011）	岩石、碎石土、砂土、粉土、黏性土和人工填土
《公路土工试验规程》（JTG E40—2007）	巨粒土、粗粒土、细粒土和特殊土（包括黄土、膨胀土、红黏土、盐渍土、冻土）
《港口岩土工程勘察规范》（JTS 133—1—2010）	碎石土、砂土、粉土和黏性土
《土工试验规程》（SL 237—1999）（水利部）	巨粒土、粗粒土、细粒土和特殊土（包括黄土、膨胀土、红黏土）
《铁路工程岩土分类标准》（TB 10077—2001）	一般土（划分为碎石类土、砂类土、粉土、黏性土）、特殊土（划分为黄土、红黏土、膨胀土、软土、盐渍土、多年冻土、填土等）

1.7.2　《土的工程分类标准》的分类（Classification of *Standard for Engineering Classification of Soil*）

《土的工程分类标准》为国家标准,编号为 GB/T 50145—2007,自 2008 年 6 月 1 日起实施。该标准根据下列指标确定土的分类：

（1）土颗粒组成及其特征；

（2）土的塑性指标：液限 w_L、塑限 w_P 和塑性指数 I_P；

（3）土中有机质含量。

《土的工程分类标准》将土划分为巨粒类土、粗粒类土和细粒类土。巨粒类土按粒组进一步划分,粗粒类土按粒组、级配、细粒含量进一步划分,而细粒类土按塑性图、所含粗粒类别以及有机质含量进一步划分。

1. 巨粒类土的分类

巨粒类土按表 1.8 进一步划分为巨粒土、混合巨粒土和巨粒混合土。试样中巨粒组含量不大于 15% 时,可扣除巨粒,按粗粒类土或细粒类土的相应规定分类;当巨粒对土的总体性状有影响时,可将巨粒计入砾粒组进行分类。

表 1.8 巨粒类土的分类

土类	粒组含量		土类代号	土类名称
巨粒土	巨粒含量>75%	漂石含量大于卵石含量	B	漂石(块石)
		漂石含量不大于卵石含量	Cb	卵石(碎石)
混合巨粒土	50%<巨粒含量≤75%	漂石含量大于卵石含量	BSl	混合土漂石(块石)
		漂石含量不大于卵石含量	CbSl	混合土卵石(块石)
巨粒混合土	15%<巨粒含量≤50%	漂石含量大于卵石含量	SlB	漂石(块石)混合土
		漂石含量不大于卵石含量	SlCb	卵石(碎石)混合土

2. 粗粒类土的分类

粗粒组含量大于 50% 的土称粗粒类土,其按下列规定分类:

(1) 砾粒组含量大于砂粒组含量的土称砾类土;

(2) 砾粒组含量不大于砂粒组含量的土称砂类土。

砾类土按表 1.9 进一步划分为砾、含细粒土砾和细粒土质砾。

表 1.9 砾类土的分类

土类	粒组含量		土类代号	土类名称
砾	细粒含量<5%	级配 $C_u \geq 5, 1 \leq C_c \leq 3$	GW	级配良好砾
		级配:不同时满足上述要求	GP	级配不良砾
含细粒土砾	5%≤细粒含量<15%		GF	含细粒土砾
细粒土质砾	15%≤细粒含量<50%	细粒组中粉粒含量不大于 50%	GC	黏土质砾
		细粒组中粉粒含量大于 50%	GM	粉土质砾

砂类土按表 1.10 进一步划分为砂、含细粒土砂和细粒土质砂。

表 1.10 砂类土的分类

土类	粒组含量		土类代号	土类名称
砂	细粒含量<5%	级配 $C_u \geq 5, 1 \leq C_c \leq 3$	SW	级配良好砂
		级配:不同时满足上述要求	SP	级配不良砂
含细粒土砂	5%≤细粒含量<15%		SF	含细粒土砂
细粒土质砂	15%≤细粒含量<50%	细粒组中粉粒含量不大于 50%	SC	黏土质砂
		细粒组中粉粒含量大于 50%	SM	粉土质砂

3. 细粒类土的分类

试样中细粒组含量不小于 50% 的土为细粒类土。细粒类土按下列规定划分:

(1) 粗粒组含量不大于 25% 的土称细粒土；

(2) 粗粒组含量大于 25% 且不大于 50% 的土称含粗粒的细粒土；

(3) 有机质含量小于 10% 且不小于 5% 的土称有机质土。

细粒土可按塑性图（图 1.24）或表 1.11 进一步细分。图 1.24 和表 1.11 中的液限 w_L 为用碟式仪测定的液限含水率或用质量 76g、锥角为 30° 的液限仪锥尖入土深度 17mm 对应的含水率。有机质土按表 1.11 划分时，在各相应土类代号之后应加代号 O。图 1.24 中虚线之间区域为黏土-粉土过渡区，可按相邻土层的类别细分。

含粗粒的细粒土应根据所含细粒土的塑性指标、在塑性图中的位置及所含粗粒类别，按下列规定划分：

(1) 粗粒中砾粒含量大于砂粒含量，称含砾细粒土，应在细粒土代号后加代号 G；

(2) 粗粒中砾粒含量不大于砂粒含量，称含砂细粒土，应在细粒土代号后加代号 S。

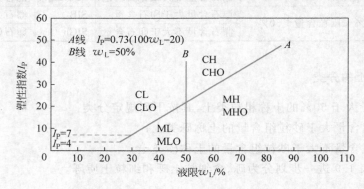

图 1.24   塑性图

表 1.11   细粒土的分类

土的塑性指标		土类代号	土类名称
$I_P \geqslant 0.73(100w_L - 20)$ 和 $I_P \geqslant 7$	$w_L \geqslant 50\%$	CH	高液限黏土
	$w_L < 50\%$	CL	低液限黏土
$I_P < 0.73(100w_L - 20)$ 或 $I_P < 4$	$w_L \geqslant 50\%$	MH	高液限粉土
	$w_L < 50\%$	ML	低液限粉土

1.7.3 《建筑地基基础设计规范》的分类（Classification of Code for Design of Building Foundation）

《建筑地基基础设计规范》为国家标准，编号为 GB 50007—2011，自 2012 年 8 月 1 日起实施。该规范把作为建筑地基的岩土分为岩石、碎石土、砂土、粉土、黏性土和人工填土。

1. 岩石

岩石是颗粒间牢固联结，呈整体或有节理裂隙的地质体。岩石的坚硬程度根据岩块的饱和单轴抗压强度 f_{rk} 按表 1.12 分为坚硬岩、较硬岩、较软岩、软岩和极软岩。岩石的风化程度可分为未风化、微风化、中等风化、强风化和全风化。岩体完整程度按表 1.13 划分为完整、较完整、较破碎、破碎和极破碎。

表 1.12　岩石坚硬程度的划分

坚硬程度类别	坚硬岩	较硬岩	较软岩	软岩	极软岩
饱和单轴抗压强度标准值 f_{rk}/MPa	$f_{rk}>60$	$60{\geqslant}f_{rk}>30$	$30{\geqslant}f_{rk}>15$	$15{\geqslant}f_{rk}>5$	$f_{rk}{\leqslant}5$

表 1.13　岩体完整程度划分

完整程度等级	完整	较完整	较破碎	破碎	极破碎
完整性指数	>0.75	$0.75{\sim}0.55$	$0.55{\sim}0.35$	$0.35{\sim}0.15$	<0.15

注：完整性指数为岩体纵波波速与岩块纵波波速之比的平方。选定岩体、岩块测定波速时应有代表性。

2. 碎石土

碎石土为粒径大于 2mm 的颗粒含量超过全重 50% 的土。碎石土可按表 1.14 分为漂石、块石、卵石、碎石、圆砾和角砾。

表 1.14　碎石土的分类

土 的 名 称	颗 粒 形 状	粒 组 含 量
漂石 块石	圆形及亚圆形为主 棱角形为主	粒径大于 200mm 的颗粒含量超过全重 50%
卵石 碎石	圆形及亚圆形为主 棱角形为主	粒径大于 20mm 的颗粒含量超过全重 50%
圆砾 角砾	圆形及亚圆形为主 棱角形为主	粒径大于 2mm 的颗粒含量超过全重 50%

注：分类时应根据粒组含量栏从上到下以最先符合者确定。

碎石土的密实度，可按表 1.15 分为松散、稍密、中密、密实。

表 1.15　碎石土的密实度

重型圆锥动力触探锤击数 $N_{63.5}$	密 实 度
$N_{63.5}{\leqslant}5$	松散
$5<N_{63.5}{\leqslant}10$	稍密
$10<N_{63.5}{\leqslant}20$	中密
$N_{63.5}>20$	密实

注：①本表适用于平均粒径小于等于 50mm 且最大粒径不超过 100mm 的卵石、碎石、圆砾、角砾。对于平均粒径大于 50mm 或最大粒径大于 100mm 的碎石土，可按《建筑地基基础设计规范》(GB 50007—2011)附录 B 鉴别其密实度；②表内 $N_{63.5}$ 为经综合修正后的平均值。

3. 砂土

砂土为粒径大于 2mm 的颗粒含量不超过全重 50%、粒径大于 0.075mm 的颗粒超过全重 50% 的土。砂土可按表 1.16 分为砾砂、粗砂、中砂、细砂和粉砂。

砂土的密实度，可按表 1.17 分为松散、稍密、中密、密实。

表 1.16　砂土的分类

土 的 名 称	粒 组 含 量
砾砂	粒径大于 2mm 的颗粒含量占全重 25%～50%
粗砂	粒径大于 0.5mm 的颗粒含量超过全重 50%
中砂	粒径大于 0.25mm 的颗粒含量超过全重 50%
细砂	粒径大于 0.075mm 的颗粒含量超过全重 85%
粉砂	粒径大于 0.075mm 的颗粒含量超过全重 50%

注：分类时应根据粒组含量栏从上到下以最先符合者确定。

表 1.17　砂土的密实度

标准贯入试验锤击数 N	密 实 度
$N \leqslant 10$	松散
$10 < N \leqslant 15$	稍密
$15 < N \leqslant 30$	中密
$N > 30$	密实

注：当用静力触探探头阻力判定砂土的密实度时，可根据当地经验确定。

4. 粉土

粉土为介于砂土与黏性土之间，塑性指数（I_P）小于或等于 10，且粒径大于 0.075mm 的颗粒含量不超过全重 50% 的土。

5. 黏性土

黏性土为塑性指数 I_P 大于 10 的土，可按表 1.18 分为黏土、粉质黏土。

表 1.18　黏性土的分类

塑性指数 I_P	土 的 名 称
$I_P > 17$	黏土
$10 < I_P \leqslant 17$	粉质黏土

注：塑性指数由相应于 76g 圆锥体沉入土样中深度为 10mm 时测定的液限计算而得。

黏性土的状态，可按表 1.6 分为坚硬、硬塑、可塑、软塑和流塑。

淤泥为在静水或缓慢的流水环境中沉积，并经生物化学作用形成，其天然含水率大于液限、天然孔隙比大于或等于 1.5 的黏性土。天然含水率大于液限而天然孔隙比小于 1.5 但大于或等于 1.0 的黏性土或粉土为淤泥质土。含有大量未分解的腐殖质，有机质含量大于 60% 的土为泥炭，有机质含量大于等于 10% 且小于等于 60% 的土为泥炭质土。

红黏土为碳酸盐岩系的岩石经红土化作用形成的高塑性黏土。其液限一般大于 50%。红黏土经再搬运后仍保留其基本特征，其液限大于 45% 的土为次生红黏土。

膨胀土为土中黏粒成分主要由亲水性矿物组成，同时具有显著的吸水膨胀和失水收缩特性，其自由膨胀率大于或等于 40% 的黏性土。

湿陷性土为在一定压力下浸水后产生附加沉降，其湿陷系数大于或等于 0.015 的土。

6. 人工填土

人工填土根据其组成和成因,可分为素填土、压实填土、杂填土、冲填土。素填土为由碎石土、砂土、粉土、黏性土等组成的填土。经过压实或夯实的素填土为压实填土。杂填土为含有建筑垃圾、工业废料、生活垃圾等杂物的填土。冲填土为由水力冲填泥沙形成的填土。

[**例题 1.7**] 取某粒径均大于 0.075mm 的土样 400g 进行颗粒分析试验,试验结果如表 1.19 所示,试分别根据《土的工程分类标准》(GB/T 50145—2007)和《建筑地基基础设计规范》(GB 50007—2011)确定该土的名称。

表 1.19 颗粒分析试验结果

项 目	筛子孔径/mm							
	200	60	20	2	1	0.5	0.25	0.075
各级筛上的土粒质量/g	5.2	79	35.6	89.6	33.2	64.7	50.1	42.6
大于该孔径的土粒质量/g	5.2	84.2	119.8	209.4	242.6	307.3	357.4	400
大于该孔径的土粒含量/%	1.3	21.1	30.0	52.4	60.7	76.8	89.4	100

解:由颗粒分析试验结果可知,土样中粒径大于 60mm 的颗粒质量占总质量的 21.1%,介于 15%~50% 之间,根据《土的工程分类标准》(GB/T 50145—2007),该土属于巨粒混合土。又因为 $d>200$mm 的漂石粒组含量小于 200mm$\geqslant d>60$mm 的卵石粒组含量,所以根据表 1.8 定义该土为卵石混合土,土代号为 SICb。

根据《建筑地基基础设计规范》(GB 50007—2011),分类时应按粒组含量由大到小,以最先符合者确定。由颗粒分析试验结果可知,粒径大于 2mm 的颗粒质量占全部质量的 52.4%,由表 1.14 可定义该土为圆砾(角砾)。

可见,采用不同的分类方法,得到的土的名称并不相同。在工程实践中,应根据工程所属的行业选择相应的分类方法。

1.8 土的压实(Soil Compaction)

在一些工程建设中,如路基、堤坝的填筑和建筑场地的回填等,土体常作为建筑材料。土体由于经过挖掘、搬运和填筑,原有的结构和状态发生改变,如不经过人工压实,孔隙比往往较大,而且压缩性较高、抗剪强度低,难以满足工程的需要。为了减少填土的工后沉降量,提高强度,工程中必须按照一定的标准,通过碾压、夯实或振动等方法对其进行压实。土的压实效果除了和压实方法有关外,还和土的种类、级配、压实功能和含水率等密切相关,下面将分别介绍黏性土和无黏性土的压实特性。

1.8.1 黏性土的压实(Compaction of Cohesive Soil)

1. 室内击实试验

土的压实性是指土在一定的含水率和压实能量作用下密度增长的特性。土的压实性在室内是通过击实试验研究得到的。击实试验分为轻型击实和重型击实两种,我国《土工试验

图 1.25　击实仪

方法标准》(GB/T 50123—1999)规定轻型击实试验适用于粒径小于 5mm 的黏性土,重型击实试验适用于粒径不大于 20mm 的土(采用三层击实时最大粒径不大于 40mm)。击实试验使用的仪器称为击实仪,击实仪由击实筒、击锤和护筒组成,如图 1.25 所示。轻型击实试验击锤重 2.5kg,落高 305mm,击实筒容积为 947.4cm³;重型击实试验击锤重 4.5kg,落高 457mm,击实筒容积为 2103.9cm³。试验时,将具有一定含水率的土样分层装入击实筒,轻型击实试验分 3 层,重型击实试验分 3 层或 5 层。每铺一层按规定的落高和击数锤击土样(轻型击实试验每层 25 击;重型击实试验若分 3 层,每层 94 击,若分 5 层,每层 56 击),锤击完后测定被击实土样的含水率和密度,并计算得到干密度。改变土的含水率,重复上述试验,并将结果以含水率为横坐标、干密度为纵坐标,绘制一条曲线,该曲线即为击实曲线,如图 1.26 所示。

2. 黏性土的压实特性

　　黏性土的典型击实曲线如图 1.26 所示。从图中可以看出,当土的含水率较小时,其干密度随着含水率的增加而增大,而当干密度达到一定值后,含水率的继续增加反而导致干密度减小。干密度的峰值称为该击数下的**最大干密度** ρ_{dmax},与最大干密度相应的含水率称为**最优含水率** w_{op}。在一定压实功能作用下,只有在最优含水率下才能获得最佳的击实效果。当黏性土的含水率较低时,土颗粒表面的水膜较薄,水主要是以强结合水的形式存在,颗粒之间的摩擦力和黏结力较大,相对移动困难,因而不易被压实。随着含水率的增加,水膜变厚,颗粒之间的摩擦力和黏结力减小,相互移动变得相对容易,因此压实后的干密度增大。当土的含水率超过最优含水率后,如果再继续增大含水率,由于土中气体以封闭气泡的形式存在于土体内,击实时气泡难以排出,增加了土的弹性,降低了击实效果。

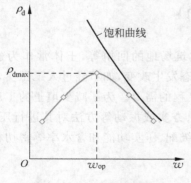

图 1.26　黏性土的击实曲线

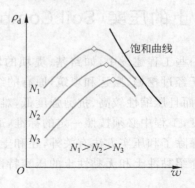

图 1.27　击实功能的影响

　　击实功能是影响击实效果的重要因素。对于同一种土,最优含水率和最大干密度并不恒定,而随击实功能的变化而变化。如图 1.27 所示,击数 N 越大,击实功能越大;击实功能越大,土的最优含水率越小,而相应的最大干密度越高。当土的含水率超过最优含水率后,击实曲线靠近于饱和曲线,击实功能的影响随含水率的增加而逐渐减小。因此在实际工

　　程中，必须合理控制压实时填土的含水率，选用合适的压实功能，才能取得理想的压实效果。

　　填方工程的现场施工质量可用压实度(degree of compaction)D_c 来控制，其表达式为

$$D_c = \frac{\rho_d}{\rho_{dmax}} \times 100\% \qquad (1.37)$$

式中，ρ_d——现场压实后土的干密度(g/cm^3)；

　　　　ρ_{dmax}——室内试验得到的最大干密度(g/cm^3)。

1.8.2　无黏性土的压实(Compaction of Cohesionless Soil)

　　如图 1.28 所示，无黏性土的压实性也与含水率有关，不过不存在最优含水率问题，一般在完全干燥或者充分洒水饱和的情况下容易压实到较大的干密度。在潮湿状态下，由于毛细力的作用增强了颗粒之间的联结，土颗粒移动所受到的阻力较大，不易被挤密，压实干密度显著降低。粗砂在含水率为 $4\% \sim 5\%$、中砂在含水率为 7% 左右时，压实干密度最小。

　　无黏性土的压实一般用相对密度 D_r 作为控制标准，砂土一般要求 $D_r > 0.7$，即达到密实状态。

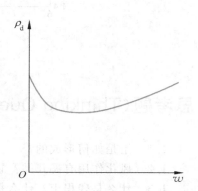

图 1.28　无黏性土的击实曲线

　　[**例题 1.8**]　取某现场黏性土进行标准击实试验，试验结果如表 1.20 所示。

　　(1) 根据试验结果确定该黏性土的最大干密度和最优含水率；

　　(2) 若现场土压实后的干密度是 $1.57 g/cm^3$，则其压实度为多少？

表 1.20　标准击实试验结果

项　目	序　号					
	1	2	3	4	5	6
含水率/%	6.1	7.9	9.6	11.3	12.2	12.9
密度/(g/cm^3)	1.58	1.68	1.77	1.83	1.81	1.77

　　解：(1) 由于 $\rho_d = \frac{\rho}{1+w}$，可得

$$\rho_{d1} = \frac{\rho_1}{1+w_1} = \frac{1.58}{1+6.1\%} g/cm^3 = 1.49 g/cm^3$$

　　同理可得，$\rho_{d2} = 1.56 g/cm^3$，$\rho_{d3} = 1.62 g/cm^3$，$\rho_{d4} = 1.64 g/cm^3$，$\rho_{d5} = 1.61 g/cm^3$，$\rho_{d6} = 1.57 g/cm^3$。

　　根据计算结果可绘制该黏土的含水率-干密度关系曲线，如图 1.29 所示，根据该图可确定：$w_{op} = 11.3\%$，$\rho_{dmax} = 1.64 g/cm^3$。

　　(2) 现场土压实后的干密度 $\rho_d = 1.57 g/cm^3$，而 $\rho_{dmax} = 1.64 g/cm^3$，所以

$$D_c = \frac{\rho_d}{\rho_{dmax}} \times 100\% = \frac{1.57}{1.64} \times 100\% = 95.7\%$$

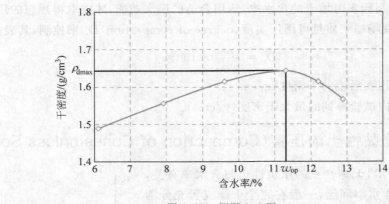

图 1.29   例题 1.8 图

思考题(Thinking Questions)

1.1   土是如何形成的?

1.2   风化作用有哪几类?它们的机理有何不同?

1.3   什么是残积土?什么是运积土?运积土有哪些类型?

1.4   土的组成物质有哪些?饱和土和非饱和土的区别是什么?

1.5   什么是土的粒径级配?土的粒径级配如何确定?

1.6   土的粒径级配的特征可用哪两个参数来表示?它们是如何定义的?

1.7   常见的黏土矿物有哪些?它们的组成和结构有何区别?

1.8   什么是结合水?强结合水和弱结合水的区别是什么?

1.9   什么是自由水?自由水又可分为哪两种?

1.10   什么是土的结构?土的结构主要有哪些形式?

1.11   什么是土的物理性质指标?哪些物理性质指标是基本指标,哪些是换算指标?

1.12   什么是有效重度?定义有效重度的意义是什么?

1.13   什么是相对密度?如何根据相对密度确定无黏性土的状态?

1.14   什么是黏性土的稠度?

1.15   什么是塑性指数和液性指数?如何根据液性指数确定黏性土的状态?

1.16   根据《土的工程分类标准》(GB/T 50145—2007),地基土分为几大类?各类土划分的主要依据是什么?

1.17   根据《建筑地基基础设计规范》(GB 50007—2011),地基土分为几大类?各类土划分的主要依据是什么?

1.18   什么是土的压实?什么是最优含水率和最大干密度?

1.19   黏性土和无黏性土的压实特性有何不同?分别用哪个指标控制压实质量?

习题(Exercises)

1.1　取某风干的土样 300g 进行筛分试验,称得留存在各级筛上的土粒质量见表 1.21。根据试验结果,绘制出该土样的粒径级配累积曲线,计算其不均匀系数和曲率系数,并评价其级配好坏。

表 1.21　筛分试验结果

筛子孔径/mm	10	5	2	1	0.5	0.25	0.1	0.075
各级筛上的土粒质量/g	0	14.2	80.3	50.6	43.8	53.9	46.2	11

1.2　某饱和土样盛放在容器中,土样和容器的总质量为 456g。在 105℃ 的烘箱中烘 24 小时后,土样和容器的质量为 339g。容器的质量为 37g。如果土粒比重为 2.65,计算该土样的含水率 w、孔隙比 e、重度 γ、干重度 γ_d 和有效重度 γ'。

1.3　某湿土样体积为 1000cm³,天然密度为 1.78g/cm³,天然含水率为 10.2%,若要使其含水率增加至 20%,需加多少水?

1.4　从某土层中取原状土做试验,测得土样体积为 200cm³,湿土样质量为 360g,烘干后质量为 291.5g,土粒比重为 2.65。计算土的天然密度 ρ、饱和密度 ρ_{sat}、天然含水率 w、孔隙比 e 及饱和度 S_r。

1.5　已知某土样的土粒比重为 2.65,天然密度为 1.83g/cm³,天然含水率为 32%。

(1) 计算土的饱和重度 γ_{sat}、干重度 γ_d、有效重度 γ'、孔隙比 e、孔隙率 n 及饱和度 S_r;

(2) 若取 120cm³ 该土样,则其天然状态的质量为多少克? 烘干后质量又为多少克?

1.6　已知某天然砂土试样的密度为 1.74g/cm³,含水率为 8.5%,土粒比重为 2.67,烘干后测得砂土的最小孔隙比为 0.58,最大孔隙比为 0.89。试求天然砂土的干密度、孔隙比和相对密度,并判别该砂土的密实度。

1.7　从某现场黏土层取试样进行室内试验,测得其天然含水率为 46.3%,10mm 液限为 50.2%,塑限为 35.8%。

(1) 求该土的塑性指数、液性指数,并判断该土处于何种状态;

(2) 试根据《建筑地基基础设计规范》(GB 50007—2011)确定该土的名称。

1.8　试根据《建筑地基基础设计规范》(GB 50007—2011)确定习题 1.1 中土的名称。

1.9　某路基填方工程的土方量为 5000m³,设计填筑干密度为 1.62g/cm³。料场土的天然密度为 1.68g/cm³,天然含水率为 18%,土粒比重为 2.75,最优含水率为 21.2%,问:

(1) 为满足路基填筑要求,料场至少要有多少方土料?

(2) 为达到最佳碾压效果,从料场运来的每方土中需要加多少水?

(3) 路基填筑后土的饱和度和孔隙比分别是多少?

1.10   试从基本定义证明：

（1）干密度

$$\rho_d = \frac{G_s \rho_w}{1+e}$$

（2）孔隙比

$$e = \frac{\rho_s}{\rho_d} - 1$$

（3）饱和密度

$$\rho_{sat} = G_s \rho_w (1-n) + n\rho_w$$

第 2 章

土中应力（Stresses in Soil）

2.1　概述（Introduction）

　　土是松散颗粒的堆积物，一般是由固体颗粒、孔隙水和孔隙气体组成的三相介质，由于固体颗粒形状不一、粒径差异大，而且三相物质之间的相互作用十分复杂，很难从微观上具体地描述土体内部的实际应力状态及其产生的变形。然而在实际的岩土工程问题中，研究对象的尺寸往往远大于土颗粒和孔隙的尺寸，因此我们可以将土体视为连续介质材料，定义其宏观上的平均应力，利用连续介质力学的方法来研究土中应力的分布，以及土的变形。由于土体的强度与变形取决于其承受的应力，因而在分析建筑物引起的土体稳定和变形问题时，需要先确定由地基土体自身重量产生的自重应力和由建筑物荷载引起的附加应力。

　　本章主要介绍应力和应变的定义、广义胡克定律、有效应力原理，以及自重应力、基底压力、基底附加压力和地基附加应力的概念和计算方法等。

2.2　应力、应变和土的弹性变形（Stresses，Strains and Elastic Deformation of Soil）

2.2.1　应力（Stresses）

1. 应力的定义

　　应力是指物体单位面积上所受的内力，如果施力方向与受力面积正交则称为**正应力**（normal stress），如果施力方向与受力面积互相平行则称为**剪应力**（shear stress）。如图 2.1 所示面积 $\mathrm{d}A$ 上的正应力 σ 的表达式为

$$\sigma = \lim_{\Delta A \to 0} \frac{\Delta F_\mathrm{n}}{\Delta A} = \frac{\mathrm{d}F_\mathrm{n}}{\mathrm{d}A} \tag{2.1}$$

剪应力 τ 的表达式为

$$\tau = \lim_{\Delta A \to 0} \frac{\Delta F_\mathrm{t}}{\Delta A} = \frac{\mathrm{d}F_\mathrm{t}}{\mathrm{d}A} \tag{2.2}$$

　　在三维空间，某一点的应力状态有 9 个分量，其中 3 个为正应力分量，6 个为剪应力分量，如图 2.2 所示。这 9 个分量可用应力张量表示为

$$\boldsymbol{\sigma}_{ij} = \begin{bmatrix} \sigma_x & \tau_{xy} & \tau_{xz} \\ \tau_{yx} & \sigma_y & \tau_{yz} \\ \tau_{zx} & \tau_{zy} & \sigma_z \end{bmatrix} \tag{2.3}$$

由剪应力互等定理可知，$\tau_{xy} = \tau_{yx}$，$\tau_{yz} = \tau_{zy}$ 和 $\tau_{xz} = \tau_{zx}$，因此式（2.3）的应力张量是对称张量，独立的应力分量只有 6 个。

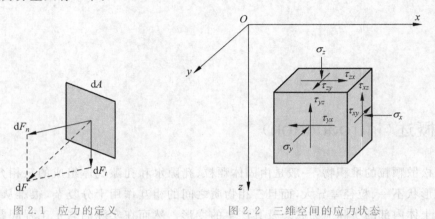

图 2.1   应力的定义   图 2.2   三维空间的应力状态

2. 应力符号的约定

在材料力学中，规定正应力以拉为正值，剪应力以顺时针方向为正值，但由于土体在大多数情况下承受的是压应力，因而为了使用上的方便，土力学规定**正应力以压为正值**，相应地，剪应力则以逆时针方向的为正值，如图 2.3 所示。

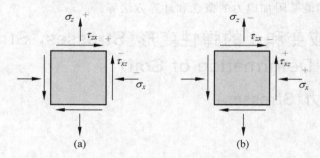

图 2.3   应力符号的约定
(a) 材料力学；(b) 土力学

3. 二维单元的莫尔应力圆

莫尔应力圆（Mohr's circle for stress）是表示复杂应力状态下物体中一点各截面上应力分量之间关系的几何方法。假定某二维土体单元所受的应力状态如图 2.4(a)所示，而且有 $\sigma_z > \sigma_x$。根据剪应力互等定律，有 $|\tau_{xz}| = |\tau_{zx}|$，而根据土力学关于剪应力符号的约定，$\tau_{zx} > 0$，在 $\sigma\text{-}\tau$ 直角坐标系中，根据坐标 (σ_z, τ_{zx}) 和 $(\sigma_x, -\tau_{zx})$ 分别画出两点 A 和 B，以 $\overline{AB}$ 的中点 C 为圆心，$\overline{AB}$ 为直径，绘制出的圆即为莫尔应力圆。

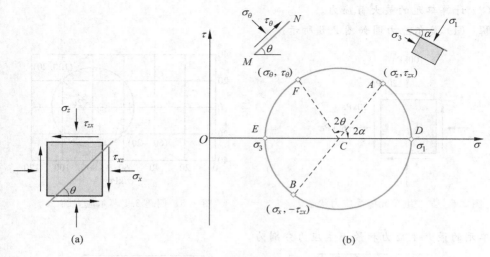

图 2.4　二维单元的莫尔应力圆

(a) 二维单元的应力；(b) 莫尔应力圆

莫尔应力圆与横坐标轴（σ 轴）交于 D、E 两点，这两点的剪应力为零，其正应力即为单元的最大主应力 σ_1 和最小主应力 σ_3，可由下列公式计算：

$$\sigma_1 = \frac{\sigma_z + \sigma_x}{2} + \sqrt{\left(\frac{\sigma_z - \sigma_x}{2}\right)^2 + \tau_{zx}^2} \tag{2.4}$$

$$\sigma_3 = \frac{\sigma_z + \sigma_x}{2} - \sqrt{\left(\frac{\sigma_z - \sigma_x}{2}\right)^2 + \tau_{zx}^2} \tag{2.5}$$

在莫尔应力圆中，最大主应力 σ_1 对应的半径 $\overline{CD}$ 可由 (σ_z, τ_{zx}) 对应的半径 $\overline{CA}$ 沿顺时针方向转动 2α 角得到，则最大主应力 σ_1 的作用平面为由 (σ_z, τ_{zx}) 的作用面（水平面）沿顺时针方向转动 α 角得到的平面，如图 2.4(b) 所示。α 可由如下公式计算：

$$\tan\alpha = \frac{\tau_{zx}}{\sigma_1 - \sigma_x} \tag{2.6}$$

同样，为求作用在由水平面沿逆时针方向转动 θ 角得到的平面 MN 上的应力 $(\sigma_\theta, \tau_\theta)$，可将水平面上应力 (σ_z, τ_{zx}) 对应的半径 $\overline{CA}$ 沿逆时针方向转动 2θ 角得到半径 $\overline{CF}$，F 点的坐标即为平面 MN 上的应力，根据几何关系可推得：

$$\sigma_\theta = \frac{\sigma_z + \sigma_x}{2} + \frac{\sigma_z - \sigma_x}{2}\cos2\theta - \tau_{zx}\sin2\theta \tag{2.7}$$

$$\tau_\theta = \frac{\sigma_z - \sigma_x}{2}\sin2\theta + \tau_{zx}\cos2\theta \tag{2.8}$$

从图 2.4(b) 中还可以看出，作用在单元上的最大剪应力为

$$\tau_{max} = \frac{\sigma_1 - \sigma_3}{2} = \sqrt{\left(\frac{\sigma_z - \sigma_x}{2}\right)^2 + \tau_{zx}^2} \tag{2.9}$$

最大剪应力作用的平面与最大主应力 σ_1 作用的平面之间的夹角为 45°。

［例题 2.1］　某二维单元所受应力状态如图 2.5 所示，则：

（1）画出莫尔应力圆，并计算单元的最大主应力 σ_1 和最小主应力 σ_3，以及最大主应力 σ_1 的作用面和水平面的夹角 α；

（2）计算单元的最大剪应力。

解：（1）莫尔应力圆如图 2.6 所示。

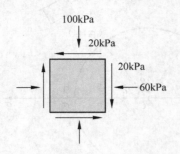

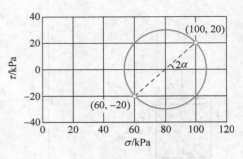

图 2.5　某二维单元所受应力状态　　　　　图 2.6　例题 2.1 莫尔应力圆

单元的最大主应力和最小主应力分别为

$$\sigma_1 = \frac{\sigma_z + \sigma_x}{2} + \sqrt{\left(\frac{\sigma_z - \sigma_x}{2}\right)^2 + \tau_{zx}^2} = \left[\frac{100 + 60}{2} + \sqrt{\left(\frac{100 - 60}{2}\right)^2 + 20^2}\right] \text{kPa} = 108.28\text{kPa}$$

$$\sigma_3 = \frac{\sigma_z + \sigma_x}{2} - \sqrt{\left(\frac{\sigma_z - \sigma_x}{2}\right)^2 + \tau_{zx}^2} = \left[\frac{100 + 60}{2} - \sqrt{\left(\frac{100 - 60}{2}\right)^2 + 20^2}\right] \text{kPa} = 51.72\text{kPa}$$

最大主应力的作用面和水平面的夹角为

$$\tan\alpha = \frac{\tau_{zx}}{\sigma_1 - \sigma_x} = \frac{20}{108.28 - 60} = 0.414, \quad \alpha = 22.5°$$

（2）单元的最大剪应力为

$$\tau_{\max} = \frac{\sigma_1 - \sigma_3}{2} = 28.28\text{kPa}$$

2.2.2　应变（Strains）

材料在外力作用下几何形状和尺寸将发生变化，这种形变称为应变。如图 2.7 所示，正六面体单元三条相互垂直的棱边的初始长度分别为 x_0、y_0 和 z_0，正六面体受到正应力 σ_x、σ_y 和 σ_z 的作用后产生变形，变形后三条棱边的长度分别变为 x、y、z，棱边的长度在变形前后的改变量与原长之比定义为**正应变**（normal strain）。由于在土力学中正应力以压为正值，相应地，**正应变也以压应变为正值**，所以有

$$\varepsilon_x = -\frac{\Delta x}{x_0}, \quad \varepsilon_y = -\frac{\Delta y}{y_0}, \quad \varepsilon_z = -\frac{\Delta z}{z_0} \tag{2.10}$$

式中，ε_x、ε_y 和 ε_z 分别为三个方向的正应变，$\Delta x = x - x_0$，$\Delta y = y - y_0$，$\Delta z = z - z_0$。

物体体积的改变量与原来体积之比定义为**体应变**（volumetric strain），同样在土力学中**体应变以压缩为正值**，因此有

$$\varepsilon_v = -\frac{\Delta V}{V_0} \tag{2.11}$$

式中，ε_v 为体应变。在小变形条件下，$\varepsilon_v = \varepsilon_x + \varepsilon_y + \varepsilon_z$。

如图 2.8 所示，单元体在受剪应力 τ 作用后形状发生改变，变形后的直角改变量定义为**剪应变**（shear strain），即

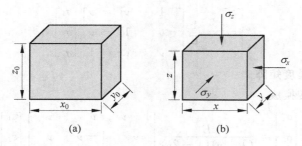

图 2.7 正应变

(a) 变形前；(b) 变形后

$$\gamma_{zx} = \arctan \frac{\Delta x}{z_0} \tag{2.12}$$

在小变形条件下，$\gamma_{zx} = \tan\gamma_{zx}$，所以

$$\gamma_{zx} = \frac{\Delta x}{z_0} \tag{2.13}$$

同理有 $\gamma_{xy} = \Delta y / x_0$，$\gamma_{yz} = \Delta z / y_0$。

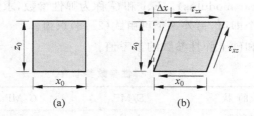

图 2.8 剪应变

(a) 变形前；(b) 变形后

2.2.3 胡克定律（Hooke's Law）

在空间应力状态下，独立的应力分量有 6 个，即 $\boldsymbol{\sigma} = [\sigma_x \quad \sigma_y \quad \sigma_z \quad \tau_{xy} \quad \tau_{yz} \quad \tau_{zx}]^T$，独立的应变分量也有 6 个，即 $\boldsymbol{\varepsilon} = [\varepsilon_x \quad \varepsilon_y \quad \varepsilon_z \quad \gamma_{xy} \quad \gamma_{yz} \quad \gamma_{zx}]^T$。对于各向同性的线弹性材料，其应力和应变之间的关系服从广义胡克定律，表达式为

$$\begin{bmatrix} \varepsilon_x \\ \varepsilon_y \\ \varepsilon_z \\ \gamma_{xy} \\ \gamma_{yz} \\ \gamma_{zx} \end{bmatrix} = \frac{1}{E} \begin{bmatrix} 1 & -\nu & -\nu & 0 & 0 & 0 \\ -\nu & 1 & -\nu & 0 & 0 & 0 \\ -\nu & -\nu & 1 & 0 & 0 & 0 \\ 0 & 0 & 0 & 2(1+\nu) & 0 & 0 \\ 0 & 0 & 0 & 0 & 2(1+\nu) & 0 \\ 0 & 0 & 0 & 0 & 0 & 2(1+\nu) \end{bmatrix} \begin{bmatrix} \sigma_x \\ \sigma_y \\ \sigma_z \\ \tau_{xy} \\ \tau_{yz} \\ \tau_{zx} \end{bmatrix} \tag{2.14}$$

式中，E——弹性（杨氏）模量（the elastic (or Young's) modulus，Pa 或 MPa）；

ν——泊松比（Poisson's ratio）。

广义胡克定律以主应力和主应变的形式表达为

$$\begin{bmatrix} \varepsilon_1 \\ \varepsilon_2 \\ \varepsilon_3 \end{bmatrix} = \frac{1}{E} \begin{bmatrix} 1 & -\nu & -\nu \\ -\nu & 1 & -\nu \\ -\nu & -\nu & 1 \end{bmatrix} \begin{bmatrix} \sigma_1 \\ \sigma_2 \\ \sigma_3 \end{bmatrix} \tag{2.15}$$

上式右侧矩阵称为**柔度矩阵**。

式(2.15)也可转换成

$$\begin{bmatrix} \sigma_1 \\ \sigma_2 \\ \sigma_3 \end{bmatrix} = \frac{E}{(1+\nu)(1-2\nu)} \begin{bmatrix} 1-\nu & \nu & \nu \\ \nu & 1-\nu & \nu \\ \nu & \nu & 1-\nu \end{bmatrix} \begin{bmatrix} \varepsilon_1 \\ \varepsilon_2 \\ \varepsilon_3 \end{bmatrix} \tag{2.16}$$

上式右侧矩阵称为**刚度矩阵**。

在纯剪情况下,有

$$\gamma_{xy} = \frac{2(1+\nu)}{E}\tau_{xy} = \frac{\tau_{xy}}{G} \tag{2.17}$$

其中

$$G = \frac{E}{2(1+\nu)} \tag{2.18}$$

G 称为剪切模量(the shear modulus)。E、ν 和 G 称为弹性参数,求解弹性问题时,只需知道这 3 个弹性参数中的两个即可,另外一个可由式(2.18)求得。

表 2.1 列出了黏土和砂土弹性参数的参考值。

表 2.1   弹性参数参考值

土 的 种 类	土 的 状 态	E/MPa	G/MPa	ν
黏土	软塑	1～15	0.5～5	0.35～0.40
	可塑	15～30	5～15	0.30～0.35
	坚硬	30～100	15～40	0.20～0.30
砂土	松散	10～20	5～10	0.15～0.25
	中密	20～40	10～15	0.25～0.30
	密实	40～80	15～35	0.25～0.35

[**例题 2.2**]   在硬黏土地基上修建建筑物,导致地基中点 M 处的应力增量如图 2.9 所示。假定硬黏土可视为各向同性的线弹性材料,且弹性模量 E 和泊松比 ν 分别为 50MPa 和 0.3,试计算 M 点的应变增量。

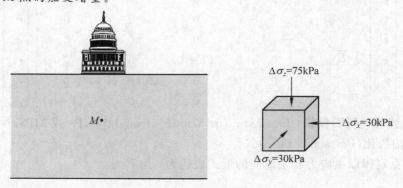

图 2.9   例题 2.2 图

解：由式(2.15)得

$$\Delta\varepsilon_x = \frac{1}{E}(\Delta\sigma_x - \nu\Delta\sigma_y - \nu\Delta\sigma_z)$$

$$= \frac{1}{50\times10^3}\times(30-0.3\times30-0.3\times75)$$

$$= -3\times10^{-5}$$

由于 $\Delta\sigma_x = \Delta\sigma_y = 30\mathrm{kPa}$，所以

$$\Delta\varepsilon_y = \Delta\varepsilon_x = -3\times10^{-5}$$

$$\Delta\varepsilon_z = \frac{1}{E}(\Delta\sigma_z - \nu\Delta\sigma_x - \nu\Delta\sigma_y)$$

$$= \frac{1}{50\times10^3}\times(75-2\times0.3\times30)$$

$$= 1.14\times10^{-3}$$

2.3　有效应力原理（The Principle of Effective Stress）

有效应力原理是现代土力学创立和发展的基础，其阐明了松散颗粒堆积的土体与连续固体材料的区别，使土力学从一般固体力学中分离出来，成为一门独立的学科。有效应力原理由土力学奠基人太沙基提出。早在1923年建立饱和土体的固结理论时，太沙基就根据当时试验研究的成果，凭直觉提出了有效应力表达式，即 $\sigma' = \sigma - u$。在1936年第一届土力学与基础工程国际会议上，太沙基明确提出了关于有效应力决定饱和岩土材料的压缩、变形和抗剪强度的论述：

The stresses in any point of a section through a mass of soil can be computed from *the total principal stresses*, σ_1, σ_2, σ_3, which act in this point. If the voids of the soil are filled with water under a stress u, the total principal stresses consist of two parts. One part, u, acts in the water and in the solid in every direction with equal intensity. It is called *the neutral stress* (or *the pore water pressure*). The balance, $\sigma_1' = \sigma_1 - u$, $\sigma_2' = \sigma_2 - u$, and $\sigma_3' = \sigma_3 - u$ represents an excess over the neutral stress u, and it has its seat exclusively in the solid phase of the soil.

This fraction of the total principal stresses will be called *the effective principal stresses* ... A change in the neutral stress u produces practically no volume change and has practically no influence on the stress conditions for failure ... Porous materials (such as sand, clay, and concrete) react to a change of u as if they were incompressible and as if their internal friction were equal to zero. All the measurable effects of a change of stress, such as compression, distortion and a change of shearing resistance are exclusively due to changes in the effective stresses σ_1', σ_2', and σ_3'. Hence every investigation of the stability of a saturated body of soil requires the knowledge of both the total and the neutral stresses.

下面，我们将从应力的定义出发来推导和理解有效应力原理。饱和土是由固体颗粒和

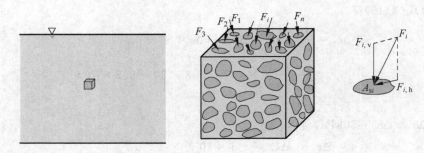

图 2.10　饱和土单元的受力

孔隙水组成的两相系,如图 2.10 所示,在饱和土层中取一个土体单元,单元上表面的面积为 A。假设固体颗粒在该表面上有 n 个截面,面积分别为 $A_{s1},A_{s2},A_{s3},\cdots,A_{sn}$;作用在截面上的力分别为 $F_1,F_2,\cdots,F_n$,这些力的竖向分量分别为 $F_{1,v},F_{2,v},F_{3,v},\cdots,F_{n,v}$;在该表面上孔隙水占有的面积为 A_w,孔隙水压力为 u。根据应力的定义,作用在该平面上的竖向平均应力(即正应力)为

$$\sigma = \frac{\sum\limits_{i=1}^{n} F_{i,v} + A_w u}{A} \tag{2.19}$$

由于 $A = A_s + A_w = \sum\limits_{i=1}^{n} A_{si} + A_w, A_w = A - A_s = A - \sum\limits_{i=1}^{n} A_{si}$,代入式(2.19)可得

$$\sigma = \frac{\sum\limits_{i=1}^{n} F_{i,v}}{A} + \left(1 - \frac{A_s}{A}\right)u$$

$$= \frac{\sum\limits_{i=1}^{n} F_{i,v} - A_s u}{A} + u$$

$$= \frac{\sum\limits_{i=1}^{n} (F_{i,v} - A_{si}u)}{A} + u \tag{2.20}$$

令

$$\sigma' = \frac{\sum\limits_{i=1}^{n} (F_{i,v} - A_{si}u)}{A} \tag{2.21}$$

代入式(2.20),得

$$\sigma = \sigma' + u \tag{2.22}$$

可见,饱和土中任意一点的总正应力 σ 可分解为 σ' 和孔隙水压力 u 两部分。由于**土颗粒的变形模量非常大**,作用在土颗粒周围的孔隙水压力并不会使土颗粒产生明显的压缩变形。那么 σ' 的实质和作用又是什么?

研究表明,土颗粒间的接触面积很小,因此颗粒之间的接触可以看成是点接触(即接触面积可以忽略)。如图 2.11(a)所示,作用在单元体内第 i 个截面所在颗粒上的荷载包括:

①颗粒自重 W_i；②作用在截面上的竖向力 $F_{i,\text{v}}$；③作用在截面上的水平力 $F_{i,\text{h}}$；④与它相接触的颗粒通过接触点所施加的作用力 $F_{i1},F_{i2},\cdots,F_{im}$；⑤作用在颗粒四周随深度增加的水压力。将水压力分为两部分：随深度不变的部分 u（图 2.11(c)）和沿深度的增量（图 2.11(b)），后者对颗粒的合力即为水对颗粒的浮力。相应地，把颗粒的自重 W_i 也分为两部分：W_i' 和 W_i''，其中 W_i'' 与浮力相平衡，因此 W_i' 即为颗粒的有效重量。把作用在截面上的竖向力 $F_{i,\text{v}}$ 分解成 $A_{si}u$ 和 $F_{i,\text{v}}-A_{si}u$ 两部分，其中 $A_{si}u$ 和均匀作用在颗粒四周的水压力 u 相平衡（图 2.11(c)），根据图 2.11(d)中竖向力的平衡，可得

$$F_{i,\text{v}} - A_{si}u + W_i' = \sum_{j=1}^{m} F_{ij,\text{v}} \tag{2.23}$$

式中，$F_{ij,\text{v}}$ 为 $F_{ij}(j=1,2,\cdots,m)$ 的竖向分量。

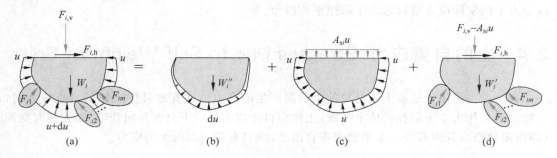

图 2.11 固体颗粒的受力

将式(2.23)代入式(2.21)得

$$\sigma' = \frac{\displaystyle\sum_{i=1}^{n}\sum_{j=1}^{m} F_{ij,\text{v}} - \sum_{i=1}^{n} W_i'}{A} \tag{2.24}$$

从上式可以看出，**σ' 和颗粒之间接触点上的作用力直接相关**，而与孔隙水压力 u 无关，当颗粒间的作用力发生变化时，颗粒将产生相对错动和位移，从而引起土骨架的变形，因而就应力而言，σ' 决定了土的变形，所以 σ' 称为有效应力。式(2.22)即为有效应力原理的基本公式。

在工程实践中，直接测定有效应力 σ' 很困难，一般是在已知总应力 σ 和测定了孔隙水压力 u 后，由下式计算：

$$\sigma' = \sigma - u \tag{2.25}$$

另一方面，根据应力的定义，作用在图 2.10 单元上表面上的平均剪应力为

$$\tau = \frac{\displaystyle\sum_{i=1}^{n} F_{i,\text{h}}}{A} \tag{2.26}$$

而根据图 2.11(d)中水平力的平衡，有

$$F_{i,\text{h}} = \sum_{j=1}^{m} F_{ij,\text{h}} \tag{2.27}$$

式中，$F_{ij,\text{h}}$ 为 $F_{ij}(j=1,2,\cdots,m)$ 的水平分量。将式(2.27)代入式(2.26)，得

$$\tau = \frac{\sum\limits_{i=1}^{n} \sum\limits_{j=1}^{m} F_{ij,\text{h}}}{A} \tag{2.28}$$

可见,剪应力只与通过颗粒传递的力有关,而与孔隙水压力 u 没有关系。

有效应力原理用应力张量可表示为

$$\begin{bmatrix} \sigma_x & \tau_{xy} & \tau_{xz} \\ \tau_{yx} & \sigma_y & \tau_{yz} \\ \tau_{zx} & \tau_{zy} & \sigma_z \end{bmatrix} = \begin{bmatrix} \sigma'_x & \tau_{xy} & \tau_{xz} \\ \tau_{yx} & \sigma'_y & \tau_{yz} \\ \tau_{zx} & \tau_{zy} & \sigma'_z \end{bmatrix} + \begin{bmatrix} u & 0 & 0 \\ 0 & u & 0 \\ 0 & 0 & u \end{bmatrix} \tag{2.29}$$

应当注意,式(2.19)和式(2.26)定义的应力为作用在土体内部某一平面上的假想平均应力,并不是作用在土颗粒内部或在土颗粒之间接触点上的实际应力。实际上,土颗粒之间接触点上的实际应力要远远大于假想平均应力。

2.4 土的自重应力(Stresses Due to Self-Weight of Soil)

自重应力是由于地基土体自身的重量而产生的应力。计算地基中土体的自重应力时,一般将地基作为半无限弹性体来考虑,土体在自重应力作用下只有竖向变形,而无侧向变形(即侧限状态),其内部任一水平面和垂直面上,均只有正应力而无剪应力。

2.4.1 竖向自重应力(Vertical Stress Due to Self-Weight of Soil)

如图 2.12 所示,设地基中地下水位在地表处,均质土中任一点的饱和重度均相同,用符号 γ_{sat} 表示。某点 M 距地面的距离为 z,为计算该点的竖向自重应力,取截面积为 A、高度为 z 的土柱,则该土柱的重量为 $G = \gamma_{\text{sat}} A z$,所以作用在 M 点的竖向总应力为

$$\sigma_{zs} = \frac{G}{A} = \gamma_{\text{sat}} z \tag{2.30}$$

γ_{sat} 常用的单位为 kN/m^3,σ_{zs} 常用的单位为 kPa。

M 点的水压力为

$$u = \gamma_{\text{w}} z \tag{2.31}$$

根据有效应力原理,M 点的竖向有效应力为

$$\sigma'_{zs} = \sigma_{zs} - u = (\gamma_{\text{sat}} - \gamma_{\text{w}}) z = \gamma' z \tag{2.32}$$

可见,也可根据有效重度 γ' 直接计算 M 点的竖向有效应力。

从式(2.30)和式(2.32)容易得出,均质土的竖向自重应力随深度线性增加,如图 2.12 所示。

当地基是由几种不同重度的土层组成时,如图 2.13 所示,根据均质土自重应力的计算原理,可以推导出 M 点处的竖向总应力计算公式为

$$\sigma_{zs} = \gamma_{\text{sat},1} h_1 + \gamma_{\text{sat},2} h_2 + \cdots + \gamma_{\text{sat},n} h_n = \sum_{i=1}^{n} \gamma_{\text{sat},i} h_i \tag{2.33}$$

式中,$\gamma_{\text{sat},i}$——第 i 层土的饱和重度(kN/m^3);

h_i——第 i 层土的厚度(m)。

M 点处的竖向有效应力计算公式为

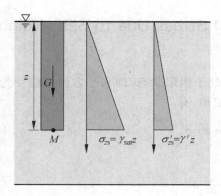

图 2.12 均质土的自重应力

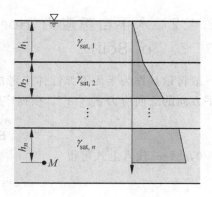

图 2.13 多层土层的自重应力

$$\sigma'_{zs} = \sum_{i=1}^{n} \gamma'_i h_i \tag{2.34}$$

式中,γ'_i——第 i 层土的有效重度(kN/m³)。

由于自重产生的竖向应力是深度的一次函数,因而竖向自重应力在各土层内是线性分布的。对于多层土层地基,土体竖向自重应力为折线分布,各段的斜率取决于各层土的重度。

[例题 2.3] 某多层土层地基如图 2.14 所示,试计算各土层交界面上由土体自重产生的竖向有效应力,并绘出竖向有效应力沿深度的分布图。

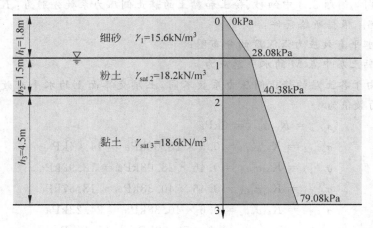

图 2.14 例题 2.3 图

解:根据土层情况,各土层交界面上的竖向有效应力分别为

$\sigma'_{zs,0} = 0\text{kPa}$

$\sigma'_{zs,1} = \gamma_1 h_1 = (15.6 \times 1.8)\text{kPa} = 28.08\text{kPa}$

$\sigma'_{zs,2} = \gamma_1 h_1 + \gamma'_2 h_2 = [28.08 + (18.2 - 10) \times 1.5]\text{kPa} = 40.38\text{kPa}$

$\sigma'_{zs,3} = \gamma_1 h_1 + \gamma'_2 h_2 + \gamma'_3 h_3 = [40.38 + (18.6 - 10) \times 4.5]\text{kPa} = 79.08\text{kPa}$

竖向有效应力沿深度的分布如图 2.14 所示。

2.4.2　水平自重应力(Horizontal Stress Due to Self-Weight of Soil)

一般将地基作为半无限弹性体来考虑,土体处于侧限状态,即水平方向的应变为 0,而且水平方向的法向应力 $\sigma'_{xs} = \sigma'_{ys}$。根据广义胡克定律,有

$$\varepsilon_x = \frac{\sigma'_{xs}}{E} - \frac{\nu}{E}(\sigma'_{ys} + \sigma'_{zs}) \tag{2.35}$$

将 $\varepsilon_x = 0, \sigma'_{xs} = \sigma'_{ys}$ 代入上式可得

$$\sigma'_{xs} = \sigma'_{ys} = \frac{\nu}{1-\nu}\sigma'_{zs} \tag{2.36}$$

令

$$K_0 = \frac{\nu}{1-\nu} \tag{2.37}$$

则

$$\sigma'_{xs} = \sigma'_{ys} = K_0\sigma'_{zs} \tag{2.38}$$

K_0 称为土的**静止侧压力系数**,它是侧限条件下土中的**水平有效应力和竖向有效应力的比值**。土的性质不同,静止侧压力系数也不同,具体数值可由试验测定。由式(2.38)可知,在等重度的均质土中,水平有效应力和竖向有效应力一样,都随深度线性增加,而在多层土层地基中,如果各土层的 K_0 不同,则水平应力在土层分界面将出现突变。

[**例题 2.4**]　例题 2.3 中细砂、粉土和黏土的静止侧压力系数分别为:$K_{01} = 0.5, K_{02} = 0.46, K_{03} = 0.6$。根据所给条件:

(1) 绘出水平有效应力沿深度的分布图;

(2) 计算黏土层中点 M 的水平总应力。

解:(1) 由于各土层的静止侧压力系数不同,土层交界面上的水平有效应力将出现突变,各分界面的数值为

$$\sigma'_{xs,0} = K_{01}\sigma'_{zs,0} = 0\text{kPa}$$

$$\sigma'_{xs,1上} = K_{01}\sigma'_{zs,1} = 0.5 \times 28.08\text{kPa} = 14.04\text{kPa}$$

$$\sigma'_{xs,1下} = K_{02}\sigma'_{zs,1} = 0.46 \times 28.08\text{kPa} = 12.92\text{kPa}$$

$$\sigma'_{xs,2上} = K_{02}\sigma'_{zs,2} = 0.46 \times 40.38\text{kPa} = 18.57\text{kPa}$$

$$\sigma'_{xs,2下} = K_{03}\sigma'_{zs,2} = 0.6 \times 40.38\text{kPa} = 24.23\text{kPa}$$

$$\sigma'_{xs,3} = K_{03}\sigma'_{zs,3} = 0.6 \times 79.08\text{kPa} = 47.45\text{kPa}$$

水平有效应力沿深度的分布如图 2.15 所示。

(2) 黏土层中点 M 的竖向有效应力为

$$\sigma'_{zs,M} = \gamma_1 h_1 + \gamma'_2 h_2 + \gamma'_3 \frac{h_3}{2}$$

$$= \left[15.6 \times 1.8 + (18.2 - 10) \times 1.5 + (18.6 - 10) \times \frac{4.5}{2}\right]\text{kPa}$$

$$= 59.73\text{kPa}$$

黏土层中 M 点处的水平有效应力为

$$\sigma'_{xs,M} = K_{03}\sigma'_{zs,M} = 0.6 \times 59.73\text{kPa} = 35.84\text{kPa}$$

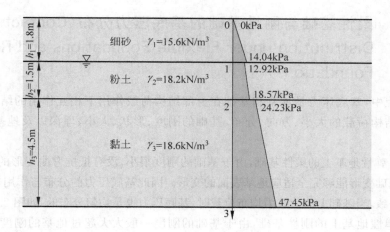

图 2.15　例题 2.4 图

黏土层中 M 点处的孔隙水压力为

$$u = \gamma_\mathrm{w}\left(h_2 + \frac{h_3}{2}\right)$$

$$= \left[10 \times \left(1.5 + \frac{4.5}{2}\right)\right]\mathrm{kPa}$$

$$= 37.5\mathrm{kPa}$$

所以黏土层中 M 点处的水平总应力为

$$\sigma_{xs,M} = \sigma'_{xs,M} + u = (35.84 + 37.5)\mathrm{kPa} = 73.34\mathrm{kPa}$$

2.5　基底压力（Contact Pressure under Foundations）

　　如图 2.16 所示,作用在建筑物上部结构的各种荷载,都是通过建筑物的基础传递到地基中的。基础底面传递给地基表面的压力称为基底接触压力,简称为基底压力。基底接触压力的大小和分布状况,对地基内部的附加应力有着非常重要的影响,为了计算上部结构荷载在地基中引起的附加应力,应先研究基础底面压力的大小和分布情况。

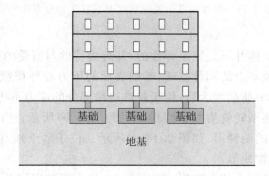

图 2.16　建筑物、基础和地基示意图

2.5.1 柔性基础与刚性基础的基底压力分布(Contact Pressure Distribution under Flexible Foundations and Rigid Foundations)

实际工程中,基底压力是地基和基础在上部结构荷载作用下相互作用的结果,其大小和分布与上部结构荷载的大小、方向、分布,基础的刚度、形状、大小、埋深以及地基土体的性质等因素有关。

对于位于弹性地基上的柔性基础,由于基础的刚度很小,没有抵抗弯曲变形的能力,在竖向荷载作用下基础变形能够完全适应地基表面的变形。因此基底压力的分布与作用在基础上的荷载分布完全一致,当基础上的荷载为均布荷载时,基底压力也是均匀分布的,如图 2.17(a)所示。

对位于弹性地基上的刚性基础,由于基础的刚度一般大大超过地基的刚度,基础在均布荷载作用下不能弯曲,只能保持平面下沉,如图 2.17(b)所示。地基表面与基础底面的变形必须协调一致,故地基表面各点的竖向变形值相同,但基础与地基接触压力的分布不是均匀的。如图 2.17(b)所示,压力在基础的边缘较大,中间较小(按弹性理论解,边缘的应力为无穷大)。

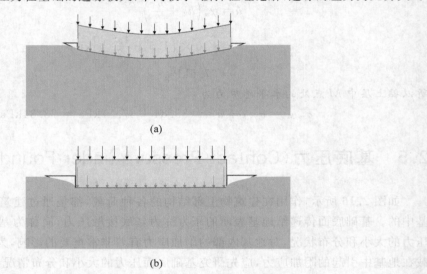

(a)

(b)

图 2.17 弹性地基上基础刚度对基底压力分布的影响

(a) 柔性基础; (b) 刚性基础

然而,实际的地基土体并不是完全弹性的,其行为特性与所受的荷载水平有关。实测资料表明,对位于黏性土地基上的刚性基础,基础底面的压力在外荷载较小时,分布形状为马鞍形,如图 2.18(a)所示;荷载增大后,位于基础边缘部分的应力不再增大,而中间部分的应力继续增加,分布形状逐渐转变为抛物线形,如图 2.18(b)所示;当荷载继续增大时,基底压力分布变为中部突出的倒钟形,如图 2.18(c)所示。位于砂土地基上的刚性基础,基础底面的压力分布通常为抛物线形。

综上所述,基底接触压力的分布形式十分复杂,但由于基底接触压力都是作用在地表附近,根据圣维南原理可知,其具体分布形式对地基中应力计算的影响将随深度的增加而减少,至一定深度后,地基中应力分布几乎与基底压力的分布形状无关,而只取决于荷载合力

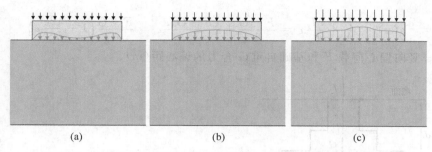

图 2.18　荷载大小对黏性土地基上的刚性基础基底压力分布的影响
(a) 马鞍形；(b) 抛物线形；(c) 倒钟形

的大小和位置。因此，目前在地基计算中，常采用材料力学的简化方法，即**假定基底接触压力按直线分布**。下面介绍几种情况下基底压力的简化计算方法。

2.5.2　基底压力的简化计算(Simplified Calculation of Contact Pressure)

1. 竖向中心荷载作用下矩形基础的基底压力

竖向中心荷载作用下矩形基础的基底压力均匀分布(如图 2.19 所示)，按下式计算：

$$p = \frac{P}{A} = \frac{F+G}{A} \tag{2.39}$$

式中，p——基底压力(kPa)。

P——作用在基础底面的竖向总荷载(kN)。

F——上部结构传至基础顶面的竖向荷载(kN)。

A——基础底面积，$A = lb(\text{m}^2)$。

G——基础和基础台阶上回填土的自重之和(kN)，$G = \gamma_G dA$，其中 d 为基础埋深；γ_G 为基础和回填土的加权平均重度。基础和回填土位于地下水位以上时，取 $\gamma_G = 20\text{kN/m}^3$；位于地下水位以下时，取有效重度。

2. 竖向偏心荷载作用下矩形基础的基底压力

当矩形基础受偏心荷载作用时，基底接触压力可按材料力学偏心受压公式计算。若基础上作用着竖向偏心荷载 F 和基础自重 G 的合力大小为 $P(P = F+G)$，合力作用点如图 2.20 所示，则任意点(坐标为 (x,y)、坐标轴正方向由基础中心指向偏心荷载作用点一侧)的基底接触压力为

$$p(x,y) = \frac{P}{A} + \frac{M_x}{I_x}y + \frac{M_y}{I_y}x \tag{2.40}$$

式中，$p(x,y)$——任意点的基底接触压力(kPa)；

M_x、M_y——竖向总荷载 P 对基础底面 x 轴和 y 轴的力矩(kN·m)，其中 $M_x = P \cdot e_y$，$M_y = P \cdot e_x$；

I_x、I_y——基础底面对 x 轴和 y 轴的惯性矩(m⁴)，其中 $I_x = lb^3/12$，$I_y = bl^3/12$；

e_x、e_y——竖向总荷载 P 对 y 轴和 x 轴的偏心距(m)。

如果偏心荷载作用在其中一条主轴上，例如 x 轴上，如图 2.21 所示，则基底压力沿 y 方向均匀分布，沿 x 方向线性变化，即

$$p(x) = \frac{P}{A} + \frac{M_y}{I_y}x = \frac{F+G}{A} + \frac{(F+G)e}{I_y}x = \frac{F+G}{A}\left(1 + \frac{12e}{l^2}x\right) \tag{2.41}$$

式中，e——竖向偏心荷载 F 和基础自重 G 合力的偏心距（m）。

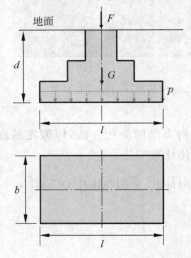

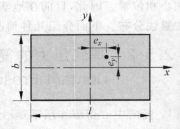

图 2.19　竖向中心荷载作用下矩形基础的基底压力分布　　图 2.20　竖向偏心荷载作用下的矩形基础

由于一般情况下 G 为中心荷载，所以

$$e = \frac{Fe_F}{F+G} \tag{2.42}$$

式中，e_F——竖向荷载 F 的偏心距（m）。

由式（2.41）可知，按荷载偏心距 e 的大小，基底压力的分布可能出现如下三种情况：

（1）当 $e < l/6$ 时，基底压力呈梯形分布，如图 2.22（a）所示，其最大值和最小值为

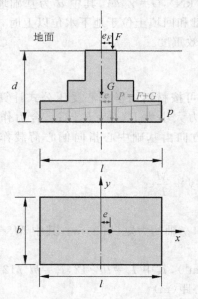

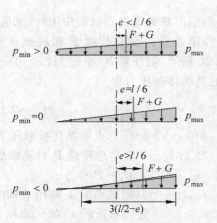

图 2.21　单向偏心荷载作用下的矩形基础　　图 2.22　偏心距对基底压力分布的影响

(a) $e < l/6$；(b) $e = l/6$；(c) $e > l/6$

$$p_{\substack{max \\ min}} = \frac{F+G}{A}\left(1 \pm \frac{6e}{l}\right) \tag{2.43}$$

（2）当 $e = l/6$ 时，$p_{min} = 0$，基底压力呈三角形分布，如图 2.22(b)所示。

（3）当 $e > l/6$ 时，根据式(2.43)计算得到 $p_{min} < 0$，即出现了拉应力，而实际上基底和地基土体之间不能承受拉应力，拉应力将使基底和地基土体局部脱开，导致**基底压力重新分布**。根据偏心荷载和基底反力的平衡条件，可得

$$p_{max} = \frac{2(F+G)}{3b(l/2-e)} \tag{2.44}$$

$p_{min} = 0$ 的作用点与 p_{max} 的作用点距离为 $3(l/2-e)$，如图 2.22(c)所示。

3. 竖向荷载作用下条形基础的基底压力

条形基础理论上是指长宽比 (l/b) 为无穷大的矩形基础。实际工程中，当 l/b 大于或等于 10 时，即可按条形基础考虑。计算时在长度方向取 1m，即 $l = 1m$。

条形基础受中心荷载时基底接触压力均匀分布，计算公式为

$$p = \frac{\overline{P}}{b} \tag{2.45}$$

式中，$\overline{P}$——沿长度方向取 1m，作用于**基础底部**的竖向总荷载(kN/m)；

b——条形基础的宽度(m)。

若条形基础受偏心荷载作用（沿宽度方向偏心），同样可在长度方向取 1m 计算。与受偏心荷载作用的矩形基础类似，当荷载偏心距 $e < b/6$ 时，则基底宽度方向两端的压力为 $p_{max} = \overline{P}/b(1+6e/b)$，$p_{min} = \overline{P}/b(1-6e/b)$；当 $e = b/6$ 时，$p_{min} = 0$；当 $e > b/6$ 时，$p_{max} = 2\overline{P}/[3(b/2-e)]$，且 $p_{min} = 0$ 的作用点与 p_{max} 的作用点距离为 $3(b/2-e)$。

4. 水平荷载作用下的基底压力

水平荷载作用下的基底水平压力通常假定为均匀分布，对于矩形基础，有

$$p_h = \frac{F_h}{A} = \frac{F_h}{lb} \tag{2.46}$$

式中，F_h——作用在矩形基础上的水平荷载(kN)。

对于条形基础，

$$p_h = \frac{\overline{F}_h}{b} \tag{2.47}$$

式中，$\overline{F}_h$——沿长度方向取 1m，作用于基础上的水平荷载(kN/m)。

2.5.3 基底附加压力(Additional Pressure under Foundations)

基底压力减去基底标高处的土体在修建建筑物前由土体自重产生的竖向有效应力称为**基底附加压力**，用 p_0 表示，基底附加压力是使地基产生压缩变形的主要原因，其计算公式为

$$p_0 = p - \sigma'_{zs.d} = p - \gamma'_0 d \tag{2.48}$$

式中，p——基底压力(kPa)；

$\sigma'_{zs.d}$——基底标高处由土体自重产生的竖向有效应力(kPa)，$\sigma'_{zs.d} = \gamma'_0 d$；

γ'_0——基底标高以上天然土层的有效加权平均重度(kN/m³)；

d——基础埋置深度(m)。

[**例题 2.5**] 如图 2.23 所示为一矩形基础，长 4m，宽 2m，埋深 1.2m，上部结构传至地

面标高处的荷载为 $F = 1100\text{kN}$,荷载沿长边方向偏心,偏心距 $e_F = 0.5\text{m}$,地下水位在地面下 0.4m,土体重度如图所示。求该基础的基底压力和基底附加压力。

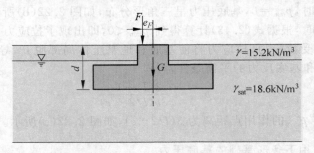

图 2.23　例题 2.5 图

解：因为基础在地下水位以上的厚度为 $d_1 = 0.4\text{m}$,在地下水位以下的厚度为 $d_2 = d - d_1 = (1.2 - 0.4)\text{m} = 0.8\text{m}$,所以基础和回填土的自重之和为
$$G = \gamma_G A d_1 + \gamma'_G A d_2 = (20 \times 4 \times 2 \times 0.4 + 10 \times 4 \times 2 \times 0.8)\text{kN} = (64 + 64)\text{kN} = 128\text{kN}$$
基底荷载偏心距为
$$e = \frac{F e_F}{F + G} = \frac{1100 \times 0.5}{1100 + 128}\text{m} = 0.448\text{m} < \frac{l}{6} = 0.667\text{m}$$
所以基底压力为梯形分布,其最大值和最小值为
$$p_{max} = \frac{F + G}{A}\left(1 + \frac{6e}{l}\right) = \left[\frac{1100 + 128}{4 \times 2} \times \left(1 + \frac{6 \times 0.448}{4}\right)\right]\text{kPa} = 256.65\text{kPa}$$
$$p_{min} = \frac{F + G}{A}\left(1 - \frac{6e}{l}\right) = \left[\frac{1100 + 128}{4 \times 2} \times \left(1 - \frac{6 \times 0.448}{4}\right)\right]\text{kPa} = 50.35\text{kPa}$$
基底平面处土体自重产生的竖向有效应力为
$$\sigma'_{zs,d} = \gamma_1 d_1 + (\gamma_{sat} - \gamma') d_2 = [15.2 \times 0.4 + (18.6 - 10) \times 0.8]\text{kPa} = 12.96\text{kPa}$$
基底附加压力为梯形分布,其最大值和最小值分别为
$$p_{0,max} = p_{max} - \sigma'_{zs,d} = (256.65 - 12.96)\text{kPa} = 243.69\text{kPa}$$
$$p_{0,min} = p_{min} - \sigma'_{zs,d} = (50.35 - 12.96)\text{kPa} = 37.39\text{kPa}$$

2.6　地基附加应力（Additional Stresses in Soil）

由建筑物荷载引起的基底附加压力将向地基土体传递,引起地基土体应力的增加,这一增量称为**地基附加应力**。计算附加应力是计算地基沉降的前提和重要步骤,目前求解附加应力时,一般假定地基土是连续、均质、各向同性的弹性体,然后根据弹性理论进行推导。本节将介绍竖向集中力及分布荷载作用下的地基附加应力计算。

2.6.1　集中力作用下的地基附加应力（Additional Stresses in Soil Due to a Point Load）

1. 竖向集中力作用下的地基附加应力

如图 2.24 所示,在半无限空间表面上作用一竖向集中力 F 时,半空间内一点 M 将产生

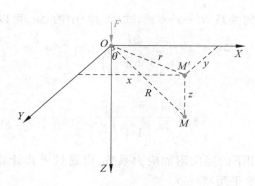

图 2.24 竖向集中力作用下的半无限空间

应力增量和位移。法国数学家和物理学家布辛内斯克假定空间内为连续、均质、各向同性的弹性体,于 1885 年推导出了该问题的理论解,包括 6 个应力增量分量和 3 个方向位移的表达式,即

$$
\begin{cases}
\Delta\sigma_x = \dfrac{3F}{2\pi}\left\{\dfrac{x^2 z}{R^5} + \dfrac{1-2\nu}{3}\left[\dfrac{R^2 - Rz - z^2}{R^3(R+z)} - \dfrac{x^2(2R+z)}{R^3(R+z)^2}\right]\right\} \\[4mm]
\Delta\sigma_y = \dfrac{3F}{2\pi}\left\{\dfrac{y^2 z}{R^5} + \dfrac{1-2\nu}{3}\left[\dfrac{R^2 - Rz - z^2}{R^3(R+z)} - \dfrac{y^2(2R+z)}{R^3(R+z)^2}\right]\right\} \\[4mm]
\Delta\sigma_z = \dfrac{3F}{2\pi}\dfrac{z^3}{R^5} = \dfrac{3F}{2\pi R^2}\cos^3\theta \\[4mm]
\Delta\tau_{xy} = \dfrac{3F}{2\pi}\left[\dfrac{xyz}{R^5} - \dfrac{1-2\nu}{3}\dfrac{xy(2R+z)}{R^3(R+z)^2}\right] \\[4mm]
\Delta\tau_{yz} = \dfrac{3F}{2\pi}\dfrac{yz^2}{R^5} \\[4mm]
\Delta\tau_{zx} = \dfrac{3F}{2\pi}\dfrac{xz^2}{R^5}
\end{cases}
\tag{2.49}
$$

和

$$
\begin{cases}
u = \dfrac{F(1+\nu)}{2\pi E}\left[\dfrac{xz}{R^3} - (1-2\nu)\dfrac{x}{R(R+z)}\right] \\[4mm]
v = \dfrac{F(1+\nu)}{2\pi E}\left[\dfrac{yz}{R^3} - (1-2\nu)\dfrac{y}{R(R+z)}\right] \\[4mm]
w = \dfrac{F(1+\nu)}{2\pi E}\left[\dfrac{z^2}{R^3} + 2(1-\nu)\dfrac{1}{R}\right]
\end{cases}
\tag{2.50}
$$

式中,$\Delta\sigma_x$、$\Delta\sigma_y$、$\Delta\sigma_z$——M 点平行于 x、y、z 轴的正应力增量(kPa);

$\quad\Delta\tau_{xy}$、$\Delta\tau_{yz}$、$\Delta\tau_{zx}$——M 点的剪应力增量(kPa);

$\quad u$、v、w——M 点沿 x、y、z 轴的位移(m);

$\quad R$——集中力作用点至 M 点的距离(m);

$\quad\theta$——R 线与 z 轴的夹角(°);

$\quad E$——土的弹性模量(kPa);

$\quad\nu$——土的泊松比。

在上述 6 个应力分量中,对地基沉降意义最大的是竖向应力分量。下面主要讨论竖向应力的计算及其分布规律。

利用图 2.24 中的几何关系 $R^2 = r^2 + z^2$，式(2.49)中的 $\Delta\sigma_z$ 可以改写成下列形式：

$$\Delta\sigma_z = \frac{3F}{2\pi z^2 \left[1 + \left(\frac{r}{z}\right)^2\right]^{5/2}} = \alpha \frac{F}{z^2} \tag{2.51}$$

其中

$$\alpha = \frac{3}{2\pi} \frac{1}{\left[1 + \left(\frac{r}{z}\right)^2\right]^{5/2}} \tag{2.52}$$

式中，α 称为集中荷载作用下的竖向附加应力系数，可通过上式计算或由表 2.2 查得；r 为集中力作用点与 M 点的水平距离(m)。

由式(2.49)可知，在集中力作用点($R = 0$)处 $\Delta\sigma_z$ 的值趋于无穷大。实际上当 $\Delta\sigma_z$ 较大时地基土已经发生了塑性变形，按弹性理论得到的解已不适用。如图 2.25 所示，集中力作用线上($r = 0$)，附加应力 $\Delta\sigma_z$ 随着深度 z 的增加而递减；离集中力作用线某一距离($r > 0$)时，在地表面的附加应力 $\Delta\sigma_z$ 为零，随着深度的增加，$\Delta\sigma_z$ 先是逐渐递增，但到某一深度后，又随深度 z 的增加而减小；在某一深度的水平面上，附加应力 $\Delta\sigma_z$ 随着 r 的增大而减小。

表 2.2　集中荷载作用下地基竖向附加应力系数 α

r/z	α	r/z	α	r/z	α	r/z	α
0.00	0.4775	0.50	0.2733	1.00	0.0844	2.00	0.0085
0.05	0.4745	0.55	0.2466	1.05	0.0745	2.20	0.0058
0.10	0.4657	0.60	0.2214	1.10	0.0658	2.40	0.0040
0.15	0.4516	0.65	0.1978	1.30	0.0402	2.60	0.0028
0.20	0.4329	0.70	0.1762	1.40	0.0317	2.80	0.0021
0.25	0.4103	0.75	0.1565	1.50	0.0251	3.00	0.0015
0.30	0.3849	0.80	0.1386	1.60	0.0200	3.50	0.0007
0.35	0.3577	0.85	0.1226	1.70	0.0160	4.00	0.0004
0.40	0.3295	0.90	0.1083	1.80	0.0129	4.50	0.0002
0.45	0.3011	0.95	0.0956	1.90	0.0105	5.00	0.0001

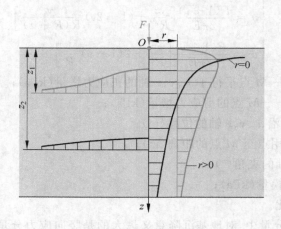

图 2.25　竖向集中力作用下的附加应力分布

【人物简介】

布辛内斯克（Joseph Valentin Boussinesq）于 1842 年生于法国，是著名的物理学家和数学家。他于 1867 年获得博士学位后，先后在多所学校担任数学教师，之后担任里尔理学院的微积分学教授及巴黎大学数学和物理学教授，1886 年当选法国科学院院士。

布辛内斯克一生几乎对数学和物理学中的所有分支（除了电磁学）都有重要的贡献。在流体力学方面，他主要研究涡流、波动、固体对液体流动的阻力、粉状介质的力学机理、流动液体的冷却作用等。布辛内斯克在紊流方面的成就深得著名科学家圣维南的赞赏，而在弹性理论方面也有突出贡献，如土力学中附加应力的布辛内斯克解。在数学方面，尽管他的初衷是用其解决实际问题，但依旧做出了突出的贡献。

布辛内斯克
（1842—1929）

当地基表面作用有几个集中力时，可分别算出各集中力在地基中任意点处引起的附加应力，然后根据弹性力学的应力叠加原理求出附加应力的总和。实际工程中，当基础底面形状不规则或荷载分布较复杂时，可将基底分为若干个小面积，把小面积上的荷载当成集中荷载，然后利用上述公式及叠加原理计算出总的附加应力。

2. 水平集中力作用下的地基附加应力

如图 2.26 所示，在弹性半无限空间表面上作用一水平集中力 Q 时，半空间内一点 M 将产生应力增量和位移，意大利科学家西罗提（Cerruti）推导出了该问题的理论解，其中竖向附加应力的表达式为

$$\Delta\sigma_z = \frac{3Q}{2\pi R^5} x z^2 \tag{2.53}$$

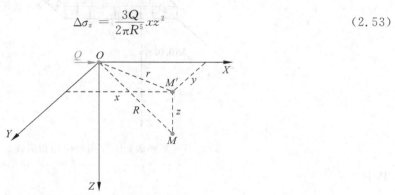

图 2.26　水平集中力作用下的半无限空间

2.6.2　分布荷载作用下的地基附加应力（Additional Stresses in Soil Due to Distributed Loads）

在实际工程中,荷载往往是通过具有一定面积的基础传递到地基上。如果基础底面的形状及分布荷载可以用某一函数表示,则可应用积分的方法求得地基中的附加应力。下面将分别介绍矩形面积和圆形面积在分布荷载作用下的附加应力计算问题。

1. 矩形面积受竖向均布荷载作用时的附加应力

如图 2.27 所示,在弹性半无限空间表面上有一长度和宽度分别为 l 和 b 的矩形,在矩形面积上作用有均布荷载 p。为了计算矩形角点 O 下 z 深度处 M 点的竖向附加应力 $\Delta\sigma_z$,可在矩形中取一微小的单元,其面积 $\mathrm{d}A=\mathrm{d}x\mathrm{d}y$,作用在单元面积上的分布荷载可以看作是竖向集中力 $\mathrm{d}F$,且 $\mathrm{d}F=p\mathrm{d}x\mathrm{d}y$。利用布辛内斯克解(式(2.49)),竖向集中力 $\mathrm{d}F$ 在土中 M 点引起的竖向附加应力 $\mathrm{d}(\Delta\sigma_z)$ 为

$$\mathrm{d}(\Delta\sigma_z) = \frac{3\mathrm{d}F}{2\pi}\frac{z^3}{R^5} = \frac{3p}{2\pi}\frac{z^3}{R^5}\mathrm{d}x\mathrm{d}y \tag{2.54}$$

沿着整个矩形面积积分,即可得到矩形面积竖向均布荷载作用下在 M 点的竖向附加应力 $\Delta\sigma_z$ 计算公式:

$$\begin{aligned}\Delta\sigma_z &= \int_0^b\int_0^l \frac{3p}{2\pi}\frac{z^3}{R^5}\mathrm{d}x\mathrm{d}y \\ &= \int_0^b\int_0^l \frac{3p}{2\pi}\frac{z^3}{(\sqrt{x^2+y^2+z^2})^5}\mathrm{d}x\mathrm{d}y \\ &= \frac{p}{2\pi}\left[\left(\arctan\frac{m}{n\sqrt{1+m^2+n^2}}\right)+\frac{mn}{\sqrt{1+m^2+n^2}}\left(\frac{1}{m^2+n^2}+\frac{1}{1+n^2}\right)\right] \\ &= \alpha_s p \end{aligned} \tag{2.55}$$

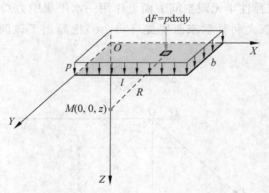

图 2.27　矩形面积上作用竖向均布荷载

其中

$$\alpha_s = \frac{1}{2\pi}\left[\left(\arctan\frac{m}{n\sqrt{1+m^2+n^2}}\right)+\frac{mn}{\sqrt{1+m^2+n^2}}\left(\frac{1}{m^2+n^2}+\frac{1}{1+n^2}\right)\right] \tag{2.56}$$

α_s 称为竖向均布荷载作用时矩形角点下的附加应力系数,它是 m、n 的函数,其中 $m=l/b$,$n=z/b$。α_s 值可由式(2.56)计算,也可根据 m、n 值由表 2.3 查得(注意,由于 **l 和 b 分别为**

矩形的长边和短边的边长，所以在表 2.3 中 $m \geqslant 1$)。在实际工程中，基础都具有一定的埋深，此时计算附加应力，z 为从基础底面起的深度，p 应取基底附加压力 p_0。

表 2.3　矩形面积受竖向均布荷载作用时角点下的附加应力系数 α_c

$n = z/b$	$m = l/b$											
	1	1.2	1.4	1.6	1.8	2.0	3.0	4.0	5.0	6.0	8.0	10.0
0.0	0.2500	0.2500	0.2500	0.2500	0.2500	0.2500	0.2500	0.2500	0.2500	0.2500	0.2500	0.2500
0.1	0.2498	0.2499	0.2499	0.2499	0.2499	0.2499	0.2499	0.2499	0.2499	0.2499	0.2499	0.2499
0.2	0.2486	0.2489	0.2490	0.2491	0.2491	0.2491	0.2492	0.2492	0.2492	0.2492	0.2492	0.2492
0.3	0.2455	0.2464	0.2468	0.2470	0.2472	0.2472	0.2474	0.2474	0.2474	0.2474	0.2474	0.2474
0.4	0.2401	0.2420	0.2429	0.2434	0.2437	0.2439	0.2442	0.2443	0.2443	0.2443	0.2443	0.2443
0.5	0.2325	0.2356	0.2373	0.2382	0.2388	0.2391	0.2397	0.2398	0.2398	0.2399	0.2399	0.2399
0.6	0.2229	0.2275	0.2301	0.2315	0.2324	0.2330	0.2339	0.2341	0.2342	0.2342	0.2342	0.2342
0.7	0.2119	0.2180	0.2215	0.2236	0.2249	0.2257	0.2271	0.2274	0.2275	0.2275	0.2276	0.2276
0.8	0.1999	0.2075	0.2120	0.2147	0.2165	0.2176	0.2196	0.2200	0.2202	0.2202	0.2202	0.2202
0.9	0.1876	0.1964	0.2018	0.2053	0.2075	0.2089	0.2116	0.2122	0.2124	0.2124	0.2125	0.2125
1.0	0.1752	0.1851	0.1914	0.1955	0.1981	0.1999	0.2034	0.2042	0.2044	0.2045	0.2045	0.2046
1.2	0.1516	0.1628	0.1705	0.1757	0.1793	0.1818	0.1870	0.1882	0.1885	0.1887	0.1888	0.1888
1.4	0.1305	0.1423	0.1508	0.1569	0.1613	0.1644	0.1712	0.1730	0.1735	0.1738	0.1739	0.1740
1.6	0.1123	0.1241	0.1329	0.1396	0.1445	0.1482	0.1566	0.1590	0.1598	0.1601	0.1603	0.1604
1.8	0.0969	0.1083	0.1172	0.1240	0.1294	0.1334	0.1434	0.1463	0.1474	0.1478	0.1481	0.1482
2.0	0.0840	0.0947	0.1034	0.1103	0.1158	0.1202	0.1314	0.1350	0.1363	0.1368	0.1372	0.1374
2.2	0.0732	0.0832	0.0915	0.0983	0.1039	0.1084	0.1205	0.1248	0.1264	0.1271	0.1276	0.1277
2.4	0.0642	0.0734	0.0813	0.0879	0.0934	0.0979	0.1108	0.1156	0.1175	0.1184	0.1190	0.1192
2.6	0.0566	0.0651	0.0725	0.0788	0.0842	0.0886	0.1020	0.1073	0.1096	0.1106	0.1113	0.1116
2.8	0.0502	0.0580	0.0649	0.0709	0.0760	0.0805	0.0941	0.0999	0.1024	0.1036	0.1045	0.1048
3.0	0.0447	0.0519	0.0583	0.0640	0.0689	0.0732	0.0870	0.0931	0.0959	0.0973	0.0983	0.0987
3.2	0.0401	0.0467	0.0526	0.0579	0.0627	0.0668	0.0806	0.0870	0.0901	0.0916	0.0928	0.0932
3.4	0.0361	0.0421	0.0477	0.0527	0.0571	0.0611	0.0747	0.0814	0.0847	0.0864	0.0877	0.0882
3.6	0.0326	0.0382	0.0433	0.0480	0.0523	0.0561	0.0694	0.0763	0.0798	0.0816	0.0832	0.0837
3.8	0.0296	0.0348	0.0395	0.0439	0.0479	0.0516	0.0646	0.0717	0.0753	0.0773	0.0790	0.0796
4.0	0.0270	0.0318	0.0362	0.0403	0.0441	0.0475	0.0603	0.0674	0.0712	0.0733	0.0752	0.0758
4.2	0.0247	0.0291	0.0332	0.0371	0.0407	0.0439	0.0563	0.0634	0.0674	0.0696	0.0716	0.0724
4.4	0.0227	0.0268	0.0306	0.0342	0.0376	0.0407	0.0526	0.0598	0.0639	0.0662	0.0684	0.0692
4.6	0.0209	0.0247	0.0283	0.0317	0.0348	0.0378	0.0493	0.0564	0.0606	0.0630	0.0654	0.0663
4.8	0.0193	0.0228	0.0262	0.0294	0.0324	0.0352	0.0463	0.0533	0.0575	0.0601	0.0626	0.0635
5.0	0.0179	0.0212	0.0243	0.0273	0.0301	0.0328	0.0435	0.0504	0.0547	0.0573	0.0599	0.0610
6.0	0.0127	0.0151	0.0174	0.0196	0.0217	0.0238	0.0325	0.0388	0.0431	0.0460	0.0491	0.0506
7.0	0.0094	0.0112	0.0130	0.0147	0.0164	0.0180	0.0251	0.0306	0.0347	0.0376	0.0411	0.0428
8.0	0.0073	0.0087	0.0101	0.0114	0.0127	0.0140	0.0198	0.0246	0.0283	0.0312	0.0348	0.0367
9.0	0.0058	0.0069	0.0080	0.0091	0.0102	0.0112	0.0161	0.0202	0.0235	0.0262	0.0298	0.0319
10.0	0.0047	0.0056	0.0065	0.0074	0.0083	0.0092	0.0132	0.0168	0.0198	0.0222	0.0258	0.0279

　　式(2.56)只能计算矩形某一角点下的竖向附加应力,在实际问题中经常需要计算在非角点下一定深度处的土体竖向附加应力,对于这一类问题可采用"**角点法**"求解,即将荷载作用面积划分为几部分,每部分都是矩形,且使待求点位于这些矩形的共同角点之下,然后利用式(2.56)分别计算各部分荷载产生的附加应力,最后利用叠加原理计算得到总的附加应力。根据所求点的位置不同,可分为如下 4 种情况:

　　(1) 如图 2.28(a)所示,竖向均布荷载作用在矩形 $ABCD$ 上,要计算矩形某条边上 O 点下 z 深度处的附加应力。可通过 O 点作平行于边长的平行线 OE,从而将矩形 $ABCD$ 划分为两个矩形: $ABEO$(Ⅰ)和 $OECD$(Ⅱ)。对于这两个矩形, O 点都是角点,可利用式(2.56)分别计算 O 点下 z 深度处的附加应力 $\Delta\sigma_{z,\mathrm{I}}$ 和 $\Delta\sigma_{z,\mathrm{II}}$,然后叠加得到该处的实际附加应力,即

$$\Delta\sigma_z = \Delta\sigma_{z,\mathrm{I}} + \Delta\sigma_{z,\mathrm{II}} = (\alpha_{s,\mathrm{I}} + \alpha_{s,\mathrm{II}})p \tag{2.57}$$

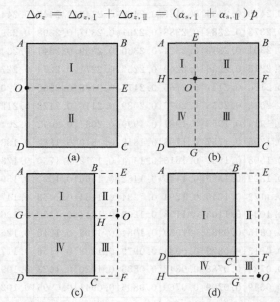

图 2.28　角点法

　　(2) 如图 2.28(b)所示,竖向均布荷载作用在矩形 $ABCD$ 上,要计算矩形内 O 点下 z 深度处的附加应力。可通过 O 点分别作平行于长边和短边的平行线 EG 和 HF,从而将矩形 $ABCD$ 划分为四个矩形: $AEOH$(Ⅰ)、$EBFO$(Ⅱ)、$OFCG$(Ⅲ)和 $HOGD$(Ⅳ)。对于每个矩形, O 点都是角点,可利用式(2.56)分别计算 O 点下 z 深度处的附加应力 $\Delta\sigma_{z,\mathrm{I}}$、$\Delta\sigma_{z,\mathrm{II}}$、$\Delta\sigma_{z,\mathrm{III}}$ 和 $\Delta\sigma_{z,\mathrm{IV}}$,然后叠加得到该处的实际附加应力,即

$$\Delta\sigma_z = \Delta\sigma_{z,\mathrm{I}} + \Delta\sigma_{z,\mathrm{II}} + \Delta\sigma_{z,\mathrm{III}} + \Delta\sigma_{z,\mathrm{IV}} = (\alpha_{s,\mathrm{I}} + \alpha_{s,\mathrm{II}} + \alpha_{s,\mathrm{III}} + \alpha_{s,\mathrm{IV}})p \tag{2.58}$$

　　(3) 如图 2.28(c)所示,竖向均布荷载作用在矩形 $ABCD$ 上, O 点在矩形外,但在两条长边或两条短边的延长线之间,要计算 O 点下 z 深度处的附加应力。可将矩形 $ABCD$ 扩展为通过 O 点的矩形 $AEFD$,并对 $AEFD$ 进行划分。对于图中的矩形 $AEOG$(Ⅰ+Ⅱ)、$BEOH$(Ⅱ)、$GOFD$(Ⅲ+Ⅳ)和 $HOFC$(Ⅲ), O 点都是角点,可利用式(2.56)分别计算 O 点下 z 深度处的附加应力 $\Delta\sigma_{z,\mathrm{I+II}}$、$\Delta\sigma_{z,\mathrm{II}}$、$\Delta\sigma_{z,\mathrm{III+IV}}$ 和 $\Delta\sigma_{z,\mathrm{III}}$,然后叠加得到该处的实际附加应力,即

$$\Delta\sigma_z = \Delta\sigma_{z,\mathrm{I+II}} - \Delta\sigma_{z,\mathrm{II}} + \Delta\sigma_{z,\mathrm{III+IV}} - \Delta\sigma_{z,\mathrm{III}} = (\alpha_{s,\mathrm{I+II}} - \alpha_{s,\mathrm{II}} + \alpha_{s,\mathrm{III+IV}} - \alpha_{s,\mathrm{III}})p \tag{2.59}$$

(4) 如图 2.28(d)所示,竖向均布荷载作用在矩形 $ABCD$ 上,O 点在矩形外,且在两条长边和两条短边的延长线外侧,要计算 O 点下 z 深度处的附加应力。可将矩形 $ABCD$ 扩展为通过 O 点的矩形 $AEOH$,并对 $AEOH$ 进行划分。对于图中的矩形 $AEOH$(Ⅰ + Ⅱ + Ⅲ + Ⅳ)、$BEOG$(Ⅱ + Ⅲ)、$DFOH$(Ⅲ + Ⅳ) 和 $CFOG$(Ⅲ),O 点都是角点,可利用式(2.56)分别计算 O 点下 z 深度处的附加应力 $\Delta\sigma_{z,Ⅰ+Ⅱ+Ⅲ+Ⅳ}$、$\Delta\sigma_{z,Ⅱ+Ⅲ}$、$\Delta\sigma_{z,Ⅲ+Ⅳ}$ 和 $\Delta\sigma_{z,Ⅲ}$,然后叠加得到该处的实际附加应力,即

$$\Delta\sigma_z = \Delta\sigma_{z,Ⅰ+Ⅱ+Ⅲ+Ⅳ} - \Delta\sigma_{z,Ⅱ+Ⅲ} - \Delta\sigma_{z,Ⅲ+Ⅳ} + \Delta\sigma_{z,Ⅲ}$$
$$= (\alpha_{s,Ⅰ+Ⅱ+Ⅲ+Ⅳ} - \alpha_{s,Ⅱ+Ⅲ} - \alpha_{s,Ⅲ+Ⅳ} + \alpha_{s,Ⅲ})p \tag{2.60}$$

[**例题 2.6**] 如图 2.29 所示为一矩形基础,长 $l = 3.0\mathrm{m}$,宽 $b = 2.0\mathrm{m}$,埋深 $d = 1.0\mathrm{m}$,埋深范围内土体有效加权平均重度 $\gamma'_0 = 16\mathrm{kN/m^3}$,上部结构传至地面标高处的荷载为 $F = 900\mathrm{kN}$。计算并绘出基底中心点 O 下不同深度处的竖向附加应力。

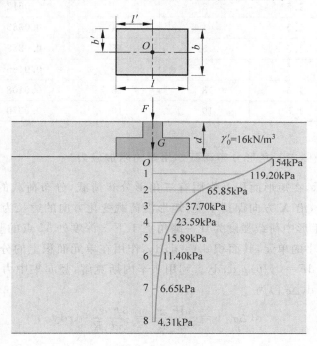

图 2.29 例题 2.6 图

解:(1)计算基础底部附加压力

基础和回填土的自重之和为

$$G = \gamma_G A d = (20 \times 3.0 \times 2.0 \times 1.0)\mathrm{kN} = 120\mathrm{kN}$$

基底压力为

$$p = \frac{F + G}{A} = \frac{900 + 120}{3.0 \times 2.0}\mathrm{kPa} = 170\mathrm{kPa}$$

基底位置土体自重产生的竖向有效应力为

$$\sigma'_{zs,d} = \gamma'_0 d = (16 \times 1.0)\mathrm{kPa} = 16\mathrm{kPa}$$

基底附加压力为

$$p_0 = p - \sigma'_{zs,d} = (170 - 16)\mathrm{kPa} = 154\mathrm{kPa}$$

（2）计算基础底部中心点 O 下不同深度处的附加应力

由过 O 点的对称轴把矩形分成 4 个相等的小矩形，O 点是这 4 个矩形的公共角点，小矩形的长 $l'=1.5\text{m}$，宽 $b'=1.0\text{m}$，取深度 $z=0,1,2,3,4,5,6,8$ 和 10m 为计算点，根据 $m=l'/b'$，$n=z/b'$ 值利用表 2.3 查得相应的附加应力系数（表中未列出的系数通过线性内插法得到），然后计算出各点的附加应力 $\Delta\sigma_z$。各点的计算结果见表 2.4，$\Delta\sigma_z$ 的分布见图 2.29。

表 2.4　基础底部中心点 O 下不同深度处的附加应力

点	$m=l'/b'$	z/m	$n=z/b'$	α_s	$\Delta\sigma_z=4\alpha_s p_0/\text{kPa}$
O	1.5	0	0	0.2500	154.00
1	1.5	1	1	0.1935	119.20
2	1.5	2	2	0.1069	65.85
3	1.5	3	3	0.0612	37.70
4	1.5	4	4	0.0383	23.59
5	1.5	5	5	0.0258	15.89
6	1.5	6	6	0.0185	11.40
7	1.5	8	8	0.0108	6.65
8	1.5	10	10	0.0070	4.31

2. 矩形面积受竖向三角形分布荷载作用时的附加应力

如图 2.30 所示，在矩形面积上作用有三角形分布荷载，分布荷载的最大值为 p_t，荷载沿 Y 方向线性变化，沿 X 方向保持不变，矩形沿荷载变化方向的边长为 b，沿另一方向的边长为 l。为了计算矩形中荷载强度为 0 一侧角点 1 下 z 深度处 M 点的竖向附加应力 $\Delta\sigma_{z1}$，可在矩形中取一微小的单元，其面积 $dA=dxdy$，作用在单元面积上的分布荷载可以看作是竖向集中力 dF，且 $dF=(y/b)p_t dxdy$。利用布辛内斯克解，竖向集中力 dF 在土中 M 点引起的竖向附加应力 $d(\Delta\sigma_{z1})$ 为

$$d(\Delta\sigma_{z1})=\frac{3dF}{2\pi}\frac{z^3}{R^5}=\frac{3p_t}{2\pi b}\frac{z^3 y}{R^5}dxdy \tag{2.61}$$

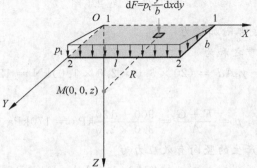

图 2.30　矩形面积上作用三角形分布荷载

沿着整个矩形面积积分,即可得到矩形面积在三角形分布荷载作用下在 M 点的竖向附加应力 $\Delta\sigma_{z1}$ 的计算公式为

$$
\begin{aligned}
\Delta\sigma_{z1} &= \int_0^b\int_0^l \frac{3p_t}{2\pi b}\frac{z^3y}{R^5}\mathrm{d}x\mathrm{d}y \\
&= \int_0^b\int_0^l \frac{3p_t}{2\pi b}\frac{z^3y}{(\sqrt{x^2+y^2+z^2})^5}\mathrm{d}x\mathrm{d}y \\
&= \frac{p_t mn}{2\pi}\left[\frac{1}{\sqrt{m^2+n^2}}-\frac{n^2}{(1+n^2)\sqrt{1+m^2+n^2}}\right] \\
&= \alpha_{t1}p_t
\end{aligned}
\tag{2.62}
$$

其中

$$
\alpha_{t1} = \frac{mn}{2\pi}\left[\frac{1}{\sqrt{m^2+n^2}}-\frac{n^2}{(1+n^2)\sqrt{1+m^2+n^2}}\right]
\tag{2.63}
$$

α_{t1} 为 $m=l/b$ 和 $n=z/b$ 的函数,可由表 2.5 查得。应当注意的是,**b 为沿荷载变化方向的边长,其可能为矩形的短边,也可能为长边**,即 m 值可能大于 1,也可能小于 1。

若要求矩形中荷载强度为最大值一侧角点 2 下 z 深度处 M 点的竖向附加应力 $\Delta\sigma_{z2}$,根据叠加原理,三角形分布荷载等于均布荷载与另一个三角形分布荷载之差(图 2.31),因此角点 2 下 z 深度处的竖向附加应力 $\Delta\sigma_{z2}$ 为

$$
\Delta\sigma_{z2} = \Delta\sigma_z - \Delta\sigma_{z1} = (\alpha_s-\alpha_{t1})p_t = \alpha_{t2}p_t
\tag{2.64}
$$

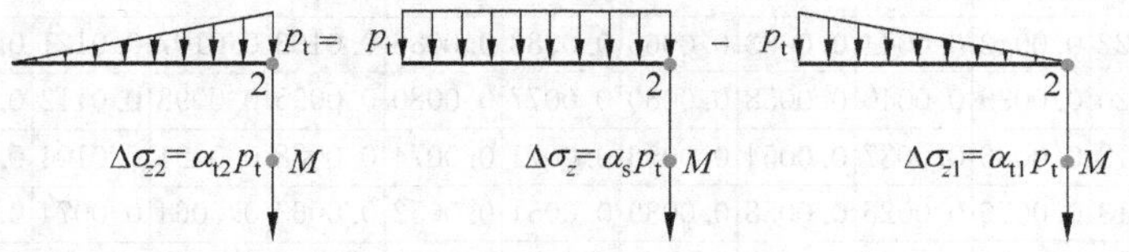

图 2.31　三角形分布荷载角点 2 下附加应力

表 2.5　矩形面积受三角形分布荷载作用时角点下的附加应力系数 α_{t1}、α_{t2}

$n=$ z/b	$m=l/b$													
	0.2		0.4		0.6		0.8		1.0		1.2		1.4	
	α_{t1}	α_{t2}	α_{t1}	α_{t2}	α_{t1}	α_{t2}	α_{t1}	α_{t2}	α_{t1}	α_{t2}	α_{t1}	α_{t2}	α_{t1}	α_{t2}
0.0	0.0000	0.2500	0.0000	0.2500	0.0000	0.2500	0.0000	0.2500	0.0000	0.2500	0.0000	0.2500	0.0000	0.2500
0.1	0.0142	0.2256	0.0154	0.2330	0.0156	0.2338	0.0157	0.2340	0.0157	0.2341	0.0157	0.2341	0.0157	0.2341
0.2	0.0223	0.1821	0.0280	0.2115	0.0296	0.2165	0.0301	0.2178	0.0304	0.2182	0.0305	0.2184	0.0305	0.2185
0.3	0.0257	0.1407	0.0368	0.1862	0.0407	0.1977	0.0423	0.2012	0.0430	0.2025	0.0433	0.2030	0.0435	0.2033
0.4	0.0269	0.1094	0.0420	0.1604	0.0487	0.1781	0.0517	0.1844	0.0531	0.1870	0.0539	0.1881	0.0543	0.1887
0.5	0.0268	0.0867	0.0444	0.1368	0.0536	0.1587	0.0582	0.1679	0.0606	0.1719	0.0618	0.1738	0.0625	0.1748
0.6	0.0259	0.0700	0.0448	0.1165	0.0560	0.1405	0.0621	0.1520	0.0654	0.1575	0.0673	0.1602	0.0683	0.1617
0.7	0.0247	0.0575	0.0439	0.0994	0.0563	0.1240	0.0638	0.1370	0.0681	0.1438	0.0705	0.1475	0.0720	0.1495
0.8	0.0232	0.0480	0.0421	0.0852	0.0553	0.1093	0.0637	0.1232	0.0688	0.1311	0.0720	0.1355	0.0739	0.1381
0.9	0.0216	0.0405	0.0399	0.0735	0.0533	0.0964	0.0624	0.1107	0.0682	0.1194	0.0719	0.1245	0.0743	0.1276
1.0	0.0201	0.0346	0.0375	0.0638	0.0508	0.0852	0.0602	0.0995	0.0666	0.1086	0.0708	0.1143	0.0735	0.1179
1.2	0.0171	0.0260	0.0324	0.0490	0.0450	0.0673	0.0546	0.0808	0.0615	0.0901	0.0664	0.0965	0.0698	0.1007

续表

$n=$ z/b	$m=l/b$												
	0.2		0.4		0.6		0.8		1.0		1.2		1.4	
	α_{t1}	α_{t2}	α_{t1}	α_{t2}	α_{t1}	α_{t2}	α_{t1}	α_{t2}	α_{t1}	α_{t2}	α_{t1}	α_{t2}	α_{t1}	α_{t2}
1.4	0.0145	0.0202	0.0278	0.0386	0.0392	0.0540	0.0483	0.0661	0.0554	0.0751	0.0606	0.0817	0.0644	0.0864
1.6	0.0123	0.0161	0.0238	0.0310	0.0339	0.0440	0.0424	0.0547	0.0492	0.0631	0.0545	0.0695	0.0586	0.0744
1.8	0.0105	0.0130	0.0204	0.0253	0.0294	0.0364	0.0371	0.0457	0.0435	0.0534	0.0487	0.0596	0.0528	0.0644
2.0	0.0090	0.0108	0.0176	0.0211	0.0255	0.0305	0.0324	0.0387	0.0384	0.0456	0.0434	0.0514	0.0474	0.0560
2.2	0.0078	0.0091	0.0152	0.0178	0.0222	0.0258	0.0285	0.0330	0.0339	0.0393	0.0386	0.0446	0.0425	0.0490
2.4	0.0068	0.0077	0.0133	0.0152	0.0195	0.0222	0.0251	0.0285	0.0301	0.0341	0.0344	0.0390	0.0382	0.0431
2.6	0.0059	0.0066	0.0117	0.0131	0.0171	0.0192	0.0222	0.0248	0.0268	0.0298	0.0308	0.0343	0.0343	0.0382
2.8	0.0052	0.0058	0.0103	0.0114	0.0152	0.0168	0.0197	0.0217	0.0239	0.0263	0.0276	0.0304	0.0309	0.0340
3.0	0.0046	0.0051	0.0092	0.0100	0.0135	0.0148	0.0176	0.0192	0.0214	0.0233	0.0249	0.0270	0.0280	0.0304
3.2	0.0041	0.0045	0.0082	0.0089	0.0121	0.0131	0.0158	0.0171	0.0193	0.0208	0.0225	0.0242	0.0253	0.0273
3.4	0.0037	0.0040	0.0074	0.0079	0.0109	0.0117	0.0143	0.0153	0.0174	0.0186	0.0204	0.0218	0.0231	0.0246
3.6	0.0033	0.0036	0.0067	0.0071	0.0099	0.0105	0.0129	0.0137	0.0158	0.0168	0.0185	0.0197	0.0210	0.0223
3.8	0.0030	0.0032	0.0060	0.0064	0.0089	0.0095	0.0118	0.0124	0.0144	0.0152	0.0169	0.0179	0.0192	0.0203
4.0	0.0028	0.0029	0.0055	0.0058	0.0082	0.0086	0.0107	0.0113	0.0132	0.0138	0.0155	0.0163	0.0177	0.0185
4.2	0.0025	0.0026	0.0050	0.0053	0.0075	0.0078	0.0098	0.0103	0.0121	0.0126	0.0142	0.0149	0.0163	0.0170
4.4	0.0023	0.0024	0.0046	0.0048	0.0068	0.0071	0.0090	0.0094	0.0111	0.0116	0.0131	0.0137	0.0150	0.0156
4.6	0.0021	0.0022	0.0042	0.0044	0.0063	0.0065	0.0083	0.0086	0.0103	0.0107	0.0121	0.0126	0.0139	0.0144
4.8	0.0020	0.0020	0.0039	0.0040	0.0058	0.0060	0.0077	0.0080	0.0095	0.0098	0.0112	0.0116	0.0129	0.0133
5.0	0.0018	0.0019	0.0036	0.0037	0.0054	0.0056	0.0071	0.0074	0.0088	0.0091	0.0104	0.0108	0.0120	0.0124
6.0	0.0013	0.0013	0.0026	0.0026	0.0038	0.0039	0.0051	0.0052	0.0063	0.0064	0.0074	0.0076	0.0086	0.0088
7.0	0.0009	0.0010	0.0019	0.0019	0.0028	0.0029	0.0038	0.0038	0.0047	0.0048	0.0056	0.0057	0.0064	0.0065
8.0	0.0007	0.0007	0.0015	0.0015	0.0022	0.0022	0.0029	0.0029	0.0036	0.0037	0.0043	0.0044	0.0050	0.0051
9.0	0.0006	0.0006	0.0012	0.0012	0.0017	0.0018	0.0023	0.0023	0.0029	0.0029	0.0034	0.0035	0.0040	0.0040
10.0	0.0005	0.0005	0.0009	0.0009	0.0014	0.0014	0.0019	0.0019	0.0023	0.0024	0.0028	0.0028	0.0032	0.0033

$n=$ z/b	$m=l/b$												
	1.6		1.8		2.0		3.0		4.0		6.0		10.0	
	α_{t1}	α_{t2}	α_{t1}	α_{t2}	α_{t1}	α_{t2}	α_{t1}	α_{t2}	α_{t1}	α_{t2}	α_{t1}	α_{t2}	α_{t1}	α_{t2}
0.0	0.0000	0.2500	0.0000	0.2500	0.0000	0.2500	0.0000	0.2500	0.0000	0.2500	0.0000	0.2500	0.0000	0.2500
0.1	0.0158	0.2341	0.0158	0.2341	0.0158	0.2341	0.0158	0.2341	0.0158	0.2341	0.0158	0.2341	0.0158	0.2341
0.2	0.0306	0.2185	0.0306	0.2185	0.0306	0.2186	0.0306	0.2186	0.0306	0.2186	0.0306	0.2186	0.0306	0.2186
0.3	0.0436	0.2034	0.0437	0.2035	0.0437	0.2035	0.0438	0.2036	0.0438	0.2036	0.0438	0.2036	0.0438	0.2036
0.4	0.0545	0.1890	0.0546	0.1891	0.0547	0.1892	0.0548	0.1894	0.0549	0.1894	0.0549	0.1894	0.0549	0.1894
0.5	0.0629	0.1753	0.0632	0.1756	0.0633	0.1758	0.0636	0.1761	0.0636	0.1762	0.0637	0.1762	0.0637	0.1762
0.6	0.0690	0.1625	0.0694	0.1630	0.0696	0.1633	0.0701	0.1638	0.0702	0.1639	0.0702	0.1640	0.0702	0.1640
0.7	0.0729	0.1507	0.0735	0.1514	0.0739	0.1518	0.0746	0.1526	0.0747	0.1527	0.0748	0.1528	0.0748	0.1528
0.8	0.0751	0.1396	0.0759	0.1406	0.0764	0.1412	0.0773	0.1423	0.0775	0.1425	0.0776	0.1426	0.0776	0.1426
0.9	0.0758	0.1295	0.0768	0.1307	0.0774	0.1315	0.0787	0.1329	0.0790	0.1332	0.0791	0.1333	0.0791	0.1334
1.0	0.0753	0.1201	0.0766	0.1216	0.0774	0.1226	0.0790	0.1244	0.0794	0.1248	0.0795	0.1250	0.0796	0.1250
1.2	0.0721	0.1036	0.0738	0.1056	0.0749	0.1069	0.0774	0.1096	0.0779	0.1102	0.0782	0.1105	0.0783	0.1106

续表

$n=$ z/b	$m=l/b$													
	1.6		1.8		2.0		3.0		4.0		6.0		10.0	
	α_{t1}	α_{t2}	α_{t1}	α_{t2}	α_{t1}	α_{t2}	α_{t1}	α_{t2}	α_{t1}	α_{t2}	α_{t1}	α_{t2}	α_{t1}	α_{t2}
1.4	0.0672	0.0897	0.0692	0.0920	0.0707	0.0937	0.0739	0.0973	0.0748	0.0982	0.0752	0.0986	0.0753	0.0987
1.6	0.0616	0.0779	0.0639	0.0806	0.0656	0.0825	0.0697	0.0870	0.0708	0.0882	0.0714	0.0887	0.0715	0.0889
1.8	0.0560	0.0680	0.0585	0.0709	0.0604	0.0730	0.0652	0.0782	0.0666	0.0797	0.0673	0.0805	0.0675	0.0807
2.0	0.0507	0.0597	0.0533	0.0626	0.0553	0.0649	0.0607	0.0707	0.0624	0.0725	0.0634	0.0735	0.0636	0.0737
2.2	0.0457	0.0526	0.0484	0.0555	0.0505	0.0579	0.0564	0.0642	0.0584	0.0663	0.0596	0.0675	0.0599	0.0678
2.4	0.0413	0.0466	0.0439	0.0495	0.0461	0.0518	0.0523	0.0585	0.0547	0.0609	0.0560	0.0623	0.0564	0.0628
2.6	0.0373	0.0415	0.0399	0.0442	0.0421	0.0466	0.0485	0.0535	0.0511	0.0562	0.0527	0.0578	0.0532	0.0583
2.8	0.0338	0.0371	0.0363	0.0397	0.0384	0.0420	0.0451	0.0491	0.0479	0.0520	0.0497	0.0539	0.0503	0.0545
3.0	0.0307	0.0333	0.0331	0.0358	0.0352	0.0381	0.0419	0.0451	0.0449	0.0483	0.0469	0.0504	0.0476	0.0511
3.2	0.0279	0.0300	0.0302	0.0325	0.0322	0.0346	0.0389	0.0416	0.0421	0.0449	0.0443	0.0472	0.0451	0.0480
3.4	0.0255	0.0272	0.0277	0.0295	0.0296	0.0315	0.0362	0.0385	0.0395	0.0419	0.0420	0.0444	0.0408	0.0453
3.6	0.0233	0.0247	0.0254	0.0269	0.0272	0.0288	0.0338	0.0357	0.0372	0.0392	0.0398	0.0418	0.0408	0.0429
3.8	0.0214	0.0225	0.0233	0.0246	0.0251	0.0264	0.0315	0.0331	0.0350	0.0367	0.0378	0.0395	0.0389	0.0407
4.0	0.0197	0.0206	0.0215	0.0226	0.0232	0.0243	0.0295	0.0308	0.0329	0.0344	0.0359	0.0374	0.0372	0.0387
4.2	0.0181	0.0190	0.0199	0.0208	0.0215	0.0224	0.0276	0.0287	0.0311	0.0323	0.0341	0.0355	0.0355	0.0369
4.4	0.0168	0.0175	0.0184	0.0192	0.0199	0.0208	0.0258	0.0268	0.0293	0.0304	0.0325	0.0337	0.0340	0.0352
4.6	0.0155	0.0161	0.0171	0.0177	0.0186	0.0192	0.0242	0.0251	0.0277	0.0287	0.0310	0.0320	0.0326	0.0336
4.8	0.0144	0.0149	0.0159	0.0165	0.0173	0.0179	0.0228	0.0235	0.0262	0.0271	0.0296	0.0305	0.0313	0.0322
5.0	0.0134	0.0139	0.0148	0.0153	0.0161	0.0167	0.0214	0.0221	0.0248	0.0256	0.0283	0.0291	0.0301	0.0309
6.0	0.0097	0.0099	0.0108	0.0110	0.0118	0.0120	0.0161	0.0164	0.0192	0.0196	0.0228	0.0232	0.0250	0.0255
7.0	0.0073	0.0074	0.0081	0.0082	0.0089	0.0091	0.0124	0.0126	0.0152	0.0154	0.0186	0.0189	0.0212	0.0215
8.0	0.0057	0.0057	0.0063	0.0064	0.0070	0.0071	0.0099	0.0100	0.0122	0.0124	0.0155	0.0157	0.0183	0.0185
9.0	0.0045	0.0046	0.0051	0.0051	0.0056	0.0056	0.0080	0.0081	0.0100	0.0101	0.0130	0.0131	0.0159	0.0160
10.0	0.0037	0.0037	0.0041	0.0042	0.0046	0.0046	0.0066	0.0066	0.0084	0.0084	0.0111	0.0112	0.0139	0.0140

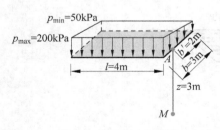

图 2.32　例题 2.7 图

[例题 2.7]　地基表面有一矩形面积，长 $l=4.0\text{m}$，宽 $b=3.0\text{m}$，在矩形面积上作用有梯形分布荷载，$p_{\max}=200\text{kPa}$，$p_{\min}=50\text{kPa}$，如图 2.32 所示。计算点 A 下 3m 处点 M 的竖向附加应力。

解：本题需同时应用面积的叠加和荷载的叠加来求解。如图 2.33 所示，过 A 点作矩形长边的平行线，从而将矩形划分为两个矩形：$ABCD$ 和 $ABEF$，A 点为这两个矩形的共同角点。同时将梯形分布荷载划分为四部分：Ⅰ，Ⅱ，Ⅲ和Ⅳ，其中Ⅰ和Ⅲ是均布荷载，Ⅱ和Ⅳ是三角形分布荷载，Ⅰ和Ⅱ作用在矩形 $ABCD$ 上，而Ⅲ和Ⅳ作用在矩形 $ABEF$ 上，各部分荷载在点 M 产生的竖向附加应力可通过查表 2.3 和表 2.5 的附加应力系数后计算得到,计算结果如表 2.6 所示。

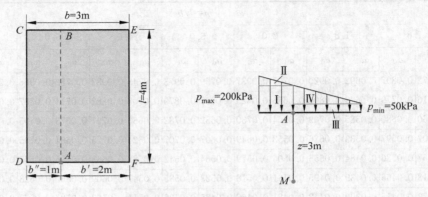

图 2.33 例题 2.7 的荷载分解

表 2.6 各部分荷载在点 M 产生的竖向附加应力

编号	荷载编号	荷载作用面积	$m=l/b$	$n=z/b$	p/kPa	α	$\Delta\sigma_z=\alpha p$/kPa
1	Ⅰ	$ABCD$	4	3	$p=150$	$\alpha_s=0.0931$	13.97
2	Ⅱ	$ABCD$	4	3	$p_t=50$	$\alpha_{t1}=0.0449$	2.25
3	Ⅲ	$ABEF$	2	1.5	$p=50$	$\alpha_s=0.1563$	7.82
4	Ⅳ	$ABEF$	2	1.5	$p_t=100$	$\alpha_{t2}=0.0881$	8.81

最后叠加计算得到点 M 的实际竖向附加应力为
$$\Delta\sigma_z = (13.97+2.25+7.82+8.81)\text{kPa} = 32.85\text{kPa}$$

3. 矩形面积受水平均布荷载作用时的附加应力

如图 2.34 所示,在矩形面积上作用有水平均布荷载 p_h,为求矩形角点 1 下 z 深度处 M 点的竖向附加应力,可在矩形上取一微小的单元,其面积 $\mathrm{d}A=\mathrm{d}x\mathrm{d}y$,作用在单元面积上的分布荷载可以看作是水平集中力 $\mathrm{d}Q$,且 $\mathrm{d}Q=p_h\mathrm{d}x\mathrm{d}y$。利用西罗提解,水平集中力 $\mathrm{d}Q$ 在土中 M 点引起的竖向附加应力 $\mathrm{d}(\Delta\sigma_{z1})$ 为

$$\mathrm{d}(\Delta\sigma_{z1}) = \frac{3\mathrm{d}Q}{2\pi R^5}xz^2 \tag{2.65}$$

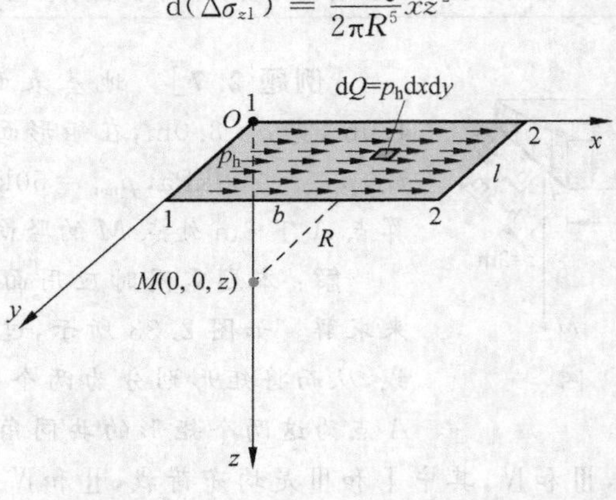

图 2.34 矩形面积上作用水平均布荷载

沿着整个矩形面积积分，即可得到矩形面积水平均布荷载作用下在 M 点的竖向附加应力 $\Delta\sigma_{z1}$ 的计算公式：

$$\Delta\sigma_{z1} = -\frac{m}{2\pi}\left[\frac{1}{\sqrt{m^2+n^2}} - \frac{n^2}{(1+n^2)\sqrt{1+m^2+n^2}}\right]p_{\mathrm{h}} = -\alpha_{\mathrm{h}}p_{\mathrm{h}} \qquad (2.66)$$

其中

$$\alpha_{\mathrm{h}} = \frac{m}{2\pi}\left[\frac{1}{\sqrt{m^2+n^2}} - \frac{n^2}{(1+n^2)\sqrt{1+m^2+n^2}}\right] \qquad (2.67)$$

同理可得矩形角点 2 下 z 深度处 M 点的竖向附加应力 $\Delta\sigma_{z2}$ 为

$$\Delta\sigma_{z2} = \frac{m}{2\pi}\left[\frac{1}{\sqrt{m^2+n^2}} - \frac{n^2}{(1+n^2)\sqrt{1+m^2+n^2}}\right]p_{\mathrm{h}} = \alpha_{\mathrm{h}}p_{\mathrm{h}} \qquad (2.68)$$

上式中，$m=l/b$，$n=z/b$，b 为平行于水平荷载作用方向的边长，l 为垂直于水平荷载作用方向的边长。式(2.66)和式(2.68)表明，角点 1 下和角点 2 下相同深度处的竖向附加应力 $\Delta\sigma_z$ 的绝对值相等，但应力符号相反，即分别为拉应力和压应力。α_{h} 也可由表 2.7 查得。

表 2.7　矩形面积受水平均布荷载作用角点下的附加应力系数 α_{h}

$n=$ z/b	$m=l/b$													
	0.2	0.4	0.6	0.8	1.0	1.2	1.4	1.6	1.8	2.0	4.0	6.0	8.0	10.0
0.0	0.1592	0.1592	0.1592	0.1592	0.1592	0.1592	0.1592	0.1592	0.1592	0.1592	0.1592	0.1592	0.1592	0.1592
0.1	0.1420	0.1538	0.1562	0.1569	0.1573	0.1574	0.1575	0.1575	0.1575	0.1575	0.1576	0.1576	0.1576	0.1576
0.2	0.1114	0.1401	0.1479	0.1506	0.1518	0.1523	0.1526	0.1528	0.1529	0.1529	0.1530	0.1530	0.1530	0.1530
0.3	0.0858	0.1226	0.1358	0.1410	0.1434	0.1445	0.1451	0.1454	0.1456	0.1457	0.1460	0.1460	0.1460	0.1460
0.4	0.0672	0.1049	0.1217	0.1293	0.1328	0.1347	0.1356	0.1362	0.1365	0.1367	0.1372	0.1372	0.1372	0.1372
0.5	0.0535	0.0887	0.1072	0.1164	0.1211	0.1236	0.1250	0.1258	0.1263	0.1266	0.1273	0.1273	0.1273	0.1273
0.6	0.0432	0.0746	0.0933	0.1035	0.1091	0.1121	0.1139	0.1150	0.1156	0.1160	0.1169	0.1170	0.1170	0.1170
0.7	0.0353	0.0627	0.0805	0.0911	0.0972	0.1008	0.1029	0.1042	0.1050	0.1055	0.1067	0.1068	0.1068	0.1068
0.8	0.0290	0.0527	0.0691	0.0796	0.0861	0.0900	0.0924	0.0939	0.0948	0.0955	0.0969	0.0970	0.0970	0.0970
0.9	0.0241	0.0443	0.0593	0.0693	0.0758	0.0799	0.0825	0.0842	0.0853	0.0860	0.0878	0.0879	0.0879	0.0879
1.0	0.0201	0.0375	0.0508	0.0602	0.0666	0.0708	0.0735	0.0753	0.0766	0.0774	0.0794	0.0795	0.0796	0.0796
1.2	0.0142	0.0270	0.0375	0.0455	0.0512	0.0553	0.0581	0.0601	0.0615	0.0624	0.0649	0.0652	0.0652	0.0652
1.4	0.0103	0.0199	0.0280	0.0345	0.0395	0.0433	0.0460	0.0480	0.0494	0.0505	0.0534	0.0537	0.0537	0.0538
1.6	0.0077	0.0149	0.0212	0.0265	0.0308	0.0341	0.0366	0.0385	0.0400	0.0410	0.0443	0.0446	0.0447	0.0447
1.8	0.0058	0.0113	0.0163	0.0206	0.0242	0.0270	0.0293	0.0311	0.0325	0.0336	0.0370	0.0374	0.0375	0.0375
2.0	0.0045	0.0088	0.0127	0.0162	0.0192	0.0217	0.0237	0.0253	0.0266	0.0277	0.0312	0.0317	0.0318	0.0318
2.2	0.0035	0.0069	0.0101	0.0129	0.0154	0.0175	0.0193	0.0208	0.0220	0.0230	0.0266	0.0271	0.0272	0.0272
2.4	0.0028	0.0055	0.0081	0.0104	0.0125	0.0143	0.0159	0.0172	0.0183	0.0192	0.0228	0.0233	0.0235	0.0235
2.6	0.0023	0.0045	0.0066	0.0085	0.0103	0.0118	0.0132	0.0144	0.0153	0.0162	0.0197	0.0203	0.0204	0.0205
2.8	0.0019	0.0037	0.0054	0.0070	0.0085	0.0099	0.0110	0.0121	0.0130	0.0137	0.0171	0.0177	0.0179	0.0180
3.0	0.0015	0.0031	0.0045	0.0059	0.0071	0.0083	0.0093	0.0102	0.0110	0.0117	0.0150	0.0156	0.0158	0.0159
3.2	0.0013	0.0026	0.0038	0.0049	0.0060	0.0070	0.0079	0.0087	0.0094	0.0101	0.0132	0.0139	0.0140	0.0141
3.4	0.0011	0.0022	0.0032	0.0042	0.0051	0.0060	0.0068	0.0075	0.0081	0.0087	0.0116	0.0123	0.0125	0.0126
3.6	0.0009	0.0018	0.0027	0.0036	0.0044	0.0051	0.0058	0.0065	0.0070	0.0076	0.0103	0.0111	0.0113	0.0113
3.8	0.0008	0.0016	0.0024	0.0031	0.0038	0.0045	0.0051	0.0056	0.0061	0.0066	0.0092	0.0099	0.0102	0.0102

续表

$n=$ \ z/b	$m=l/b$													
	0.2	0.4	0.6	0.8	1.0	1.2	1.4	1.6	1.8	2.0	4.0	6.0	8.0	10.0
4.0	0.0007	0.0014	0.0020	0.0027	0.0033	0.0039	0.0044	0.0049	0.0054	0.0058	0.0082	0.0090	0.0092	0.0093
4.2	0.0006	0.0012	0.0018	0.0023	0.0029	0.0034	0.0039	0.0043	0.0047	0.0051	0.0074	0.0081	0.0084	0.0085
4.4	0.0005	0.0010	0.0016	0.0021	0.0025	0.0030	0.0034	0.0038	0.0042	0.0045	0.0067	0.0074	0.0076	0.0077
4.6	0.0005	0.0009	0.0014	0.0018	0.0022	0.0026	0.0030	0.0034	0.0037	0.0040	0.0060	0.0067	0.0070	0.0071
4.8	0.0004	0.0008	0.0012	0.0016	0.0020	0.0023	0.0027	0.0030	0.0033	0.0036	0.0055	0.0062	0.0064	0.0065
5.0	0.0004	0.0007	0.0011	0.0014	0.0018	0.0021	0.0024	0.0027	0.0030	0.0032	0.0050	0.0057	0.0059	0.0060
6.0	0.0002	0.0004	0.0006	0.0008	0.0010	0.0012	0.0014	0.0016	0.0018	0.0020	0.0032	0.0038	0.0041	0.0042
7.0	0.0001	0.0003	0.0004	0.0005	0.0007	0.0008	0.0009	0.0010	0.0012	0.0013	0.0022	0.0027	0.0029	0.0030
8.0	0.0001	0.0002	0.0003	0.0004	0.0005	0.0005	0.0006	0.0007	0.0008	0.0009	0.0015	0.0019	0.0022	0.0023
9.0	0.0001	0.0001	0.0002	0.0003	0.0003	0.0004	0.0004	0.0005	0.0006	0.0006	0.0011	0.0014	0.0016	0.0018
10.0	0.0000	0.0001	0.0001	0.0002	0.0002	0.0003	0.0003	0.0004	0.0004	0.0005	0.0008	0.0011	0.0013	0.0014

4. 圆形面积受竖向均布荷载作用时的附加应力

如图 2.35 所示，在半径为 r_0 的圆形面积上作用有竖向均布荷载 p，求圆形面积中心点 O 下 z 深度处 M 点的竖向附加应力。建立极坐标系，原点取在圆心 O 处，在圆形面积上取一微小的单元，其面积 $dA = r d\theta dr$，作用在单元面积上的分布荷载可以看作是竖向集中力 dF，且 $dF = pr dr d\theta$。利用布辛内斯克解，竖向集中力 dF 在土中 M 点引起的竖向附加应力 $d(\Delta\sigma_z)$ 为

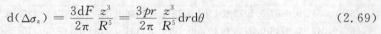

$$d(\Delta\sigma_z) = \frac{3dF}{2\pi}\frac{z^3}{R^5} = \frac{3pr}{2\pi}\frac{z^3}{R^5}dr d\theta \tag{2.69}$$

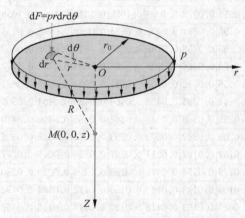

图 2.35   圆形面积上作用竖向均布荷载

沿着整个圆形面积积分，即可得到圆形面积竖向均布荷载作用下在 M 点的竖向附加应力 $\Delta\sigma_z$ 计算公式为

$$\Delta\sigma_z = \int_0^{2\pi}\int_0^{r_0}\frac{3pr}{2\pi}\frac{z^3}{R^5}dr d\theta$$

$$= \int_0^{2\pi} \int_0^{r_0} \frac{3pr}{2\pi} \frac{z^3}{(r^2 + z^2)^{5/2}} \mathrm{d}r\mathrm{d}\theta$$

$$= p \left\{ 1 - \left[\frac{(z/r_0)^2}{1 + (z/r_0)^2} \right]^{3/2} \right\}$$

$$= \alpha_0 p \tag{2.70}$$

其中

$$\alpha_0 = 1 - \left[\frac{(z/r_0)^2}{1 + (z/r_0)^2} \right]^{3/2} \tag{2.71}$$

α_0 也可由表 2.8 查得。

表 2.8　圆形面积受竖向均布荷载作用时中心点的附加应力系数 α_0

z/r_0	α_0	z/r_0	α_0	z/r_0	α_0	z/r_0	α_0
0.0	1.0000	1.6	0.3902	3.2	0.1304	4.8	0.0617
0.1	0.9990	1.7	0.3596	3.3	0.1235	4.9	0.0594
0.2	0.9925	1.8	0.3320	3.4	0.1170	5.0	0.0571
0.3	0.9763	1.9	0.3070	3.5	0.1110	5.2	0.0530
0.4	0.9488	2.0	0.2845	3.6	0.1055	5.4	0.0493
0.5	0.9106	2.1	0.2640	3.7	0.1004	5.6	0.0460
0.6	0.8638	2.2	0.2455	3.8	0.0956	5.8	0.0430
0.7	0.8114	2.3	0.2287	3.9	0.0911	6.0	0.0403
0.8	0.7562	2.4	0.2135	4.0	0.0869	6.5	0.0345
0.9	0.7006	2.5	0.1996	4.1	0.0830	7.0	0.0298
1.0	0.6464	2.6	0.1869	4.2	0.0794	7.5	0.0261
1.1	0.5949	2.7	0.1754	4.3	0.0760	8.0	0.0230
1.2	0.5466	2.8	0.1648	4.4	0.0728	8.5	0.0204
1.3	0.5020	2.9	0.1551	4.5	0.0698	9.0	0.0182
1.4	0.4612	3.0	0.1462	4.6	0.0669	9.5	0.0164
1.5	0.4240	3.1	0.1380	4.7	0.0643	10.0	0.0148

[例题 2.8]　地基表面圆环形面积上作用有均布荷载 $p=120\mathrm{kPa}$,圆环内径 $r_1=4.0\mathrm{m}$,外径 $r_2=6.0\mathrm{m}$,如图 2.36 所示。计算圆环中心 O 点下 10m 内的竖向附加应力,并确定竖向附加应力的最大值及其所在位置。

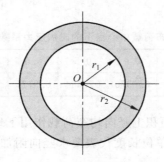

图 2.36　例题 2.8 图

　　解:圆环可由半径为 r_2 的大圆减去半径为 r_1 的小圆得到,应用叠加法计算圆环中心 O 点下各点的竖向附加应力,具体计算过程见表 2.9。

表 2.9　中心点 O 下不同深度处的竖向附加应力

深度/m	大圆		小圆		$\Delta\sigma_z = (\alpha_{0.2} - \alpha_{0.1})p/\mathrm{kPa}$
	z/r_2	$\alpha_{0.2}$	z/r_1	$\alpha_{0.1}$	
0	0.0000	1.0000	0.0000	1.0000	0.00
1	0.1667	0.9956	0.2500	0.9857	1.18
2	0.3333	0.9684	0.5000	0.9106	6.94
3	0.5000	0.9106	0.7500	0.7840	15.19
4	0.6667	0.8293	1.0000	0.6464	21.95
5	0.8333	0.7376	1.2500	0.5239	25.65
6	1.0000	0.6464	1.5000	0.4240	26.70
7	1.1667	0.5623	1.7500	0.5500	26.02
8	1.3333	0.4880	2.0000	0.2845	24.43
9	1.5000	0.4240	2.2500	0.2369	22.45
10	1.6667	0.3695	2.5000	0.1996	20.39

从表 2.9 中数据可以看出,圆环中心 O 点下竖向附加应力的最大值为 26.70kPa,出现在深度 $z=6\mathrm{m}$ 处。

5. 不规则面积上竖向均布荷载作用下的地基附加应力计算——纽马克法

纽马克(Newmark)于 1942 年提出了计算不规则面积上竖向均布荷载作用下地基附加应力的图解法,纽马克图解法的理论基础为式(2.70)。从式(2.70)可以看出,当 $r_0/z \to \infty$ 时,$\alpha_0 = 1$,即 $\Delta\sigma_z = p$,也就是说,如果半无限空间整个表面上都作用有竖向均布荷载 p,则在地基内任何深度 z 处的竖向附加应力 $\Delta\sigma_z$ 都等于 p。根据式(2.70)还可以计算出当 α_0 为某些特殊值时的 r_0/z 值,如当 $\alpha_0 = 0.5$,$r_0/z = 0.7664$(即当 $r_0 = 0.7664z$ 时),在圆心下深度 z 处的竖向附加应力 σ_z 等于 $0.5p$。表 2.10 给出了 α_0 和 r_0/z 之间的关系。根据表格中的数值可以作出 9 个同心圆,如图 2.37 所示,图中两个相邻同心圆之间的圆环面积上作用的均布荷载 p 在圆心下深度 z 处引起的竖向附加应力都为 $0.1p$。图中的 20 条射线又将每个圆环均分为 20 块小扇形,所以每块小扇形上作用的均布荷载 p 在圆心下深度 z 处引起的竖向附加应力都为 $0.005p$。图 2.37 称为**影响因子**(the influence factor)$I_N = 0.005$ 的纽马克图。

表 2.10　圆形均布荷载中心点下的附加应力系数 α_0 与 r/z 的关系

α_0	0.1	0.2	0.3	0.4	0.5	0.6	0.7	0.8	0.9	1.0
r/z	0.2698	0.4005	0.5181	0.6370	0.7664	0.9176	1.1097	1.3871	1.9083	∞

应用纽马克图计算不规则面积上竖向均布荷载作用下地基附加应力的基本步骤如下:

(1) 设置比例尺,使比例尺单位长度代表要求竖向附加应力点的深度 z,该比例尺称为深度比例尺;

(2) 按深度比例尺绘出纽马克图;

(3) 按深度比例尺绘出竖向均布荷载作用的平面图,使要求竖向附加应力的点在地面的投影点(如图 2.37 中 A 点所示)与纽马克图的圆心重合;

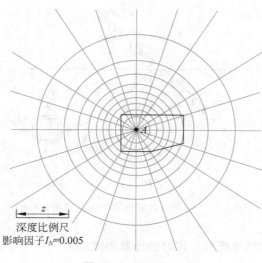

深度比例尺
影响因子I_N=0.005

图 2.37　纽马克图

（4）数一下荷载作用平面图在纽马克图中盖住的扇形块数 N_s（不足一块者可估计，N_s 可为小数），计算竖向附加应力 $\Delta\sigma_z = N_s I_N p$。

2.6.3　平面应变问题的地基附加应力（Additional Stresses in Soil under Plain Strain Condition）

在工程中，房屋的条形基础、挡土墙基础和路基等的长宽比很大，基底压力沿着长度方向是均匀分布的，地基土体沿着长度方向没有变形，只有与长度方向垂直的断面内的变形，对于这类问题，只需研究横断面内的应力分布即可，称为平面应变问题。

1. 竖向线荷载作用下的地基附加应力

如图 2.38 所示，在半无限空间表面上作用有沿无限长直线（Y 轴）均布的竖向荷载，荷载的集度为 $\bar{p}$（单位：kN/m），为求由该线荷载在点 $M(x,0,z)$ 引起的竖向附加应力，在 Y 轴距坐标原点为 y 处取微段 $\mathrm{d}y$，则作用在 $\mathrm{d}y$ 的荷载可看作是竖向集中力 $\mathrm{d}F$，且 $\mathrm{d}F = \bar{p}\,\mathrm{d}y$。利用布辛内斯克解，竖向集中力 $\mathrm{d}F$ 在 M 点引起的竖向附加应力 $\mathrm{d}(\Delta\sigma_z)$ 为

$$\mathrm{d}(\Delta\sigma_z) = \frac{3\mathrm{d}F}{2\pi}\frac{z^3}{R^5} = \frac{3z^3\,\bar{p}\,\mathrm{d}y}{2\pi R^5} \tag{2.72}$$

积分后即得由均布线荷载 $\bar{p}$ 作用下在点 $M(x,0,z)$ 产生的竖向附加应力：

$$\Delta\sigma_z = \int_{-\infty}^{+\infty}\frac{3z^3\,\bar{p}\,\mathrm{d}y}{2\pi(x^2+y^2+z^2)^{5/2}} = \frac{2\,\bar{p}z^3}{\pi R_0^4} \tag{2.73}$$

式中，$R_0 = \sqrt{x^2+z^2}$。

同理可得

$$\Delta\sigma_x = \frac{2\,\bar{p}x^2 z}{\pi R_0^4} \tag{2.74}$$

$$\Delta\tau_{xz} = \frac{2\,\bar{p}xz^2}{\pi R_0^4} \tag{2.75}$$

式（2.73）～式（2.75）最早由法国人弗拉曼（Flamant）于 1892 年解得。

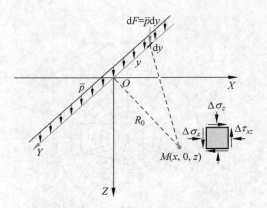

图 2.38　竖向线荷载作用下的地基附加应力

2. 条形面积受竖向均布荷载作用时的地基附加应力

如图 2.39 所示,在半无限空间表面宽度为 b 的条形面积上作用有均布的竖向荷载 p,为求由该条形荷载在点 $M(x,0,z)$ 引起的竖向附加应力,在条形荷载的宽度方向上取微分宽度 $\mathrm{d}\xi$,如图 2.40 所示,将其上作用的荷载 $\mathrm{d}\bar{F}=p\mathrm{d}\xi$ 看作线荷载,利用弗拉曼解,线荷载 $\mathrm{d}\bar{F}$ 在 M 点引起的竖向附加应力 $\mathrm{d}(\Delta\sigma_z)$ 为

$$\mathrm{d}(\Delta\sigma_z)=\frac{2\mathrm{d}\bar{F}z^3}{\pi R_0^4}=\frac{2z^3\,p}{\pi R_0^4}\mathrm{d}\xi=\frac{2z^3\,p}{\pi\big[(x-\xi)^2+z^2\big]^2}\mathrm{d}\xi \tag{2.76}$$

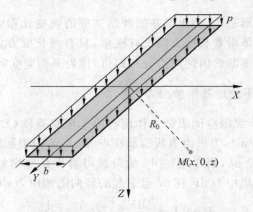

图 2.39　条形面积受竖向均布荷载作用时的地基附加应力

在荷载宽度范围内进行积分,可得由整个条形荷载在点 $M(x,0,z)$ 引起的竖向附加应力为

$$\Delta\sigma_z=\int_{-\frac{b}{2}}^{+\frac{b}{2}}\frac{2z^3\,p}{\pi\big[(x-\xi)^2+z^2\big]^2}\mathrm{d}\xi=\alpha_s^z p \tag{2.77}$$

式中,α_s^z 是条形竖向均布荷载作用下的竖向附加应力系数,它是 $m=x/b$ 和 $n=z/b$ 的函数,其表达式为

$$\alpha_s^z=\frac{1}{\pi}\left[\arctan\frac{1-2m}{2n}+\arctan\frac{1+2m}{2n}-\frac{4n(4m^2-4n^2-1)}{(4m^2+4n^2-1)^2+16n^2}\right] \tag{2.78}$$

同理可得

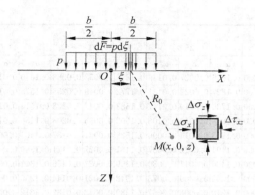

图 2.40　竖向条形荷载作用下的地基附加应力

$$\Delta\sigma_x = \alpha_s^x\, p \tag{2.79}$$

$$\Delta\tau_{xz} = \alpha_s^{xz}\, p \tag{2.80}$$

式中，α_s^x 和 α_s^{xz} 分别为条形竖向均布荷载作用下的水平附加应力系数和附加剪应力系数，其表达式为

$$\alpha_s^x = \frac{1}{\pi}\left[\arctan\frac{1-2m}{2n} + \arctan\frac{1+2m}{2n} + \frac{4n(4m^2 - 4n^2 - 1)}{(4m^2 + 4n^2 - 1)^2 + 16n^2}\right] \tag{2.81}$$

$$\alpha_s^{xz} = \frac{1}{\pi}\frac{32n^2 m}{(4m^2 + 4n^2 - 1)^2 + 16n^2} \tag{2.82}$$

α_s^z、α_s^x 和 α_s^{xz} 的值可通过公式计算，也可从表 2.11 中查得。

表 2.11　条形面积受竖向均布荷载作用时的附加应力系数

$n=z/b$	$m=x/b$														
	0.00			0.25			0.50			1.00			2.00		
	α_s^z	α_s^x	α_s^{xz}	α_s^z	α_s^x	α_s^{xz}	α_s^z	α_s^x	α_s^{xz}	α_s^z	α_s^x	α_s^{xz}	α_s^z	α_s^x	α_s^{xz}
10^{-5}	1.0000	1.0000	0.0000	1.0000	1.0000	0.0000	0.5000	0.5000	0.3183	0.0000	0.0000	0.0000	0.0000	0.0000	0.0000
0.1	0.9968	0.7519	0.0000	0.9882	0.6852	0.0383	0.4998	0.4368	0.3152	0.0016	0.0817	0.0108	0.0000	0.0169	0.0009
0.2	0.9773	0.5382	0.0000	0.9368	0.4678	0.1031	0.4984	0.3760	0.3061	0.0109	0.1470	0.0383	0.0004	0.0332	0.0035
0.3	0.9368	0.3751	0.0000	0.8663	0.3337	0.1440	0.4948	0.3196	0.2920	0.0300	0.1884	0.0720	0.0013	0.0484	0.0077
0.4	0.8810	0.2599	0.0000	0.7971	0.2466	0.1584	0.4886	0.2691	0.2744	0.0558	0.2079	0.1031	0.0029	0.0620	0.0132
0.5	0.8183	0.1817	0.0000	0.7347	0.1862	0.1567	0.4797	0.2251	0.2546	0.0839	0.2112	0.1273	0.0053	0.0739	0.0196
0.6	0.7554	0.1292	0.0000	0.6792	0.1426	0.1470	0.4684	0.1875	0.2341	0.1110	0.2045	0.1440	0.0086	0.0837	0.0266
0.7	0.6960	0.0938	0.0000	0.6298	0.1106	0.1341	0.4551	0.1561	0.2136	0.1350	0.1922	0.1538	0.0127	0.0914	0.0338
0.8	0.6417	0.0695	0.0000	0.5856	0.0867	0.1206	0.4405	0.1300	0.1941	0.1553	0.1771	0.1584	0.0176	0.0971	0.0409
0.9	0.5931	0.0526	0.0000	0.5460	0.0688	0.1077	0.4250	0.1085	0.1759	0.1719	0.1613	0.1590	0.0230	0.1010	0.0477
1.0	0.5498	0.0405	0.0000	0.5105	0.0551	0.0959	0.4092	0.0908	0.1592	0.1848	0.1457	0.1567	0.0289	0.1032	0.0540
1.2	0.4774	0.0253	0.0000	0.4498	0.0366	0.0762	0.3777	0.0646	0.1305	0.2018	0.1173	0.1470	0.0412	0.1034	0.0646
1.4	0.4200	0.0167	0.0000	0.4004	0.0252	0.0611	0.3480	0.0469	0.1075	0.2097	0.0938	0.1341	0.0535	0.0996	0.0722
1.6	0.3741	0.0116	0.0000	0.3597	0.0180	0.0498	0.3209	0.0347	0.0894	0.2115	0.0751	0.1206	0.0647	0.0933	0.0769
1.8	0.3367	0.0083	0.0000	0.3260	0.0132	0.0411	0.2965	0.0263	0.0751	0.2094	0.0604	0.1077	0.0746	0.0858	0.0792
2.0	0.3058	0.0062	0.0000	0.2976	0.0100	0.0343	0.2749	0.0203	0.0637	0.2047	0.0490	0.0959	0.0829	0.0779	0.0795
2.2	0.2798	0.0047	0.0000	0.2735	0.0077	0.0291	0.2557	0.0159	0.0545	0.1987	0.0400	0.0854	0.0895	0.0701	0.0784
2.4	0.2579	0.0036	0.0000	0.2529	0.0060	0.0249	0.2387	0.0127	0.0471	0.1919	0.0329	0.0762	0.0946	0.0627	0.0762
2.6	0.2390	0.0029	0.0000	0.2350	0.0048	0.0215	0.2235	0.0102	0.0410	0.1848	0.0273	0.0681	0.0984	0.0559	0.0734
2.8	0.2227	0.0023	0.0000	0.2194	0.0039	0.0188	0.2100	0.0084	0.0360	0.1777	0.0229	0.0611	0.1011	0.0498	0.0702
3.0	0.2084	0.0019	0.0000	0.2057	0.0032	0.0165	0.1979	0.0069	0.0318	0.1707	0.0193	0.0551	0.1028	0.0443	0.0668

续表

$n=z/b$	$m=x/b$														
	0.00			0.25			0.50			1.00			2.00		
	α_s^z	α_s^x	α_s^{xz}	α_s^z	α_s^x	α_s^{xz}	α_s^z	α_s^x	α_s^{xz}	α_s^z	α_s^x	α_s^{xz}	α_s^z	α_s^x	α_s^{xz}
3.2	0.1958	0.0016	0.0000	0.1935	0.0027	0.0146	0.1870	0.0058	0.0283	0.1640	0.0164	0.0498	0.1037	0.0395	0.0633
3.4	0.1846	0.0013	0.0000	0.1827	0.0022	0.0131	0.1772	0.0049	0.0253	0.1575	0.0140	0.0451	0.1039	0.0352	0.0598
3.6	0.1746	0.0011	0.0000	0.1730	0.0019	0.0117	0.1683	0.0042	0.0228	0.1514	0.0121	0.0411	0.1037	0.0314	0.0565
3.8	0.1656	0.0009	0.0000	0.1643	0.0016	0.0106	0.1602	0.0036	0.0206	0.1456	0.0105	0.0375	0.1030	0.0281	0.0532
4.0	0.1575	0.0008	0.0000	0.1563	0.0014	0.0096	0.1529	0.0031	0.0187	0.1401	0.0091	0.0343	0.1020	0.0252	0.0502
4.2	0.1502	0.0007	0.0000	0.1491	0.0012	0.0087	0.1461	0.0027	0.0171	0.1349	0.0080	0.0316	0.1008	0.0226	0.0473
4.4	0.1435	0.0006	0.0000	0.1426	0.0011	0.0080	0.1399	0.0023	0.0156	0.1301	0.0071	0.0291	0.0994	0.0204	0.0445
4.6	0.1373	0.0005	0.0000	0.1365	0.0009	0.0073	0.1342	0.0021	0.0144	0.1255	0.0062	0.0269	0.0979	0.0184	0.0420
4.8	0.1317	0.0005	0.0000	0.1310	0.0008	0.0067	0.1289	0.0018	0.0132	0.1212	0.0056	0.0249	0.0962	0.0166	0.0396
5.0	0.1265	0.0004	0.0000	0.1259	0.0007	0.0062	0.1240	0.0016	0.0122	0.1171	0.0050	0.0231	0.0945	0.0151	0.0374
6.0	0.1056	0.0002	0.0000	0.1053	0.0004	0.0043	0.1042	0.0010	0.0086	0.1001	0.0030	0.0165	0.0858	0.0096	0.0284
7.0	0.0906	0.0002	0.0000	0.0904	0.0003	0.0032	0.0897	0.0006	0.0064	0.0871	0.0019	0.0124	0.0776	0.0064	0.0220
8.0	0.0794	0.0001	0.0000	0.0792	0.0002	0.0025	0.0788	0.0004	0.0049	0.0770	0.0013	0.0096	0.0704	0.0044	0.0175
9.0	0.0706	0.0001	0.0000	0.0705	0.0001	0.0019	0.0702	0.0003	0.0039	0.0689	0.0009	0.0076	0.0641	0.0032	0.0142
10.0	0.0636	0.0001	0.0000	0.0635	0.0001	0.0016	0.0632	0.0002	0.0032	0.0623	0.0007	0.0062	0.0588	0.0024	0.0117

M 点的附加应力也可用极坐标表示如下：

$$\Delta\sigma_z = \frac{p}{\pi}\left[\sin\beta_2\cos\beta_2 - \sin\beta_1\cos\beta_1 + (\beta_2 - \beta_1)\right] \tag{2.83}$$

$$\Delta\sigma_x = \frac{p}{\pi}\left[-\sin(\beta_2 - \beta_1)\cos(\beta_2 + \beta_1) + (\beta_2 - \beta_1)\right] \tag{2.84}$$

$$\Delta\tau_{xz} = \frac{p}{\pi}\left(\sin^2\beta_2 - \sin^2\beta_1\right) \tag{2.85}$$

在上面各式中，β_1 和 β_2 如图 2.41 所示。当 M 点位于荷载分布宽度两端点竖直线之间时，β_1 取负值，否则取正值。

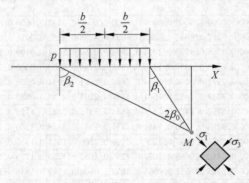

图 2.41　竖向条形荷载作用下地基附加应力的主应力

将式(2.83)～式(2.85)代入式(2.4)和式(2.5)可得 M 点的附加应力的最大主应力 σ_1 和最小主应力 σ_3 的表达式为

$$\left.\begin{array}{c}\sigma_1\\\sigma_3\end{array}\right\} = \frac{\Delta\sigma_z + \Delta\sigma_x}{2} \pm \sqrt{\left(\frac{\Delta\sigma_z - \Delta\sigma_x}{2}\right)^2 + \Delta\tau_{zx}^2} = \frac{p}{\pi}\left[(\beta_2 - \beta_1) \pm \sin(\beta_2 - \beta_1)\right] \tag{2.86}$$

设 $2\beta_0$ 为 M 点与条形荷载两端连线的夹角，如图 2.41 所示，则 $2\beta_0 = \beta_2 - \beta_1$，于是上式变为

$$\left.\begin{array}{c}\sigma_1\\\sigma_3\end{array}\right\} = \frac{p}{\pi}\left(2\beta_0 \pm \sin 2\beta_0\right) \tag{2.87}$$

σ_1 的作用方向与 $2\beta_0$ 的角平分线一致。式(2.87)将应用到第 9 章地基承载力的分析中。

3. 条形面积受竖向三角形分布荷载作用时的地基附加应力

如图 2.42 所示,在半无限空间表面宽度为 b 的条形面积上作用有竖向三角形分布荷载,其最大值为 p_t,为求由该条形荷载在点 $M(x,0,z)$ 引起的竖向附加应力,在条形荷载的宽度方向上取微分宽度 $\mathrm{d}\xi$,将其上作用的荷载 $\mathrm{d}\bar{F}=(\xi/b+1/2)p_t\mathrm{d}\xi$ 看作线荷载,利用弗拉曼解,线荷载 $\mathrm{d}\bar{F}$ 在 M 点引起的竖向附加应力 $\mathrm{d}(\Delta\sigma_z)$ 为

$$\mathrm{d}(\Delta\sigma_z)=\frac{2\mathrm{d}\bar{F}z^3}{\pi R_0^4}=\frac{2z^3\left(\dfrac{\xi}{b}+\dfrac{1}{2}\right)p_t}{\pi\left[(x-\xi)^2+z^2\right]^2}\mathrm{d}\xi \tag{2.88}$$

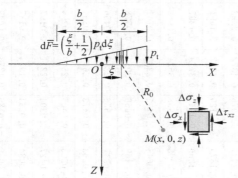

图 2.42　条形面积三角形竖向荷载作用下的地基附加应力

在荷载宽度范围内进行积分,可得由整个条形荷载在点 $M(x,z)$ 引起的竖向附加应力为

$$\Delta\sigma_z=\int_{-\frac{b}{2}}^{+\frac{b}{2}}\frac{2z^3\left(\dfrac{\xi}{b}+\dfrac{1}{2}\right)p_t}{\pi\left[(x-\xi)^2+z^2\right]^2}\mathrm{d}\xi=\alpha_t^z p_t \tag{2.89}$$

式中,α_t^z 是条形面积上三角形竖向分布荷载作用下的竖向附加应力系数,它是 $m=x/b$ 和 $n=z/b$ 的函数,其表达式为

$$\alpha_t^z=\frac{1}{\pi}\left[\left(\frac{1+2m}{2}\right)\left(\arctan\frac{1+2m}{2n}+\arctan\frac{1-2m}{2n}\right)+\frac{2n(1-2m)}{(1-2m)^2+4n^2}\right] \tag{2.90}$$

同理可得

$$\Delta\sigma_x=\alpha_t^x p_t \tag{2.91}$$

$$\Delta\tau_{xz}=\alpha_t^{xz} p_t \tag{2.92}$$

式中,α_t^x 和 α_t^{xz} 分别为条形面积上三角形竖向荷载作用下的水平附加应力系数和附加剪应力系数,其表达式为

$$\alpha_t^x=\frac{1}{\pi}\left[\left(\frac{1+2m}{2}\right)\left(\arctan\frac{1+2m}{2n}+\arctan\frac{1-2m}{2n}\right)-\right.$$
$$\left.\frac{2n(1-2m)}{(1-2m)^2+4n^2}+n\ln\frac{(1-2m)^2+4n^2}{(1+2m)^2+4n^2}\right] \tag{2.93}$$

$$\alpha_t^{xz}=\frac{1}{\pi}\left[\frac{4n^2}{(1-2m)^2+4n^2}-n\left(\arctan\frac{1+2m}{2n}+\arctan\frac{1-2m}{2n}\right)\right] \tag{2.94}$$

α_t^z、α_t^x 和 α_t^{xz} 的值可通过公式计算,也可由表 2.12 查得。

表 2.12　条形面积受竖向三角形分布载荷作用时的附加应力系数

$n=z/b$	$m=x/b$ -1.00			-0.50			0.00			0.50			1.00		
	α_i^z	α_i^x	α_i^{xz}	α_i^z	α_i^x	α_i^{xz}	α_i^z	α_i^x	α_i^{xz}	α_i^z	α_i^x	α_i^{xz}	α_i^z	α_i^x	α_i^{xz}
10^{-5}	0.0000	0.0000	0.0000	0.0000	0.0001	0.0000	0.5000	0.5000	0.0000	0.5000	0.4999	0.3183	0.0000	0.0000	0.0000
0.1	0.0003	0.0269	-0.0028	0.0315	0.1154	-0.0437	0.4984	0.3760	-0.0752	0.4683	0.3214	0.2715	0.0013	0.0548	0.0081
0.2	0.0022	0.0504	-0.0102	0.0612	0.1462	-0.0752	0.4886	0.2691	-0.1076	0.4372	0.2298	0.2309	0.0086	0.0966	0.0281
0.3	0.0066	0.0684	-0.0205	0.0876	0.1506	-0.0959	0.4684	0.1875	-0.1125	0.4072	0.1691	0.1961	0.0234	0.1200	0.0515
0.4	0.0133	0.0804	-0.0316	0.1098	0.1425	-0.1076	0.4405	0.1300	-0.1040	0.3789	0.1267	0.1668	0.0425	0.1275	0.0715
0.5	0.0217	0.0869	-0.0420	0.1273	0.1288	-0.1125	0.4092	0.0908	-0.0908	0.3524	0.0963	0.1421	0.0622	0.1244	0.0854
0.6	0.0309	0.0890	-0.0507	0.1404	0.1134	-0.1125	0.3777	0.0646	-0.0775	0.3280	0.0741	0.1215	0.0801	0.1155	0.0932
0.7	0.0402	0.0879	-0.0576	0.1495	0.0983	-0.1092	0.3480	0.0469	-0.0656	0.3056	0.0578	0.1044	0.0948	0.1042	0.0963
0.8	0.0491	0.0846	-0.0625	0.1553	0.0843	-0.1040	0.3209	0.0347	-0.0556	0.2852	0.0456	0.0901	0.1063	0.0925	0.0959
0.9	0.0571	0.0800	-0.0656	0.1583	0.0721	-0.0976	0.2965	0.0263	-0.0473	0.2667	0.0364	0.0782	0.1147	0.0813	0.0933
1.0	0.0643	0.0746	-0.0673	0.1592	0.0615	-0.0908	0.2749	0.0203	-0.0405	0.2500	0.0294	0.0683	0.1206	0.0710	0.0894
1.2	0.0755	0.0632	-0.0673	0.1565	0.0449	-0.0775	0.2387	0.0127	-0.0304	0.2211	0.0197	0.0529	0.1263	0.0541	0.0798
1.4	0.0829	0.0525	-0.0643	0.1506	0.0332	-0.0656	0.2100	0.0084	-0.0234	0.1974	0.0137	0.0419	0.1269	0.0413	0.0698
1.6	0.0872	0.0433	-0.0599	0.1431	0.0249	-0.0556	0.1870	0.0058	-0.0185	0.1778	0.0099	0.0338	0.1244	0.0319	0.0607
1.8	0.0891	0.0356	-0.0550	0.1351	0.0190	-0.0473	0.1683	0.0042	-0.0150	0.1614	0.0073	0.0278	0.1203	0.0249	0.0527
2.0	0.0894	0.0293	-0.0500	0.1273	0.0147	-0.0405	0.1529	0.0031	-0.0123	0.1476	0.0055	0.0231	0.1154	0.0197	0.0459
2.2	0.0885	0.0242	-0.0453	0.1199	0.0116	-0.0350	0.1399	0.0023	-0.0103	0.1358	0.0043	0.0196	0.1102	0.0157	0.0401
2.4	0.0868	0.0202	-0.0409	0.1130	0.0093	-0.0304	0.1289	0.0018	-0.0088	0.1257	0.0034	0.0167	0.1051	0.0127	0.0352
2.6	0.0847	0.0169	-0.0370	0.1067	0.0075	-0.0266	0.1195	0.0014	-0.0075	0.1169	0.0027	0.0144	0.1001	0.0104	0.0311
2.8	0.0823	0.0142	-0.0335	0.1008	0.0062	-0.0234	0.1113	0.0012	-0.0065	0.1092	0.0022	0.0126	0.0954	0.0086	0.0276

续表

$n=z/b$	$m=x/b$															
	-1.00			-0.50			0.00			0.50			1.00			
	α_i^z	α_i^x	α_i^{zx}	α_i^z	α_i^x	α_i^{zx}	α_i^z	α_i^x	α_i^{zx}	α_i^z	α_i^x	α_i^{zx}	α_i^z	α_i^x	α_i^{zx}	
3.0	0.0798	0.0121	-0.0304	0.0955	0.0051	-0.0208	0.1042	0.0010	-0.0057	0.1024	0.0018	0.0111	0.0909	0.0072	0.0247	
3.2	0.0772	0.0103	-0.0276	0.0906	0.0043	-0.0185	0.0979	0.0008	-0.0050	0.0964	0.0015	0.0098	0.0867	0.0061	0.0221	
3.4	0.0747	0.0089	-0.0252	0.0862	0.0036	-0.0166	0.0923	0.0007	-0.0045	0.0911	0.0013	0.0087	0.0828	0.0052	0.0199	
3.6	0.0721	0.0077	-0.0230	0.0821	0.0031	-0.0150	0.0873	0.0006	-0.0040	0.0862	0.0011	0.0078	0.0792	0.0044	0.0180	
3.8	0.0697	0.0067	-0.0211	0.0783	0.0027	-0.0136	0.0828	0.0005	-0.0036	0.0819	0.0009	0.0071	0.0759	0.0038	0.0164	
4.0	0.0673	0.0058	-0.0194	0.0749	0.0023	-0.0123	0.0788	0.0004	-0.0033	0.0780	0.0008	0.0064	0.0727	0.0033	0.0149	
4.2	0.0651	0.0051	-0.0179	0.0717	0.0020	-0.0113	0.0751	0.0004	-0.0030	0.0744	0.0007	0.0058	0.0698	0.0029	0.0137	
4.4	0.0629	0.0045	-0.0165	0.0688	0.0017	-0.0103	0.0717	0.0003	-0.0027	0.0711	0.0006	0.0053	0.0671	0.0025	0.0126	
4.6	0.0609	0.0040	-0.0153	0.0661	0.0015	-0.0095	0.0687	0.0003	-0.0025	0.0681	0.0005	0.0049	0.0646	0.0022	0.0116	
4.8	0.0589	0.0036	-0.0142	0.0636	0.0014	-0.0088	0.0658	0.0002	-0.0023	0.0654	0.0005	0.0045	0.0623	0.0020	0.0107	
5.0	0.0571	0.0032	-0.0132	0.0612	0.0012	-0.0081	0.0632	0.0002	-0.0021	0.0628	0.0004	0.0041	0.0601	0.0018	0.0099	
6.0	0.0491	0.0019	-0.0095	0.0516	0.0007	-0.0057	0.0528	0.0001	-0.0015	0.0526	0.0002	0.0029	0.0509	0.0010	0.0070	
7.0	0.0430	0.0012	-0.0071	0.0446	0.0005	-0.0042	0.0453	0.0001	-0.0011	0.0452	0.0002	0.0021	0.0441	0.0007	0.0052	
8.0	0.0381	0.0008	-0.0055	0.0392	0.0003	-0.0033	0.0397	0.0001	-0.0008	0.0396	0.0001	0.0016	0.0389	0.0005	0.0040	
9.0	0.0342	0.0006	-0.0044	0.0349	0.0002	-0.0026	0.0353	0.0000	-0.0007	0.0352	0.0001	0.0013	0.0347	0.0003	0.0032	
10.0	0.0310	0.0004	-0.0036	0.0315	0.0002	-0.0021	0.0318	0.0000	-0.0005	0.0317	0.0001	0.0011	0.0314	0.0002	0.0026	

4. 条形面积受水平均布荷载作用时的地基附加应力

如图 2.43 所示,在半无限空间表面宽度为 b 的条形面积上作用有均布的水平荷载 p_h,为求由该条形荷载在点 $M(x,0,z)$ 引起的竖向附加应力,在条形荷载的宽度方向上取微分宽度 $d\xi$,将其上作用的荷载 $dQ=p_h d\xi$ 看作线荷载,利用西罗提解先求得 dQ 在 M 点引起的竖向附加应力 $d(\Delta\sigma_z)$,然后在荷载宽度范围内进行积分,可得

$$\Delta\sigma_z = \alpha_h^z p_h \tag{2.95}$$

$$\Delta\sigma_x = \alpha_h^x p_h \tag{2.96}$$

$$\Delta\tau_{xz} = \alpha_h^{xz} p_h \tag{2.97}$$

式(2.95)~式(2.97)中附加应力系数 α_h^z、α_h^x 和 α_h^{xz} 是 $m=x/b$ 和 $n=z/b$ 的函数,其表达式为

$$\alpha_h^z = \frac{1}{\pi}\left[\frac{4n^2}{(1-2m)^2+4n^2} - \frac{4n^2}{(1+2m)^2+4n^2}\right] \tag{2.98}$$

$$\alpha_h^x = \frac{1}{\pi}\left[\frac{4n^2}{(1+2m)^2+4n^2} - \frac{4n^2}{(1-2m)^2+4n^2} + \ln\frac{(1+2m)^2+4n^2}{(1-2m)^2+4n^2}\right] \tag{2.99}$$

$$\alpha_h^{xz} = \frac{1}{\pi}\left[\arctan\frac{1+2m}{2n} + \arctan\frac{1-2m}{2n} - \frac{2n(1-2m)}{(1-2m)^2+4n^2} - \frac{2n(1+2m)}{(1+2m)^2+4n^2}\right] \tag{2.100}$$

附加应力系数值也可通过查表 2.13 得到。

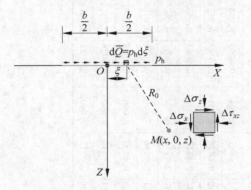

图 2.43   条形面积水平均布荷载
作用下的地基附加应力

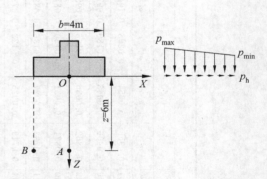

图 2.44   例题 2.9 图

[例题 2.9]   如图 2.44 所示,某条形基础宽 $b=4\text{m}$,基底作用有竖向梯形附加压力和水平均布压力,其中竖向附加压力 $p_{max}=210\text{kPa}$,$p_{min}=150\text{kPa}$,水平均布压力 $p_h=30\text{kPa}$。求条形基础中心线和左边缘下深度 $z=6\text{m}$ 处 A 点及 B 点的竖向附加应力。

解: 把竖向梯形分布荷载划分为均布荷载和三角形分布荷载两部分,分别计算竖向均布荷载、竖向三角形分布荷载和水平均布荷载在 A 点及 B 点产生的竖向附加应力,然后叠加得到总的附加应力。具体计算过程如表 2.14 所示。

表 2.13　条形面积受水平均布荷载作用时的附加应力系数

$m=x/b$

$n=z/b$	-1.00			-0.50			0.00			0.50			1.00		
	$\alpha_h^{\bar z\bar x}$	$\alpha_h^{\bar z}$	$\alpha_h^{\bar x}$	$\alpha_h^{\bar z\bar x}$	$\alpha_h^{\bar z}$	$\alpha_h^{\bar x}$	$\alpha_h^{\bar z\bar x}$	$\alpha_h^{\bar z}$	$\alpha_h^{\bar x}$	$\alpha_h^{\bar z\bar x}$	$\alpha_h^{\bar z}$	$\alpha_h^{\bar x}$	$\alpha_h^{\bar z\bar x}$	$\alpha_h^{\bar z}$	$\alpha_h^{\bar x}$
10^{-5}	0.0000	−0.6994	0.0000	0.5000	−7.0110	−0.3183	1.0000	0.0000	0.0000	0.5000	7.0110	0.3183	0.0000	0.6994	0.0000
0.1	0.0817	−0.6775	−0.0108	0.4368	−1.1539	−0.3152	0.7519	0.0000	0.0000	0.4368	1.1539	0.3152	0.0817	0.6775	0.0108
0.2	0.1470	−0.6194	−0.0383	0.3760	−0.7310	−0.3061	0.5382	0.0000	0.0000	0.3760	0.7310	0.3061	0.1470	0.6194	0.0383
0.3	0.1884	−0.5420	−0.0720	0.3196	−0.5019	−0.2920	0.3751	0.0000	0.0000	0.3196	0.5019	0.2920	0.1884	0.5420	0.0720
0.4	0.2079	−0.4607	−0.1031	0.2691	−0.3562	−0.2744	0.2599	0.0000	0.0000	0.2691	0.3562	0.2744	0.2079	0.4607	0.1031
0.5	0.2112	−0.3850	−0.1273	0.2251	−0.2577	−0.2546	0.1817	0.0000	0.0000	0.2251	0.2577	0.2546	0.2112	0.3850	0.1273
0.6	0.2045	−0.3188	−0.1440	0.1875	−0.1890	−0.2341	0.1292	0.0000	0.0000	0.1875	0.1890	0.2341	0.2045	0.3188	0.1440
0.7	0.1922	−0.2628	−0.1538	0.1561	−0.1404	−0.2136	0.0938	0.0000	0.0000	0.1561	0.1404	0.2136	0.1922	0.2628	0.1538
0.8	0.1771	−0.2165	−0.1584	0.1300	−0.1054	−0.1941	0.0695	0.0000	0.0000	0.1300	0.1054	0.1941	0.1771	0.2165	0.1584
0.9	0.1613	−0.1785	−0.1590	0.1085	−0.0801	−0.1759	0.0526	0.0000	0.0000	0.1085	0.0801	0.1759	0.1613	0.1785	0.1590
1.0	0.1457	−0.1474	−0.1567	0.0908	−0.0615	−0.1592	0.0405	0.0000	0.0000	0.0908	0.0615	0.1592	0.1457	0.1474	0.1567
1.2	0.1173	−0.1016	−0.1470	0.0646	−0.0374	−0.1305	0.0253	0.0000	0.0000	0.0646	0.0374	0.1305	0.1173	0.1016	0.1470
1.4	0.0938	−0.0710	−0.1341	0.0469	−0.0237	−0.1075	0.0167	0.0000	0.0000	0.0469	0.0237	0.1075	0.0938	0.0710	0.1341
1.6	0.0751	−0.0505	−0.1206	0.0347	−0.0156	−0.0894	0.0116	0.0000	0.0000	0.0347	0.0156	0.0894	0.0751	0.0505	0.1206
1.8	0.0604	−0.0365	−0.1077	0.0263	−0.0105	−0.0751	0.0083	0.0000	0.0000	0.0263	0.0105	0.0751	0.0604	0.0365	0.1077
2.0	0.0490	−0.0269	−0.0959	0.0203	−0.0074	−0.0637	0.0062	0.0000	0.0000	0.0203	0.0074	0.0637	0.0490	0.0269	0.0959
2.2	0.0400	−0.0201	−0.0854	0.0159	−0.0053	−0.0545	0.0047	0.0000	0.0000	0.0159	0.0053	0.0545	0.0400	0.0201	0.0854
2.4	0.0329	−0.0153	−0.0762	0.0127	−0.0039	−0.0471	0.0036	0.0000	0.0000	0.0127	0.0039	0.0471	0.0329	0.0153	0.0762
2.6	0.0273	−0.0118	−0.0681	0.0102	−0.0029	−0.0410	0.0029	0.0000	0.0000	0.0102	0.0029	0.0410	0.0273	0.0118	0.0681
2.8	0.0229	−0.0092	−0.0611	0.0084	−0.0022	−0.0360	0.0023	0.0000	0.0000	0.0084	0.0022	0.0360	0.0229	0.0092	0.0611

续表

$n=z/b$	$m=x/b$														
	1.00			0.50			0.00			−0.50			−1.00		
	α_n^z	α_n^x	α_n^{zx}	α_n^z	α_n^x	α_n^{zx}	α_n^z	α_n^x	α_n^{zx}	α_n^z	α_n^x	α_n^{zx}	α_n^z	α_n^x	α_n^{zx}
3.0	0.0551	0.0072	0.0193	0.0318	0.0017	0.0069	0.0000	0.0000	0.0019	−0.0318	−0.0017	0.0069	−0.0551	−0.0072	0.0193
3.2	0.0498	0.0058	0.0164	0.0283	0.0013	0.0058	0.0000	0.0000	0.0016	−0.0283	−0.0013	0.0058	−0.0498	−0.0058	0.0164
3.4	0.0451	0.0047	0.0140	0.0253	0.0011	0.0049	0.0000	0.0000	0.0013	−0.0253	−0.0011	0.0049	−0.0451	−0.0047	0.0140
3.6	0.0411	0.0038	0.0121	0.0228	0.0009	0.0042	0.0000	0.0000	0.0011	−0.0228	−0.0009	0.0042	−0.0411	−0.0038	0.0121
3.8	0.0375	0.0031	0.0105	0.0206	0.0007	0.0036	0.0000	0.0000	0.0009	−0.0206	−0.0007	0.0036	−0.0375	−0.0031	0.0105
4.0	0.0343	0.0026	0.0091	0.0187	0.0006	0.0031	0.0000	0.0000	0.0008	−0.0187	−0.0006	0.0031	−0.0343	−0.0026	0.0091
4.2	0.0316	0.0022	0.0080	0.0171	0.0005	0.0027	0.0000	0.0000	0.0007	−0.0171	−0.0005	0.0027	−0.0316	−0.0022	0.0080
4.4	0.0291	0.0018	0.0071	0.0156	0.0004	0.0023	0.0000	0.0000	0.0006	−0.0156	−0.0004	0.0023	−0.0291	−0.0018	0.0071
4.6	0.0269	0.0015	0.0062	0.0144	0.0003	0.0021	0.0000	0.0000	0.0005	−0.0144	−0.0003	0.0021	−0.0269	−0.0015	0.0062
4.8	0.0249	0.0013	0.0056	0.0132	0.0003	0.0018	0.0000	0.0000	0.0005	−0.0132	−0.0003	0.0018	−0.0249	−0.0013	0.0056
5.0	0.0231	0.0011	0.0050	0.0122	0.0002	0.0016	0.0000	0.0000	0.0004	−0.0122	−0.0002	0.0016	−0.0231	−0.0011	0.0050
6.0	0.0165	0.0006	0.0030	0.0086	0.0001	0.0010	0.0000	0.0000	0.0002	−0.0086	−0.0001	0.0010	−0.0165	−0.0006	0.0030
7.0	0.0124	0.0003	0.0019	0.0064	0.0001	0.0006	0.0000	0.0000	0.0002	−0.0064	−0.0001	0.0006	−0.0124	−0.0003	0.0019
8.0	0.0096	0.0002	0.0013	0.0049	0.0000	0.0004	0.0000	0.0000	0.0001	−0.0049	−0.0001	0.0004	−0.0096	−0.0002	0.0013
9.0	0.0076	0.0001	0.0009	0.0039	0.0000	0.0003	0.0000	0.0000	0.0001	−0.0039	0.0000	0.0003	−0.0076	−0.0001	0.0009
10.0	0.0062	0.0001	0.0007	0.0032	0.0000	0.0002	0.0000	0.0000	0.0001	−0.0032	0.0000	0.0002	−0.0062	−0.0001	0.0007

表 2.14　A 点及 B 点的附加应力

项　　目	A 点	B 点
m	0	-0.5
n	1.5	1.5
α_{s}^{z}（竖向均布）	0.3971	0.3345[a]
$\Delta\sigma_{z1}=\alpha_{s}^{z}p_{min}/kPa$	59.57	50.18
α_{t}^{z}（竖向三角形分布）	0.1985	0.1876[b]
$\Delta\sigma_{z2}=\alpha_{t}^{z}(p_{max}-p_{min})/kPa$	11.91	11.26
α_{h}^{z}（水平均布）	0	-0.0985
$\Delta\sigma_{z3}=\alpha_{h}^{z}p_{h}/kPa$	0	-2.96
$\Delta\sigma_{z}=\Delta\sigma_{z1}+\Delta\sigma_{z2}+\Delta\sigma_{z3}/kPa$	71.48	58.48

a. 根据对称性，按 $m=0.5$ 查表；b. 由于 B 点在三角形分布荷载最大值一侧，按 $m=0.5$ 查表。

思考题（Thinking Questions）

2.1　什么是正应力？什么是剪应力？在土力学中，应力的符号是如何约定的？

2.2　如何用莫尔应力圆表示二维单元的应力状态？如何确定最大主应力和最小主应力？

2.3　什么是正应变？什么是剪应变？

2.4　什么是胡克定律？何种材料服从胡克定律？

2.5　弹性参数有哪些？

2.6　什么是有效应力原理？土的强度和变形由总应力还是有效应力决定？

2.7　什么是自重应力？什么是附加应力？

2.8　什么是土的静止侧压力系数？

2.9　基底压力和基底附加压力有何区别？

2.10　中心荷载作用下基底压力如何分布？偏心荷载作用下基底压力又如何分布？

2.11　竖向集中力作用下的地基附加应力分布有何规律？

2.12　满足何种条件时可以用叠加原理计算附加应力？

2.13　什么是角点法？如何应用角点法求不同位置的附加应力？

2.14　什么是纽马克法？如何应用纽马克法求不规则面积下的附加应力？

习题（Exercises）

2.1　某二维单元所受应力状态如图 2.45 所示。

（1）画出莫尔应力圆，并计算单元的大主应力 σ_{1} 和小主应力 σ_{3}，以及大主应力 σ_{1} 的作用面与水平面的夹角 α；

（2）计算单元的最大剪应力。

2.2　由于修建建筑物导致地基中某点的应力增量如图 2.46 所示，假定地基土可视为各向同性的线弹性材料，且弹性模量 E 和泊松比 ν 分别为 30MPa 和 0.28。试计算该点由应力增量引起的应变增量。

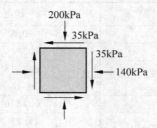

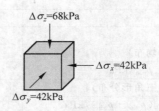

图 2.45   某二维单元所受应力状态   图 2.46   地基中某点所受的应力增量

2.3   某多层土层地基的重度和静止侧压力系数如图 2.47 所示。

（1）试计算各土层交界面上由土体自重产生的竖向有效应力,并绘出竖向有效应力沿深度的分布图;

（2）计算并绘出水平有效应力沿深度的分布图;

（3）计算并绘出水平总应力沿深度的分布图。

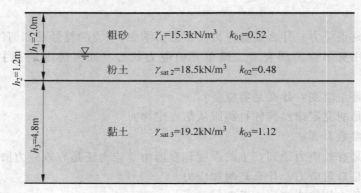

图 2.47   习题 2.3 图

2.4   某矩形基础,长 4.8m,宽 3.6m,埋深 2.0m,上部结构传至地面标高处的荷载为 $F=2400$kN,荷载沿长边方向偏心,偏心距 $e_F=0.6$m。地下水位在地表处,地基土饱和重度 $\gamma_{sat}=19.6$kN/m³。

（1）计算并绘出该基础的基底压力和基底附加压力的分布。

（2）计算基础底面中心点下 1、2、3、5m 和 10m 处的竖向附加应力。

2.5   如图 2.48 所示,地基表面有一矩形面积,长 4.0m,宽 3.6m,在矩形面积上作用有竖向梯形分布荷载,$p_{max}=100$kPa,$p_{min}=20$kPa。计算点 A 下 4.8m 处点 M 的竖向附加应力。

2.6   如图 2.49 所示,某地基表面条形面积上作用有梯形分布荷载,荷载最大值 $p_{max}=120$kPa,计算点 A 下 4m 处点 M 的竖向附加应力。

2.7   如图 2.50 所示,长方形和正方形基础下的基底附加压力都是大小为 180kPa 的竖向均布荷载,计算长方形基础中心点 O 下 6m 处的竖向附加应力。

2.8   地基表面圆环形面积上作用有均布荷载 $p=210$kPa,圆环内径 $r_1=3.0$m,外径 $r_2=5.0$m,如图 2.51 所示。计算圆环中心 O 点下 2、4 和 6m 处的竖向附加应力。

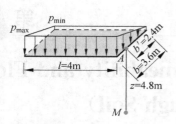

图 2.48 习题 2.5 图

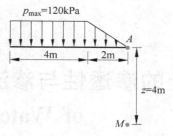

图 2.49 习题 2.6 图

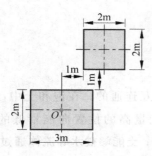

图 2.50 习题 2.7 图

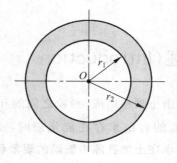

图 2.51 习题 2.8 图

2.9 某条形基础宽 2.5m,基底作用有竖向梯形附加压力和水平均布压力,其中竖向附加压力 $p_{max}=140kPa$,$p_{min}=60kPa$,水平均布压力 $p_h=20kPa$,方向由竖向附加压力最大值一侧指向最小值一侧。求条形基础中心线下深度 $z=5m$ 处的竖向附加应力和水平附加应力。

第 3 章

土的渗透性与渗流（Permeability and Flow of Water through Soil）

3.1 概述（Introduction）

土的骨架由土颗粒组成，颗粒之间的孔隙是相互连通的。在饱和土中，水充满整个孔隙，当不同位置的自由水存在能量差时，水将从能量高的位置向能量低的位置流动，如图 3.1 所示。**水在土体孔隙中流动的现象称为渗流；土能够被水等流体通过的性质称为土的渗透性**。土中水的渗流在层流条件下满足达西定律，而土的渗透性大小和土的粒径、级配、矿物成分等众多因素有关。由渗流作用产生的孔隙水对土骨架的作用力称为渗透力，渗透力会引起土体应力状态的改变，从而导致土的强度和变形特性的变化。

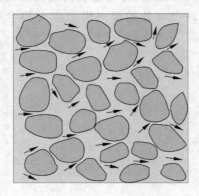

图 3.1 土的渗透特性图

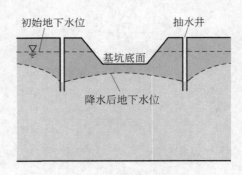

图 3.2 基坑降水示意图

在实际工程中，与渗流有关的问题非常普遍，这些问题主要可以分成两类：①渗流量问题。如基坑（图 3.2）、隧道等工程开挖过程中的降水、排水，土坝由于渗透造成水量损失等。②渗透破坏问题。渗透过程中当渗透力过大时，土颗粒间可能发生相对运动甚至土体的整体移动，使土体产生变形甚至破坏，造成边坡、堤坝或基坑的失稳破坏。因此，掌握水在土中的渗透规律具有重要的现实意义。

本章主要介绍土的渗透性和渗透规律、渗透力和渗透破坏以及二维渗流和流网等方面的内容。

3.2 土的渗透规律（Law for Flow of Water through Soil）

3.2.1 水头与水力梯度（Head and Hydraulic Gradient）

水头指单位重量的水具有的机械能，其由三部分组成：**位置水头**（用符号 h_z 表示）、**压力水头**（用符号 h_p 表示）和**速度水头**（用符号 h_v 表示）。位置水头为水到基准面的竖直距离（$h_z=z$），代表单位质量的水从基准面算起所具有的位置势能；压力水头为水压力所能引起的自由水面的升高（$h_p=u/\gamma_w$，u 为水压力），表示单位质量的水所具有的压力势能；速度水头表示单位质量的水所具有的动能（$h_v=v^2/2g$）。三者之和称为总水头，用符号 h 表示：

$$h = h_z + h_p + h_v = z + \frac{u}{\gamma_w} + \frac{v^2}{2g} \tag{3.1}$$

由于土中水的流动速度较小，速度水头通常可以忽略，此时

$$h = h_z + h_p = z + \frac{u}{\gamma_w} \tag{3.2}$$

如图 3.3 所示，位置水头和压力水头之和为测压管内自由水面到基准面的竖直距离，因而称为**测管水头**。土中水流动的时候，总是从测管水头高的地方流向测管水头低的地方。在图 3.3 中，虽然 B 点的位置水头高于 A 点的位置水头（$z_B > z_A$），但 A 点的测管水头高于 B 点的测管水头（$h_A > h_B$），因而水是从 A 点流向 B 点。A 点和 B 点的水头之差为

$$\Delta h = h_A - h_B = \left(z_A + \frac{u_A}{\gamma_w}\right) - \left(z_B + \frac{u_B}{\gamma_w}\right) \tag{3.3}$$

Δh 称为水头损失，其反映了水从 A 点流向 B 点过程中由于克服水与土颗粒之间的摩阻力产生的能量损失。

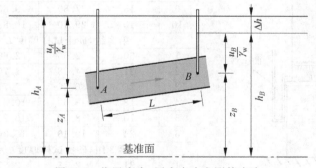

图 3.3 位置水头、压力水头和测管水头

水从 A 点流向 B 点的水头损失 Δh 与水从 A 点流向 B 点经过的渗流长度 L 之比称为**水力梯度**（或称水力坡降），用符号 i 表示，即

$$i = \frac{\Delta h}{L} \tag{3.4}$$

水力梯度 i 没有量纲，其反映了单位渗流长度上的水头损失。

3.2.2 达西渗透定律（Darcy's Law）

为了揭示水在土体中的渗透规律，法国工程师达西（Darcy）利用如图 3.4 所示的试验装

置,对均匀的砂土进行了大量的渗透试验,表 3.1 为其在 1856 年发表的部分试验数据。达西对试验数据进行深入分析,发现水在土中的渗透速度与土样上下两端的水头差成正比,而与渗流长度成反比,提出了

$$v = k\frac{\Delta h}{L} = ki \tag{3.5}$$

和

$$q = vA = kiA \tag{3.6}$$

式中,v——渗透速度(m/s 或 cm/s);

　　　q——单位时间渗出水量(m³/s 或 cm³/s);

　　　A——土样截面积(m² 或 cm²);

　　　k——反映土的透水性能的比例系数,称为**渗透系数**(m/s 或 cm/s),其物理意义为水力梯度 i 等于 1 时的渗透速度。

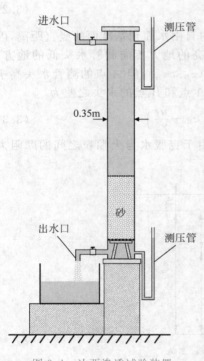

图 3.4   达西渗透试验装置

表 3.1   达西渗透试验部分数据

试验编号	试验时长/min	流量 q /(L/min)	水头差 Δh/m	$(q/\Delta h)/$ $(10^{-3}\,\mathrm{m}^2/\mathrm{min})$
第 1 组,砂土试样厚度 $L=0.58$m				
1	25	3.60	1.11	3.25
2	20	7.65	2.36	3.24
3	15	12.00	4.00	3.00
4	18	14.28	4.90	2.91
5	17	15.20	5.02	3.03
6	17	21.80	7.63	2.86
7	11	23.41	8.13	2.88
8	15	24.50	8.58	2.85
9	13	27.80	9.86	2.82
10	10	29.40	10.89	2.70
第 2 组,砂土试样厚度 $L=1.14$m				
1	30	2.66	2.60	1.01
2	21	4.28	4.70	0.91
3	26	6.26	7.71	0.81
4	18	8.60	10.34	0.83
5	10	8.90	10.75	0.83
6	24	10.40	12.34	0.84
第 3 组,砂土试样厚度 $L=1.71$m				
1	31	2.13	2.57	0.83
2	20	3.90	5.09	0.77
3	17	7.25	9.46	0.76
4	20	8.55	12.35	0.69

　　　式(3.5)即为达西渗透定律。应该注意的是,式中的速度是假定水在土中的渗透是通过整个土体截面的假想速度,而实际上水仅在土颗粒之间的孔隙流动(图 3.5),所以土中孔隙水的实际平均流速 v_s 要比式(3.5)中的速度大,可推导出它们之间的关系为

$$v_s = \frac{v}{n} \tag{3.7}$$

上式中 n 为土的孔隙率。由于直接测定实际平均流速很困难,为了应用上的方便,在渗流计

算中仍采用式(3.5)中的渗透速度。

　　达西定律表明,渗透速度 v 和水力梯度 i 呈线性关系。然而,许多学者的研究表明,达西定律只有在渗流为层流的时候适用。一般情况下,中砂、细砂、粉砂中的渗透速度较小,渗流为层流,渗流运动规律符合达西定律。对于粗砂、砾石和卵石等粗颗粒土,只有当水力梯度较小时,才符合达西定律;当水力梯度较大时,水流速度较大,水在土中的流动由层流过渡为紊流,此时渗透速度与水力梯度呈非线性关系,达西定律不再适用,如图 3.6 所示。

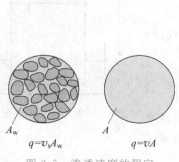

图 3.5　渗透速度的假定

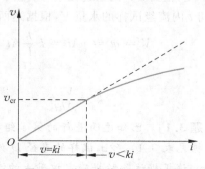

图 3.6　达西定律的适用范围

3.2.3　渗透系数的测定(Determination of the Coefficient of Permeability)

　　渗透系数综合反映了土体的透水能力,是土的一个重要性质指标。渗透系数的测定可以分为室内试验和现场试验两大类。室内试验根据测试的原理,可分为常水头试验和变水头试验。常水头试验适用于透水性强的无黏性土,而变水头试验适用于透水性弱的黏性土。现场试验主要包括井孔抽水试验和井孔注水试验。下面分别介绍常水头试验、变水头试验和井孔抽水试验的基本原理。

【人物简介】

达西
(1803—1858)

　　达西(Henry Philibert Gaspard Darcy)于 1803 年 6 月 10 日出生于法国第戎(Dijon),1821 年进入巴黎理工学校(Polytechnic School)学习,两年后转入巴黎路桥学校(School of Bridges and Roads),毕业后进入路桥公司工作。

　　达西的一项杰出成就是他为家乡所设计和主持建造的供水系统。该系统全程封闭,根据地势特点将 12.7km 外的 Rosoir 泉水引至第戎市,输水量为每天约 $10000m^3$,该系统甚至比巴黎的供水系统早了 20 年。1848 年,达西担任科多尔省(第戎为省府)的总工,之后担任巴黎的水务与道路总监。1856 年,达西在经过大量的试验后,于第戎发表了他对孔隙介质中水流的研究成果,即著名的达西定律。成果发表在《第戎市的公共喷泉》(*Les Fountains Publiques de la Ville de Dijon*)一书中。

1. 常水头试验

常水头试验是在整个试验过程中水头保持不变，前面介绍的达西渗透试验即为常水头试验。

常水头试验装置如图 3.7 所示。试验时，饱和试样的高度即渗透长度为 L，截面面积为 A，试样上下截面的水头差保持不变，恒为 h。试验过程中，用量筒和秒表测出在某一段时间 t 内流经试样的水量 V，根据达西定律有

$$V = qt = vAt = k\frac{h}{L}At \qquad (3.8)$$

因此

$$k = \frac{VL}{Aht} \qquad (3.9)$$

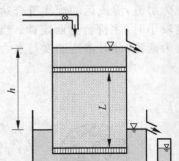

图 3.7　常水头试验装置示意图

[**例题 3.1**]　已知达西进行的第 1 组砂土渗透试验中（试验数据见表 3.1），砂土试样的直径 D 为 0.35m，长度 L 为 0.58m，试根据试验数据确定该砂土的渗透系数。

解：试样的截面面积为

$$A = \frac{\pi}{4}D^2 = \frac{\pi}{4} \times 0.35^2 \, \text{m}^2 = 0.0962 \, \text{m}^2$$

根据表中各个试验测得的流量 q 和试样的截面面积 A 可计算得到相应的流速 v（$v = q/A$）；试样长度 L 为 0.58m，根据表中各个试验测得的水头差 Δh 可计算得到相应的水力梯度 i（$i = \Delta h/L$），计算结果见表 3.2。

表 3.2　达西渗透试验第 1 组数据分析

试验编号	试验时长/min	流量 q/(L/min)	水头差 Δh/m	流速 v/(cm/s)	水力梯度 i
1	25	3.60	1.11	0.062	1.91
2	20	7.65	2.36	0.132	4.07
3	15	12.00	4.00	0.207	6.90
4	18	14.28	4.90	0.247	8.45
5	17	15.20	5.02	0.263	8.66
6	17	21.80	7.63	0.377	13.16
7	11	23.41	8.13	0.405	14.02
8	15	24.50	8.58	0.424	14.79
9	13	27.80	9.86	0.481	17.00
10	10	29.40	10.89	0.509	18.78

将计算结果绘制在 v-i 坐标系中，利用最小二乘法对数据进行线性拟合，并使直线过原点，拟合出的直线如图 3.8 所示，从中可得到该砂土的渗透系数 $k = 0.0285$cm/s。

2. 变水头试验

由于**黏性土的渗透系数很小**，用常水头试验不易准确测定，需采用变水头试验测量。变水头试验是在整个试验过程中，水头差随时间变化的渗透试验。变水头试验装置如图 3.9 所示，饱和试样的高度即渗透长度为 L，截面面积为 A。试验过程中，试样下截面的

水头保持不变,而试样上截面连接的细管中的水位由于水从试样中流出而逐渐下降,因此渗流水头差随试验时间的增加而减小。设细管的内截面面积为 a,试验开始后某一时刻 t 的水头差为 h,经过 dt 时段后,细管中的水位下降 dh,则在 dt 时段内由细管流入试样的水量为

$$dV_i = -a\,dh \qquad (3.10)$$

式中,负号表示渗水量随 h 的减小而增加。

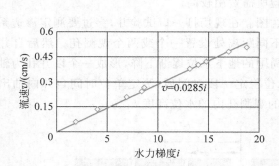

图 3.8 达西渗透试验数据的拟合

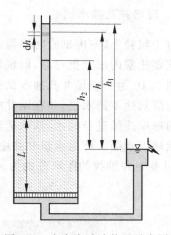

图 3.9 变水头试验装置示意图

根据达西定律,在 dt 时段内流出试样的水量为

$$dV_o = kiA\,dt = k\frac{h}{L}A\,dt \qquad (3.11)$$

根据连续性条件,$dV_i = dV_o$,有

$$dt = -\frac{aL}{kA}\frac{dh}{h} \qquad (3.12)$$

将上式两边在 $t_1 \sim t_2$ 时段内积分,得

$$\int_{t_1}^{t_2} dt = -\int_{h_1}^{h_2} \frac{aL}{kA}\frac{dh}{h} \qquad (3.13)$$

于是可得土的渗透系数

$$k = \frac{aL}{A(t_2 - t_1)}\ln\frac{h_1}{h_2} \qquad (3.14)$$

如用常对数表示,上式可写成

$$k = 2.3\frac{aL}{A(t_2 - t_1)}\lg\frac{h_1}{h_2} \qquad (3.15)$$

式(3.15)中的 a、L、A 为已知,试验时只要测量与时刻 t_1、t_2 对应的水位 h_1、h_2,即可求出渗透系数。

[例题 3.2] 某变水头渗透试验中试样的截面面积为 30cm^2,高度为 4cm,试样上截面连接的细管的内径为 0.4cm。试验开始时的水头差为 130cm,经过 500s 后水头差下降为 108cm,试验时的水温为 $20\,℃$,求该试样的渗透系数。

解:已知试样的截面面积 $A = 30\text{cm}^2$,渗透路径长度 $L = 4\text{cm}$,细管的内截面面积 $a = \pi d^2/4 = 0.126\text{cm}^2$,$h_1 = 130\text{cm}$,$h_2 = 108\text{cm}$,$t_1 = 0\text{s}$,$t_2 = 500\text{s}$,所以

$$k = \frac{aL}{A(t_2 - t_1)} \ln \frac{h_1}{h_2}$$

$$= \frac{0.126 \times 4 \text{cm}}{30 \times (500 - 0) \text{s}} \ln \frac{130}{108}$$

$$= 6.2 \times 10^{-6} \text{cm/s}$$

3. 现场井孔抽水试验

对于粗粒土,室内试验时取得原状土样的难度较大,用现场井孔抽水试验测出的渗透系数往往要比室内试验更可靠,但现场试验所需费用较高。

图 3.10 为一现场井孔抽水试验示意图。在现场打一口试验井,穿过要测定渗透系数的粗粒土层到达不透水层,并在距井中心不同距离处设置一个或两个观测孔。然后自井中以不变的速率连续进行抽水,抽水造成井周围的地下水位逐渐下降,形成一个以井孔为轴心的漏斗状地下水面。待出水量和井中的水位稳定一段时间后,测定单位时间自井内抽出的水量 q,以及距井轴线的距离分别为 r_1、r_2 的观测孔内的水位高度 h_1、h_2。

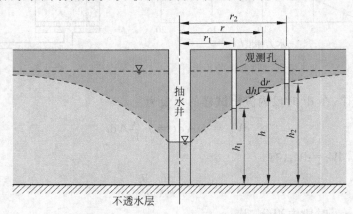

图 3.10   现场井孔抽水试验示意图

为推导渗透系数,假定:①粗粒土层分布均匀、各向同性;②渗透特性符合达西定律;③水流是水平流向抽水井;④任一半径处的水力梯度为常数,且等于该半径处地下水位线的斜率。根据假定③可知,流向水井的渗流过水断面应是一系列的同心圆柱面,现围绕井心取一过水断面,该断面距井中心距离为 r,水面高度为 h,则过水断面面积为

$$A = 2\pi rh \tag{3.16}$$

由假定④可知,该处的水力梯度 $i = \mathrm{d}h/\mathrm{d}r$。根据达西定律,单位时间自井内抽出的水量为

$$q = Aki = 2\pi rhk \frac{\mathrm{d}h}{\mathrm{d}r} \tag{3.17}$$

分离变量,得

$$q \frac{\mathrm{d}r}{r} = 2\pi kh\,\mathrm{d}h \tag{3.18}$$

等式两边同时积分,得

$$q \int_{r_1}^{r_2} \frac{\mathrm{d}r}{r} = 2\pi k \int_{h_1}^{h_2} h\,\mathrm{d}h \tag{3.19}$$

积分并整理可得

$$k = \frac{q}{\pi(h_2^2 - h_1^2)} \ln \frac{r_2}{r_1} \qquad (3.20)$$

如用常对数表示，上式可写成

$$k = 2.3 \frac{q}{\pi(h_2^2 - h_1^2)} \lg \frac{r_2}{r_1} \qquad (3.21)$$

〔**例题 3.3**〕 如图 3.11 所示，透水土层厚 18m，其下为不透水层。初始地下水位在地表下 2.1m，进行井孔抽水试验时自井内抽出的水量为 $2.3 \times 10^{-2}\,\mathrm{m^3/s}$，与抽水井距离为 16m 和 32m 的观测井中的水位分别下降了 1.8m 和 1.5m，试确定透水土层的渗透系数。

解：根据已知条件可得

$$r_1 = 16\mathrm{m}$$
$$r_2 = 32\mathrm{m}$$
$$h_1 = (18 - 2.1 - 1.8)\mathrm{m} = 14.1\mathrm{m}$$
$$h_2 = (18 - 2.1 - 1.5)\mathrm{m} = 14.4\mathrm{m}$$

所以

$$k = \frac{q}{\pi(h_2^2 - h_1^2)} \ln \frac{r_2}{r_1} = \left[\frac{2.3 \times 10^{-2}}{\pi(14.4^2 - 14.1^2)} \ln \frac{32}{16}\right]\mathrm{m/s} = 5.9 \times 10^{-4}\,\mathrm{m/s}$$

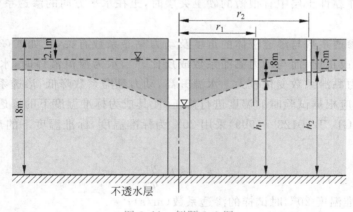

图 3.11 例题 3.3 图

3.2.4 影响渗透系数的因素（Factors Affecting the Coefficient of Permeability）

影响土体渗透系数的因素很多，可以归纳为土的因素和水的因素两大方面，其中土的因素包括土颗粒的粒径、级配、矿物成分、孔隙比、结构和构造等，水的因素主要是水的重度和黏滞度。

土中孔隙是水流的通道，孔隙通道大小直接影响土的渗透能力。一般而言，颗粒越粗，孔隙通道就越大，透水能力就越强。表 3.3 给出了各类土渗透系数的大致范围。土的矿物成分对于砾石、砂土、粉土的渗透性影响不大，但对于黏土的渗透性有较大的影响。黏土中含有亲水性矿物或有机质时，渗透性将大大降低。含有大量有机质的淤泥几乎不透水。

表 3.3 各类土渗透系数参考值

土的种类	渗透系数/(cm/s)	渗透性
砾石、碎石、卵石	$>1\times10^{-1}$	高渗透性
砂土	$1\times10^{-4}\sim1\times10^{-1}$	中渗透性
粉土	$1\times10^{-5}\sim1\times10^{-4}$	低渗透性
粉质黏土	$1\times10^{-6}\sim1\times10^{-5}$	极低渗透性
黏土	$1\times10^{-7}\sim1\times10^{-6}$	几乎不透水

对于同一种土,孔隙比越大,则土中过水断面越大,渗透系数也越大。渗透系数和孔隙比之间的关系是非线性的,关于渗透系数与孔隙比之间的经验公式也比较多,如泰勒(Taylor,1948)根据试验结果提出了下面的公式:

$$k = d_{50}^2\,\frac{\gamma_w}{\eta}\,\frac{C_1 e^3}{1+e} \tag{3.22}$$

式中,C_1——与颗粒形状有关的常数;

η——水的动力黏滞系数(Pa·s)。

天然土体往往具有复杂的结构,结构一旦受到扰动,原有过水通道的形状、大小和分布就会发生改变,土的渗透性也就发生改变。天然土层通常不是各向同性的,在渗透性方面往往也是如此,如在黏性土层中有很薄的砂土夹层时,土在水平方向的渗透系数要比竖向的渗透系数大得多。

试验表明,渗透系数与渗透液体的重度及动力黏滞系数有关,正如式(3.22)所反映的,其与液体的重度成正比,而与动力黏滞系数成反比。当水为渗流液体时,水的温度不同,γ_w相差不大,但动力黏滞系数变化较大。水温升高,动力黏滞系数降低,渗透系数增大。因此,测得的渗透系数应根据试验时的温度进行修正,使其成为标准温度下的渗透系数值。《土工试验方法标准》(GB/T 50123—1999)采用20℃为标准温度,标准温度下的渗透系数按下式计算:

$$k_{20} = k_T\,\frac{\eta_T}{\eta_{20}} \tag{3.23}$$

式中,k_{20}——标准温度20℃时试样的渗透系数(m/s);

k_T——T℃时试样的渗透系数(m/s);

η_{20}——20℃时水的动力黏滞系数(Pa·s);

η_T——T℃时水的动力黏滞系数(Pa·s)。

不同温度下水的动力黏滞系数和黏滞系数比见表3.4。

表 3.4 水的动力黏滞系数和黏滞系数比

温度/℃	动力黏滞系数 $\eta/(10^{-6}\,\mathrm{kPa\cdot s})$	黏滞系数比 η_T/η_{20}	温度/℃	动力黏滞系数 $\eta/(10^{-6}\,\mathrm{kPa\cdot s})$	黏滞系数比 η_T/η_{20}	温度/℃	动力黏滞系数 $\eta/(10^{-6}\,\mathrm{kPa\cdot s})$	黏滞系数比 η_T/η_{20}
12	1.239	1.227	16	1.115	1.104	20	1.010	1.000
13	1.206	1.194	17	1.088	1.077	21	0.986	0.976
14	1.175	1.163	18	1.061	1.050	22	0.968	0.958
15	1.144	1.133	19	1.035	1.025	23	0.941	0.932

温度 /℃	动力黏滞系数 $\eta/(10^{-6}\text{kPa·s})$	黏滞 系数比 η_T/η_{20}	温度 /℃	动力黏滞系数 $\eta/(10^{-6}\text{kPa·s})$	黏滞 系数比 η_T/η_{20}	温度 /℃	动力黏滞系数 $\eta/(10^{-6}\text{kPa·s})$	黏滞 系数比 η_T/η_{20}
24	0.919	0.910	28	0.841	0.833	32	0.773	0.765
25	0.899	0.890	29	0.823	0.815	33	0.757	0.750
26	0.879	0.870	30	0.806	0.798	34	0.742	0.735
27	0.859	0.850	31	0.789	0.781	35	0.727	0.720

3.2.5 层状地基的等效渗透系数(The Equivalent Permeability of Stratified Soil)

天然场地往往由渗透性不同的多个土层所组成。对于沿与土层层面平行或垂直方向的渗流,如各土层的渗透系数和厚度已知,可求出整个土层与层面平行和垂直的等效渗透系数。

1. 与层面平行的渗流

对于如图 3.12 所示与成层土层层面平行的渗流,在渗流场中截取一段渗透长度为 L、与层面平行的渗流区域,各土层的水平向的渗透系数分别为 $k_{1x},k_{2x},\cdots,k_{nx}$,厚度分别为 H_1,$H_2,\cdots,H_n$,总厚度为 H。假定通过各土层的渗流量为 $q_{1x},q_{2x},\cdots,q_{nx}$,则通过整个土层的总渗流量 q_x 为

$$q_x = q_{1x} + q_{2x} + \cdots + q_{nx} = \sum_{i=1}^{n} q_{ix} \tag{3.24}$$

由于渗流只沿水平方向发生,因而通过各土层相同距离的水头损失均相等,各土层的水力梯度及整个土层的平均水力梯度亦相等,根据达西定律,有

$$q_x = k_x i H \tag{3.25}$$

$$q_{ix} = k_{ix} i H_i \tag{3.26}$$

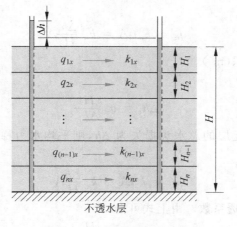

图 3.12 与层面平行的渗流

将式(3.25)和式(3.26)代入式(3.24)后可得

$$k_x i H = \sum_{i=1}^{n} k_{ix} i H_i \qquad (3.27)$$

整理可得整个土层的等效渗透系数与各土层渗透系数的关系如下：

$$k_x = \frac{1}{H} \sum_{i=1}^{n} k_{ix} H_i \qquad (3.28)$$

由式(3.28)可知,如果各土层的厚度大致相等,与层面平行的等效渗透系数将取决于透水性能最强的土层的渗透系数。

2. 与层面垂直的渗流

对于如图 3.13 所示与成层土层面垂直的渗流,各土层竖向的渗透系数分别为 $k_{1z}, k_{2z}, \cdots,$ k_{nz},厚度分别为 $H_1, H_2, \cdots, H_n$,总厚度为 H。假定通过各土层的渗流量为 $q_{1z}, q_{2z}, \cdots, q_{nz}$, 根据连续性条件,则通过整个土层的渗流量 q_z 须等于通过各土层的渗流量,即

$$q_z = q_{1z} = q_{2z} = \cdots = q_{nz} \qquad (3.29)$$

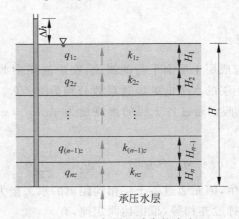

图 3.13　与层面垂直的渗流

假定渗流通过厚度为 H_i 的土层的水头损失为 Δh_i,则该层的水力梯度 i_i 为 $\Delta h_i / H_i$,由达西定律可得

$$q_{iz} = k_{iz} i_i A = k_{iz} \frac{\Delta h_i}{H_i} A \qquad (3.30)$$

式中,A——渗流截面面积(m^2)。

由上式可得

$$\Delta h_i = q_{iz} \frac{H_i}{A k_{iz}} \qquad (3.31)$$

假定渗流通过整个土层的总水头损失为 Δh,则平均水力梯度 $i = \Delta h / H$,由达西定律可得

$$q_z = k_z i A = k_z \frac{\Delta h}{H} A \qquad (3.32)$$

式中,k_z 为垂直向等效渗透系数。由上式可得

$$\Delta h = q_z \frac{H}{A k_z} \qquad (3.33)$$

由于总水头损失等于各层水头损失之和，即 $\Delta h = \sum\limits_{i=1}^{n} \Delta h_i$，将式(3.31)和式(3.33)代入可得

$$q_z \frac{H}{Ak_z} = \sum_{i=1}^{n} q_{iz} \frac{H_i}{Ak_{iz}} \tag{3.34}$$

根据式(3.34)和式(3.29)可得

$$k_z = \frac{H}{\sum\limits_{i=1}^{n} \dfrac{H_i}{k_{iz}}} \tag{3.35}$$

由式(3.35)可知，如果各土层的厚度大致相等，与层面垂直的等效渗透系数将取决于透水性能最弱的土层的渗透系数。

[例题 3.4] 某场地由 4 个土层组成，各土层的厚度和渗透系数如图 3.14 所示，假定各土层竖直方向的渗透系数和水平方向的渗透系数相同，计算该场地的水平方向等效渗透系数和竖直方向等效渗透系数，以及它们之间的比值。

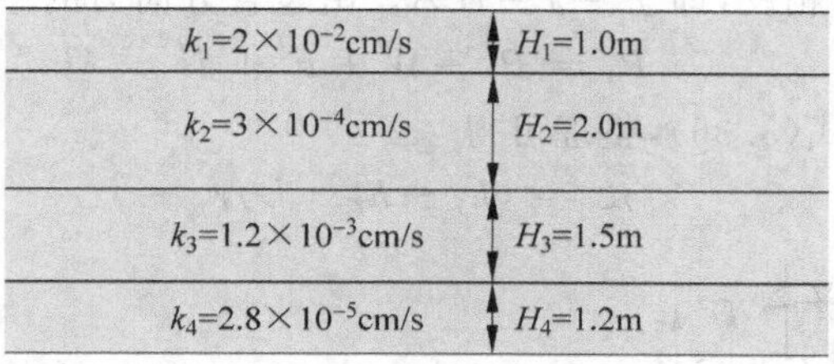

$k_1=2\times10^{-2}$cm/s	$H_1=1.0$m
$k_2=3\times10^{-4}$cm/s	$H_2=2.0$m
$k_3=1.2\times10^{-3}$cm/s	$H_3=1.5$m
$k_4=2.8\times10^{-5}$cm/s	$H_4=1.2$m

图 3.14 例题 3.4 图

解：根据所给条件可得

$$H = H_1 + H_2 + H_3 + H_4 = (1.0 + 2.0 + 1.5 + 1.2)\text{m} = 5.7\text{m}$$

水平方向等效渗透系数为

$$k_x = \frac{1}{H} \sum_{i=1}^{4} k_{ix} H_i$$
$$= \left[\frac{1}{5.7} \times (2\times10^{-2}\times1.0 + 3\times10^{-4}\times2.0 + 1.2\times10^{-3}\times1.5 + 2.8\times10^{-5}\times1.2) \right]\text{cm/s}$$
$$= 3.9\times10^{-3}\text{cm/s}$$

竖直方向等效渗透系数为

$$k_z = \frac{H}{\sum\limits_{i=1}^{n} \dfrac{H_i}{k_{iz}}}$$
$$= \left[\frac{5.7}{\dfrac{1.0}{2\times10^{-2}} + \dfrac{2.0}{3\times10^{-4}} + \dfrac{1.5}{1.2\times10^{-3}} + \dfrac{1.2}{2.8\times10^{-5}}} \right]\text{cm/s}$$
$$= 1.1\times10^{-4}\text{cm/s}$$

它们之间的比值为

$$\frac{k_x}{k_z} = \frac{3.9\times10^{-3}}{1.1\times10^{-4}} = 35.5$$

可见,水平方向等效渗透系数取决于透水性最大的土层的渗透系数,而竖直方向等效渗透系数取决于透水性最小的土层的渗透系数。

3.3   渗透力及渗透破坏(Seepage Force and Seepage Failure)

3.3.1   渗透力(Seepage Force)

渗透力是指由于渗流的作用所产生的孔隙水对土骨架的作用力。通常**将渗透力看作一种体积力**,作用在单位体积土骨架的渗透力用符号 j 表示。下面分析渗透力的计算。

如图 3.15 所示,设试样底面积为 A,长度为 L,试样底部的水头比顶部的水头高 Δh,发生向上的渗流。以试样内的孔隙水为分析对象,其所受的力有:①底面的水压力 $P_1 = Ah_1\gamma_w$;②顶面的水压力 $P_2 = Ah_2\gamma_w$;③土中水的自重 $W = \gamma_w V_w = \gamma_w nLA$($n$ 为试样的孔隙率);④土粒所受浮力的反作用力 $F' = \gamma_w V_s = \gamma_w(1-n)LA$;⑤土粒对渗透水流的阻力 J',大小与渗透力相同,方向相反,即 $J' = J = jLA$。由竖直方向力的平衡条件,得

$$P_1 = P_2 + W + F' + J' \tag{3.36}$$

将各个力的表达式代入式(3.36),整理可得

$$jL = (h_1 - h_2 - L)\gamma_w \tag{3.37}$$

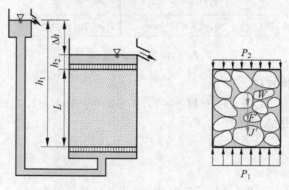

图 3.15   渗透力的分析

由图 3.15 中的几何关系可知 $\Delta h = h_1 - h_2 - L$,代入式(3.37),得

$$j = \frac{\Delta h}{L}\gamma_w = i\gamma_w \tag{3.38}$$

式(3.38)即为渗透力的计算公式,它表明**渗透力的大小与水力梯度成正比**,方向与渗流的方向一致。

[**例题 3.5**]   如图 3.16 所示,已知黏土的静止侧压力系数 $k_0 = 0.55$,求:

(1) 黏土层的渗透速度 v;

(2) A 点处单位土体所受的渗透力 j;

(3) A 点处的竖向总应力 σ_{zA}、竖向有效应力 σ'_{zA}、水平向总应力 σ_{xA} 以及水平向有效应力 σ'_{xA}。

解:(1) 黏土层的水力梯度为

$$i = \frac{\Delta h}{H} = \frac{2.6}{9} = 0.29$$

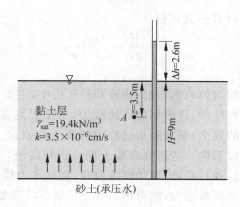

图 3.16 例题 3.5 图

根据达西定律计算渗透速度：

$$v = ki = (3.5 \times 10^{-6} \times 0.29)\text{cm/s} = 1.02 \times 10^{-6}\,\text{cm/s}$$

（2）A 点处单位体积土体所受的渗透力为

$$j = i\gamma_\text{w} = 0.29 \times 10\text{kN/m}^3 = 2.9\text{kN/m}^3$$

（3）A 点处的竖向总应力为

$$\sigma_{zA} = \gamma_\text{sat}z = (19.4 \times 3.5)\text{kPa} = 67.9\text{kPa}$$

A 点以上的土体除了受重力和浮力的作用，还受渗透力的作用，由于是均匀的黏土层，渗透力也均匀分布，方向与重力相反，因此 A 点处的竖向有效应力为

$$\sigma'_{zA} = \gamma'z - jz = \left[(19.4 - 10) \times 3.5 - 2.9 \times 3.5\right]\text{kPa} = 22.8\text{kPa}$$

A 点处的水平向有效应力为

$$\sigma'_{xA} = \sigma'_{zA}k_0 = 22.8\text{kPa} \times 0.55 = 12.5\text{kPa}$$

根据有效应力原理，A 点处的孔隙水压力为

$$u_A = \sigma_{zA} - \sigma'_{zA} = (67.9 - 22.8)\text{kPa} = 45.1\text{kPa}$$

所以 A 点处的水平向总应力为

$$\sigma_{xA} = \sigma'_{xA} + u_A = (12.5 + 45.1)\text{kPa} = 57.6\text{kPa}$$

3.3.2 渗透破坏（Seepage Failure）

土工建筑物及地基由于渗流而出现的变形或破坏称为渗透变形或破坏。渗透破坏的类型主要有流土、管涌、接触流土和接触冲刷四种。对单一土层主要发生流土和管涌破坏，而接触流土和接触冲刷主要发生在两种土层的接触面处。下面主要介绍流土和管涌这两种破坏类型。

1. 流土（Soil Boiling）

流土是指在渗透水流的作用下，处于土体表面或临空面的土体发生隆起，或颗粒群同时发生移动而流失的现象。基坑或渠道开挖时出现的流砂现象是流土的常见形式。无论是黏性土还是无黏性土，只要水力梯度达到一定的大小，都会发生流土破坏。

如果流土沿竖直向上方向发生，此时土体中向上的渗透力克服了土体向下的重力（即 $j = \gamma'$），使土体颗粒处于悬浮状态而失去稳定，该状态下的水力梯度称为**临界水力梯度**，用

符号 i_{cr} 表示。由渗透力的计算公式可得

$$i_{cr} = \frac{\gamma'}{\gamma_w} = \frac{G_s - 1}{1 + e} \qquad (3.39)$$

式中，γ'——土的有效重度。

流土多发生于颗粒级配均匀的饱和细、粉砂和粉土层中，主要发生在渗流出口无任何保护的部位。流土一般是突发性的，且破坏过程比较短，对工程危害极大，如堤坝下游逸出处的流土破坏可能危害堤坝的安全，基坑降水过程中的流土会引起土层变形及上部建筑物的不均匀沉降。在工程中可以采取一些措施对流土现象进行防治，如基坑施工中采用基坑外的井点降水，以减小水头差，或打板桩，增加渗流路径，降低水力梯度；在向上渗流出口处地表用透水材料覆盖压重以平衡渗透力，或对出口处土体进行注浆加固等。

2. 管涌（Soil Piping）

在水流渗透作用下，土中的细颗粒在粗颗粒形成的孔隙中移动并逐步流失，同时土的孔隙不断扩大，渗流速度不断增加，致使较粗的颗粒也相继被水流带走，最终导致土体内形成贯通的渗流管道并造成土体塌陷的现象称为管涌。管涌是一种渐进性质的破坏，一般有个发展过程。管涌发生的部位可以在渗流出口处，也可以在土体内部。

管涌多发生在砂性土中，分散性黏土也会发生管涌。土体发生管涌必须具备两个条件：①**几何条件**：土中粗颗粒所构成的孔隙直径必须大于细颗粒的直径，一般不均匀系数 $C_u > 5$ 的土才会发生管涌；②**水力条件**：渗透力能够带动细颗粒在孔隙间滚动或移动，这是发生管涌的水力条件，可用管涌的临界水力梯度来表示，管涌的临界水力梯度远小于流土的临界水力梯度。防治管涌一般可从两方面采取措施：①改变水力条件：降低土层内部和渗流逸出处的水力梯度，如在上游做防渗铺盖或打板桩等；②改变几何条件：在渗流逸出部位铺设反滤层，反滤层可以让水通过，但阻止土颗粒通过，从而保护土体，防止管涌的发生。

3.4 二维渗流与流网（Two-Dimensional Flow and Flow Nets）

在实际工程的渗流问题中，边界条件往往较为复杂，多为二维或三维的渗流；这时土中各点的流动特性不同，只能以微分方程的形式表示，然后根据边界条件进行求解。下面介绍二维稳定渗流问题的渗流方程和流网。

3.4.1 二维稳定渗流场的拉普拉斯方程（Laplace's Equation for Two-Dimensional Steady Flow）

设从二维稳定渗流场中任取一微小的土体单元，各方向尺寸和流速如图 3.17 所示，则单位时间内流入单元体的水量 dq_i 为

$$dq_i = v_x dz + v_z dx \qquad (3.40)$$

单位时间内流出单元体的水量 dq_o 为

$$dq_o = \left(v_x + \frac{\partial v_x}{\partial x} dx\right) dz + \left(v_z + \frac{\partial v_z}{\partial z} dz\right) dx \qquad (3.41)$$

根据连续性条件，单位时间内流入单元体的水量必等于流出的水量，即 $dq_i = dq_o$，将

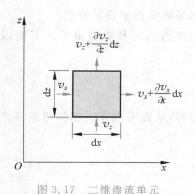

图 3.17 二维渗流单元

式(3.40)和式(3.41)代入可得

$$\frac{\partial v_x}{\partial x} + \frac{\partial v_z}{\partial z} = 0 \qquad (3.42)$$

根据达西定律，$v_x = k_x i_x = k_x \dfrac{\partial h}{\partial x}$，$v_z = k_z i_z = k_z \dfrac{\partial h}{\partial z}$，代入上式可得

$$k_x \frac{\partial^2 h}{\partial x^2} + k_z \frac{\partial^2 h}{\partial z^2} = 0 \qquad (3.43)$$

对于各向同性的土体，$k_x = k_z$，则式(3.43)可写成

$$\frac{\partial^2 h}{\partial x^2} + \frac{\partial^2 h}{\partial z^2} = 0 \qquad (3.44)$$

上式即为描述二维稳定渗流场水头分布的**拉普拉斯(Laplace)方程**。根据边界条件求解拉普拉斯方程，即可求得该条件下的渗流场。

3.4.2 流网及其应用(Flow Nets and Their Application)

拉普拉斯方程表明，渗流场内任一点的水头是其坐标的函数，求解出各点的水头即可确定渗流场的其他特征。由于渗流场的边界条件往往比较复杂，对于大部分的实际工程渗流问题很难直接求得严密的解析解。除了解析解法外，求解拉普拉斯方程还可采用数值解法、电模拟法和图解法等，其中图解法通过绘制流网求得问题的近似解，因其简便、快速，在工程中应用较为广泛。

流网是由流线和等势线所组成的曲线正交网格。流线表示水质点的运动路线，流线上任一点的切线方向就是流速矢量的方向。等势线是渗流场中势能或水头的等值线。如图 3.18 所示为坝基渗流的流网，其中实线为流线，虚线为等势线。

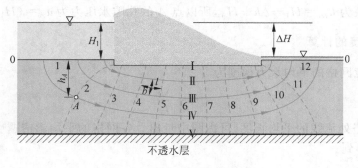

图 3.18 坝基渗流流网

对于各向同性的渗透介质，其流网具有如下特征：

(1) 流线和等势线彼此正交；

(2) 流网中每一网格的边长比为常数，为了计算方便通常取为1，这时的网格为正方形或曲边正方形；

(3) 相邻等势线间的水头差相等；

(4) 各渗流通道的渗流量相等。

绘制流网时先根据边界条件和流动趋势画出流线，然后根据流网的正交性画出等势线。

如初次绘制的流网网格不成曲边正方形,需反复修改流线和等势线直至满足要求。

通过流网可以求解出渗流区的测管水头、孔隙水压力、渗透速度和渗流量等。下面以图 3.18 为例说明流网的应用。

1. 测管水头的计算

由流网的特征可知,任意两相邻等势线之间的水头差相等,从而可以算出相邻两条等势线之间的水头损失 Δh,即

$$\Delta h = \frac{\Delta H}{N} = \frac{\Delta H}{n-1} \tag{3.45}$$

式中,ΔH——总水头损失;

N——等势线的间隔数;

n——等势线数。

如果已知第一条等势线的测管水头 h_1 为 H_1,则第 $i(i \leqslant n)$ 条等势线的测管水头 $h_i = H_1 - (i-1)\Delta h$。

例如在图 3.18 中,等势线数 $n=12$,等势线的间隔数 $N=12-1=11$,所以相邻两条等势线之间的水头损失 $\Delta h = \Delta H/11$。以 0—0 为基准面,则第一条等势线的测管水头为 H_1,点 A 的测管水头为 $h_A = H_1 - \Delta h$。

2. 孔隙水压力的计算

由于某点的测管水头 h 等于位置水头 h_z 和压力水头 h_p 之和,所以可由**测管水头和位置水头得到压力水头**,从而计算出孔隙水压力,即

$$u = h_p \gamma_w = (h - h_z)\gamma_w \tag{3.46}$$

例如图 3.18 中点 A 的测管水头为 $h_A = H_1 - \Delta h$,位置水头为 $h_{zA} = -H_A$(以 0—0 为基准面),压力水头为 $h_{pA} = H_1 - \Delta h + H_A$,所以点 A 的孔隙水压力为 $u_A = (H_1 - \Delta h + H_A)\gamma_w$。

3. 渗透速度的计算

流网中任意网格的平均水力梯度为

$$i = \frac{\Delta h}{l} \tag{3.47}$$

式中,l 为该网格处流线的平均长度,可由图中量出。各网格的平均渗透速度可根据达西定律 $v = ki$ 计算得到。

4. 渗流量的计算

设网格沿等势线宽为 b,由于网格为正方形或曲边正方形,即 $b = l$,所以单个网格的渗流量为

$$q = vb = kib = k\frac{\Delta h}{l}b = k\Delta h \tag{3.48}$$

上式表明每个网格的渗流量都相同,渗流量和网格的大小无关。设流网共有 m 个流道(如在图 3.18 中,$m=4$),则总渗流量为

$$Q = mk\Delta h \tag{3.49}$$

[例题3.6]　如图3.19所示,已知$H_1=5\text{m}$, $H_2=0.8\text{m}$, $H_A=6.2\text{m}$, $l=2.1\text{m}$,地基土的饱和重度$\gamma_{\text{sat}}=19\text{kN/m}^3$,渗透系数$k=1.8\times10^{-3}\text{cm/s}$。

（1）求A点的孔隙水压力、竖向总应力和竖向有效应力;

（2）求板桩墙下的渗透总流量;

（3）渗流逸出处B—C是否会发生流土?

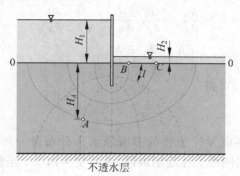

图3.19　例题3.6图

解:（1）等势线间隔数$N=6$,以0—0为基准面,则

$$\Delta h = \frac{\Delta H}{N} = \frac{H_1-H_2}{6} = \frac{5-0.8}{6}\text{m} = 0.7\text{m}$$

A点总水头为

$$h_A = H_1 - 2\Delta h = (5-2\times0.7)\text{m} = 3.6\text{m}$$

A点位置水头为

$$h_{zA} = -H_A = -6.2\text{m}$$

A点压力水头为

$$h_{pA} = h_A - h_{zA} = [3.6-(-6.2)]\text{m} = 9.8\text{m}$$

所以,A点的孔隙水压力为

$$u_A = h_{pA}\gamma_{\text{w}} = (9.8\times10)\text{kPa} = 98\text{kPa}$$

A点的竖向总应力为

$$\sigma_{\text{v}} = \gamma_{\text{w}}H_1 + \gamma_{\text{sat}}H_A = (10\times5+19\times6.2)\text{kPa} = 167.8\text{kPa}$$

根据有效应力原理,得A点的竖向有效应力为

$$\sigma'_{\text{v}} = \sigma_{\text{v}} - u_A = (167.8-98)\text{kPa} = 69.8\text{kPa}$$

（2）流网的流道数$m=4$,所以

$$Q = mk\Delta h = (4\times1.8\times10^{-3}\times10^{-2}\times0.7)\text{m}^2/\text{s} = 5.04\times10^{-5}\text{m}^2/\text{s}$$

（3）流土的临界水力梯度为

$$i_{\text{cr}} = \frac{\gamma'}{\gamma_{\text{w}}} = \frac{19-10}{10} = 0.9$$

而$i=\dfrac{\Delta h}{l}=\dfrac{0.7}{2.1}=0.33<i_{\text{cr}}$,所以不会发生流土。

3.4.3　各向异性土体的流网（Flow Nets for Anisotropic Soil）

在重力作用下沉积形成的土体往往具有各向异性的特点,其在垂直和水平两个方向的

渗透性不同,即在式(3.43)中,$k_x \neq k_z$。式(3.43)可变换为

$$\left(\frac{k_z}{k_x}\right)^{-1} \frac{\partial^2 h}{\partial x^2} + \frac{\partial^2 h}{\partial z^2} = 0 \tag{3.50}$$

令 $x' = x\sqrt{\dfrac{k_z}{k_x}}$,则

$$\frac{\partial h}{\partial x} = \frac{\partial h}{\partial x'} \frac{\partial x'}{\partial x} = \sqrt{\frac{k_z}{k_x}} \frac{\partial h}{\partial x'} \tag{3.51}$$

$$\frac{\partial^2 h}{\partial x^2} = \frac{k_z}{k_x} \frac{\partial^2 h}{\partial x'^2} \tag{3.52}$$

将式(3.52)代入式(3.50),可得

$$\frac{\partial^2 h}{\partial x'^2} + \frac{\partial^2 h}{\partial z^2} = 0 \tag{3.53}$$

可见,在 x'-z 坐标系中,各向异性土体的渗流场水头分布微分方程仍然是拉普拉斯方程。可在 x'-z 坐标系中按各向同性土体绘制流网,然后变换回 x-z 坐标系中,具体步骤如下:

(1) 选择 z 方向的比例尺;

(2) 确定 x' 方向的比例尺,使图上 x' 方向单位长度代表的实际距离等于 z 方向单位长度代表的实际距离的 $\sqrt{\dfrac{k_x}{k_z}}$ 倍;

(3) 按比例尺在 x'-z 坐标系中绘制结构物和土层;

(4) 在 x'-z 坐标系中按各向同性土体绘制流网;

(5) 按 $x = x' / \sqrt{\dfrac{k_z}{k_x}}$ 把 x'-z 坐标系中的流网变换回 x-z 坐标系中。

图 3.20 为 $k_x = 6k_z$ 时,在 x'-z 坐标系和 x-z 坐标系中的流网,可见在 x-z 坐标系中,网格不再是正方形或曲边正方形,**大部分流线和等势线不再正交。**

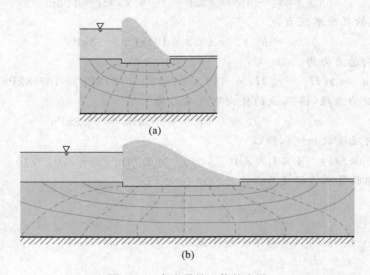

图 3.20 各向异性土体的流网
(a) x'-z 坐标系中的流网;(b) x-z 坐标系中的流网

为了利用 x'-z 坐标系中的流网计算渗流量,需确定在该坐标系下的渗透系数。图 3.21(a) 为 x'-z 坐标系中的一个理想流网,$b=l\sqrt{\dfrac{k_z}{k_x}}$;图 3.21(b)是在 x-z 坐标系中与图 3.21(a)相应的流网。根据达西定律,可以分别计算出这两个流网沿水平方向的流量,即

$$\Delta q' = k'_x \frac{\Delta h}{l\sqrt{\dfrac{k_z}{k_x}}}b = k'_x \Delta h \tag{3.54}$$

$$\Delta q = k_x \frac{\Delta h}{l}b = \sqrt{k_x k_z}\,\Delta h \tag{3.55}$$

由 $\Delta q' = \Delta q$,可得

$$k'_x = \sqrt{k_x k_z} \tag{3.56}$$

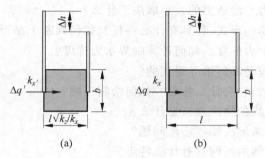

图 3.21　水平方向渗流

（a）x'-z 坐标系中的流网;（b）x-z 坐标系中的流网

同样,图 3.22 为 x'-z 坐标系中的一个理想流网,$l=b\sqrt{\dfrac{k_z}{k_x}}$;图 3.22(b)是在 x-z 坐标系中与图 3.22(a)相应的流网,这两个流网沿竖直方向的流量为

$$\Delta q' = k'_z \frac{\Delta h}{l}b\sqrt{\frac{k_z}{k_x}} = k'_z \Delta h \tag{3.57}$$

$$\Delta q = k_z \frac{\Delta h}{l}b = \sqrt{k_x k_z}\,\Delta h \tag{3.58}$$

由 $\Delta q' = \Delta q$,可得

$$k'_z = \sqrt{k_x k_z} \tag{3.59}$$

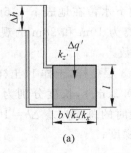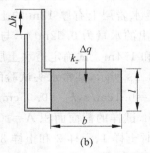

图 3.22　竖直方向渗流

（a）x'-z 坐标系中的流网;（b）x-z 坐标系中的流网

式(3.56)和式(3.59)表明,利用 $x'-z$ 坐标系中的流网计算渗流量时,可将土体看成各向同性,且其渗透系数 $k'_x = k'_z = \sqrt{k_x k_z}$。

思考题(Thinking Questions)

3.1   什么是土的渗透性?影响土的渗透性的因素有哪些?

3.2   什么是水头?它由哪几部分组成?

3.3   达西渗流定律的内容是什么?达西定律成立的条件有哪些?

3.4   达西定律中的流速和土中水的实际流速是否相同?为什么?

3.5   测量渗透系数的方法有哪些?它们之间有什么区别?

3.6   什么是渗透力?渗透力的大小取决于什么?

3.7   渗透破坏有哪些形式,各具有什么特征?如何判断土是否发生渗透破坏?

3.8   什么是临界水力梯度?如何计算临界水力梯度?

3.9   拉普拉斯方程是如何推导得到的?

3.10   什么是流网?它有什么特征?如何绘制流网?

3.11   流线和等势线的物理意义是什么?

3.12   流网可以用来解决哪些渗流问题?

3.13   各向异性土体的流网具有什么特点?

习题(Exercises)

3.1   对某土样进行常水头渗透试验,试样的长度为 30cm,横截面面积为 $100cm^2$,作用在试样两端的水头差为 66cm,若经过 20s 后,通过试样流出的水量为 $180cm^3$。求该试样的渗透系数。

3.2   已知达西进行的第 2 组砂土渗透试验中,砂土试样的直径 D 为 0.35m,长度 L 为 1.14m,试根据表 3.1 中的数据确定该砂土的渗透系数。

3.3   某变水头渗透试验中试样的截面面积为 $30cm^2$,高度为 4cm,试样上截面连接的细管的内径为 0.4cm。试验开始时的水头差为 180cm,经过 360s 后水头差下降为 96cm,试验时的水温为 20℃。求该试样的渗透系数。

3.4   在不透水岩层上有厚 12m 的土层,初始地下水位在地表下 1.5m,进行井孔抽水试验时自井内抽出的水量为 $0.52m^3/s$,与抽水井距离为 10m 和 28m 的观测井中的水位分别下降了 3.2m 和 1.4m。试确定透水土层的渗透系数。

3.5   如图 3.23 所示,某常水头试验的试样含有 3 层土样,土样 1、土样 2 和土样 3 的渗透系数分别为 $k_1 = 0.1cm/s$,$k_2 = 0.05cm/s$ 和 $k_3 = 0.2cm/s$,长度分别为 $L_1 = 10cm$,$L_2 = 4cm$ 和 $L_3 = 12cm$,试样的截面面积 $A = 100cm^2$,试验时的总水头差 $\Delta h = 10cm$。

(1) 求渗流时土样 1、土样 2 和土样 3 上的水力梯度;

(2) 求单位时间通过土样的流量;

(3) 若土样 1、土样 2 和土样 3 的饱和重度均为 $19.0kN/m^3$,则当总水头差 Δh 增大到

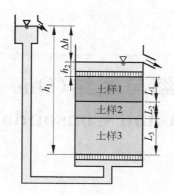

图 3.23 习题 3.5 图

多少时,试样内部某点的竖向有效应力将为零?

3.6   如图 3.24 所示,已知 $H_1 = 10$m,$H_2 = 1$m,$H_A = 12.6$m,$l = 3.2$m,地基土的土粒比重 $G_s = 2.65$,孔隙比 $e = 0.67$,渗透系数 $k = 5.8 \times 10^{-4}$ cm/s。

(1)求 A 点的孔隙水压力;

(2)求坝基的渗透总流量;

(3)渗流逸出处 B—C 是否会发生流土?

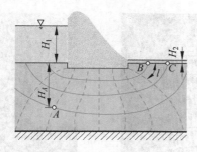

图 3.24 习题 3.6 图

3.7   如图 3.25 所示,已知不透水岩层上为透水土层,土体的渗透系数 $k = 8.3 \times 10^{-3}$ cm/s,自由水面与土层表面一致。若土层厚度 $H = 2.5$m,岩层倾角 $\alpha = 6°$,求单位时间经过土层的渗流量。

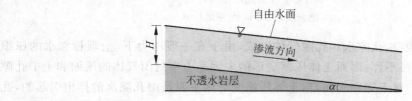

图 3.25 习题 3.7 图

第 **4** 章

土的一维压缩与固结（One-Dimensional Compression and Consolidation of Soil）

4.1 概述（Introduction）

　　土是可变形材料，在荷载作用下会产生变形。在实际工程中，建筑物的荷载通过基础传递到地基，并在地基中扩散，产生附加应力，地基土体在附加应力的作用下，产生变形（主要是竖向压缩变形），从而引起基础和建筑物的沉降。当地基不同位置的压缩变形不同时，将产生不均匀沉降，不均匀沉降使建筑物产生倾斜，甚至破坏。著名的比萨斜塔和虎丘塔就是由不均匀沉降引起的，如图 4.1 所示。

(a)   (b)

图 4.1　不均匀沉降引起的建筑物倾斜

（a）比萨斜塔；（b）虎丘塔

　　天然土体由固体颗粒、孔隙水和孔隙气体组成，由于在一般压力下，土颗粒和水的压缩量都很小，所以可以忽略不计，因而土体压缩变形的主因是土中封闭气体的压缩和土中孔隙水和自由气体的排出。对于饱和土而言，土体压缩变形则主要是由孔隙水的排出引起的，孔隙水排出的速度取决于排水距离和土体的渗透系数等因素，因而饱和土的压缩变形过程实际上是渗流固结过程。由于黏性土的渗透系数较小，完成渗流固结的时间比较长，在某些情况下需要几年甚至几十年压缩变形才能稳定。

　　本章主要介绍饱和土的一维压缩特性及压缩性指标、地基沉降量的计算方法、饱和土的渗流固结理论、固结系数的确定方法和黏土的次固结沉降等内容。

4.2 土的一维压缩特性及压缩性指标（Characteristics of One-Dimensional Compressibility of Soil and Compressibility Parameters）

4.2.1 侧限压缩试验（Laterally Confined Compression Test）

土的一维压缩特性可通过室内侧限压缩试验（亦称固结试验）测定。侧限压缩试验采用的试验装置为固结仪，其由固结容器、加载设备和测量设备组成。试验时先用金属环刀取土，然后将土样连同环刀一起放入固结容器中，在土样上下各放置一块透水石（图 4.2），以便土样受压后能自由排水。由于金属环刀和刚性护环的限制，土样在竖向压力作用下只能发生竖向变形，而**无侧向变形**，故称为**侧限压缩试验**。

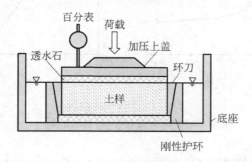

图 4.2　固结仪示意图

侧限压缩试验时，在竖向压力作用下土样的竖向压缩量可通过百分表测量。根据土样的初始高度 H_0、初始孔隙比 e_0 和土样稳定后的竖向压缩量 s，可以计算出土样稳定后的孔隙比 e。如图 4.3 所示，由应变的定义可得压缩后的竖向应变 ε_z 和体应变 ε_v 分别为

$$\varepsilon_z = \frac{s}{H_0} \tag{4.1}$$

$$\varepsilon_v = \frac{\Delta V}{V_0} = \frac{e_0 V_s - e V_s}{V_s + e_0 V_s} = \frac{e_0 - e}{1 + e_0} \tag{4.2}$$

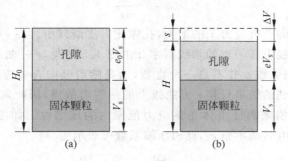

图 4.3　固结试样示意图

(a) 初始状态；(b) 压缩后

因为无侧向变形，所以 $\varepsilon_z = \varepsilon_v$，由式（4.1）和式（4.2）可得

$$e = e_0 - (1 + e_0)\frac{s}{H_0} \tag{4.3}$$

常规压缩试验采用逐级加载，施加的分级荷载一般为 50kPa、100kPa、200kPa、400kPa 和 800kPa。只要测得土样在各级荷载作用下稳定后（施加的压力完全由土骨架承受，转化为土体的竖向有效应力 σ'_z）的压缩变形量，即可按式（4.3）计算得到相应的孔隙比，从而绘制出土的压缩曲线。压缩曲线可按两种方式绘制，一种是普通坐标绘制的 e-σ'_z曲线（图 4.4(a)），另一种是横坐标为 σ'_z 的常用对数，即 e-$\lg\sigma'_z$ 曲线（图 4.4(b)）。

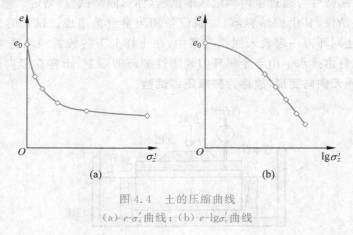

图 4.4　土的压缩曲线
(a) e-σ'_z 曲线；(b) e-$\lg\sigma'_z$ 曲线

4.2.2　压缩性指标（Compressibility Parameters）

通过室内土的侧限压缩试验得到的侧限压缩性指标有：压缩系数、压缩指数、压缩模量和体积压缩系数等。这些指标反映了土的压缩特性，并被应用到地基的变形计算中。

1. 压缩系数

压缩系数（compression coefficient）为土体在侧限条件下孔隙比的减小量与竖向有效应力增加量的比值，其表达式为

$$a = -\frac{\mathrm{d}e}{\mathrm{d}\sigma'_z} \tag{4.4}$$

式中负号表示随着竖向有效应力 σ'_z 的增大，孔隙比 e 逐渐减小。在 e-σ'_z 曲线中，式（4.4）定义的压缩系数即为曲线上任一点的切线斜率。由图 4.5 可见，e-σ'_z 曲线初始段较陡，而后曲线逐渐平缓，土的压缩系数 a 并不是一个常数，而是随着竖向有效应力 σ'_z 的增大而逐渐减小。由于压缩试验得到的结果只是 e-σ'_z 曲线上的一些离散点，因此常用曲线在某段应力间隔的割线斜率的绝对值来表征土体在该应力范围内的压缩性。如图 4.5 所示，设压力由 σ'_{z1} 增至 σ'_{z2} 时，孔隙比由 e_1 减小至 e_2，此时压缩系数可表示为

$$a = -\frac{\Delta e}{\Delta \sigma'_z} = \frac{e_1 - e_2}{\sigma'_{z2} - \sigma'_{z1}} \tag{4.5}$$

由式（4.5）计算的压缩系数也不是一个常量，与所取的起始有效应力 σ'_{z1} 和有效应力变化范围 $\Delta\sigma'_z$ 都有关系。在工程实践中，为了统一标准，常以应力间隔由 $\sigma'_{z1} = 100$kPa（0.1MPa）

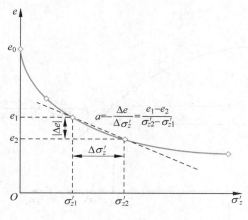

图 4.5　压缩系数 a 的定义

增加到 $\sigma'_{z2}=200\text{kPa}(0.2\text{MPa})$ 时得到的压缩系数 a_{1-2} 来评定土的压缩性高低,《建筑地基基础设计规范》(GB 50007—2011)根据 a_{1-2} 的数值将土划分为低压缩性土、中压缩性土和高压缩性土,具体划分标准如表 4.1 所示。

表 4.1　土的压缩性分类

a_{1-2} 的数值	土的压缩性
$a_{1-2}<0.1\text{MPa}^{-1}$	低压缩性土
$0.1\text{MPa}^{-1}\leqslant a_{1-2}<0.5\text{MPa}^{-1}$	中压缩性土
$a_{1-2}\geqslant 0.5\text{MPa}^{-1}$	高压缩性土

2. 压缩指数

经验表明,侧限压缩试验数据如果用 $e\text{-}\lg\sigma'_z$ 曲线表示,当压力超过一定值时,曲线接近直线,如图 4.6 所示。该直线的斜率称为压缩指数(compression index),用符号 C_c 表示,其表达式为

$$C_c=-\frac{\Delta e}{\Delta\lg\sigma'_z}=\frac{e_1-e_2}{\lg\sigma'_{z2}-\lg\sigma'_{z1}}=\frac{e_1-e_2}{\lg\dfrac{\sigma'_{z2}}{\sigma'_{z1}}} \tag{4.6}$$

由其定义可知,**压缩指数没有量纲**。类似于压缩系数,压缩指数 C_c 可以用来判断土的压缩性的大小。C_c 数值越大,表示土的压缩性越高。通常认为,C_c 小于 0.2 的土为低压缩性土,C_c 介于 0.2 和 0.4 之间的土为中压缩性土,C_c 大于 0.4 的土为高压缩性土。

3. 压缩模量

压缩模量(compression modulus),也称侧限变形模量,是指土体在完全侧限条件下竖向有效应力增量与相应的竖向应变增量的比值,用符号 E_s 表示,其表达式为

$$E_s=\frac{\mathrm{d}\sigma'_z}{\mathrm{d}\varepsilon_z} \tag{4.7}$$

上式定义的压缩模量即为 $\varepsilon_z\text{-}\sigma'_z$ 曲线上任一点的切线斜率。由于在侧限条件下,

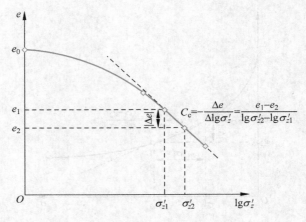

图 4.6   压缩指数 C_c 的定义

$$d\varepsilon_z = d\varepsilon_v = -de/(1+e_0)$$

代入式(4.7)可得

$$E_s = \frac{1+e_0}{-de/d\sigma_z'} = \frac{1+e_0}{a} \tag{4.8}$$

上式即为压缩模量 E_s 与压缩系数 a 的关系。可见，E_s 与 a 成反比，E_s 越大则 a 越小，此时土的压缩性越小；E_s 越小则 a 越大，此时土的压缩性越大。

与压缩系数类似，实际上常用 ε_z-σ_z' 曲线在某段应力间隔的割线斜率作为土体在该应力范围内的压缩模量，如图 4.7 所示，其表达式为

$$E_s = \frac{\Delta\sigma_z'}{\Delta\varepsilon_z} = \frac{\sigma_{z2}' - \sigma_{z1}'}{\varepsilon_{z2} - \varepsilon_{z1}} \tag{4.9}$$

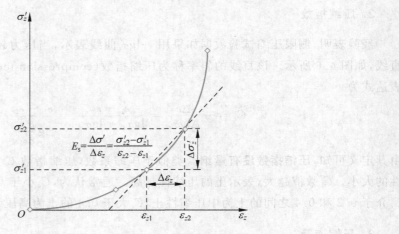

图 4.7   压缩模量 E_s 的定义

对于相同的应力间隔，由割线斜率确定的压缩模量 E_s 与压缩系数 a 也满足式(4.8)的关系。

虽然压缩模量与弹性材料的弹性模量的定义相似，但应当注意它们有两点不同：一是压缩模量 E_s 是在侧限条件下测定的，而弹性模量是无侧限条件下单向受力时应力与应变的比值；二是压缩模量计算中的应变为总应变，既包含了土的弹性变形，也包含了土的塑性变形，而弹性模量计算中的应变为弹性应变。

4. 侧限体积压缩系数

体积压缩系数是指材料在单位应力增量作用下单位体积的体积变化(即体应变增量)。侧限体积压缩系数(coefficient of volume compressibility under laterally confined condition)是指土体在侧限条件下,单位竖向有效应力增量作用下单位体积的体积变化,用符号 m_v 表示。由于在侧限条件下体应变增量即为竖向应变增量,所以侧限体积压缩系数的表达式为

$$m_v = \frac{\mathrm{d}\varepsilon_z}{\mathrm{d}\sigma_z'} \tag{4.10}$$

比较式(4.10)和式(4.7)可知,侧限体积压缩系数是压缩模量(侧限变形模量)的倒数,即

$$m_v = \frac{1}{E_s} \tag{4.11}$$

[例题 4.1] 某饱和土样初始高度 $H_0 = 20\text{mm}$,截面面积 $A = 30\text{cm}^2$,初始含水率 $w_0 = 29.2\%$,土粒比重 $G_s = 2.70$,进行压缩试验的结果如表 4.2 所示,求该土的压缩系数 a_{1-2} 并判断土的压缩性。

表 4.2 压缩试验结果

竖向有效应力 σ_z'/kPa	0	50	100	200	300	400
稳定时土样压缩量 s/mm	0	0.42	0.76	1.12	1.39	1.61

解:由于是饱和土样,试样的初始孔隙比为

$$e_0 = w_0 G_s = 29.2\% \times 2.7 = 0.788$$

当竖向有效应力为 100kPa 时,孔隙比为

$$e_1 = e_0 - (1+e_0)\frac{s_1}{H_0} = 0.788 - (1+0.788) \times \frac{0.76}{20} = 0.720$$

当竖向有效应力为 200kPa 时,孔隙比为

$$e_2 = e_0 - (1+e_0)\frac{s_2}{H_0} = 0.788 - (1+0.788) \times \frac{1.12}{20} = 0.688$$

根据 e_1、e_2 可得

$$a_{1-2} = \frac{e_1 - e_2}{\sigma_{z2}' - \sigma_{z1}'} = \frac{0.720 - 0.688}{200 - 100}\text{kPa}^{-1} = 3.2 \times 10^{-4}\text{kPa}^{-1} = 0.32\text{MPa}^{-1}$$

由于 $0.1\text{MPa}^{-1} \leqslant a_{1-2} < 0.5\text{MPa}^{-1}$,所以该土为中压缩性。

4.2.3 应力历史对土的压缩性的影响(Effects of Stress History on Soil Compressibility)

1. 土的回弹与再压缩

在实际工程中,土体可能在受荷压缩后卸载,或卸载后又施加荷载,因此需要考虑加卸载情况对土体变形的影响。

在进行室内土的侧限压缩试验过程中,对土样施加的压力到某一数值后便不再加载,而是逐渐卸载,则在卸载过程中,土样将发生回弹,孔隙比增大。若测得回弹过程中土体的变

形并计算出相应的孔隙比,则可绘制出孔隙比与竖向有效应力的关系曲线(见图 4.8(a)中曲线 CD),称为回弹曲线。由图 4.8(a)可见,土体卸载后的回弹曲线 CD 并不沿着初始压缩曲线 CBA 回升,而要平缓得多。这说明土体卸压回弹过程中,变形小部分得到恢复,而大部分不能恢复。可恢复的部分称为弹性变形,不能恢复的变形称为塑性变形。可见,土在初始压缩过程中,压缩变形以塑性变形为主。

当荷载卸除后,若接着重新逐级加载,土体将发生再压缩,这一过程中的孔隙比与压力的关系曲线称为再压缩曲线,如图 4.8(a)中曲线 DE,再压缩曲线和回弹曲线不重合,产生小的滞回圈。当实线 DE 越过 C 点后,将回到初始压缩曲线上。

土的回弹、再压缩试验结果也常用 e-$\lg\sigma_z'$ 曲线表示,如图 4.8(b)所示。在 e-$\lg\sigma_z'$ 曲线中,回弹-再压缩滞回圈的两交点连线(虚线 DE)斜率的绝对值称为**再压缩指数**(recompression index),用符号 C_r 表示。对于同一土样,再压缩指数 C_r 远小于压缩指数 C_c。

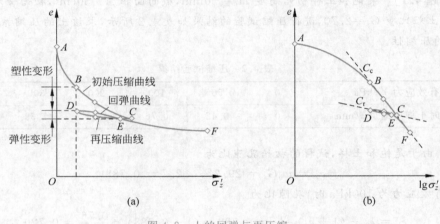

图 4.8   土的回弹与再压缩
(a) e-σ_z' 曲线; (b) e-$\lg\sigma_z'$ 曲线

2. 先期固结应力与超固结系数

由于土是弹塑性材料,在地质历史中经受过的应力变化过程对土的状态和变形特性都会产生影响。例如图 4.8(a)中,假定第一个土样由 A 点经过初始压缩加载到 B 点,第二个土样由 A 点加载到 C 点再卸载回 D 点,此时两个土样所受的竖向有效应力相同,但它们的孔隙比却差异明显,当进一步加载时,两个土样产生的压缩变形也不同。显然,两个土样响应差异的大小与第二个土样所受过的最大竖向有效应力,即 C 点应力值的大小有关。土在历史上曾受到过的**最大竖向有效应力**称为**先期固结应力**(preconsolidation stress),用符号 σ_{zp}' 表示,而把土的先期固结应力 σ_{zp}' 与当前承受的竖向有效应力 σ_{zs}' 的比值定义为**超固结系数**,用 OCR(overconsolidation ratio)表示,即

$$\text{OCR} = \frac{\sigma_{zp}'}{\sigma_{zs}'} \tag{4.12}$$

由超固结系数的定义可知,当 OCR=1 时,土为**正常固结土**;当 OCR>1 时,土为**超固结土**。

天然沉积的土层,如在自重作用下固结稳定后土层厚度基本无变化,也没有受过其他荷载的作用,则处于正常固结状态;如果在固结稳定后,由于地质作用(如流水或冰川),导致

土层上部被冲蚀而形成现有的地表,则土层内土体的先期固结应力 σ'_{zp} 超过当前承受的竖向有效应力 σ'_{zs},土体处于超固结状态。此外,如果土层是新近填积的,在自重应力作用下的固结变形尚未完成,则称为**欠固结土**。

3. 先期固结应力的确定

为了了解地基土的应力历史,须先确定它的先期固结应力。确定先期固结应力的常用方法是卡萨格兰德(Casagrande)图解法,如图 4.9 所示,其具体步骤如下:

（1）在 $e\text{-}\lg\sigma'_z$ 曲线上,找出曲率最大点 M;

（2）过点 M 作水平线 $M1$ 和切线 $M3$,并作 $M1$ 和 $M3$ 的角平分线 $M2$;

（3）$M2$ 与试验曲线直线段的延长线交于点 N,则点 N 的横坐标即为所求的先期固结应力 σ'_{zp}。

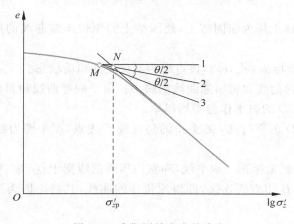

图 4.9 先期固结应力的确定

4. 原位压缩曲线的推求

室内试验所用的土样通常是扰动过的,因此通过室内试验得到的压缩曲线与土的原位压缩曲线存在差异,需要根据经验由室内压缩曲线推求出原位压缩曲线,从而应用到地基沉降计算中。

如图 4.10 所示,首先根据卡萨格兰德图解法确定出土样的先期固结应力 σ'_{zp} 后,将它和土样的原位竖向有效应力 σ'_{zs} 比较,如果 $\sigma'_{zp}=\sigma'_{zs}$,可以判定该土样为正常固结土,然后根据施默特曼(Schmertmann)于 1955 年提出的方法对室内压缩曲线进行修正,从而得到原位压缩曲线,具体步骤如下:

（1）假定取样过程中土样不发生体积变化,室内试验时土样的初始孔隙比 e_1 即为原位的天然孔隙比,在图中作点 A,其坐标为 (σ'_{zp},e_1),该点即为土的原位状态;

（2）以 $0.42e_1$ 为纵坐标作一水平线,和室内压缩曲线交于点 B(试验表明,不管土样扰动程度如何,它们的压缩曲线都大致交于点 B,因此原位压缩曲线也应通过该点);

（3）将点 A 和点 B 用直线连接,即得正常固结土的原位压缩曲线,其斜率即为原位土的初始压缩指数 C_c。

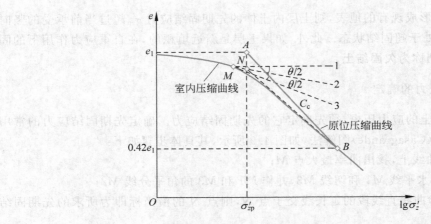

图 4.10 正常固结土原位压缩曲线的推求

如果 $\sigma'_{zp} > \sigma'_{zs}$，则该土样为超固结土，超固结土的原位压缩曲线的推求如图 4.11 所示，具体步骤如下：

（1）作点 A'，其坐标为 (σ'_{zs}, e_1)，该点即为原位土的当前状态。

（2）确定室内回弹曲线和再压缩曲线的斜率。由于回弹曲线和再压缩曲线一般并不重合，可取滞回圈割线 CD 的斜率作为平均斜率。

（3）过点 A' 作 CD 的平行线，交过 σ'_{zp} 的竖直线于 A 点，$A'A$ 即为原位再压缩曲线，其斜率为再压缩指数 C_r。

（4）以 $0.42e_1$ 为纵坐标作一水平线，和室内压缩曲线交于点 B。

（5）将点 A 和点 B 用直线连接，即得原位压缩曲线，其斜率即为原位土的初始压缩指数 C_c。

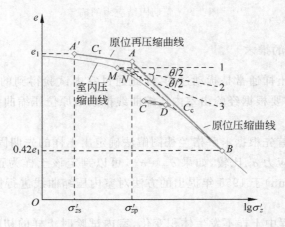

图 4.11 超固结土原位压缩曲线的推求

[**例题 4.2**] 已知某黏土层饱和重度为 19.3kN/m^3，地下水位在地表，地表下 3m 处土的超固结系数 OCR 为 3.0，假定地表至地表下 10m 处的黏土层为同一时期沉积，则地表下 8m 处土的超固结系数 OCR 约为多少？

解：地表下 3m 处当前承受的竖向有效应力为

$$\sigma'_{zs, z=3m} = \gamma' z = [(19.3 - 10) \times 3]\text{kPa} = 27.9\text{kPa}$$

【人物简介】

卡萨格兰德
(1902—1981)

卡萨格兰德(Arthur Casagrande)于 1902 年 8 月 28 日生于奥地利,1924 年毕业于维也纳工业大学,1926 年移居美国。他先在公共道路局工作,之后作为太沙基最重要的助手在麻省理工学院从事土力学的基础研究工作。1932 年,卡萨格兰德到哈佛大学从事土力学的研究工作,在此后的 40 多年中,他发表了大量的研究成果,并培养了包括 Janbu、Soydemir 等在内的土力学人才。卡萨格兰德是第五届(1961—1965 年)国际土力学与基础工程学会的主席,也是美国土木工程师协会太沙基奖的首位获奖者。

卡萨格兰德在土的分类、土坡渗流、土的抗剪强度和砂土液化等方面的研究成果对土力学有很大的贡献和影响。在黏性土分类的塑性图中,"A 线"即是以他的名字(Arthur)命名的。

由于 $OCR = \sigma'_{zp}/\sigma'_{zs}$,所以地表下 3m 处曾受到过的最大竖向有效应力为

$$\sigma'_{zp,z=3m} = \sigma'_{zs,z=3m} \cdot OCR = (27.9 \times 3)kPa = 83.7kPa$$

所以现在地表处原来作用的最大竖向有效应力为

$$\sigma'_{zp,z=0m} = \sigma'_{zp,z=3m} - \sigma'_{zs,z=3m} = (83.7 - 27.9)kPa = 55.8kPa$$

地表下 8m 处当前承受的竖向有效应力为

$$\sigma'_{zs,z=8m} = \gamma'z = [(19.3 - 10) \times 8]kPa = 74.4kPa$$

地表下 8m 处曾受到过的最大竖向有效应力为

$$\sigma'_{zp,z=8m} = \sigma'_{zs,z=8m} + \sigma'_{zp,z=0m} = (74.4 + 55.8)kPa = 130.2kPa$$

地表下 8m 处的超固结系数为

$$OCR_{z=8} = \frac{\sigma'_{zp,z=8}}{\sigma_{zs,z=8}} = \frac{130.2}{74.4} = 1.75$$

4.3 地基最终沉降量的计算(Settlement Calculation)

一般情况下,天然沉积土层经历了漫长的地质历史时期,其在自重应力作用下的压缩变形已经稳定。当在这样的地基上修建建筑物时,建筑物的荷载通过基础传递到地基上,在土体内产生附加应力。由于土体具有压缩性,竖直方向的附加应力使土体产生竖直方向的压缩变形,从而引起地基的沉降。地基沉降尤其是不均匀沉降是影响建筑物安全的一个重要因素。目前工程中计算地基沉降量最重要的方法是分层总和法,其基本思想是把应考虑压缩变形的土层划分为若干薄层,分别求出各分层的变形量,再将变形量累加得到总的沉降量。本节将首先介绍均质薄土层的一维压缩变形计算,然后介绍分层总和法的基本步骤。

4.3.1 均质薄土层的一维压缩计算(Calculation of One-Dimensional Compression of a Uniform Thin Layer of Soil)

如图 4.12 所示,在水平场地中存在初始厚度为 H_1 的均质薄土层,土体初始孔隙比为 e_1,土层中点 M 由土体自重引起的竖向有效应力为 σ'_{zs},若在土层表面施加连续均布的荷载 p_0,则压缩稳定后土层的竖向有效应力的增量将沿深度均匀分布,且等于外加均布荷载,即 $\Delta\sigma'_z = p_0$,因此土层中点 M 的最终竖向有效应力为 $\sigma'_{zf} = \sigma'_{zs} + \Delta\sigma'_z$。

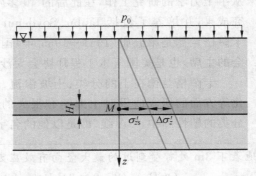

图 4.12   均质薄土层的压缩计算

由于土层较薄,可以假定土层变形是均匀的,并以土层中点 M 的应力作为整个土层的平均应力进行计算。如图 4.13 所示,在自重竖向有效应力 σ'_{zs} 作用时,土层的厚度为 H_1,土体的孔隙比为 e_1;在最终竖向有效应力 σ'_{zf} 作用时,土层的厚度为 H_2,土体的孔隙比为 e_2,根据侧限条件有

$$\frac{H_1}{H_2} = \frac{e_1 V_s + V_s}{e_2 V_s + V_s} = \frac{1 + e_1}{1 + e_2} \tag{4.13}$$

由式(4.13)可得

$$s = H_1 - H_2 = \frac{e_1 - e_2}{1 + e_1} H_1 = \frac{-\Delta e}{1 + e_1} H_1 \tag{4.14}$$

根据已知条件的不同,可采用如下方法计算均质薄土层的压缩量 s。

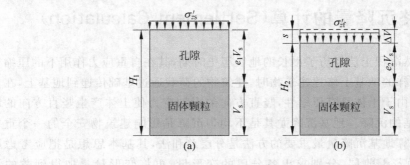

图 4.13   土层压缩前后的厚度和孔隙比

(a)初始状态;(b)压缩后

1. 根据 e-σ'_z 曲线或压缩系数 a 计算

若已知土体的 e-σ'_z 曲线,如图 4.14 所示,则可根据曲线查得自重竖向有效应力 σ'_{zs} 和最终竖向有效应力 σ'_{zf} 对应的孔隙比 e_1 和 e_2,代入式(4.14)计算得到土层压缩量 s。

若已知压缩系数 a,根据压缩系数的定义可得 $-\Delta e = a\Delta\sigma'_z$,代入式(4.14)得

$$s = \frac{a}{1+e_1}\Delta\sigma'_z H_1 \tag{4.15}$$

2. 根据 e-$\lg\sigma'_z$ 曲线计算

由 e-$\lg\sigma'_z$ 曲线可考虑土层的应力历史,区分正常固结土和超固结土,分别计算不同情况下的土层压缩量。

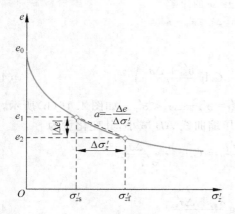

图 4.14　根据 e-σ'_z 曲线或压缩系数 a 计算 Δe

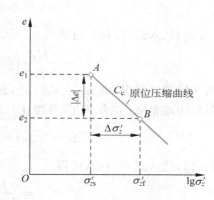

图 4.15　正常固结土 Δe 的计算

如果是正常固结土,如图 4.15 所示,由压缩指数 C_c 的定义可得

$$-\Delta e = |\Delta e| = C_c(\lg\sigma'_{zf} - \lg\sigma'_{zs}) = C_c\lg\frac{\sigma'_{zf}}{\sigma'_{zs}} \tag{4.16}$$

代入式(4.14),得

$$s = \frac{H_1}{1+e_1}C_c\lg\frac{\sigma'_{zf}}{\sigma'_{zs}} \tag{4.17}$$

如果是超固结土(先期固结应力为 σ'_{zp}),则需根据竖向有效应力增量 $\Delta\sigma'_z$ 的大小分为两种情况:① $\Delta\sigma'_z > \sigma'_{zp} - \sigma'_{zs}$;② $\Delta\sigma'_z \leqslant \sigma'_{zp} - \sigma'_{zs}$。

对于第①种情况,即 $\Delta\sigma'_z > \sigma'_{zp} - \sigma'_{zs}$,此时 $\sigma'_{zf} = \sigma'_{zs} + \Delta\sigma'_z > \sigma'_{zp}$。如图 4.16(a)所示,在竖向有效应力增量 $\Delta\sigma'_z$ 的作用下,孔隙比将先沿着再压缩曲线 AD 减小 $|\Delta e_1|$,再沿着初始压缩曲线减小 $|\Delta e_2|$,其中

$$|\Delta e_1| = C_r(\lg\sigma'_{zp} - \lg\sigma'_{zs}) = C_r\lg\frac{\sigma'_{zp}}{\sigma'_{zs}} \tag{4.18}$$

$$|\Delta e_2| = C_c(\lg\sigma'_{zf} - \lg\sigma'_{zp}) = C_c\lg\frac{\sigma'_{zf}}{\sigma'_{zp}} = C_c\lg\frac{\sigma'_{zs} + \Delta\sigma'_z}{\sigma'_{zp}} \tag{4.19}$$

所以孔隙比的总变化量为

$$-\Delta e = |\Delta e| = |\Delta e_1| + |\Delta e_2| = C_r\lg\frac{\sigma'_{zp}}{\sigma'_{zs}} + C_c\lg\frac{\sigma'_{zs} + \Delta\sigma'_z}{\sigma'_{zp}} \tag{4.20}$$

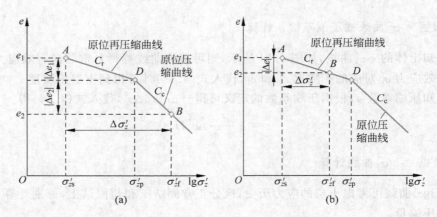

图 4.16 超固结土 Δe 的计算

(a) $\Delta\sigma_z' > \sigma_{zp}' - \sigma_{zs}'$；(b) $\Delta\sigma_z' \leqslant \sigma_{zp}' - \sigma_{zs}'$

将式(4.20)代入式(4.14)，可得

$$s = \frac{H_1}{1+e_1}\left(C_r \lg\frac{\sigma_{zp}'}{\sigma_{zs}'} + C_c \lg\frac{\sigma_{zs}'+\Delta\sigma_z'}{\sigma_{zp}'}\right) \tag{4.21}$$

对于第②种情况，即 $\Delta\sigma_z' \leqslant \sigma_{zp}' - \sigma_{zs}'$，此时 $\Delta\sigma_{zf}' = \sigma_{zs}' + \Delta\sigma_z' < \sigma_{zp}'$。如图 4.16(b)所示，在竖向有效应力增量 $\Delta\sigma_z'$ 的作用下，孔隙比只沿着再压缩曲线 AB 减小，其变化量为

$$-\Delta e = |\Delta e| = C_r \lg\frac{\sigma_{zf}'}{\sigma_{zs}'} = C_r \lg\frac{\sigma_{zs}'+\Delta\sigma_z'}{\sigma_{zs}'} \tag{4.22}$$

将式(4.21)代入式(4.14)，可得

$$s = \frac{H_1}{1+e_1}C_r \lg\frac{\sigma_{zs}'+\Delta\sigma_z'}{\sigma_{zs}'} \tag{4.23}$$

[例题 4.3] 如图 4.17 所示，某地基由细砂、黏土和粗砂组成，细砂层厚 8.2m，黏土层厚 1.8m，地下水位在地表。已知细砂的饱和重度 $\gamma_{sat1} = 18.3\text{kN/m}^3$，黏土的压缩指数 $C_c = 0.28$，再压缩指数 $C_r = 0.05$，土粒比重 $G_s = 2.67$。在地面作用有大面积的均布荷载 $p_0 = 95\text{kPa}$，分别求如下几种情况下黏土层的压缩量：

(1) 黏土为正常固结黏土，初始(施加荷载前)含水率 $w = 48\%$；

(2) 黏土为 OCR = 3.0 的超固结黏土，初始含水率 $w = 39\%$；

(3) 黏土为 OCR = 1.5 的超固结黏土，初始含水率 $w = 42\%$。

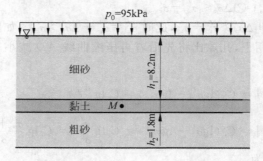

图 4.17 例题 4.3 图

解：（1）砂土的有效重度为
$$\gamma'_1 = \gamma_{sat1} - \gamma_w = (18.3 - 10)\text{kN/m}^3 = 8.3\text{kN/m}^3$$

黏土的初始孔隙比为
$$e = \frac{wG_s}{S_r} = \frac{48\% \times 2.67}{1} = 1.28$$

黏土的饱和重度为
$$\gamma_{sat2} = \frac{G_s + e}{1 + e}\gamma_w = \left(\frac{2.67 + 1.28}{1 + 1.28} \times 10\right)\text{kN/m}^3 = 17.32\text{kN/m}^3$$

黏土的有效重度为
$$\gamma'_2 = \gamma_{sat2} - \gamma_w = (17.32 - 10)\text{kN/m}^3 = 7.32\text{kN/m}^3$$

黏土层中点 M 的初始竖向有效应力为
$$\sigma'_{zs} = h_1\gamma'_1 + \frac{h_2}{2}\gamma'_2 = \left(8.2 \times 8.3 + \frac{1.8}{2} \times 7.32\right)\text{kPa} = 74.65\text{kPa}$$

由于大面积均布荷载 p_0，在黏土层引起的竖向有效应力增量为
$$\Delta\sigma'_z = p_0 = 95\text{kPa}$$
$$\sigma'_{zf} = \sigma'_{zs} + \Delta\sigma'_z = (74.65 + 95)\text{kPa} = 169.65\text{kPa}$$

由于是正常固结黏土，所以黏土层的压缩量为
$$s = \frac{h_2}{1+e}C_c\lg\frac{\sigma'_{zf}}{\sigma'_{zs}} = \left(\frac{1.8}{1+1.28} \times 0.28 \times \lg\frac{169.65}{74.65}\right)\text{m} = 0.079\text{m} = 7.9\text{cm}$$

（2）黏土的初始孔隙比为
$$e = \frac{wG_s}{S_r} = \frac{39\% \times 2.67}{1} = 1.04$$

黏土的饱和重度为
$$\gamma_{sat2} = \frac{G_s + e}{1 + e}\gamma_w = \left(\frac{2.67 + 1.04}{1 + 1.04} \times 10\right)\text{kN/m}^3 = 18.18\text{kN/m}^3$$

黏土的有效重度为
$$\gamma'_2 = \gamma_{sat2} - \gamma_w = (18.18 - 10)\text{kN/m}^3 = 8.18\text{kN/m}^3$$

黏土层中点 M 的初始竖向有效应力为
$$\sigma'_{zs} = h_1\gamma'_1 + \frac{h_2}{2}\gamma'_2 = \left(8.2 \times 8.3 + \frac{1.8}{2} \times 8.18\right)\text{kPa} = 75.42\text{kPa}$$
$$\sigma'_{zf} = \sigma'_{zs} + \Delta\sigma'_z = (75.42 + 95)\text{kPa} = 170.42\text{kPa}$$

由于黏土为 OCR=3.0 的超固结黏土，所以
$$\sigma'_{zp} = \text{OCR} \cdot \sigma'_{zs} = 3 \times 75.42\text{kPa} = 226.26\text{kPa}$$

因为 $\sigma'_{zp} > \sigma'_{zf}$，所以黏土层的压缩量为
$$s = \frac{h_2}{1+e}C_r\lg\frac{\sigma'_{zf}}{\sigma'_{zs}} = \frac{1.8\text{m}}{1+1.04} \times 0.05 \times \lg\frac{170.42}{75.42} = 0.016\text{m} = 1.6\text{cm}$$

（3）黏土的初始孔隙比为
$$e = \frac{wG_s}{S_r} = \frac{42\% \times 2.67}{1} = 1.12$$

黏土的饱和重度为
$$\gamma_{sat2} = \frac{G_s + e}{1 + e}\gamma_w = \frac{2.67 + 1.12}{1 + 1.12} \times 10\text{kN/m}^3 = 17.88\text{kN/m}^3$$

黏土的有效重度为

$$\gamma'_2 = \gamma_{sat2} - \gamma_w = (17.88 - 10)kN/m^3 = 7.88kN/m^3$$

黏土层中点 M 的初始竖向有效应力为

$$\sigma'_{zs} = h_1 \gamma'_1 + \frac{h_2}{2} \gamma'_2 = \left(8.2 \times 8.3 + \frac{1.8}{2} \times 7.88\right)kPa = 75.15kPa$$

$$\sigma'_{zf} = \sigma'_{zs} + \Delta\sigma'_z = (75.15 + 95)kPa = 170.15kPa$$

由于黏土为 OCR=1.5 的超固结黏土,所以

$$\sigma'_{zp} = OCR \cdot \sigma'_{zs} = 1.5 \times 75.15kPa = 112.73kPa$$

因为 $\sigma'_{zp} < \sigma'_{zf}$,所以黏土层的压缩量为

$$\begin{aligned}
s &= \frac{h_2}{1+e} \left(C_r \lg \frac{\sigma'_{zp}}{\sigma'_{zs}} + C_c \lg \frac{\sigma'_{zs} + \Delta\sigma'_z}{\sigma'_{zp}}\right) \\
&= \left[\frac{1.8m}{1+1.12} \times \left(0.05 \times \lg \frac{112.73}{75.15} + 0.28 \times \lg \frac{170.15}{112.73}\right)\right]m \\
&= 0.050m \\
&= 5.0cm
\end{aligned}$$

4.3.2　地基最终沉降量计算的分层总和法(Splitting Summation Method for Settlement Calculation)

分层总和法是把应考虑压缩变形的土层划分为若干薄层,分别求出各分层在外荷载作用前后的应力,然后计算出各分层的变形量,再将变形量累加得到总的沉降量。分层总和法的基本假定为:

(1) 计算地基附加应力时,地基土是均匀、连续、各向同性的半无限空间弹性体,即可按第 2 章介绍的方法计算地基附加应力。

(2) 地基土在压缩变形时不允许有侧向变形,即土体处于完全侧限条件,计算时采用完全侧限条件下的压缩性指标。

(3) 在外荷载作用下的地基变形发生在有限的厚度范围内(称为地基压缩层),压缩层以下土层的附加应力很小,所产生的变形可忽略不计。

如图 4.18 所示,分层总和法的基本步骤如下:

(1) 按比例绘制地基和基础剖面图。

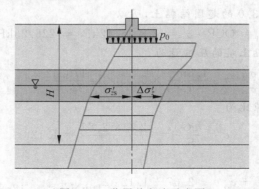

图 4.18　分层总和法示意图

（2）将地基分层。在分层时，天然土层的界面和地下水位线应为分层面，各分层的厚度不宜过大，一般控制在 4m 或 $0.4b$（b 为基础宽度）以内。

（3）计算并绘制原地基由自重产生的竖向有效应力 σ'_{zs} 分布图（求出计算点垂线上各分层层面处的数值）。

（4）根据基础上的荷载计算基底附加压力 p_0 的大小和分布。

（5）求出并绘出计算点下竖向附加应力 $\Delta\sigma'_z$ 沿深度的分布（求出计算点垂线上各分层层面处的数值）。

（6）确定沉降计算深度 H（即压缩层厚度），一般取附加应力等于自重应力 20% 处，即 $\Delta\sigma'_z = 0.2\sigma'_{zs}$，高压缩性土计算至 $\Delta\sigma'_z = 0.1\sigma'_{zs}$ 处。

（7）计算各分层的平均自重竖向有效应力 σ'_{zsi} 和竖向附加应力 $\Delta\sigma'_{zi}$（取土层上、下界面处应力的算术平均值）。

（8）按均质薄土层计算各分层的压缩量 s_i。

（9）将各层压缩量累加，即得到地基的总沉降量为

$$s = \sum_{i=1}^{n} s_i \tag{4.24}$$

[**例题 4.4**]　如图 4.19（a）所示，某建筑物基础底面为矩形，长度 $l=6\mathrm{m}$，宽度 $b=4\mathrm{m}$，基础埋置深度 $d=1.8\mathrm{m}$。地基为均匀的黏性土层，地下水位深度为 $d_w=4.8\mathrm{m}$，地下水位以上土体重度为 $\gamma=16.2\mathrm{kN/m^3}$，地下水位以下土体饱和重度为 $\gamma_{sat}=19.0\mathrm{kN/m^3}$，土的压缩曲线如图 4.19（b）所示。若基础顶面受中心荷载 $F=2000\mathrm{kN}$，计算基础中心点的沉降量。

解：（1）绘制地基和基础剖面图，如图 4.19（a）所示。

（2）将地基分层。

因为基础宽度 $b=4\mathrm{m}$，$0.4b=1.6\mathrm{m}$，基础底面距地下水位为 $4.8-1.8=3.0(\mathrm{m})$，所以地下水位以上分两层，每层厚度 $h=1.5\mathrm{m}$。为了计算方便，地下水位以下每层厚度也取 $h=1.5\mathrm{m}$，先分层至基础底面下 9.0m 处。

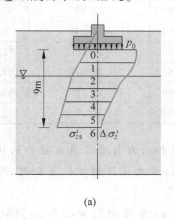
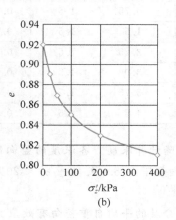

(a)　(b)

图 4.19　例题 4.4 图
(a) 基础和地基剖面；(b) 压缩曲线

（3）计算原地基由自重产生的竖向有效应力。

基础底面处：

$$\sigma'_{zs,0} = \gamma d = (16.2 \times 1.8)\text{kPa} = 29.16\text{kPa}$$

其他各点的竖向有效应力为

$$\sigma'_{zs,1} = \sigma'_{zs,0} + \gamma h = (29.16 + 16.2 \times 1.5)\text{kPa} = 53.46\text{kPa}$$

$$\sigma'_{zs,2} = \sigma'_{zs,1} + \gamma h = (53.46 + 16.2 \times 1.5)\text{kPa} = 77.76\text{kPa}$$

$$\sigma'_{zs,3} = \sigma'_{zs,2} + (\gamma_{sat} - \gamma_w)h = [77.76 + (19.0 - 10) \times 1.5]\text{kPa} = 91.26\text{kPa}$$

$$\sigma'_{zs,4} = \sigma'_{zs,3} + (\gamma_{sat} - \gamma_w)h = [91.26 + (19.0 - 10) \times 1.5]\text{kPa} = 104.76\text{kPa}$$

$$\sigma'_{zs,5} = \sigma'_{zs,4} + (\gamma_{sat} - \gamma_w)h = [104.76 + (19.0 - 10) \times 1.5]\text{kPa} = 118.26\text{kPa}$$

$$\sigma'_{zs,6} = \sigma'_{zs,5} + (\gamma_{sat} - \gamma_w)h = [118.26 + (19.0 - 10) \times 1.5]\text{kPa} = 131.76\text{kPa}$$

把自重竖向有效应力绘于基础轴线左侧。

（4）计算基底附加压力 p_0。

基础和回填土自重为

$$G = \gamma_G A d = (20 \times 6 \times 4 \times 1.8)\text{kN} = 864\text{kN}$$

基底压力为

$$p = \frac{F + G}{A} = \frac{2000 + 864}{6 \times 4}\text{kPa} = 119.33\text{kPa}$$

基底附加压力为

$$p_0 = p - \sigma'_{zs,0} = (119.33 - 29.16)\text{kPa} = 90.17\text{kPa}$$

（5）计算基础中心点下竖向附加应力 $\Delta\sigma'_z$ 沿深度的分布。基础为矩形，通过基础中心点将基础划分为四块相同的小矩形（长度 $l' = 3\text{m}$，宽度 $b' = 2\text{m}$），应用"角点法"求基础中心点下的竖向附加应力，计算结果如表4.3所示。

表4.3   各位置竖向附加应力

位置	z_i/m	$n = z_i/b'$	$m = l'/b'$	α_s	$\Delta\sigma'_z = 4\alpha_s p_0/\text{kPa}$	σ'_{zs}/kPa	$\Delta\sigma'_z/\sigma'_{zs}$
0	0	0	1.5	0.25	90.17	29.16	309.22%
1	1.5	0.75	1.5	0.2180	78.63	53.46	147.08%
2	3.0	1.5	1.5	0.1451	52.33	77.76	67.30%
3	4.5	2.25	1.5	0.0923	33.29	91.26	36.48%
4	6.0	3.0	1.5	0.0612	22.07	104.76	21.07%
5	7.5	3.75	1.5	0.0447	16.12	118.26	13.63%
6	9.0	4.5	1.5	0.0312	11.25	131.76	8.54%

（6）确定沉降计算深度。各深度的竖向附加应力与有效自重应力的比值（$\Delta\sigma'_z/\sigma'_{zs}$）见表4.3，在基础底面下7.5m处 $\Delta\sigma'_z/\sigma'_{zs} < 20\%$，因此计算到该位置即可，即取压缩层厚度 $H = 7.5\text{m}$。

（7）计算各分层的平均自重竖向有效应力 $\bar\sigma'_{zsi}$ 和竖向附加应力 $\Delta\bar\sigma'_{zi}$（取土层上、下界面处应力的算术平均值），并根据图4.19(b)确定各应力水平下的孔隙比 e，然后按均质薄土层计算各分层的压缩量 s_i，计算结果如表4.4所示。

表4.4 各分层压缩量

编号	土层厚度 h_i/m	$\bar{\sigma}'_{zsi}$ /kPa	$\Delta\bar{\sigma}'_{zi}$ /kPa	$\bar{\sigma}'_{zsi}+\Delta\bar{\sigma}'_{zi}$ /kPa	与 $\bar{\sigma}'_{zsi}$ 相应的 e_1	与 $(\bar{\sigma}'_{zsi}+\Delta\bar{\sigma}'_{zi})$ 相应的 e_2	$s_i=\dfrac{e_1-e_2}{1+e_1}h_i$/cm
I	1.5	41.31	84.40	125.71	0.875	0.844	2.5
II	1.5	65.61	65.48	131.09	0.863	0.842	1.7
III	1.5	84.51	42.81	127.32	0.855	0.843	1.0
IV	1.5	98.01	27.68	125.69	0.851	0.844	0.6
V	1.5	111.51	19.10	130.61	0.847	0.842	0.4

（8）将各层压缩量累加，即得到地基的总沉降量为

$$s=\sum_{i=1}^{n}s_i=(2.5+1.7+1.0+0.6+0.4)\text{cm}=6.2\text{cm}$$

4.4 饱和土的渗流固结（Seepage Consolidation of Saturated Soil）

前面介绍的沉降计算方法是确定地基**最终沉降量**的方法。然而在工程实践中，往往还需要预估建筑物在施工期间和完工以后某一时间的沉降量，以便控制施工速度或针对建筑物不均匀沉降危害采取措施；采用堆载预压等方法进行地基处理时，也需要考虑**地基变形与时间的关系**。

对于饱和土，由于土的孔隙充满水，且土颗粒和水的压缩性很小，在荷载作用下，只有使孔隙中的水部分排出，孔隙体积减小，土体才能产生压缩变形；而孔隙水排出的速度取决于排水距离和土体的渗透系数等因素。砂土和碎石土的渗透系数较大，完成渗流固结的时间较短，一般认为在外荷载施加完毕时，压缩变形已经稳定；黏性土的渗透系数较小，完成渗流固结的时间比较长，在某些情况下需要几年甚至几十年压缩变形才能稳定。下面介绍饱和土的渗流固结模型和太沙基一维渗流固结理论。

4.4.1 饱和土的渗流固结模型（Seepage Consolidation Model of Saturated Soil）

饱和土的渗流固结过程可借助图4.20所示的物理模型来说明。模型中弹簧表示土骨架，圆筒内的水代表孔隙水；圆筒的侧壁刚度无穷大，代表土体单元所受的侧限条件；圆筒的侧壁和底面都不能排水，水只能从活塞孔中排出，孔径大小表征土的渗透性大小。在活塞上施加外力 p_0，表示土体单元所受的竖向附加应力 $\Delta\sigma_z=p_0$。如图4.20(a)所示，在施加荷载的瞬间，活塞下的水来不及排出，弹簧没有变形和受力（即土体竖向有效应力增量 $\Delta\sigma'_z=0$），竖向附加应力全部由水来承担，此时孔隙水压力的增量（即**超静孔压**）$u_e=p_0$。随着时间的推移，受到压力后的水渐渐从活塞排水孔中流出，活塞下降，弹簧开始承受压力，$\Delta\sigma'_z$ 逐步增长，而超静孔压 u_e 则逐步减小，如图4.20(b)所示；根据力的平衡条件，在这个过程中始

终满足 $\Delta\sigma_z' + u_e = p_0$。最后，当外部施加的荷载 p_0 完全由弹簧承受（即 $\Delta\sigma_z' = p_0$），活塞不再下降，水不再流出，超静孔压完全消散（即 $u_e = 0$），渗流固结完成，如图 4.20(c) 所示。可见，饱和土的渗流固结过程也就是超静孔隙水压力逐步消散而有效应力相应增长的过程。

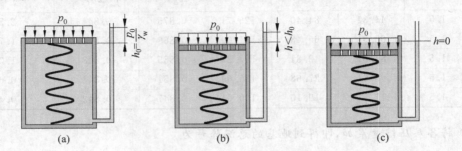

图 4.20 饱和土的渗流固结模型
(a) 施加荷载瞬间；(b) 渗流固结过程；(c) 渗流固结完成

4.4.2 太沙基一维渗流固结理论（One-Dimensional Seepage Consolidation Theory of Terzaghi）

1. 基本假定

一维渗流固结也称为单向渗流固结，是指在荷载作用下渗流和土体变形只沿着竖直方向发生，而没有侧向的渗流和土体变形。严格的一维渗流固结在实际工程中并不存在，但当土层厚度比较均匀，均布外荷载作用面积远大于压缩土层厚度时，可以近似看成一维固结问题。

太沙基于 1925 年提出了一维渗流固结理论，对饱和土层的渗流固结过程进行分析，该理论基于如下基本假定：

(1) 土层是均质、各向同性且完全饱和；
(2) 土颗粒与水是不可压缩的，土的压缩完全由孔隙体积的减小引起；
(3) 水的渗流和土层压缩只沿竖直方向发生；
(4) 水的渗流符合达西定律且固结过程中渗透系数保持不变；
(5) 固结过程中土的压缩系数 a 是常数；
(6) 地面上作用连续均布的荷载，荷载瞬时施加，总应力不随时间变化。

2. 固结方程

如图 4.21 所示厚度为 H 的均质饱和黏土层，表面透水，底面是不透水的岩层，该饱和土层在自重应力作用下的固结已经完成。若在土层表面瞬时施加无限均布竖向荷载 p_0，根据力的平衡条件可知，在土层内部任何位置由外荷载引起的竖向附加应力 $\Delta\sigma_z$ 均等于 p_0。在加荷瞬间，即 $t = 0$ 时刻，该附加应力由孔隙水承担，任一点的孔隙水压力均上升 p_0（即初始超静孔隙水压力 $u_e = p_0$）。随着时间的推移和渗流的发生，超静孔隙水压力 u_e 逐渐减小，作用在土骨架上的竖向附加应力（即竖向附加有效应力）$\Delta\sigma_z'$ 逐渐增加，引起土层的压缩变形。当 $t \to \infty$ 时，超静孔隙水压力完全消散，所有的竖向附加应力均由土骨架承担，此时任何位置的 $\Delta\sigma_z' = p_0$。因为不同深度位置的排水距离不同，所以在固结过程中，超静孔隙水压力

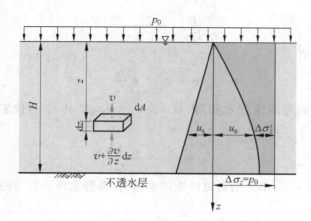

图 4.21　饱和土的一维渗流固结

u_e 既是时间的函数,也是深度的函数,即 $u_e = u_e(z, t)$。为找出这一过程中超静孔隙水压力和土体变形的变化规律,在土层表面下 z 深度处选取厚度为 dz、面积为 dA 的单元体进行分析。

设在外荷载施加后某一时刻 t,单元体顶面处水的渗透速度为 v(规定渗透速度方向以向上为正),底面处水的渗透速度为 $v + (\partial v / \partial z) dz$,则在 dt 时段内,流出与流入该单元体的水量之差,即净流出的水量为

$$dQ = \left[v - \left(v + \frac{\partial v}{\partial z} dz \right) \right] dA dt = -\frac{\partial v}{\partial z} dz dA dt \qquad (4.25)$$

设在同一 dt 时段内,单元体的竖向有效应力增量为 $d\sigma_z'$,则单元体体积的增量为

$$dV = -V_0 d\varepsilon_v = \frac{de}{1 + e_0} dz dA = -\frac{a}{1 + e_0} d\sigma_z' dz dA \qquad (4.26)$$

式中,V_0——单元体的初始体积;

$\quad$ $d\varepsilon_v$——在 dt 时段内单元体的体应变增量;

$\quad$ e_0——土体的初始孔隙比;

$\quad$ a——土体的压缩系数(Pa^{-1})。

在固结过程中,z 深度处的竖向有效应力 σ_z' 包含两部分,分别为由自重引起的 σ_{zs}' 和外荷载引起的 $\Delta\sigma_z'$,即 $\sigma_z' = \sigma_{zs}' + \Delta\sigma_z'$。另外,根据有效应力原理,有 $\Delta\sigma_z = \Delta\sigma_z' + u_e$,所以有

$$\sigma_z' = \sigma_{zs}' + \Delta\sigma_z - u_e \qquad (4.27)$$

由于土体在自重应力作用下的固结已经完成,因此 z 深度处的 σ_{zs}' 是恒定不变的;由于土层表面施加竖向荷载保持不变,因此在深度 z 处的竖向附加总应力 $\Delta\sigma_z$ 也保持不变($\Delta\sigma_z = p_0$),所以

$$d\sigma_z' = d(\sigma_{zs}' + \Delta\sigma_z - u_e) = -du_e = -\frac{\partial u_e}{\partial t} dt \qquad (4.28)$$

将式(4.28)代入式(4.26)得

$$dV = \frac{a}{1 + e_0} \frac{\partial u_e}{\partial t} dt dz dA \qquad (4.29)$$

由于饱和土体的孔隙被水充满,而且假定土颗粒与水是不可压缩的,因此在 dt 时段内单元体体积的减小应等于净流出的水量,即 $-dV = dQ$,将式(4.25)和式(4.29)代入可得

$$\frac{\partial v}{\partial z} = \frac{a}{1+e_0} \frac{\partial u_e}{\partial t} \qquad (4.30)$$

根据达西定律,有

$$v = ki = k \frac{\partial h}{\partial z} \qquad (4.31)$$

式中,h 为总水头。如忽略速度水头,则有 $h = h_z + h_u$,其中 h_z 为位置水头,h_u 为压力水头,而

$$h_u = \frac{u}{\gamma_w} = \frac{u_s + u_e}{\gamma_w} \qquad (4.32)$$

式中,u 为总水压力;u_s 为由水的自重产生的水压力(即静水压力)。将式(4.32)代入式 $h = h_z + h_u$,得

$$h = h_z + \frac{u_s}{\gamma_w} + \frac{u_e}{\gamma_w} \qquad (4.33)$$

任意假定一个基准面,可以发现 $h_z + u_s/\gamma_w$ 不随深度变化,所以有

$$\frac{\partial h}{\partial z} = \frac{\partial \left(h_z + \dfrac{u_s}{\gamma_w} + \dfrac{u_e}{\gamma_w} \right)}{\partial z} = \frac{1}{\gamma_w} \frac{\partial u_e}{\partial z} \qquad (4.34)$$

将式(4.34)代入式(4.31),得

$$v = \frac{k}{\gamma_w} \frac{\partial u_e}{\partial z} \qquad (4.35)$$

再将式(4.35)代入式(4.30)中,整理可得

$$\frac{k(1+e_0)}{a\gamma_w} \frac{\partial^2 u_e}{\partial z^2} = \frac{\partial u_e}{\partial t} \qquad (4.36)$$

定义**固结系数**

$$C_v = \frac{k(1+e_0)}{a\gamma_w} \qquad (4.37)$$

则式(4.36)可写成

$$C_v \frac{\partial^2 u_e}{\partial z^2} = \frac{\partial u_e}{\partial t} \qquad (4.38)$$

式(4.38)即为**太沙基一维固结微分方程**。在任何时刻 t,任何位置 z,土体中的超静孔隙水压力 u_e 都要满足该方程。

3. 固结方程的解

根据给定的初始条件和边界条件,可以求解式(4.38),从而得到超静孔隙水压力 u_e 随时间和深度的变化规律。

对于图 4.21 所示的土层边界和受荷情况,其边界条件和初始条件如图 4.22 所示,具体为:

(1) $t=0$ 及 $0 \leqslant z \leqslant H$,$u_e = p_0$;

(2) $0 < t < \infty$ 及 $z=0$,$u_e = 0$;

(3) $0 < t < \infty$ 及 $z=H$,$\partial u_e/\partial z = 0$;

(4) $t=\infty$ 及 $0 \leqslant z \leqslant H$,$u_e = 0$。

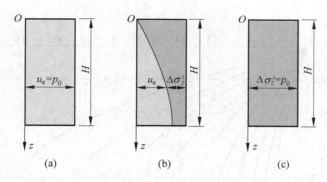

图 4.22 初始条件和边界条件

(a) $t=0$; (b) $0<t<\infty$; (c) $t=\infty$

利用分离变量法求解式(4.38)所示的一维固结微分方程,令

$$u_e = F(z)G(t) \tag{4.39}$$

将式(4.39)代入式(4.38)中,得

$$C_v F''(z)G(t) = F(z)G'(t) \tag{4.40}$$

因此

$$\frac{F''(z)}{F(z)} = \frac{1}{C_v}\frac{G'(t)}{G(t)} = 常数 \tag{4.41}$$

令该常数为 $-A^2$,得

$$F(z) = C_1\cos Az + C_2\sin Az \tag{4.42}$$

$$G(t) = C_3 e^{-A^2 C_v t} \tag{4.43}$$

将式(4.42)和式(4.43)代入式(4.39),得

$$u_e(z,t) = (C_1\cos Az + C_2\sin Az)C_3 e^{-A^2 C_v t} = (C_4\cos Az + C_5\sin Az)e^{-A^2 C_v t} \tag{4.44}$$

根据边界条件和初始条件可得

$$u_e(z,t) = \frac{4p_0}{\pi}\sum_{m=1}^{\infty}\frac{1}{m}\sin\left(\frac{m\pi z}{2H}\right)e^{-m^2\frac{\pi^2}{4}T_v} \tag{4.45}$$

式中,m 为正奇数($1,3,5,\cdots$);T_v 为**时间因数**(time factor),其表达式为

$$T_v = \frac{C_v t}{H^2} \tag{4.46}$$

因此时间因数 T_v 无量纲,且与时间 t 成正比。

式(4.45)表示超静孔压 u_e 随着时间是逐步消散的,而消散的快慢与其在土层中的位置有关。图 4.23 给出了在单面排水条件下超静孔隙水压力随深度和时间因数的变化过程。

如图 4.24 所示,当土层上下两个边界面均可排水时,土层中点所在平面为对称面,上半部分土层的孔隙水只能往上渗流,下半部分土层的孔隙水只能往下渗流,对称面相当于不透水面,上半部分的土层就和图 4.21 所示的单面排水情况一致。因此,对于双面排水渗流固结问题,可将 H 取为土层厚度的一半,利用前述结果求解上半部分土层超静孔压的消散过程,然后利用对称性得到下半部分土层超静孔压的消散过程,如图 4.24 所示。

4. 固结度与平均固结度

固结度(degree of consolidation)是指地基土在附加应力作用下,在土层中某一深度 z

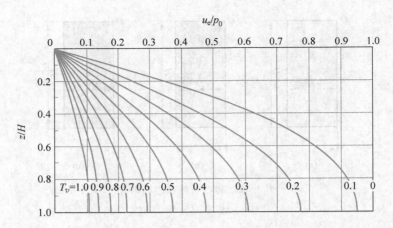

图 4.23   单面排水时超静孔隙水压力随深度和时间因数的变化

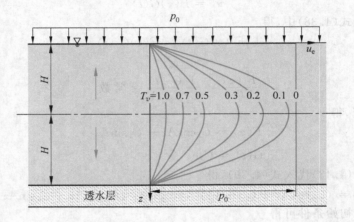

图 4.24   双面排水时超静孔隙水压力随深度和时间因数的变化

处的土体经过时间 t 后的固结程度,其表达式为

$$U_{z.t} = \frac{\Delta\sigma'_z(z,t)}{\Delta\sigma_z(z)} = \frac{\Delta\sigma_z(z) - u_e(z,t)}{\Delta\sigma_z(z)} = 1 - \frac{u_e(z,t)}{\Delta\sigma_z(z)} \tag{4.47}$$

式中,$\Delta\sigma_z(z)$——深度 z 处的竖向总附加应力(kPa);

$u_e(z,t)$——该处在 t 时刻的超静孔隙水压力(kPa);

$\Delta\sigma'_z(z,t)$——该处在 t 时刻的竖向有效附加应力(kPa)。

从式(4.47)可以看出,固结度反映了土层中某一点超静孔隙水压力消散以及土体有效应力增加的程度。

平均固结度是指地基土在附加应力作用下,经过时间 t 后,整个土层的竖向有效附加应力分布面积与竖向总附加应力分布面积的比值,即

$$U_t = \frac{\int \Delta\sigma'_z(z,t)\mathrm{d}z}{\int \Delta\sigma_z(z)\mathrm{d}z} = 1 - \frac{\int u_e(z,t)\mathrm{d}z}{\int \Delta\sigma_z(z)\mathrm{d}z} \tag{4.48}$$

另一方面,由于假定固结过程中土的压缩系数 a 是常数,有

$$U_t = \frac{\int \Delta\sigma_z'(z,t)\,\mathrm{d}z}{\int \Delta\sigma_z(z)\,\mathrm{d}z} = \frac{\int \dfrac{a}{1+e_0}\Delta\sigma_z'(z,t)\,\mathrm{d}z}{\int \dfrac{a}{1+e_0}\Delta\sigma_z(z)\,\mathrm{d}z} = \frac{s_t}{s} \tag{4.49}$$

式中，s_t 为土层经过时间 t 后的固结变形（沉降）量；s 为土层的最终固结变形（沉降）量。可见，**土层某时刻的平均固结度也是该时刻土层沉降量与最终沉降量的比值**，其反映了整个土层固结变形完成的程度。

将式(4.45)代入式(4.48)可得土层平均固结度的表达式为

$$U_t = 1 - \frac{8}{\pi^2}\sum_{m=1}^{\infty}\frac{1}{m^2}\mathrm{e}^{-m^2\frac{\pi^2}{4}T_v} \tag{4.50}$$

式中，m 为正奇数 $(1,3,5,\cdots)$。可见，土层平均固结度是时间因数的单值函数，即对于不同的土层，要达到相同平均固结度 U_t，其时间因数 T_v 应相等。此外，式(4.50)中的级数收敛很快，**当 $U_t > 30\%$ 时，可只取级数的第一项计算**，即

$$U_t = 1 - \frac{8}{\pi^2}\mathrm{e}^{-\frac{\pi^2}{4}T_v} \tag{4.51}$$

5. 不同附加应力分布下的平均固结度

在实际工程中，由于土层所受荷载类型和状态的不同，土体的竖向总附加应力（即初始超静孔隙水压力）的分布也不同，典型的直线型附加应力分布有 5 种，如图 4.25 所示，图中 α 为附加应力比，其定义为 $\alpha = \Delta\sigma_{zt}/\Delta\sigma_{zb}$（$\Delta\sigma_{zt}$：压缩土层顶面附加应力；$\Delta\sigma_{zb}$：压缩土层底面附加应力），各种分布代表的实际工程条件为：

（1）矩形：压缩土层厚度小，或大面积均布荷载作用；

（2）三角形：土层在自重应力作用下固结；

（3）倒三角形：基础底面积较小或压缩土层较厚，传至压缩土层底面的附加应力接近零；

（4）梯形：在自重应力作用下尚未固结的土层，又在其上施加荷载；

（5）倒梯形：传至压缩土层底面的附加应力不接近零。

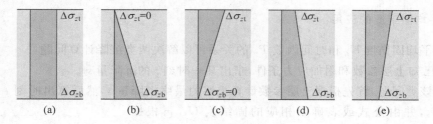

图 4.25　典型直线型附加应力分布

(a) $\alpha=1$；(b) $\alpha=0$；(c) $\alpha=\infty$；(d) $0<\alpha<1$；(e) $\alpha>1$

式(4.45)和式(4.50)是根据图 4.25(a)对应的初始条件和边界条件得到的。对于其他情况，也可根据其初始条件和边界条件对式(4.38)求解，从而得到类似于式(4.50)的土层平均固结度的表达式。如对于单面排水条件下的"三角形"分布（$\alpha=0$），可求解得

$$U_t = 1 - \frac{32}{\pi^3}\sum_{n=1}^{\infty}\frac{(-1)^{n-1}}{(2n-1)^3}\mathrm{e}^{-(2n-1)^2\frac{\pi^2}{4}T_v} \tag{4.52}$$

对于图 4.25 所示其他情况在 t 时刻的平均固结度则可根据叠加原理由下式计算得到：

$$U_t = \frac{2\alpha U_R + (1-\alpha)U_T}{1+\alpha} \tag{4.53}$$

式中，U_R 为 t 时刻均匀分布附加应力（$\alpha=1$）作用下的土层平均固结度，由式（4.50）计算；U_T 为 t 时刻三角形附加应力（$\alpha=0$）作用下的土层平均固结度，由式（4.52）计算。

　　为了便于应用，表 4.5 给出了由式（4.50）和式（4.52）计算得到的不同时间因数 T_v 对应的平均固结度 U_t 的数值。从中可以看出，对于相同的时间因数，均布附加应力条件下的固结度都大于三角形附加应力条件下的固结度，即前者的固结速度要大于后者。

　　以上所述只适用单面排水情况，若土层是双面排水，则不管附加应力如何分布，只要是线性分布，均可按均匀分布（即 $\alpha=1$）情况计算，附加应力取平均值。此时应注意：计算时间因数 T_v 时，H 应取土层厚度的一半。

表 4.5　不同时间因数 T_v 对应的平均固结度 U_t

| T_v | $U_t/\%$ | | T_v | $U_t/\%$ | | T_v | $U_t/\%$ | | T_v | $U_t/\%$ | |
	$\alpha=0$	$\alpha=1$		$\alpha=0$	$\alpha=1$		$\alpha=0$	$\alpha=1$		$\alpha=0$	$\alpha=1$
0.001	0.20	3.57	0.25	44.32	56.22	0.85	87.33	90.05	1.45	97.12	97.74
0.005	1.00	7.98	0.3	50.78	61.32	0.9	88.80	91.20	1.5	97.45	98.00
0.01	2.00	11.28	0.35	56.49	65.82	0.95	90.10	92.22	1.55	97.75	98.23
0.015	3.00	13.82	0.4	61.54	69.79	1	91.25	93.13	1.6	98.01	98.44
0.02	4.00	15.96	0.45	66.00	73.30	1.05	92.26	93.92	1.65	98.24	98.62
0.025	5.00	17.84	0.5	69.95	76.40	1.1	93.16	94.63	1.7	98.44	98.78
0.03	6.00	19.54	0.55	73.43	79.13	1.15	93.96	95.25	1.75	98.62	98.92
0.05	10.00	25.23	0.6	76.52	81.56	1.2	94.66	95.80	1.8	98.78	99.05
0.07	13.96	29.85	0.65	79.24	83.70	1.25	95.28	96.29	1.85	98.93	99.16
0.1	19.77	35.68	0.7	81.65	85.59	1.3	95.83	96.72	1.9	99.05	99.25
0.15	28.86	43.69	0.75	83.78	87.26	1.35	96.31	97.10	1.95	99.16	99.34

6. 平均固结度的应用

　　利用平均固结度 U_t 和时间因数 T_v 的关系可以解决两类沉降计算问题：

　　（1）已知土层参数和附加应力条件，求出某一时刻 t 的沉降量 s_t。

　　对于该类问题，首先根据土层参数计算土层的最终沉降量 s，然后算出时刻 t 对应的时间因数 T_v，并由公式或表确定相应的固结度 U_t，再根据 $s_t = U_t s$ 计算出 s_t。

　　（2）已知土层参数和附加应力条件，求出达到某一沉降量 s_t 所需的时间 t。

　　对于该类问题，首先根据土层参数计算土层的最终沉降量 s，然后根据 $U_t = s_t/s$ 算出平均固结度，并由公式或表确定相应的时间因数 T_v，由 T_v 算出所需的时间 t。

　　图 4.26 给出了 t、T_v、U_t 和 s_t 之间的逻辑关系。

图 4.26　逻辑关系图

[**例题 4.5**] 某饱和黏土层厚 8m,已知土层上下两面均为透水层,黏土的渗透系数 $k=0.015$m/a,初始孔隙比 $e=1.08$,压缩系数 $a=0.2$MPa^{-1}。如果土层表面作用无限均布荷载 $p_0=150$kPa,试计算:

(1) 在渗流固结完成后的地面沉降量;

(2) 在施加地面堆载半年后的地面沉降量;

(3) 沉降量达到 100mm 所需的时间,以及此时土层中最大的超静孔隙水压力。

解:(1)在渗流固结完成后地面的沉降量为

$$s = \frac{a}{1+e}p_0 H = \left(\frac{0.2 \times 10^{-3}}{1+1.08} \times 150 \times 8\right)\text{m} = 0.115\text{m} = 115\text{mm}$$

(2) 根据已知条件求得固结系数为

$$C_v = \frac{k(1+e)}{a\gamma_w} = \frac{0.015 \times (1+1.08)}{0.2 \times 10^{-6} \times 10^4}\text{m}^2/\text{a} = 15.6\text{m}^2/\text{a}$$

由于是双面排水,取 $H'=H/2=4$m,所以

$$T_v = \frac{C_v t}{H'^2} = \frac{15.6 \times 0.5}{4^2} = 0.4875$$

$$U_t = 1 - \frac{8}{\pi^2}e^{-\frac{\pi^2}{4}T_v} = 0.756$$

$$s_t = sU_t = 115\text{mm} \times 0.756 = 86.94\text{mm}$$

(3) 沉降量为 100mm 时土层的平均固结度为

$$U_t = \frac{s_t}{s} = \frac{100}{115} = 0.87$$

由于 $U_t > 30\%$,所以

$$U_t = 1 - \frac{8}{\pi^2}e^{-\frac{\pi^2}{4}T_v} = 0.87$$

解得 $T_v = 0.74$,所以沉降量达 100mm 所需的时间为

$$t = \frac{T_v H'^2}{C_v} = \frac{0.74 \times 4^2}{15.6}\text{a} = 0.76\text{a}$$

由于是双面排水,此时土层中最大的超静孔隙水压力出现在土层中部,即 $z=H/2=4$m 处,根据式(4.45)并取前两项,得该处的超静孔隙水压力为

$$u_e = \frac{4p_0}{\pi}\left[\sin\left(\frac{\pi z}{2H'}\right)e^{-\frac{\pi^2}{4}T_v} + \frac{1}{3}\sin\left(\frac{3\pi z}{2H'}\right)e^{-3^2\frac{\pi^2}{4}T_v}\right]$$

$$= \frac{4 \times 150}{\pi}\left[\sin\left(\frac{\pi \times 4}{2 \times 4}\right)e^{-\frac{\pi^2}{4} \times 0.74} + \frac{1}{3}\sin\left(\frac{3\pi \times 4}{2 \times 4}\right)e^{-3^2\frac{\pi^2}{4} \times 0.74}\right]\text{kPa}$$

$$= \left[\frac{4 \times 150}{\pi} \times (0.161 - 0.002)\right]\text{kPa}$$

$$= 30.38\text{kPa}$$

[**例题 4.6**] 某饱和黏土层厚 10m,土层表面排水,土层下方为不透水基岩。黏土的渗透系数 $k=0.012$m/a,初始孔隙比 $e=0.96$,压缩系数 $a=0.18$MPa^{-1}。初始时刻,土层顶面作用有竖向附加应力 $\Delta\sigma_{zt}=200$kPa,底面作用有竖向附加应力 $\Delta\sigma_{zb}=80$kPa。计算并绘出地面沉降量与时间的关系。

解：地面最终沉降量为

$$s = \frac{a}{1+e} \frac{\Delta\sigma_{zt} + \Delta\sigma_{zb}}{2} H = \left(\frac{0.18 \times 10^{-3}}{1+0.96} \times \frac{200+80}{2} \times 10 \right) \text{m} = 0.129\text{m} = 129\text{mm}$$

$$C_v = \frac{k(1+e)}{a\gamma_w} = \left[\frac{0.012 \times (1+0.96)}{0.18 \times 10^{-6} \times 10^4} \right] \text{m}^2/\text{a} = 13.1\text{m}^2/\text{a}$$

附加应力比为

$$\alpha = \frac{\Delta\sigma_{zt}}{\Delta\sigma_{zb}} = \frac{200}{80} = 2.5$$

把倒梯形附加应力分布看成由均布附加应力和倒三角形附加应力的叠加，先通过表4.5和表4.6查得均布附加应力和三角形附加应力作用下不同时间（时间因数）对应的固结度 U_R 和 U_T，再由 $U_t = [2\alpha U_R + (1-\alpha)U_T]/(1+\alpha)$ 得到倒梯形附加应力分布作用下的固结度，沉降量与时间的关系曲线见图4.27。

表4.6　沉降量计算过程

时间 t/a	时间因数 T_v	U_R/%	U_T/%	附加应力比 α	平均固结度 U_t/%	沉降量 s_t/mm
0	0	0.00	0.00	2.5	0.00	0.00
0.1	0.0131	12.86	2.62	2.5	17.24	22.24
0.3	0.0393	22.19	7.86	2.5	28.33	36.55
0.5	0.0655	28.81	13.07	2.5	35.56	45.87
0.7	0.0917	34.07	18.17	2.5	40.89	52.74
1	0.131	40.65	25.41	2.5	47.18	60.87
2	0.262	57.45	45.87	2.5	62.41	80.51
3	0.393	69.23	60.83	2.5	72.83	93.96
5	0.655	83.89	79.48	2.5	85.77	110.65
7	0.917	91.55	89.24	2.5	92.54	119.38
9	1.179	95.57	94.36	2.5	96.09	123.96
12	1.572	98.32	97.86	2.5	98.52	127.09
15	1.965	99.36	99.19	2.5	99.44	128.28

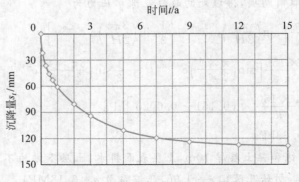

图4.27　沉降量与时间的关系曲线

4.5　固结系数的确定方法（Determination of the Coefficient of Consolidation）

土的固结系数 C_v 是反映土体固结快慢的指标。在其他条件相同的情况下,土的固结系数越大,固结过程中土中超静孔隙水压力消散得越快,土体固结越快。因此,正确测定固结系数对估计固结速率有重要的意义。

由式（4.37）可知,如果已知土体的初始孔隙比、渗透系数和压缩系数,就可计算出相应的固结系数,但在固结过程中渗透系数和压缩系数不是定值,选用合适的参数较难。目前,常用的方法是通过固结试验直接测定,即通过试验得到某一级压力下的试样压缩量与时间的关系曲线,再结合理论公式来确定固结系数。如我国《土工试验方法标准》（GB/T 50123—1999）规定:需要测定沉降速率来确定固结系数时,施加每一级压力后宜按下列时间顺序测记试样的高度变化:6s、15s、1min、2min15s、4min、6min15s、9min、12min15s、16min、20min15s、25min、30min15s、36min、42min15s、49min、64min、100min、200min、400min、23h、24h,至稳定为止,对固结试验结果采用时间平方根法或时间对数法确定固结系数。

4.5.1　时间平方根法（The Root Time Method）

时间平方根法的依据是在均布附加应力作用下土体一维渗流固结过程中固结度 U_t 和时间因数 T_v 的关系,即式（4.50）。当固结度 $U_t < 60\%$ 时,式（4.50）可用如下抛物线近似表达:

$$T_v = \frac{\pi}{4} U_t^2 \tag{4.54}$$

或

$$U_t = \sqrt{\frac{4}{\pi} T_v} = 1.128 \sqrt{T_v} \tag{4.55}$$

式（4.55）表明当 $U_t < 60\%$ 时, U_t 和 $\sqrt{T_v}$ 呈线性关系。以 $\sqrt{T_v}$ 为横坐标, U_t 为纵坐标,把式（4.50）和式（4.55）绘制于同一图上（图 4.28(a)）,则式（4.55）为一直线（OM）,而式（4.50）对应的曲线 ON 在 $U_t < 60\%$ 的部分基本与 OM 重合,在 $U_t > 60\%$ 的部分随着 $\sqrt{T_v}$ 的增大与 OM 的偏差也越来越大。当 $U_t = 90\%$ 时,由式（4.50）可得 $T_v = 0.848$, $\sqrt{T_v} = 0.921$;而由式（4.55）可得 $\sqrt{T_v} = 0.798$。即当 $U_t = 90\%$ 时,理论固结曲线上的 $\sqrt{T_v}$ 是近似固结曲线上的 $0.921/0.798 = 1.15$ 倍。因此,若在图 4.28(a)通过原点作通过点 $M(0.798, 90\%)$ 和点 $N(0.921, 90\%)$ 的直线,后者的斜率是前者的 1.15 倍,据此可在实测固结曲线上找到 $U_t = 90\%$ 时的点。

如图 4.28(b)所示,对某一级压力下的固结试验结果,以试样的变形 d 为纵坐标,时间平方根 $\sqrt{t}$ 为横坐标,绘制变形与时间平方根关系曲线图。延长曲线开始段的直线,交纵坐标于 d_0,则 d_0 为理论零点。过 d_0 作另一直线,令其横坐标为前一直线横坐标的 1.15 倍。后一直线与 $d\text{-}\sqrt{t}$ 曲线交点所对应的时间的平方即为试样固结度达 90% 所需的时间 t_{90},该级压

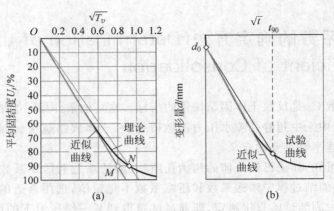

图 4.28　时间平方根法求 t_{90}

（a）理论曲线；（b）固结试验曲线

力下的固结系数按下式计算：

$$C_v = \frac{0.848\,\bar{h}^2}{t_{90}} \tag{4.56}$$

式中，$\bar{h}$——最大排水距离，等于某级压力下试样的初始和终了高度的平均值之半（双面排水时）；

　　t_{90}——试样固结达 90% 所需的时间。

4.5.2　时间对数法（The Log Time Method）

时间对数法是根据土在某级压力下试样的变形与时间对数的关系曲线确定土的固结系数。如图 4.29 所示，对某一级压力下的固结试验结果，以试样的变形为纵坐标，时间的对数为横坐标，绘制变形与时间对数关系曲线。首先利用固结度 $U_t < 60\%$ 时理论固结曲线可近似为抛物线的特点确定出试验曲线的理论零点。由式（4.54）可知，固结度 U_t 增大为原来的 2 倍，时间因数将增大为原来的 4 倍，即变形量增大为原来的 2 倍，时间将增大为原来的 4 倍。因此在关系曲线的开始段，任找两点 M 和 N，使点 N 对应的时间为点 M 对应的时间的 4 倍，即 $t_N = 4t_M$，此时 M 和 N 两点间的纵坐标之差 Δd 应等于点 M 与起始纵坐标的差值，据

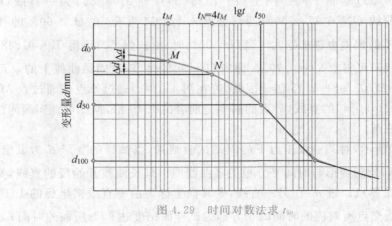

图 4.29　时间对数法求 t_{50}

此可以定出理论零点 d_{01}；另取一时间依同法求得 d_{02}、d_{03}、d_{04} 等，取其平均值为理论零点 d_0。其次，通常认为对于固结试验的变形与时间对数关系曲线，延长曲线中部的直线段和通过曲线尾部切线的交点的纵坐标即为渗流固结沉降（也称为主固结沉降）的理论终点 d_{100}（主固结沉降之后为次固结沉降）。因此可确定 $d_{50} = (d_0 + d_{100})/2$，对应于 d_{50} 的时间即为试样固结度达 50% 所需的时间 t_{50}。当 $U_t = 50\%$ 时，由式（4.50）可得 $T_v = 0.197$，因此某一级压力下的固结系数按下式计算：

$$C_v = \frac{0.197 \, \bar{h}^2}{t_{50}} \tag{4.57}$$

［**例题 4.7**］ 表 4.7 为某饱和黏土在压力为 50kPa 时进行固结试验的数据，已知土样直径为 75mm，初始高度为 20mm，土样双面排水。试利用时间平方根法确定该土样的固结系数。

表 4.7 固结试验数据

时间 t/min	0.25	1	2.25	4	9	16	25	36	24h
变形量/mm	0.08	0.15	0.22	0.28	0.4	0.46	0.49	0.51	0.59

解：首先根据试验数据绘制出变形量-时间平方根关系曲线，如图 4.30 所示，然后延长曲线开始段的直线，交纵坐标于点 A（A 为理论零点）。过点 A 作另一直线，令其横坐标为前一直线横坐标的 1.15 倍，得到一直线与变形量-时间平方根曲线的交点 N，其横坐标值为 $\sqrt{t_{90}} = 3.64 \, \text{min}^{1/2}$，所以 $t_{90} = 13.25 \, \text{min}$。

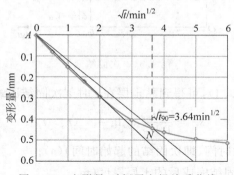

图 4.30 变形量-时间平方根关系曲线

土样初始高度 $h_0 = 20\text{mm}$，最终高度 $h_f = h_0 - 0.59\text{mm} = 19.41\text{mm}$，所以平均最大排水距离为

$$\bar{h} = \frac{h_0 + h_f}{4} = \frac{20 + 19.41}{4}\text{mm} = 9.85\text{mm}$$

因此固结系数为

$$C_v = \frac{0.848 \, \bar{h}^2}{t_{90}} = \frac{0.848 \times 9.85^2}{13.25}\text{mm}^2/\text{min} = 6.2\text{mm}^2/\text{min}$$

4.6 黏土的次固结沉降（Secondary Consolidation of Clay）

饱和土体在附加应力作用下超静孔隙水压力逐渐消散，竖向有效应力逐渐增加，使土体产生的沉降也称为**主固结沉降**，当超静孔隙水压力完全消散，竖向有效应力稳定后，主固结

沉降也就完成了。然而,某些黏土在超静孔隙水压力完全消散后,在竖向有效应力基本不变的情况下,随着时间的推移,会产生进一步的沉降变形,这种沉降称为**次固结沉降**。引起黏土次固结沉降的原因较为复杂,通常认为其主要由土体的蠕变引起,即在恒定荷载作用下,土体随着时间的增长,由于内部结构发生了改变而产生变形。

图 4.31 是黏土试样在某级压力长时间作用下,试样孔隙比与时间对数的关系曲线。通常认为,延长曲线中部的直线段和通过曲线尾部切线的交点 (e_p,t_p),即为主固结沉降的理论终点。该点之后的变形为次固结变形,次固结变形阶段孔隙比与时间对数基本呈线性关系,直线的斜率反映了次固结发展的速度,该斜率称为**次压缩指数**(secondary compression index),用 C_α 表示,其表达式为

$$C_\alpha = \frac{-(e_t - e_p)}{\lg t - \lg t_p} \quad (t > t_p) \tag{4.58}$$

式中,e_t——t 时刻的孔隙比,如图 4.31 所示。

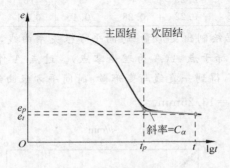

图 4.31　次固结变形

根据式(4.58)和式(4.14),可得到黏土层在 t 时刻次固结压缩沉降的计算公式为

$$s_s = \frac{H_p}{1 + e_p} C_\alpha \lg \frac{t}{t_p} \quad (t > t_p) \tag{4.59}$$

式中,t_p——主固结完成的时间(即次固结的起始时间)(a);

　　H_p——黏土层在主固结完成后的土层厚度(m);

　　e_p——黏土在主固结完成后的孔隙比。

思考题(Thinking Questions)

4.1　什么是土的压缩性? 它是由什么原因引起的?

4.2　土的压缩性指标有哪些? 它们是如何定义的? 不同指标之间有何关系?

4.3　压缩系数的物理意义是什么? 如何利用压缩系数评价土的压缩性质?

4.4　什么是先期固结应力? 如何确定先期固结应力?

4.5　什么是超固结系数? 如何区分正常固结土和超固结土? 正常固结土和超固结土的压缩性有何不同?

4.6　如何计算均质薄土层的一维压缩变形? 有哪几种方法?

4.7　分层总和法的步骤包括哪些?

4.8   计算基础沉降时,为何要用基底附加压力?

4.9   太沙基一维渗流固结理论的基本假定有哪些?

4.10   土层一维渗流固结过程中,孔隙水压力和有效应力是如何转换的?

4.11   固结度与平均固结度是如何定义的?土层沉降量与平均固结度有何关系?

4.12   固结系数是如何定义的?如何通过试验确定固结系数?

4.13   什么是次固结沉降?次压缩指数是如何定义的,其物理含义是什么?

习题(Exercises)

4.1   某饱和土样初始高度 $H_0 = 20\text{mm}$,截面面积 $A = 30\text{cm}^2$,初始含水率 $w_0 = 35.2\%$,土粒比重 $G_s = 2.67$,进行侧限压缩试验的结果如表 4.8 所示。求该土的压缩系数 a_{1-2} 和相应的压缩模量,并判断土的压缩性。

表 4.8   习题 4.1 表

竖向有效应力 σ'_z/kPa	0	50	100	200	300	400
稳定时土样压缩量 s/mm	0	0.42	0.76	1.12	1.39	1.61

4.2   某黏土场地的自由水位在地表,土体饱和重度 $\gamma_{sat} = 18.5\text{kN/m}^3$,在地表下 2m 处取得土样进行压缩试验,试验结果如表 4.9 所示,根据结果:

(1) 在半对数坐标系中绘出压缩、回弹及再压缩曲线,根据曲线确定该土的压缩指数 C_c 及再压缩指数 C_r;

(2) 确定该土的先期固结应力 σ'_{zp},并判断其属于正常固结土还是超固结土。

表 4.9   习题 4.2 表

竖向有效应力 σ'_z/kPa	1	25	50	100	200	100	50	100	200	400	800
孔隙比	0.925	0.880	0.860	0.805	0.740	0.745	0.760	0.750	0.735	0.675	0.610

4.3   如图 4.32 所示,某筏形基础长和宽均为 16m,埋深 2m,作用在筏形基础上的中心荷载 $F = 51200\text{kN}$。地基由砾砂、黏土和粗砂组成,砾砂层厚 9m,黏土层厚 2m,地下水位在地表。已知砾砂的饱和重度 $\gamma_{sat1} = 18.5\text{kN/m}^3$,黏土的压缩指数 $C_c = 0.26$,再压缩指数 $C_r = 0.04$,土粒比重 $G_s = 2.70$。分别求如下几种情况下黏土层的最终压缩量:

(1) 黏土为正常固结黏土,初始(施加荷载前)含水率 $w_0 = 53\%$;

(2) 黏土为 OCR $= 4.0$ 的超固结黏土,初始含水率 $w_0 = 36\%$;

(3) 黏土为 OCR $= 1.6$ 的超固结黏土,初始含水率 $w_0 = 45\%$。

4.4   某建筑物基础底面为正方形,边长 $l = 4\text{m}$,基础埋置深度 $d = 2\text{m}$。地基为均匀的黏性土层,地下水位在基底,地下水位以上土体重度为 $\gamma = 17.2\text{kN/m}^3$,地下水位以下土体饱和重度为 $\gamma_{sat} = 19.6\text{kN/m}^3$,土的压缩曲线如图 4.33 所示。若基础顶面作用中心荷载 $F = 2400\text{kN}$,试计算基础中心点的沉降量。

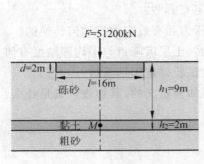

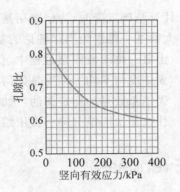

图 4.32　习题 4.3 图　　　　　　　　图 4.33　习题 4.4 图

4.5　某饱和黏土层厚 12m，已知土层顶面为排水砂层，底面为不透水层，黏土的渗透系数 $k=2$cm/a，初始孔隙比 $e=1.02$，压缩系数 $a=0.18$MPa^{-1}。如果土层表面作用无限均布荷载 $p_0=128$kPa，则：

（1）在渗流固结完成后地面的沉降量为多少？

（2）在施加地面堆载半年后的地面沉降量为多少？此时土层中最大的超静孔隙水压力为多少？

（3）地面沉降量达 100mm 需要多长时间？

4.6　某饱和黏土层厚 4m，顶面和底面均为透水砂层。取厚度为 20mm 的土样在双面排水条件下施加 100kPa 的压力进行固结试验，压力施加 180s 后测得土样的压缩量已达到总压缩量的 40%，则：

（1）现场土层在同样大压力的无限均布荷载作用下，沉降量达到最终沉降量的 40% 需要多长时间？

（2）若现场土层施加的无限均布荷载 $p_0=200$kPa，沉降量达到最终沉降量的 80% 需要多长时间？

4.7　某饱和黏土层厚 8m，土层顶面和底面均为透水砂层。黏土的渗透系数 $k=1.8$cm/a，初始孔隙比 $e=0.93$。初始时刻，土层顶面作用有竖向附加应力 $\Delta\sigma_{zt}=180$kPa，底面作用有竖向附加应力 $\Delta\sigma_{zb}=60$kPa，在渗流固结完成后地面的沉降量为 120mm，则：

（1）该黏土的压缩系数为多少？

（2）地面沉降量达 96mm 需要多长时间？

4.8　表 4.10 所示为某饱和黏土在压力为 100kPa 时进行固结试验的数据，已知土样直径为 75mm，初始高度为 20mm，土样双面排水。试利用时间平方根法确定该土样的固结系数。

表 4.10　习题 4.8 表

时间 t/min	0.25	1	2.25	4	9	16	25	36	24h
变形量/mm	0.1	0.19	0.28	0.36	0.50	0.58	0.61	0.64	0.74

4.9　某饱和黏土层厚 10m，初始孔隙比 $e=1.06$，压缩系数 $a=0.25$MPa^{-1}，次压缩指数 $C_a=0.006$。假定土层表面作用 $p_0=80$kPa 的无限均布荷载，经过 15 年完成了主固结沉降，试计算荷载作用 30 年后的总沉降量。

第 5 章

土的剪切性状和抗剪强度
（Shear Behavior and Shear Strength of Soil）

5.1 概述（Introduction）

当土体受到荷载作用后，土中各点任意截面会产生法向应力和剪应力。在剪应力作用下，土体产生剪切变形。若土中一点某一截面上的剪应力达到该面上的抗剪强度，土体将沿着剪应力作用方向产生相对滑动，该点即发生剪切破坏。工程实践表明，土体的破坏通常都是剪切破坏。由于土体是碎散颗粒的集合体，在剪应力作用下颗粒发生移动或翻滚，所以土体不仅会产生剪切变形，大多数情况下还将产生体积变形，即表现出剪胀或剪缩的行为特性；另外，由于土颗粒之间的相互联系相对薄弱，所以土的抗剪强度不是由颗粒矿物的强度决定，而是由颗粒间的相互作用力决定。对于饱和土体，土的抗剪强度由有效应力决定；在不排水条件下，饱和土体的剪切变形会引起孔隙水压力的变化，从而导致土体有效法向应力的上升或下降，并最终影响土的抗剪强度。

在工程实践中，与土的抗剪强度相关的问题主要有地基承载力、挡土结构所受的土压力和土坡稳定性等，将在随后的章节介绍相关内容。本章主要介绍土的典型剪切性状、土的抗剪强度理论及抗剪强度指标和土的剪切试验等内容。

5.2 排水条件下土的典型剪切性状（Typical Shear Behavior of Soil under Drained Condition）

5.2.1 剪应力作用下土的典型性状（Typical Behavior of Soil to Shearing Stress）

很多材料（如金属）在剪应力作用下，只会产生剪切变形，体积不发生变化。土体是碎散颗粒的集合体，在剪应力作用下由于颗粒的移动或翻滚，不仅会产生剪切变形，大多数情况下还将产生体积变形。如图 5.1 所示，松砂在排水条件下受剪应力作用时，部分颗粒将填充到原有的孔隙中，土体的孔隙体积和总体积将减小；而密砂在排水条件下受剪应力作用时，由于颗粒间的相互错动，土体的孔隙体积和总体积将增大。由剪应力所引起的土体体积变化（包括体积增大和体积减小）称为**土的剪胀性**（dilatancy），剪胀性是土的一种重要特性。

土在剪应力作用下的行为特性与土的类型和状态有密切关系，根据剪应变-剪应力（γ-τ）关系曲线和剪应变-体积应变（γ-ε_v）关系曲线的特点，土在排水条件下有两种典型的

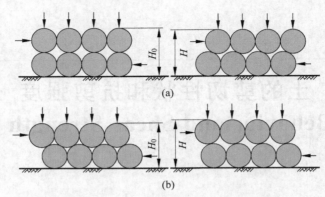

图 5.1　剪应力作用下砂土的体积变化

(a) 松砂；(b) 密砂

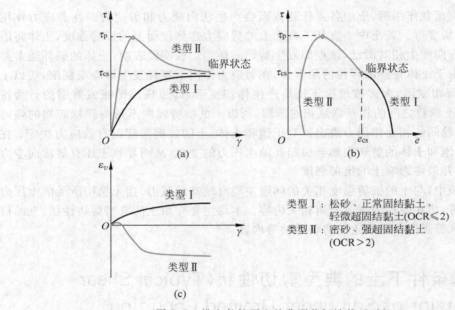

图 5.2　排水条件下土的典型剪切性状(70%)

(a) 剪应变-剪应力关系曲线；(b) 孔隙比-剪应力关系曲线；(c) 剪应变-体积应变关系曲线

剪切性状。如图 5.2 所示,松砂、正常固结黏土和轻微超固结黏土(1<OCR≤2)在剪应力作用下一般表现出类型 Ⅰ 的响应,而密砂和强超固结黏土(OCR>2)一般表现出类型 Ⅱ 的响应。在类型 Ⅰ 中,剪应力随着剪应变的增加逐步增大,但增加的速率下降,表现出明显的非线性特征;在剪应变较大时,剪应力值基本不再变化,趋于一个稳定值 τ_{cs},如图 5.2(a)所示。而随着剪应变的增加,土的孔隙比逐渐减小,体积应变逐渐增大,最后趋于稳定,如图 5.2(b)和(c)所示。**剪应力和孔隙比都达到稳定的状态称为临界状态**(the critical state)(临界状态的严格定义将在第 6 章给出)。在类型 Ⅱ 中,剪应力随着剪应变的增加先是逐步增大,但达到峰值 τ_p 后开始下降;在剪应变较大时,剪应力也趋于一个稳定值 τ_{cs},如图 5.2(a)所示。而随着剪应变的增加,土的孔隙比先是轻微减小,但之后趋势很快发生改变,孔隙比开始增大,最后趋于稳定;体积应变先为正值,但很快由于发生剪胀而变为负值,最后也趋于稳定,如图 5.2(b)和(c)所示。对同一种砂,无论其初始状态是疏松还是密实,如果试验中施加的法向有效应力相同,其最终的抗剪强度都趋于同一个值 τ_{cs};在剪切过程中,松砂要变密,密砂要变松,最终趋于相同的孔隙比(称为临界孔隙比 e_{cs})。对于同一种黏土,无论初始状态是正常固结还是超固结,如果试验中施加的法向有效应力相同,最终也趋于相同的临界状态。

5.2.2 法向有效应力对土的剪切性状的影响(Effect of Normal Effective Stress on Shear Behavior of Soil)

土的剪切性状还与剪切面上的法向有效应力有着密切关系,如密砂在中、小应力水平下表现出剪胀的行为特性,但在较大的法向有效应力作用下却表现出剪缩的行为特性。这是由于法向应力增加将导致颗粒之间的约束增强,由颗粒之间相互错动引起孔隙体积膨胀的趋势减弱,而收缩的趋势增强,土体达到临界状态时孔隙比也将减小。

如图 5.3(a)所示,随着法向应力的增加,剪应变-剪应力关系曲线将由类型Ⅱ逐渐过渡到类型Ⅰ,即随着法向应力的增加,峰值强度 τ_p 与临界状态强度 τ_{cs} 之间的差距越来越小,并最终趋于一致。如果绘制出峰值强度 τ_p 和临界状态强度 τ_{cs} 与法向有效应力 σ_n' 之间的关系曲线,如图 5.3(b)所示,可以发现 τ_p 和 τ_{cs} 都随着 σ_n' 的增加而增大,τ_{cs} 和 σ_n' 基本呈线性关系,而 τ_p 与 σ_n' 之间却存在较明显的非线性关系。抗剪强度随法向应力的增加而增加的现象表明土属于**摩擦性材料**,具有**"压硬性"**的特性。

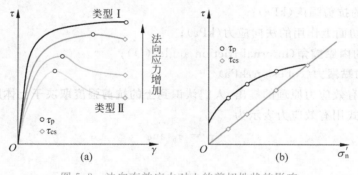

图 5.3 法向有效应力对土的剪切性状的影响
(a)剪应变-剪应力关系曲线;(b)峰值强度与临界状态强度

5.3 土的抗剪强度理论(Theory of Shear Strength of Soil)

5.3.1 库仑公式及抗剪强度指标(Coulomb's Law and Shear Strength Parameters)

如 5.2 节所述,土体在某一剪切面上的抗剪强度随作用在该面上的法向应力的增大而增大。库仑(Coulomb)于 1776 年根据砂土的直接剪切试验结果,提出了砂土的抗剪强度公式:

$$\tau_f = \sigma_n \tan\varphi \tag{5.1}$$

后来又根据黏性土的试验结果,提出了更一般的表达式:

$$\tau_f = \sigma_n \tan\varphi + c \tag{5.2}$$

【人物简介】

库仑(Charles-Augustin de Coulomb)于 1736 年 6 月 14 日出生于法国昂古莱姆(Angoulême)。他早年就读于美西也尔工程学校,离开学校后,进入皇家军事工程队当工程师。法国大革命时期,库仑辞去一切职务,到布卢瓦致力于科学研究。法皇执政统治期间,他回到巴黎成为新建的研究院成员。

库仑
(1736—1806)

库仑对土木工程(包括结构、水力学和岩土工程)以及物理学(包括力学、电学和磁学)等都有重要的贡献,如物理学中著名的库仑定律就是他提出的。在巴黎期间,库仑为许多建筑的设计和施工提供了帮助,而工程中遇到的问题促使他对土的研究。1773 年,库仑向法兰西科学院提交了论文"最大最小原理在某些与建筑有关的静力学问题中的应用",文中研究了土的抗剪强度,并提出了土的抗剪强度准则(即库仑公式),还对挡土结构上的土压力进行了系统研究,首次提出了主动土压力和被动土压力的概念及其计算方法(即库仑土压力理论)。该文在 1776 年由科学院刊出,被认为是古典土力学的基础,他因此也被称为"土力学之始祖"。

式中,τ_f——土的抗剪强度(kPa);

$\quad\sigma_n$——剪切面上作用的法向应力(kPa);

$\quad\varphi$——土的**内摩擦角**(internal friction angle,(°));

$\quad c$——土的**黏聚力**(cohesion,kPa)。

后来,随着有效应力原理的提出,人们认识到**土的抗剪强度取决于土体所受到的有效应力**,因此库仑公式用有效应力表示为

$$\tau_f = \sigma_n' \tan\varphi' \tag{5.3}$$

和

$$\tau_f = \sigma_n' \tan\varphi' + c' \tag{5.4}$$

式中,σ_n'——剪切面上作用的有效法向应力(kPa);

$\quad\varphi'$——土的有效内摩擦角(effective internal friction angle,(°));

$\quad c'$——土的有效黏聚力(effective cohesion,kPa)。

c 和 φ 统称为土的**总应力强度指标**,c' 和 φ' 统称为土的**有效应力强度指标**。对于同一种土,c' 和 φ' 的值理论上**与试验方法无关**,是土体的内在参数;而 c 和 φ 与试验的条件有关,当试验方法不同时,测得的 c 和 φ 值有较大的差异。

如把式(5.3)和式(5.4)的函数关系表示在 τ-σ_n' 平面内,将分别得到如图 5.4(a)和(b)所示的直线,其中 φ' 为直线的倾角,而 c' 为图 5.4(b)中直线在 τ 轴的截距。由库仑公式可知,无黏性土的抗剪强度 τ_f 与作用在剪切面上的法向应力 σ_n' 成正比,当 $\sigma_n' = 0$ 时,$\tau_f = 0$,这与固体间的摩擦特性一致,表明无黏性土的抗剪强度由剪切面上颗粒间的摩阻力提供。对于黏性土,抗剪强度除了与法向应力 σ_n' 成正比的摩阻力部分($\sigma_n' \tan\varphi'$)外,还有与法向应力 σ_n' 的大小无关的黏聚力部分(c')。黏聚力是土颗粒间的胶结作用和各种物理-化学键力作

用的结果,其大小与土的矿物组成和压实程度等因素有关。

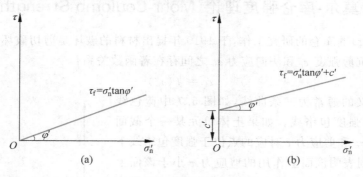

图 5.4　库仑强度线

(a) 砂土；(b) 黏性土

　　土体颗粒间的摩阻力由两部分组成：一是由颗粒间的滑动而产生的**滑动摩擦力**；二是颗粒为脱离相互咬合作用而产生的**咬合摩擦力**。滑动摩擦是由颗粒接触面粗糙不平引起的,它一般不产生明显的体积膨胀,而咬合摩擦是颗粒间因为相对错动而引起的约束作用。原先咬合好的颗粒,当土体受剪切时,剪切面上的颗粒必须翻越相邻的颗粒或其尖角被折断后才能发生移动,以脱离原有的咬合状态。在这一过程中,土体的体积膨胀,孔隙比增大,所消耗的能量由剪应力做功来提供,所以密砂等表现出剪胀特性的土体的剪应变-剪应力关系曲线都存在明显的峰值强度,如图 5.5 所示。在临界状态时,土体的体积基本不再变化,土颗粒间的摩阻力为滑动摩擦力,因此峰值强度 τ_p 与临界强度 τ_{cs} 之间的差值由土体颗粒之间的咬合摩擦提供。如果用库仑公式表示砂土峰值强度和法向有效应力的关系,则有

$$\tau_p = \sigma'_n \tan\varphi'_p = \sigma'_n \tan(\varphi'_{cs} + \alpha_p) \tag{5.5}$$

其中

$$\varphi'_p = \varphi'_{cs} + \alpha_p \tag{5.6}$$

式中,φ'_p——土的峰值有效内摩擦角(°)；

　　　φ'_{cs}——土的临界有效内摩擦角(°)；

　　　α_p——超越角(excess angle,(°))。

　　如图 5.6 所示,α_p 是土的峰值有效内摩擦角与临界有效内摩擦角之间的差值,其大小反映了土的咬合摩擦和剪胀对峰值强度贡献的大小,当法向有效应力逐渐增大,土的剪胀逐渐受到抑制,α_p 越来越小,直至为零。

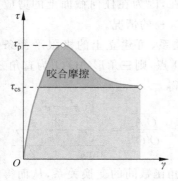

图 5.5　咬合摩擦与峰值强度

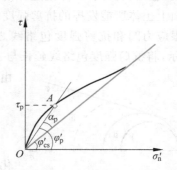

图 5.6　峰值有效内摩擦角与临界有效内摩擦角

5.3.2　莫尔-库仑强度理论（Mohr-Coulomb Strength Theory）

莫尔（Mohr）继库仑的研究工作，于 1910 年提出材料的破坏是剪切破坏的理论，且认为在破裂面上的抗剪强度 τ_f 和法向应力 σ_n 之间存在着函数关系：

$$\tau_f = f(\sigma_n) \tag{5.7}$$

这一函数所定义的通常为一条曲线，如图 5.7 中蓝色线
所示，称为莫尔强度包络线。如果土体单元某一个截面
上的法向应力 σ_n 和剪应力 τ 对应的点位于强度包络线下
方（如 M 点），则表明该面上作用的剪应力 τ 小于该面上
的抗剪强度 τ_f，土体不会沿该面发生剪切破坏。如果应
力状态点正好落在强度包络线上（如 N 点），则表明该面
上作用的剪应力 τ 等于土的抗剪强度 τ_f，土体单元处于
临界破坏状态（也称为极限平衡状态）。试验结果表明，
一般土体在应力变化范围不大的情况下，莫尔强度包络
线近似于一条直线，即抗剪强度 τ_f 和法向应力 σ_n 呈线性
关系，可用库仑公式表示。这种以库仑公式作为抗剪强

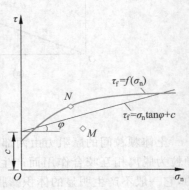

图 5.7　抗剪强度包络线

度公式，根据剪应力是否达到抗剪强度作为破坏标准的理论称为莫尔-库仑强度理论。对
于饱和土体，莫尔-库仑强度理论应以有效应力库仑公式作为抗剪强度公式。

5.3.3　土的极限平衡状态（Limit Equilibrium State of Soil）

土体中任意一点只要在某一平面上发生了剪切破坏，该点即处于极限平衡状态。如前
所述，复杂应力状态下土体中一点各截面上应力分量可用应力圆来表示。因此，如果给定了
土的抗剪强度指标 c' 和 φ' 以及土中某点的应力状态，则可将抗剪强度包络线与应力圆画在
同一坐标图上，然后根据它们之间的几何关系判断该点的土是否破坏。如图 5.8 所示，如果
整个应力圆（如圆 Ⅰ）位于抗剪强度包络线下方，则土体任何截面上的剪应力都小于该截面
上土体所能发挥的抗剪强度；如果应力圆（如圆 Ⅱ）与抗剪强度包络线相切，切点为 A，则说
明在 A 点所代表的截面上，所作用的剪应力正好等于该截面上土体所能发挥的抗剪强度
（即 $\tau = \tau_f$），土体处于极限平衡状态，此应力圆称为**极限应力圆**；图中虚线所示应力圆（圆
Ⅲ）与抗剪强度包络线切割，实际上这种情况不可能存在，因为在任何截面上的剪应力都不
能超过该截面上土体所能发挥的抗剪强度，即不存在 $\tau > \tau_f$ 的情况。

根据极限应力圆和抗剪强度包络线之间的几何关系，可建立土的极限平衡条件。如
图 5.9(a)所示，将抗剪强度包络线延长与 σ' 轴相交于 O'' 点，则三角形 $AO'O''$ 为直角三角形，
由几何关系可得

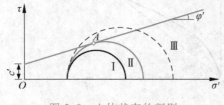

图 5.8　土体状态的判别

$$\sin\varphi' = \frac{\overline{O'A}}{\overline{O'O''}} = \frac{\dfrac{\sigma'_{1f} - \sigma'_{3f}}{2}}{\dfrac{c'}{\tan\varphi'} + \dfrac{\sigma'_{1f} + \sigma'_{3f}}{2}} \tag{5.8}$$

化简并通过三角函数间的变换关系，从而得到土的
极限平衡条件为

$$\sigma'_{1f} = \sigma'_{3f}\tan^2\left(45° + \frac{\varphi'}{2}\right) + 2c'\tan\left(45° + \frac{\varphi'}{2}\right) \tag{5.9}$$

或

$$\sigma'_{3f} = \sigma'_{1f}\tan^2\left(45° - \frac{\varphi'}{2}\right) - 2c'\tan\left(45° - \frac{\varphi'}{2}\right) \tag{5.10}$$

对于无黏性土而言,$c' = 0$,极限平衡条件的表达式为

$$\sigma'_{1f} = \sigma'_{3f}\tan^2\left(45° + \frac{\varphi'}{2}\right) \tag{5.11}$$

或

$$\sigma'_{3f} = \sigma'_{1f}\tan^2\left(45° - \frac{\varphi'}{2}\right) \tag{5.12}$$

式(5.9)~式(5.12)都表示土体单元达到极限平衡状态时大、小主应力应满足的关系,根据这些关系可以判断复杂应力状态下的土体单元是否破坏。例如给定 σ'_3,求得满足极限平衡条件的 σ'_{1f},若 $\sigma'_1 < \sigma'_{1f}$,说明实际应力状态对应的应力圆未与抗剪强度包络线相切,该点未发生剪切破坏;若 $\sigma'_1 = \sigma'_{1f}$,说明实际应力状态对应的应力圆与抗剪强度包络线相切,该点发生剪切破坏。同理,给定 σ'_1,求得满足极限平衡条件的 σ'_{3f},若 $\sigma'_3 > \sigma'_{3f}$,说明实际应力状态对应的应力圆未与抗剪强度包络线相切,该点未发生剪切破坏;若 $\sigma'_3 = \sigma'_{3f}$,说明实际应力状态对应的应力圆与抗剪强度包络线相切,该点发生剪切破坏。

设土体达到极限平衡状态时,土体的剪切破坏面与大主应力 σ'_{1f} 的作用面(图 5.9(b)所示的水平面)成 α_{cr} 角,则由应力圆的特性和图 5.9(a)中三角形 $AO'O''$ 外角与内角的关系可得

$$2\alpha_{cr} = 90° + \varphi' \tag{5.13}$$

$$\alpha_{cr} = 45° + \frac{\varphi'}{2} \tag{5.14}$$

可见,破裂面与大主应力作用面的夹角为 $45° + \varphi'/2$,即**土体剪切破坏不是发生在最大剪应力 τ_{max} 的作用面上**(最大剪应力作用面与大主应力作用面的夹角为 $45°$)。

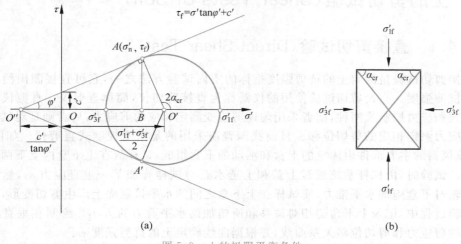

图 5.9 土的极限平衡条件

(a) 极限平衡状态;(b) 破坏面

由图 5.9(a)的几何关系还可得到作用在破裂面上的法向应力 σ'_n 和剪应力 τ_f 为

$$\sigma'_n = \overline{OB} = \frac{\sigma'_{1f} + \sigma'_{3f}}{2} - \frac{\sigma'_{1f} - \sigma'_{3f}}{2}\sin\varphi' \tag{5.15}$$

$$\tau_f = \overline{AB} = \frac{\sigma'_{1f} - \sigma'_{3f}}{2}\cos\varphi' \tag{5.16}$$

[例题 5.1]　某黏土地基中一点土的大主应力 $\sigma_1 = 268\text{kPa}$，小主应力 $\sigma_3 = 142\text{kPa}$，土中孔隙水压力 $u = 30\text{kPa}$。已知该土的抗剪强度指标 $c' = 15\text{kPa}$，$\varphi' = 19°$。试判断该点土体是否破坏。

解：土的破坏与否由有效应力决定，首先计算该点土体的有效应力：
$$\sigma'_1 = \sigma_1 - u = (268 - 30)\text{kPa} = 238\text{kPa}$$
$$\sigma'_3 = \sigma_3 - u = (142 - 30)\text{kPa} = 112\text{kPa}$$

接着可用如下两种不同的方法进行判断。

(1) 按式(5.9)判断

$$\begin{aligned}
\sigma'_{1f} &= \sigma'_3 \tan^2\left(45° + \frac{\varphi'}{2}\right) + 2c'\tan\left(45° + \frac{\varphi'}{2}\right) \\
&= \left[112 \times \tan^2\left(45° + \frac{19°}{2}\right) + 2 \times 15 \times \tan\left(45° + \frac{19°}{2}\right)\right]\text{kPa} \\
&= 262.2\text{kPa}
\end{aligned}$$

由于 $\sigma'_{1f} = 262.2\text{kPa} > \sigma'_1 = 238\text{kPa}$，故该点土体未发生剪切破坏。

(2) 按式(5.10)判断

$$\begin{aligned}
\sigma'_{3f} &= \sigma'_1 \tan^2\left(45° - \frac{\varphi'}{2}\right) - 2c'\tan\left(45° - \frac{\varphi'}{2}\right) \\
&= \left[238 \times \tan^2\left(45° - \frac{19°}{2}\right) - 2 \times 15 \times \tan\left(45° - \frac{19°}{2}\right)\right]\text{kPa} \\
&= 99.7\text{kPa}
\end{aligned}$$

由于 $\sigma'_{3f} = 99.7\text{kPa} < \sigma'_3 = 112\text{kPa}$，故该点土体未发生剪切破坏。

5.4　土的剪切试验(Shear Tests of Soil)

5.4.1　直接剪切试验(Direct Shear Test)

直接剪切试验是测定土的抗剪强度指标的室内试验方法之一，它可直接测出给定剪切面上的抗剪强度。直接剪切试验使用的仪器称为直接剪切仪，简称直剪仪。直剪仪分为应变控制式和应力控制式两种，前者采用匀速剪应变测定相应的剪应力，后者则是对试样分级施加剪应力测定相应的剪切位移。目前我国普遍采用的是应变控制式直剪仪。如图 5.10 所示，该仪器的主要部件由固定的上盒和活动的下盒组成，试样放在上下盒内上下两块透水石之间。试验时，由杠杆系统通过上盖和上透水石对试样施加某一垂直应力 σ_n，然后匀速转动手轮对下盒施加水平推力，使试样在上下盒之间的水平接触面上产生剪切变形，直至破坏。试验过程中，记录上下盒的相对位移和所施加的水平剪力的大小。绘制在垂直应力 σ_n 作用下的剪应力和剪切位移关系曲线，并根据曲线确定土的抗剪强度 τ_f。

为绘制土的抗剪强度包络线，以确定其抗剪强度指标，对同一种土至少要取 4 个试样，分别在不同垂直应力 σ_n 下进行剪切试验(垂直应力一般可取 100kPa、200kPa、300kPa 和

400kPa),根据试验结果绘制出抗剪强度 τ_f 和垂直应力 σ_n 之间的关系,从而确定出土的抗剪强度指标。

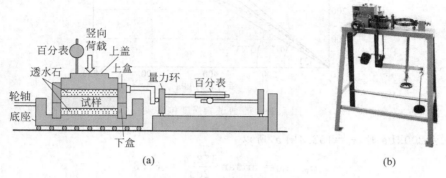

图 5.10　直剪仪示意图及实物照片

(a)直剪仪示意图;(b)直剪仪照片

为了近似模拟土体在现场的应力和排水条件,直剪试验可分为快剪、固结快剪和固结慢剪三种。

(1)**快剪**:试样在施加垂直应力 σ_n 后,立即快速施加水平剪力使试样剪切,在 $3\sim5\text{min}$ 内使试样剪切破坏。

(2)**固结快剪**:试样在施加垂直应力 σ_n 后,让试样充分固结,待固结完成后,再快速施加水平剪力,使试样在 $3\sim5\text{min}$ 内剪切破坏。

(3)**固结慢剪**:试样在施加垂直应力 σ_n 后,让试样充分固结,待固结完成后,再以缓慢的速率(剪切速率小于 0.02mm/min)施加水平剪力,以保证剪切过程中不产生超静孔压,直至试样剪切破坏。

直剪试验的优点是仪器构造简单、操作方便,但也存在着一些缺点,主要有:①剪切面人为限定在上下盒之间的平面,而该平面并非试样抗剪最弱的剪切面;②剪切过程中,试样内的剪应力和剪应变分布不均匀;③剪切过程中,试样的剪切面积逐步减小,而且垂直荷载发生偏心;④试验时不能严格控制排水条件,不能测量试样中的孔隙水压力。

表 5.1　直剪试验数据

试样	垂直应力/kPa	抗剪强度/kPa	试样	垂直应力/kPa	抗剪强度/kPa
松砂	100	60.3	中密砂	100	86.9
	200	121.1		200	152.4
	400	240.3		300	203.9
	600	359.1		400	246.1

[**例题 5.2**]　分别对某种干砂的松砂试样和中密砂试样进行直剪试验,试验所施加的垂直应力 σ_n 和得到的抗剪强度 τ_f 如表 5.1 所示,试确定:(1)该砂土的 φ'_{cs};(2)中密砂试样在 $\sigma_n=100\text{kPa}$ 和 $\sigma_n=200\text{kPa}$ 时的 φ'_p;(3)中密砂试样在 $\sigma_n=100\text{kPa}$ 和 $\sigma_n=200\text{kPa}$ 时的超越角 α_p。

解:(1)由于是干砂,所施加的垂直应力 σ_n 即为有效应力 σ'_n,根据试验结果,绘制出松砂和密砂的强度包络线,如图 5.11 所示。松砂的强度包络线接近一条通过原点的直线,根据该直线可以确定出该砂土的 $\varphi'_{cs}=31°$。

(2)中密砂试样在 $\sigma'_n=100\text{kPa}$ 时,$\tau_f=86.9\text{kPa}$,所以

$$\varphi'_{p,100\text{kPa}} = \arctan\frac{86.9}{100} = 41°$$

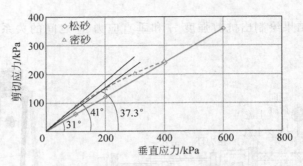

图 5.11　直剪试验强度包络线

在 $\sigma_n' = 200\text{kPa}$ 时，$\tau_f = 152.4\text{kPa}$，所以

$$\varphi'_{p, 200\text{kPa}} = \arctan\frac{152.4}{200} = 37.3°$$

（3）超越角 $\alpha_p = \varphi_p' - \varphi_{cs}'$，所以

$$\alpha_{p, 100\text{kPa}} = 41° - 31° = 10°$$
$$\alpha_{p, 200\text{kPa}} = 37.3° - 31° = 6.3°$$

5.4.2　常规三轴试验（Conventional Triaxial Test）

1. 三轴剪切仪的基本组成

常规三轴试验，又称三轴剪切试验，是测定土的剪切性状和抗剪强度的常用方法。常规三轴试验使用的仪器为三轴剪切仪，三轴剪切仪按照控制方式也分为应变控制式和应力控制式两种。三轴剪切仪主要由压力室、周围压力控制系统、轴向加荷系统、孔隙水压力测量系统和试样体积变化测量系统等组成。如图 5.12 所示，压力室是三轴仪的主要组成部分，它是由一个金属上盖、底座和透明有机玻璃圆筒组成的密闭容器，压力室底座通常有小孔分别与围压控制系统、孔隙水压力测量系统和试样体积变化测量系统相连。三轴试验的试样为圆柱形，并用橡皮膜包裹起来。与

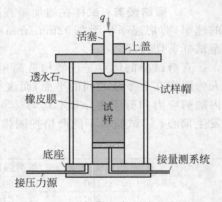

图 5.12　三轴剪切仪压力室示意图

压力室相通的压力源通过液体（通常为水）或气体沿各个方向（包括轴向和侧向）对试样施加围压 σ_3；在试样剪切阶段，轴向加载系统通过活塞对试样施加轴向偏应力 q，因此实际施加在试样的总轴向应力 σ_1 为偏应力与围压之和，即 $\sigma_1 = \sigma_3 + q$。当 q 为压应力（即 $q>0$）时，试验称为**常规三轴压缩试验**；当 q 为拉应力（即 $q<0$）时，试验称为**常规三轴拉伸试验**。

2. 常规三轴试验的类型

常规三轴试验的加荷过程分为两个阶段，第一阶段只施加围压 σ_3，第二阶段维持第一阶段施加的围压不变，对试样逐渐施加轴向偏应力 q，直至试样被剪切破坏为止。根据两个阶段试样排水条件的不同，常规三轴试验可分为以下三种类型。

（1）固结排水（consolidated drained，CD）试验

如图 5.13 所示，在施加围压和随后施加偏应力直至剪切破坏的整个试验过程中都允许试样排水，并给予充分的时间让试样中的孔隙水压力能够完全消散，试验过程中试样的体积发生变化。固结排水试验得到的抗剪强度指标用 c_d、φ_d 表示，该指标即为土样的有效强度指标 c'、φ'。

（2）固结不排水（consolidated undrained，CU）试验

如图 5.14 所示，在施加围压 σ_3 时，将排水阀门打开，允许试样充分排水固结，待固结结束后关闭排水阀门，然后再施加偏应力，使试样在不排水的条件下剪切直至破坏。试样在固结过程中体积发生变化、孔隙水压力保持不变，但在剪切过程中孔隙水压力发生变化、体积保持不变。固结不排水试验的总应力抗剪强度指标用 c_{cu}、φ_{cu} 表示，其对应的工程条件是正常固结土层在工程竣工或在使用阶段受到新的快速荷载作用时所对应的应力状况。如果在剪切过程中测量孔隙水压力 u，则可得到试样破坏时的有效应力，并计算得到有效强度指标 c'、φ'。

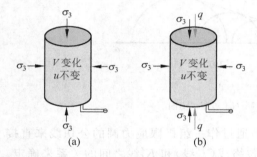

图 5.13　固结排水试验　　　　　　　图 5.14　固结不排水试验
（a）施加围压；（b）施加偏应力　　　　（a）施加围压；（b）施加偏应力

（3）不固结不排水（unconsolidated undrained，UU）试验

如图 5.15 所示，在施加围压和随后施加偏应力直至剪切破坏的整个过程中都不允许试样排水。因此，从施加围压开始直至试样破坏，试样都没有体积变形，但试样内的孔隙水压力 u 会发生变化。这种试验方法所对应的实际工程条件相当于饱和软黏土中快速加荷时的应力状态，根据试样破坏时的总应力计算得到的抗剪强度指标用 c_u、φ_u 表示。

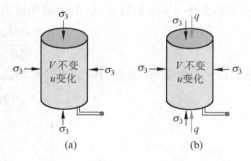

图 5.15　不固结不排水试验
（a）施加围压；（b）施加偏应力

以上是常规三轴试验的三种基本类型，实际上也可以利用三轴剪切仪进行更复杂的试验以模拟实际工程中土体的加载过程，例如为模拟在透水性差的正常固结黏土地基上的快速施工，常先在排水条件下施加围压以模拟自重应力的固结过程，然后在不排水条件下施加围压增量以模拟施工导致的围压变化，最后在不排水条件下施加偏应力直至试样剪切破坏。

3. 三轴剪切试验结果的整理与表达

通过三轴剪切试验,可以得到试样在剪切过程中偏应力(q)和轴向应变(ε_1)之间的关系曲线,如图5.16(a)所示。破坏点一般取偏应力的峰值点,如果没有明显峰值点,则取一定的轴向应变(一般可取 $\varepsilon_1 = 15\%$)对应的偏应力值作为破坏点。破坏时,小主应力为 σ_{3f},大主应力为 $\sigma_{1f} = \sigma_{3f} + q_f$。用同一种土制成3~4个试样,按同一方法进行试验,对每个试样施加不同的围压,可分别求得剪切破坏时对应的大主应力 σ_{1f},将这些结果绘成一组极限应力圆,如图5.16(b)所示。通过这些极限应力圆的包络线(一般近似为直线),可确定土的抗剪强度指标 c、φ 的值。如果试验过程中测量出试样的孔隙水压力,则可以确定试样破坏时的有效应力,并绘制出有效应力的极限应力圆,从而确定出有效应力抗剪强度指标 c'、φ' 的值。

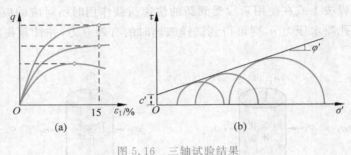

图5.16　三轴试验结果

(a) 轴向应变-偏应力关系曲线;(b) 极限应力圆

虽然极限应力圆的包络线一般接近于直线,但通过作一组极限应力圆的公切线来直接确定 c'、φ' 的值比较困难,我们可以通过莫尔强度包络线(f'线)和 K_f' 线之间的关系来确定。如图5.17所示,K_f' 线是剪切破坏时有效极限应力圆顶点的连线,而 f' 线是有效极限应力圆的切线,因此两线交会于应力圆半径为无限小时的点圆(即图中的 O' 点)。设 K_f' 线与纵坐标的截距为 a',倾角为 α',由图中的几何关系可得

$$\overline{AD} = \overline{O'A}\tan\alpha' \tag{5.17}$$

$$\overline{AB} = \overline{O'A}\sin\varphi' \tag{5.18}$$

而 $\overline{AD} = \overline{AB} = R$($R$ 为应力圆的半径),所以有

$$\sin\varphi' = \tan\alpha' \tag{5.19}$$

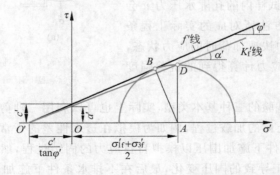

图5.17　莫尔强度包络线(f'线)和 K_f' 线之间的关系

另外

$$\overline{O'O} = \frac{a'}{\tan\alpha'} = \frac{c'}{\tan\varphi'} \tag{5.20}$$

将式(5.19)代入式(5.20),得

$$c' = \frac{a'}{\cos\varphi'} \tag{5.21}$$

由于试验的误差等因素,同一种土在不同围压下得到的极限应力圆的顶点并不会在一条直线上,但可以通过最小二乘法拟合出近似 K'_f 线以及对应的 a'、α' 值,然后根据式(5.19)和式(5.21)计算得到抗剪强度指标 c'、φ' 值。

同样,总应力极限应力圆的莫尔强度包络线(f 线)的指标 c、φ 和 K_f 线的参数 a、α 之间也满足式(5.19)和式(5.21)的关系。

[**例题 5.3**] 表 5.2 为对某种土在不同围压下进行三轴固结排水试验的结果,试确定该土的抗剪强度指标 c' 和 φ' 值。

表 5.2 三轴试验数据

抗剪强度	试 样			
	1	2	3	4
σ'_3/kPa	100	200	300	400
q_f/kPa	115	205	255	350

解:由于试验为固结排水试验,所施加的应力即为有效应力,由 $\sigma'_{1f} = \sigma'_3 + q_f$ 可得试样破坏时的轴向应力,从而得到极限应力圆的顶点坐标$((\sigma'_{1f}+\sigma'_{3f})/2,(\sigma'_{1f}-\sigma'_{3f})/2)$。这 4 个试验土样破坏时的轴向应力 σ'_{1f} 分别为 215、405、555 和 750kPa,极限应力圆的顶点坐标分别为 (157.5,57.5)、(302.5,102.5)、(427.5,127.5) 和 (575,175)(单位:kPa)。如图 5.18 所示,利用最小二乘法拟合出最接近这些点的直线(即 K'_f 线),其表达式为

$$\tau = 0.275\sigma' + 15.2 \text{ kPa}$$

因此得

$$\tan\alpha' = 0.275, \quad a' = 15.2\text{kPa}$$

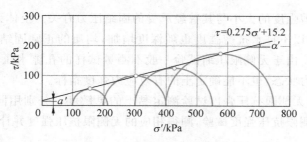

图 5.18 由三轴试验结果确定 K'_f 线

由式(5.19)和式(5.21)得

$$\varphi' = \arcsin(\tan\alpha') = \arcsin 0.275 = 16°$$

$$c' = \frac{a'}{\cos\varphi'} = \frac{15.2}{\cos 16°}\text{kPa} = 15.8\text{kPa}$$

5.4.3　无侧限抗压强度试验（Unconfined Compression Test）

无侧限抗压强度试验是不给试样施加围压，只施加轴向应力的试验，可以看成是三轴试验的一种特殊情况。由于不需要给试样施加围压，试验一般利用构造比较简单的无侧限压缩仪进行。如图 5.19 所示，试验时把圆柱形的试样放置在无侧限压缩仪中，在不排水且不施加任何侧向压力的情况下施加竖向压力，直到试样剪切破坏为止。剪切破坏时，试样能承受的最大竖向压力 q_u 称为**无侧限抗压强度**。由无侧限抗压强度可以绘出试样破坏时的总应力圆，如图 5.20 所示。黏性土在不排水条件下的抗剪强度称为**不排水抗剪强度**（undrained shear strength），用符号 s_u 表示，其大小为应力圆的半径，因此有

$$s_u = \frac{q_u}{2} \tag{5.22}$$

式中，s_u——不排水抗剪强度（kPa）；

　　　q_u——无侧限抗压强度（kPa）。

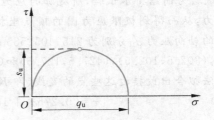

图 5.19　无侧限压缩仪　　　　　图 5.20　无侧限压缩试验破坏时的总应力圆

土的不排水抗剪强度的大小与其曾经承受的固结压力有关。土体天然土层的固结压力一般随深度增加，所以不排水抗剪强度也随深度增加，均质的正常固结土的 s_u 值大致与固结压力呈线性关系。由于无侧限压缩试验一般不测量试样的孔隙水压力，因而不能确定试样破坏时的有效应力状态，也不能确定土的有效应力强度指标。

在工程中，常用无侧限抗压强度试验测定黏土的灵敏度。分别用同一种土的原状土样和重塑土样进行无侧限抗压强度试验，测得相应的无侧限抗压强度并计算它们的比值，即

$$S_t = \frac{q_u}{q_u'} \tag{5.23}$$

式中，S_t——灵敏度；

　　　q_u——原状土的无侧限抗压强度（kPa）；

　　　q_u'——重塑土的无侧限抗压强度（kPa）。

土的灵敏度越高，则其结构性越强，扰动后土的强度降低得越多。

5.4.4　十字板剪切试验（Vane Shear Test）

前面所介绍土的剪切试验均为室内试验，这些试验要求事先取得原状土样，由于在取样、土样运输、保存和装样过程中对土样的扰动难以避免，因而室内试验难以真实反映现场土体的状况。十字板剪切试验是现场原位试验，它无须钻孔取得原状土样，试验时土的排水条件、受力状态等与实际条件相近，因而适合于现场测定饱和黏土，特别是饱和软黏土的原位不排水抗剪强度。

十字板剪切试验采用的设备主要是十字板剪切仪。如图 5.21(a)所示，十字板剪切仪的主要部件为十字板头、轴杆、扭力施加装置等。按照力的传感方式，十字板剪切仪可分为机械式和电测式两类。常用的矩形十字板头的宽度 D 与高度 H 的比例为 1：2，规格一般为 50mm×100mm 和 75mm×150mm。十字板剪切试验的工作原理是将十字板头插入土层中至测试深度，然后在地面上对轴杆施加扭转力矩，带动十字板旋转，直至土体剪切破坏，然后通过测量设备测出的最大扭转力矩 M_{max}，推算出土的抗剪强度。

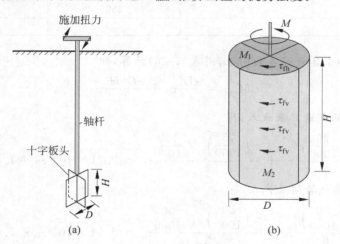

图 5.21　十字板剪切仪

(a) 仪器装置示意图；(b) 板头剪切面受力分析

如图 5.21(b)所示，土体剪切破坏时，将形成一个圆柱形剪切面，十字板剪切仪施加的扭转力矩由圆柱体上、下表面和圆柱体侧面土的抗剪强度产生的抗扭力矩平衡。其中，圆柱体上、下表面的抗扭力矩为

$$M_1 = 2\int_0^{D/2} \tau_{fh} \cdot 2\pi r \cdot r \mathrm{d}r = \frac{\pi D^3}{6}\tau_{fh} \tag{5.24}$$

式中，D——圆柱体的直径，即十字板的宽度(m)；

　　　τ_{fh}——圆柱体上、下表面土的抗剪强度(kPa)。

圆柱体侧面的抗扭力矩为

$$M_2 = \pi DH \cdot \frac{D}{2} \cdot \tau_{fv} = \frac{\pi D^2 H}{2}\tau_{fv} \tag{5.25}$$

式中，H——圆柱体的高度，即十字板的高度(m)；

　　　τ_{fv}——圆柱体侧面土的抗剪强度(kPa)。

总的抗扭力矩 M_{max} 为

$$M_{max} = \frac{\pi D^3}{6}\tau_{fh} + \frac{\pi D^2 H}{2}\tau_{fv} \tag{5.26}$$

若原状土体为各向同性,即 $\tau_{fh} = \tau_{fv} = \tau_f$,由上式得

$$\tau_f = \frac{2M_{max}}{\pi D^2 \left(H + \dfrac{D}{3}\right)} \tag{5.27}$$

如果原状土体为各向异性,可用两种不同规格的十字板在同一深度进行测试,联合两个试验的结果推算出 τ_{fh} 和 τ_{fv},具体过程参见例题 5.4。

[例题 5.4]　用两种不同规格的十字板在某黏土同一深度处测量土的抗剪强度,十字板的尺寸和测得的最大扭矩如表 5.3 所示,求该深度处土的抗剪强度 τ_{fh} 和 τ_{fv}。

表 5.3　十字板剪切试验数据

十字板	直径/mm	高度/mm	最大扭矩/(N·m)
A	75	150	60.77
B	50	50	10.08

解:由于未知土体是否各向同性,用式(5.26)计算,即

$$M_{max} = \frac{\pi D^3}{6}\tau_{fh} + \frac{\pi D^2 H}{2}\tau_{fv}$$

将十字板 A 的试验结果代入,得

$$60.77 = \frac{\pi \left(\dfrac{75}{1000}\right)^3}{6}\tau_{fh} + \frac{\pi \left(\dfrac{75}{1000}\right)^2 \times \dfrac{150}{1000}}{2}\tau_{fv} = 2.21 \times 10^{-4}\tau_{fh} + 1.32 \times 10^{-3}\tau_{fv}$$

将十字板 B 的试验结果代入,得

$$10.08 = \frac{\pi \left(\dfrac{50}{1000}\right)^3}{6}\tau_{fh} + \frac{\pi \left(\dfrac{50}{1000}\right)^2 \times \dfrac{50}{1000}}{2}\tau_{fv} = 6.54 \times 10^{-5}\tau_{fh} + 1.96 \times 10^{-4}\tau_{fv}$$

联立以上两式,解得

$$\tau_{fh} = 3.25 \times 10^4 \, Pa = 32.5 kPa, \quad \tau_{fv} = 4.06 \times 10^4 \, Pa = 40.6 kPa$$

5.4.5　其他试验方法(Other Test Methods)

1. 单剪试验

单剪试验使用的仪器为单剪仪。单剪仪是针对直剪仪存在应力应变不均匀,且在边界上存在应力集中等问题进行改进后的一种试验仪器。如图 5.22(a)所示,单剪仪的剪切盒由一系列环形圈叠制而成,相邻的环形圈之间容许一定的水平相对位移,当试样在剪应力的作用下产生剪切变形时,剪切盒与试样一同变形,保证试样的应力应变较为均匀。

2. 真三轴试验

常规三轴试验中两个水平方向的主应力始终相同,实际上只独立控制了两个方向的主

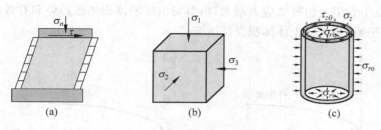

图 5.22　其他试验方法

(a) 单剪试验；(b) 真三轴试验；(c) 空心圆柱扭剪试验

应力。如图 5.22(b)所示，真三轴试验真正独立控制了三个方向的主应力 σ_1、σ_2 和 σ_3。进行真三轴试验的仪器称为真三轴仪，试验时，试样为正方体或长方体，仪器通过刚性板或橡皮囊分别沿三个互相垂直的方向对试样施加大、中、小主应力，并独立测量三个主应力方向上的变形量。通过控制大、中、小主应力的变化，可以实现复杂的应力路径，以研究中主应力和应力路径等因素对土体强度和变形特性的影响。

3. 空心圆柱扭剪试验

空心圆柱扭剪试验是利用空心圆柱扭剪仪对空心圆柱形的试样施加内压、外压、轴向荷载和扭矩，实现对试样四个应力变量的控制，如图 5.22(c)所示。通过对轴向应力 σ_z 和剪应力 $\tau_{z\theta}$ 组合的控制，还可以实现主应力方向的控制和旋转，从而研究主应力旋转对土的应力应变关系的影响以及各向异性土体的力学特性等。

5.5　常规三轴试验中土的等向压缩性状和剪切性状（Isotropic Compression and Shear Behavior of Soil in Conventional Triaxial Tests）

与直接剪切试验相比，常规三轴试验排水条件明确、可控，试样内应力和应变相对均匀，试验过程中应力状态和应力路径明确，因而是室内研究土的力学行为特性最常用的手段。本节主要介绍在三轴应力条件下的孔隙压力系数、常规三轴压缩试验的应力路径、常规三轴试验中土的等向压缩性状和剪切性状等内容。

5.5.1　三轴应力条件下的孔隙压力系数（Pore Pressure Coefficients under the Triaxial Stress Condition）

如前所述，在排水条件下进行剪切试验，松砂、正常固结和轻微超固结黏土的体积要减小，而密砂和强超固结黏土的体积要增大。在不排水剪切试验中，由于人为控制不让试样排水，使试样体积固定不变，但试样在剪切时体积要改变的"趋势"仍然存在，**它表现在不排水剪切时试样中孔隙水压力的变化**。如图 5.23 所示，当试样体积有收缩的趋势而控制不让其收缩时，则土样要产生正的孔隙水压力，孔压增大，作用在土骨架上的有效应力减小，由剪切引起的体积收缩趋势和有效应力减小引起的膨胀趋势相平衡，从而使土体体积保持不变。相反，当土样体积有膨胀的趋势而控制不让其膨胀时，则土样要产生负的孔隙水压力，孔压减小,而作用在土骨架上的有效应力增大,由剪切引起的体积膨胀趋势和有效应力增大引起的收缩趋势相平衡,从而使土体体积保持不变。

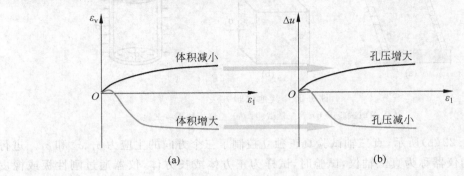

图 5.23 排水条件和不排水条件下土体行为的相关性
(a) 排水条件下;(b) 不排水条件下

斯肯普顿(Skempton)于 1954 年首先提出了孔隙压力系数的概念,并用以表示土中孔隙压力的大小。如图 5.24 所示,设试样在不排水不排气条件下施加三轴应力增量,轴向应力增量为 $\Delta\sigma_1$,侧向应力增量为 $\Delta\sigma_3$,它引起试样内的孔隙压力变化为 Δu。将三轴应力增量分解为两部分,一部分为各个方向均相等的应力增量 $\Delta\sigma_3$,另一部分为只在轴向施加的应力增量 $\Delta\sigma_1-\Delta\sigma_3$(称为偏应力增量)。

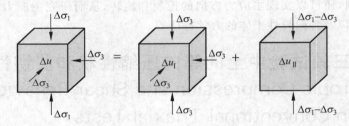

图 5.24 三轴应力增量作用下的孔隙压力变化

首先分析试样在各个方向均施加相等的应力增量 $\Delta\sigma_3$ 的情况。先假定试样为非饱和土(孔隙流体中既有水又有气体),且由应力增量 $\Delta\sigma_3$ 引起试样内孔隙压力的增量为 Δu_1,则由 Δu_1 引起的孔隙流体的体积变化 ΔV_v 为

$$\Delta V_v = C_f \Delta u_1 V_v = C_f \Delta u_1 nV \tag{5.28}$$

式中,V_v——试样的孔隙体积(cm^3);

V——试样体积(cm^3);

n——试样孔隙率;

C_f——孔隙流体的体积压缩系数(Pa^{-1}),即单位应力增量引起的单位体积孔隙的体积变化。

同时,由有效应力增量 $\Delta\sigma_3'(\Delta\sigma_3'=\Delta\sigma_3-\Delta u_1)$ 引起的土体骨架的体积变化 ΔV 为

$$\Delta V = C_s \Delta\sigma_3' V = C_s(\Delta\sigma_3 - \Delta u_1)V \tag{5.29}$$

式中,C_s——土骨架的体积压缩系数(Pa^{-1}),即单位应力增量引起的单位体积土骨架的体积变化。

由于土颗粒几乎是不可压缩的,因此在不排水、不排气的条件下,土骨架的压缩量必与孔隙流体的体积变化相等,即 $\Delta V = \Delta V_v$,将式(5.28)和式(5.29)代入可得

$$C_f \Delta u_I n V = C_s (\Delta \sigma_3 - \Delta u_I) V \tag{5.30}$$

整理后得

$$\Delta u_I = \frac{1}{1 + n \dfrac{C_f}{C_s}} \Delta \sigma_3 = B \Delta \sigma_3 \tag{5.31}$$

其中

$$B = \frac{\Delta u_I}{\Delta \sigma_3} = \frac{1}{1 + n \dfrac{C_f}{C_s}} \tag{5.32}$$

B 称为各向均等应力作用下的孔隙压力系数。

对于饱和试样,孔隙流体即为孔隙水,$C_f = C_w$(C_w 为水的体积压缩系数)。由于水几乎不可压缩,$C_w \ll C_s$,由式(5.32)可得 $B = 1$,$\Delta u_I = \Delta \sigma_3$,即所施加的 $\Delta \sigma_3$ 完全由孔隙水承担,土骨架不受影响。对于干土,孔隙完全由气体填充,$C_f = C_a$(C_a 为气体的体积压缩系数)。由于气体的压缩性较大,$C_a \gg C_s$,由式(5.32)可得 $B = 0$,$\Delta u_I = 0$,即所施加的 $\Delta \sigma_3$ 完全由土骨架承担。对于非饱和土,$C_w < C_f < C_a$,则 B 值介于 0～1 之间。试验表明,B 值随土的饱和度 S_r 而变化,土的 S_r 越大,B 值也越大,如图 5.25 所示。在土的三轴试验中,常通过测量试样的 B 值来判断土样的饱和程度。

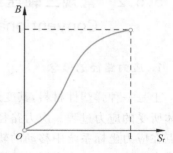

图 5.25　饱和度 S_r 和 B 值的关系

如果试样上只施加偏应力增量 $\Delta \sigma_1 - \Delta \sigma_3$,并假定其引起试样内孔隙压力的增量为 Δu_{II},则由 Δu_{II} 引起的孔隙流体的体积变化 ΔV_v 为

$$\Delta V_v = C_f \Delta u_{II} V_v = C_f \Delta u_{II} n V \tag{5.33}$$

为方便理解,先假设土骨架为理想的弹性材料,则土骨架的体积变化只与土骨架所受的平均有效正应力增量 $\Delta p'$ 有关(平均正应力为 3 个方向正应力的平均值,具体定义参见 5.5.2 节),而

$$\Delta p' = \Delta p - \Delta u_{II} = \frac{1}{3}(\Delta \sigma_1 - \Delta \sigma_3) - \Delta u_{II} \tag{5.34}$$

所以土体骨架的体积变化 ΔV 为

$$\Delta V = C_s \Delta p' V = C_s \left[\frac{1}{3}(\Delta \sigma_1 - \Delta \sigma_3) - \Delta u_{II} \right] V \tag{5.35}$$

同样,设试样处于不排水不排气条件下,则 $\Delta V = \Delta V_v$,由式(5.33)和式(5.35)可得

$$C_f \Delta u_{II} n V = C_s \left[\frac{1}{3}(\Delta \sigma_1 - \Delta \sigma_3) - \Delta u_{II} \right] V \tag{5.36}$$

整理后可得

$$\Delta u_{II} = \frac{1}{1 + n \dfrac{C_f}{C_s}} \left[\frac{1}{3}(\Delta \sigma_1 - \Delta \sigma_3) \right] = \frac{1}{3} B (\Delta \sigma_1 - \Delta \sigma_3) \tag{5.37}$$

然而,实际上土骨架并非理想的弹性材料,其体积变化不仅与平均有效正应力增量有

关，还与偏应力增量有关，而偏应力增量作用下土骨架的体积变化与土的性质和状态有关，因而轴向偏应力增量 $\Delta\sigma_1 - \Delta\sigma_3$ 引起的孔隙压力增量 Δu_{II} 的一般表达式为

$$\Delta u_{\mathrm{II}} = AB(\Delta\sigma_1 - \Delta\sigma_3) \tag{5.38}$$

式中，A 称为偏应力增量作用下的孔隙压力系数，也是反映土体剪胀性强弱的一个指标。对于弹性材料，$A = 1/3$；对于剪缩性材料，$A > 1/3$；对于剪胀性材料，$A < 1/3$。应注意的是，对于某一个试样，A 值并不是一个常量，其随偏应力增量 $\Delta\sigma_1 - \Delta\sigma_3$ 的变化而变化。

由式(5.31)和式(5.38)可得，若试样同时受到各个方向均相等的应力增量 $\Delta\sigma_3$ 和轴向偏应力增量 $\Delta\sigma_1 - \Delta\sigma_3$ 作用，则产生的孔隙压力增量 Δu 为

$$\Delta u = \Delta u_{\mathrm{I}} + \Delta u_{\mathrm{II}} = B[\Delta\sigma_3 + A(\Delta\sigma_1 - \Delta\sigma_3)] \tag{5.39}$$

对于饱和土，由于 $B = 1.0$，所以上式可简化为

$$\Delta u = \Delta\sigma_3 + A(\Delta\sigma_1 - \Delta\sigma_3) \tag{5.40}$$

5.5.2   常规三轴压缩试验的应力路径(Stress Paths in Conventional Triaxial Compression Tests)

1. 应力路径的概念

土是一种弹塑性材料，其变形特性不仅取决于初始应力状态和最终应力状态，还取决于土体所受的应力过程。应力路径指的就是在外荷载变化的过程中，描述土体单元的应力状态点在应力坐标系中移动的轨迹。分析三轴试验过程中的应力路径有助于了解土的变形和强度特性与土的应力历史之间的联系，而实际工程中土体的应力路径要比三轴试验复杂得多。应力路径分为**有效应力路径**(effective stress path，ESP)和**总应力路径**(total stress path，TSP)。表示应力路径的方法有应力圆表示法、$s(s')$-t 坐标表示法和 $p(p')$-q 坐标表示法三种。

2. 应力圆表示法

首先以固结排水试验说明如何用应力圆表示常规三轴压缩试验的应力路径。在常规三轴压缩试验的固结阶段，在排水条件下施加各向相等的围压，此时 $\sigma_1' = \sigma_3'$，应力圆为一个点圆，在围压逐渐增加的过程中，这些点圆连成一条直线，如图 5.26(a)所示。在三轴试验的剪切阶段，σ_3' 维持不变，而 σ_1' 逐步增大，因此应力圆与 σ' 轴的左侧交点不动，而右侧交点向右移动，应力圆的半径逐步增大，直到试样破坏为止。在不排水试验中，可以用总应力圆表示总应力路径，而用有效应力圆表示有效应力路径。由有效应力原理可知，$\sigma_1' = \sigma_1 - u$ 且 $\sigma_3' = \sigma_3 - u$，因此有效应力圆和总应力圆的大小相同，而圆心之间的距离为 u，如图 5.26(b)所示。当 $u > 0$ 时，有效应力圆在总应力圆的左侧；当 $u < 0$ 时，有效应力圆在总应力圆的右侧。

3. $s(s')$-t 坐标表示法

用应力圆表示较复杂的应力路径时并不方便和清晰，为更方便地表示应力路径，定义应力变量为

$$s = \frac{\sigma_1 + \sigma_3}{2} \tag{5.41}$$

和

$$t = \frac{\sigma_1 - \sigma_3}{2} \tag{5.42}$$

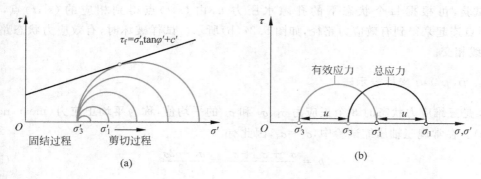

图 5.26 应力圆表示法

(a) 应力路径；(b) 总应力圆与有效应力圆

如图 5.27(a)所示，s 实际上是应力圆圆心的水平坐标，t 是应力圆的半径，而 (s,t) 是应力圆顶点的坐标。每个应力圆都可以用应力圆的顶点来唯一确定，因此可以用应力圆的顶点代替应力圆来表示应力状态和应力路径。

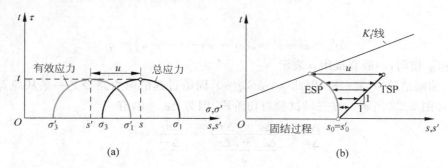

图 5.27 $s(s')$-t 坐标表示法

(a) 总应力与有效应力；(b) 应力路径

用 s'、t' 表示与 s、t 相应的有效应力，根据定义有

$$s' = \frac{\sigma_1' + \sigma_3'}{2} = \frac{(\sigma_1 - u) + (\sigma_3 - u)}{2} = s - u \tag{5.43}$$

和

$$t' = \frac{\sigma_1' - \sigma_3'}{2} = \frac{(\sigma_1 - u) - (\sigma_3 - u)}{2} = t \tag{5.44}$$

可见，在 $s(s')$-t 平面中，点 (s',t') 和点 (s,t) 在同一条水平线上，之间的距离为 u。由于 t' 和 t 一样，一般直接用 t 表示。

在三轴固结阶段，$\sigma_1 = \sigma_3$，因此 $s = \sigma_3$，$t = 0$，固结过程的应力路径是一条从原点出发的水平线，如图 5.27(b)所示。在三轴试验的剪切阶段，因为 $\Delta\sigma_3 = 0$，有

$$\frac{\Delta t}{\Delta s} = \frac{\dfrac{\Delta\sigma_1 - \Delta\sigma_3}{2}}{\dfrac{\Delta\sigma_1 + \Delta\sigma_3}{2}} = \frac{\dfrac{\Delta\sigma_1}{2}}{\dfrac{\Delta\sigma_1}{2}} = 1 \tag{5.45}$$

即剪切阶段的总应力路径是一条与 s 轴夹角为 45° 的直线，如图 5.27(b) 所示。对于不排水剪切试验，可根据每个状态下的孔隙水压力 u，由 (s,t) 点得到相应的 (s',t) 点，再把 (s',t) 点连起来得到有效应力路径，如图 5.27(b) 所示。试样破坏时，有效应力状态路径将与 K_f' 线相交。

4. $p(p')$-q 坐标表示法

p 是三维应力状态时 3 个正应力 σ_1、σ_2 和 σ_3 的平均值，称为**平均正应力**（mean normal stress）。在常规三轴压缩试验中，$\sigma_2 = \sigma_3$，因此有

$$p = \frac{\sigma_1 + \sigma_2 + \sigma_3}{3} = \frac{\sigma_1 + 2\sigma_3}{3} \tag{5.46}$$

q 是常规三轴压缩试验中轴向应力 σ_1 与侧向应力 σ_3 之差，称为**偏应力**（deviator stress），其表达式为

$$q = \sigma_1 - \sigma_3 \tag{5.47}$$

与 p 和 q 相应的有效应力为

$$p' = \frac{\sigma_1' + 2\sigma_3'}{3} = \frac{(\sigma_1 - u) + 2(\sigma_3 - u)}{3} = p - u \tag{5.48}$$

和

$$q' = \sigma_1' - \sigma_3' = (\sigma_1 - u) - (\sigma_3 - u) = q \tag{5.49}$$

可见，q' 和 q 相同，一般直接用 q 表示。

在三轴固结阶段，$\sigma_1 = \sigma_3$，因此 $p = \sigma_3$，$q = 0$，固结过程的应力路径是一条从原点出发的水平线，如图 5.28 所示。在三轴试验剪切阶段，因为 $\Delta\sigma_3 = 0$，有

$$\frac{\Delta q}{\Delta p} = \frac{\Delta\sigma_1 - \Delta\sigma_3}{\dfrac{\Delta\sigma_1 + 2\Delta\sigma_3}{3}} = \frac{\Delta\sigma_1}{\dfrac{\Delta\sigma_1}{3}} = 3 \tag{5.50}$$

即剪切阶段的总应力路径是一条斜率为 3 的直线，如图 5.28 所示。对于不排水剪切试验，可根据每个状态下的孔隙水压力 u，由 (p,q) 点得到相应的 (p',q) 点，把 (p',q) 点连起来得到有效应力路径，如图 5.28 所示。

同一种土在不同条件下进行常规三轴压缩试验，试样进入临界状态时其在 p'-q 平面应力状态点的包络线称为临界状态线。p'-q 平面的临界状态线是通过原点的一条直线，其斜率为

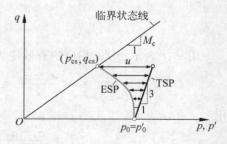

图 5.28　$p(p')$-q 坐标表示法

$$M_c = \frac{q_{cs}}{p_{cs}'} \tag{5.51}$$

式中，M_c——**三轴压缩临界应力比**。

根据定义，$q_{cs} = (\sigma_1')_{cs} - (\sigma_3')_{cs}$，$p_{cs}' = [(\sigma_1')_{cs} + 2(\sigma_3')_{cs}]/3$，因此

$$M_c = \frac{q_{cs}}{p'_{cs}} = \frac{(\sigma'_1)_{cs} - (\sigma'_3)_{cs}}{\dfrac{(\sigma'_1)_{cs} + 2\,(\sigma'_3)_{cs}}{3}} = \frac{3\left[\dfrac{(\sigma'_1)_{cs}}{(\sigma'_3)_{cs}} - 1\right]}{\dfrac{(\sigma'_1)_{cs}}{(\sigma'_3)_{cs}} + 2} \tag{5.52}$$

试样进入临界状态时,由于应变很大,土颗粒之间的黏结作用已被破坏,因此在 $\sigma'\text{-}\tau$ 平面的破坏包络线也通过原点(即 $c'=0$),由式(5.8)得

$$\sin\varphi'_{cs} = \frac{\dfrac{(\sigma'_1)_{cs} - (\sigma'_3)_{cs}}{2}}{\dfrac{(\sigma'_1)_{cs} + (\sigma'_3)_{cs}}{2}} = \frac{\dfrac{(\sigma'_1)_{cs}}{(\sigma'_3)_{cs}} - 1}{\dfrac{(\sigma'_1)_{cs}}{(\sigma'_3)_{cs}} + 1} \tag{5.53}$$

式中,φ'_{cs}——临界有效内摩擦角(°)。

联立式(5.52)和式(5.53),得

$$M_c = \frac{6\sin\varphi'_{cs}}{3 - \sin\varphi'_{cs}} \tag{5.54}$$

$$\sin\varphi'_{cs} = \frac{3M_c}{6 + M_c} \tag{5.55}$$

[**例题5.5**]　对一个饱和砂土试样进行三轴固结不排水试验,固结围压为400kPa,在不排水条件下剪切的试验数据如表5.4所示。

(1) 绘制偏应力和轴向应变的关系曲线;

(2) 在 $p(p')\text{-}q$ 平面绘制试验的总应力和有效应力路径;

(3) 确定该土的临界应力比 M_c 和临界有效内摩擦角 φ'_{cs};

(4) 绘制孔隙水压力系数 A 值随轴向应变变化的关系曲线。

表5.4　三轴试验数据

轴向应变 ε_1/%	0	2	4	6	8	10	12	14	16	18	20
偏应力 q/kPa	0	196	273	303	283	261	241	220	205	201	198
孔隙水压力 u/kPa	0	80	133	176	215	250	268	281	293	300	301

解:(1) 根据表中数据绘制偏应力和轴向应变的关系曲线,如图5.29所示。

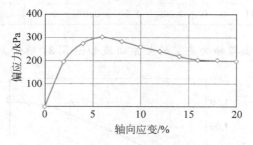

图5.29　轴向应变和偏应力的关系曲线

(2) 固结围压为400kPa,即 $\sigma_3 = 400\text{kPa}$。

因为 $q = \sigma_1 - \sigma_3$,所以 $\sigma_1 = q + \sigma_3 = q + 400\text{kPa}$;而 $p = (\sigma_1 + 2\sigma_3)/3$,$p' = p - u$,因此可以根据不同轴向应变时的 q 计算出相应的 p 和 p',计算结果如表5.5所示。

表5.5   不同轴向应变时的 p 和 p'

轴向应变 ε_1/%	0	2	4	6	8	10	12	14	16	18	20
平均正应力 p/kPa	400	465.3	491	501	494.3	487	480.3	473.3	468.3	467	466
平均有效正应力 p'/kPa	400	385.3	358	325	279.3	237	212.3	192.3	175.3	167	165

在 $p(p')$-q 平面绘制试验的总应力和有效应力路径如图 5.30 所示。

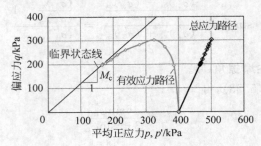

图 5.30   总应力和有效应力路径

（3）土进入临界状态时，$p'_{cs}=165\text{kPa}$，$q'_{cs}=198\text{kPa}$，所以

$$M_c = \frac{q_{cs}}{p'_{cs}} = \frac{198}{165} = 1.2$$

$$\sin\varphi'_{cs} = \frac{3M_c}{6+M_c} = \frac{3\times1.2}{6+1.2} = 0.5$$

$$\varphi'_{cs} = 30°$$

（4）由于是饱和土，$B=1$，所以

$$A = \frac{\Delta u}{\Delta\sigma_1 - \Delta\sigma_3} = \frac{\Delta u}{\Delta q}$$

以轴向应变为 0 的点（即 $u_0=0\text{kPa}$，$q_0=0\text{kPa}$）为起始点，可计算得不同轴向应变时的孔隙水压力系数 A，计算结果见表 5.6。

表5.6   不同轴向应变时的 A 值

轴向应变 ε_1/%	2	4	6	8	10	12	14	16	18	20
A 值	0.41	0.49	0.58	0.76	0.96	1.11	1.28	1.43	1.49	1.52

孔隙水压力系数 A 值与轴向应变的关系曲线如图 5.31 所示。

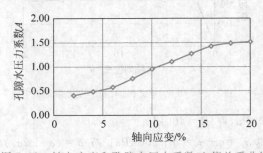

图 5.31   轴向应变和孔隙水压力系数 A 值关系曲线

5.5.3 常规三轴试验中土的等向压缩性状（Isotropic Compression Behavior of Soil in Conventional Triaxial Tests）

在三轴固结排水和固结不排水试验中的固结阶段，试样在排水条件下施加各方向相等的围压，由于有效应力的增加，土体产生压缩变形，体积和孔隙比都逐渐减小。通过测量固结过程的体积变化，可以得到平均有效正应力 p' 和土体孔隙比 e 之间的关系曲线，称为**等向压缩曲线**（isotropic compression line，ICL）。与土的一维压缩曲线类似，等向压缩曲线（图 5.32）在低压力时较陡，随压力的增大而变平缓；当施加到一定压力后卸载，试样将产生回弹，再加载时的压缩曲线与卸载曲线不重合，形成滞回圈。

同一种砂土的等向压缩曲线并不唯一，如果试样的初始孔隙比不同，其等向压缩曲线也不同。松砂的压缩性较大，等向压缩曲线较陡；而密砂的压缩性较小，等向压缩曲线较为平缓。由于渗透系数较小，黏土在围压作用下产生压缩变形需要较长的固结过程，因此黏土的等向压缩曲线也称为固结曲线。正常固结黏土的等向压缩曲线称为**正常固结线**（normal consolidation line，NCL），它在 e-$\ln p'$ 平面内近似一条直线，如图 5.33 所示，可用下式表示：

$$e = e_N - \lambda \ln p' \tag{5.56}$$

式中，e_N——e-$\ln p'$ 平面内正常固结线在 e 轴的截距；

λ——e-$\ln p'$ 平面内正常固结线的斜率。

在工程计算中，常忽略卸载再加载曲线的滞回效应，而假定卸载曲线和再加载曲线重合，在 e-$\ln p'$ 平面内**卸载再加载线**（unloading-reloading line，URL）也近似为一条直线，可用下式表示：

$$e = e_\kappa - \kappa \ln p' \tag{5.57}$$

式中，e_κ——e-$\ln p'$ 平面内卸载再加载线在 e 轴的截距；

κ——e-$\ln p'$ 平面内卸载再加载线的斜率。

对于某一种土，**卸载再加载线并不是唯一的**，e_κ 值取决于卸载时的压力。

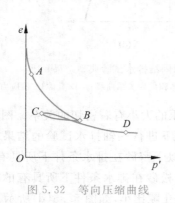

图 5.32　等向压缩曲线

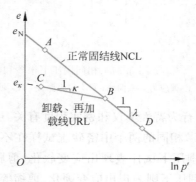

图 5.33　黏土等向压缩曲线的参数

5.5.4 常规三轴压缩试验中砂土的剪切性状（Shear Behavior of Sand in Conventional Triaxial Compression Tests）

砂土的剪切性状与土的组成、状态、内部结构、排水条件、围压和应力路径等因素有关，下面将分别介绍砂土在常规三轴固结排水和固结不排水试验中的行为特性,其中重点介绍孔隙比和围压对砂土行为特性的影响。

1. 固结排水试验(CD 试验)

在同一围压下对松、密两个砂土试样进行常规三轴固结排水试验,其典型结果如图 5.34 所示。如图 5.34(a)所示,松砂的应力应变曲线是应变硬化的,而密砂的偏应力达到峰值后开始下降,存在应变软化的现象,但两者最终的剪切强度趋于一致。由于存在软化现象,在 p'-q 平面中,密砂的应力路径从图 5.34(b)中的 A 点经直线到达 C 点后将折回至 B 点,而松砂则从 A 点出发到达 B 点后即停止。如图 5.34(c)所示,随着轴向应变的增加,松砂的体积逐渐减小(体积应变始终为正),最后趋于稳定;而密砂的体积先是轻微减小(体积应变为正),但之后趋势很快发生改变,体积开始增大(体积应变为负),最后趋于稳定。可见在剪切过程中,松砂要变密,密砂要变松,最终趋于相同的临界孔隙比 e_{cs},如图 5.34(d)所示。

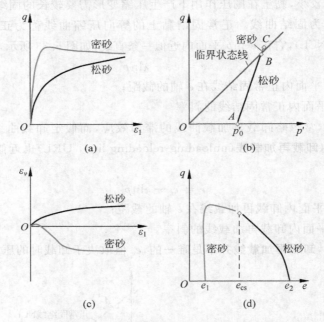

图 5.34 相同围压下松砂和密砂三轴固结排水试验典型结果

(a) 轴向应变-偏应力关系曲线;(b) 应力路径;(c) 轴向应变-体积应变关系曲线;(d) 孔隙比-偏应力关系曲线

砂土的行为特性不仅和密实程度有关,还与围压的大小有着密切的关系。图 5.35 为初始孔隙比(e_0)相同的两个中密砂土试样在不同围压下进行三轴排水试验的结果,从中可以看出,在低围压下试样表现出应变软化、剪胀等类似于密砂在排水条件下所具有的行为特性,而在高围压下则表现出应变硬化、剪缩等类似于松砂在排水条件下所具有的行为特性,在高围压下砂土的临界孔隙比要比低围压下的临界孔隙比小,如图 5.35(d)所示。

土体进入临界状态时的孔隙比与相应的平均有效正应力之间的关系曲线称为 e-p' 平面的临界状态线,临界状态孔隙比随 p' 的增大而减小,如图 5.36 所示。临界状态线的右上方称为**松面**(loose side),左下方称为**紧面**(dense side)。初始状态位于松面的砂土(如图中的 C、D 点)在排水剪切过程中孔隙比将减小,表现出剪缩的行为特性,而初始状态位于紧面的砂土(如图中的 A、B 点)在排水剪切过程中孔隙比将增大,表现出剪胀的行为特性。具有相同初始孔隙比的试样,在低围压下位于紧面(如图中的 A 点),而在高围压下则位于松面(如图中的 D 点),因此前述的围压对砂土行为特性的影响规律也就不难理解了。

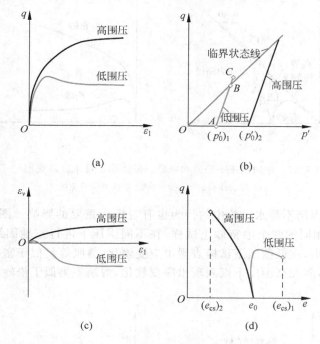

图 5.35 相同初始孔隙比、不同围压下的砂土三轴固结排水试验典型结果

(a) 轴向应变-偏应力关系曲线;(b) 应力路径;(c) 轴向应变-体积应变关系曲线;(d) 孔隙比-偏应力关系曲线

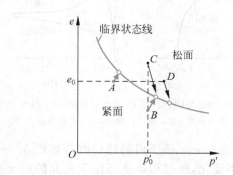

图 5.36 砂土固结排水试验在 e-p' 平面内的路径趋势

2. 固结不排水试验(CU 试验)

图 5.37 为同一围压下松、密两个砂土试样的常规三轴固结不排水试验结果。如图 5.37(a)所示,松砂由于存在剪缩的趋势,在剪切的过程中孔隙水压力不断增大,从而导致平均有效正应力 p' 不断降低,土体应力状态向左移动;加载到一定阶段,偏应力 q 开始下降,出现应变软化现象。密砂先是剪缩,孔隙水压力增大,平均有效正应力 p' 减小;之后转为剪胀,孔隙水压力开始减小,并最终转为负孔压,同时平均有效正应力 p' 和偏应力 q 不断

增大,土体应力状态向右上方移动,逐渐趋近临界状态线。从图 5.37(b)所示的轴向应变-偏应力关系曲线来看,固结不排水试验过程中密砂一直是应变硬化的。

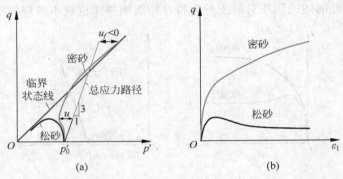

图 5.37   相同围压下松砂和密砂三轴固结不排水试验典型结果
(a)应力路径;(b)轴向应变-偏应力关系曲线

围压对砂土在固结不排水试验中的行为也有着极为重要的影响。图 5.38 为剪切试验前初始孔隙比(e_0)相同的两个中密砂土试样,在不同围压下进行三轴固结不排水试验的结果。从图中可以看出,在低围压下试样表现出应变硬化、剪胀等类似于密砂在不排水条件下所具有的行为特性,而在高围压下则表现出应变软化、剪缩等类似于松砂在不排水条件下所具有的行为特性。

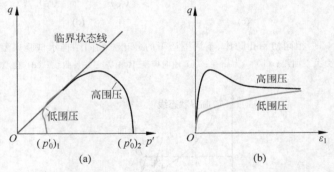

图 5.38   相同初始孔隙比、不同围压下的砂土三轴固结不排水试验典型结果
(a)应力路径;(b)轴向应变-偏应力关系曲线

不排水剪切试验中土体状态在 $e\text{-}p'$ 平面内的路径趋势如图 5.39 所示。由于是不排水条件,剪切过程中土体孔隙比不变化,所以初始状态位于松面的砂土(如图中的 C、D 点)在剪切过程中向左移动,表现出剪缩的行为特性(孔隙水压力增大),而初始状态位于紧面的砂土(如图中的 A、B 点)总体向右移动,表现出剪胀的行为特性(孔隙水压力减小),它们最终都趋近临界状态线。

3. 砂土的抗剪强度指标

由于砂土的透水性强,在实际工程中大多相当于固结排水的情况,因此砂土的内摩擦角一般是通过固结排水试验来确定。根据试验的结果,可以绘制出峰值状态和临界状态的应力圆,从而计算出相应的内摩擦角 φ_p' 和 φ_{cs}',如图 5.40 所示。表 5.7 给出了几种砂土的 φ_{cs}' 和中密、密实状态下的 φ_p' 参考值,在无试验资料时可供初步设计参考选用。

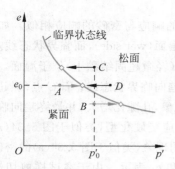

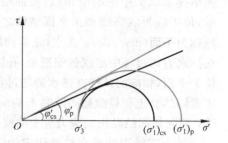

图 5.39　砂土固结不排水试验在 e-p' 平面内的路径趋势　　　　图 5.40　砂土的内摩擦角

表 5.7　砂土的内摩擦角参考值

土　类	$\varphi'_{cs}/(°)$	$\varphi'_{p}/(°)$	
		中密	密实
均匀细砂到中砂	26～30	30～34	32～36
级配良好的砂	30～34	34～40	38～46
砾砂	32～36	36～42	40～48

5.5.5　常规三轴压缩试验中黏土的剪切性状（Shear Behavior of Clay in Conventional Triaxial Compression Tests）

　　影响黏土剪切性状最重要的因素是固结度。天然黏土在应力历史和结构上较为复杂，室内试验一般以重塑土为对象，通过控制试样固结过程中围压的变化得到不同固结度的试样。如图 5.41 所示，位于 A 点的试样只经历过加载，而没有经历过卸载，因而是正常固结试样。B、C 点的试样都是由 A 点的试样经过卸载得到的，当前所受到的围压小于历史上曾经受到过的最大围压，因而是超固结试样，其中 B 点为轻微超固结试样，C 点为强超固结试样。对处于 A、B 和 C 点的试样分别进行三轴剪切试验，则可由试验结果看出固结度对黏土剪切性状和强度的影响。

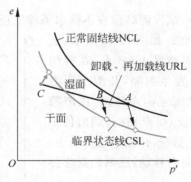

图 5.41　黏土固结排水试验在 e-p' 平面内的路径趋势

1. 固结排水试验（CD 试验）

黏土试样固结后进行排水剪切，正常固结黏土和轻微超固结黏土试样的响应与松砂在固结排水试验中的响应相似，而强超固结黏土试样的响应与密砂的响应相似。如图 5.41 所示，位于临界状态线和正常固结线之间的区域称为**湿面**（wet side），而临界状态线左下方的区域称为**干面**（dry side）。A 点（正常固结黏土）和 B 点（轻微超固结黏土）位于湿面，相应的试样在排水剪切过程中出现剪缩现象，孔隙比减小，最终趋向临界状态线；而 C 点（强超固结黏土）位于干面，相应的试样在排水剪切过程中出现剪胀现象，孔隙比增大，并最终趋向临界状态线。正常固结黏土和轻微超固结黏土的应力应变曲线属应变硬化型，类似于图 5.34（a）的松砂曲线；而强超固结黏土的应力应变曲线存在应变软化的现象，类似于图 5.34（a）的密砂曲线。

黏土三轴固结排水试验测定的强度指标用 φ_d 和 c_d 表示。由于在试样剪切过程中允许试样排水，超静孔压充分消散，外部施加的总应力即为土体的有效应力，因此固结排水强度指标就是有效应力指标，即 $\varphi_d = \varphi'$，$c_d = c'$。如图 5.42（a）所示，正常固结黏土的强度包络线通过原点，这是由于固结压力为零的正常固结黏土在历史上从没有经历过压力的作用，其土样为泥浆状，抗剪强度应等于零；而超固结黏土在固结压力为零时的抗剪强度并不等于零，其强度包络线在纵坐标轴上的截距为黏聚力，如图 5.42（b）所示。从天然土层中取出的黏土，其在现场已经在某一压力（即先期固结压力）作用下固结，当三轴试验的固结压力小于先期固结压力时，试样为超固结试样，因而强度包络线不过原点，黏聚力大于零。

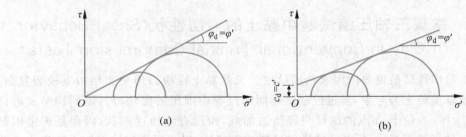

图 5.42　固结排水试验黏土的强度包络线
（a）正常固结黏土；（b）超固结黏土

2. 固结不排水试验（CU 试验）

在三轴固结不排水试验中，试样固结后在不排水条件下进行剪切，剪切过程中体积不发生变化，但孔隙水压力发生改变。如图 5.43 所示，正常固结黏土（A 点）和轻微超固结黏土（B 点）在剪切前位于湿面，在剪切过程中将发生剪缩，孔隙水压力增大，平均有效正应力减小，状态点向左移动，逐渐趋近临界状态线；而强超固结黏土（C 点）在剪切前位于干面，在剪切过程中总体上发生剪胀，孔隙水压力减小，平均有效正应力增大，状态点向右移动，逐渐趋近临界状态线。

图 5.44 为正常固结黏土和强超固结黏土三轴固结不排水试验的典型结果。从图中可以看出，正常固结黏土由于存在剪缩的趋势，在剪切的过程中孔隙水压力不断增大，从而导致平均有效正应力 p' 不断降

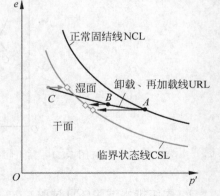

图 5.43　黏土固结不排水试验在 e-p' 平面内的路径趋势

低,土体应力状态向左移动;强超固结黏土先是剪缩,孔隙水压力增大,之后转为剪胀,孔隙水压力开始减小,同时平均有效正应力 p' 和偏应力 q 不断增大,土体应力状态向右上方移动,在 p'-q 平面内的应力路径先是越过临界状态线,后又回到临界状态线。正常固结黏土和强超固结黏土的应力应变曲线均属应变硬化型,如图 5.44(b)所示。

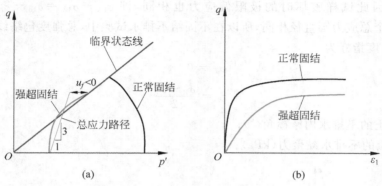

图 5.44 黏土三轴固结不排水试验典型结果

(a) 应力路径;(b) 轴向应变-偏应力关系曲线

黏土三轴固结不排水试验测定的总应力强度指标用 φ_{cu} 和 c_{cu} 表示。由于在试样剪切过程中不允许试样排水,孔隙水压力不能消散,即 $u \neq 0$。对于正常固结黏土,在剪切过程中发生剪缩,破坏时 $u_f > 0$,所以试样破坏时有效应力圆在总应力圆的左侧,如图 5.45(a)所示。如前所述,正常固结黏土的强度包络线通过原点,因此由应力圆可以确定出 $\varphi_{cu} < \varphi'$。对于超固结黏土,当三轴试验的固结压力略小于先期固结压力时,试样处于轻微超固结状态,在剪切过程中试样发生剪缩,破坏时有效应力圆在总应力圆的左侧,如图 5.45(b)所示;而当三轴试验的固结压力远小于先期固结压力时,试样处于强超固结状态,在剪切过程中发生剪胀,试样破坏时有效应力圆在总应力圆的右侧。由图 5.45(b)可以得出超固结黏土的总应力强度指标和有效应力强度指标的关系为:$\varphi_{cu} < \varphi'$,$c_{cu} > c'$。

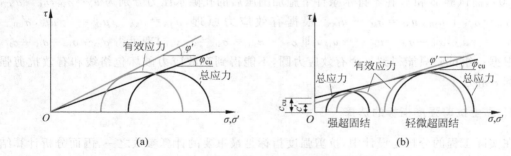

图 5.45 固结不排水试验黏土的强度包络线

(a) 正常固结黏土;(b) 超固结黏土

3. 不固结不排水试验(UU 试验)

不固结不排水试验是指在整个试验过程中(包括施加围压和轴向偏应力阶段)都不允许试样排水。由于是不排水条件,对于饱和土样不管施加的围压 σ_3 有多大,都仅能引起试样内孔隙水压力的等量增加(饱和土的孔隙压力系数 B 等于 1),而不会改变试样的固结状态。

如前所述,如果饱和黏土从未固结过,将处于一种泥浆状态,抗剪强度也几乎为零,因此不固结不排水试验的试样一般是从天然土层中取出,其在现场在某一压力下已经固结,而在三轴试验中不再施加固结压力,保持原有状态。因此,对于图 5.46 中所示的 3 个试验,虽然施加的围压不同,分别为 σ_{3A}、σ_{3B} 和 σ_{3C},但试样在剪切前的孔隙比相同,且在不排水剪切过程中始终保持不变,因此试样破坏时的极限偏应力也相同,即 $\sigma_{1A} - \sigma_{3A} = \sigma_{1B} - \sigma_{3B} = \sigma_{1C} - \sigma_{3C}$。图 5.46 中 3 个总应力圆直径相同,所以在不固结不排水试验中,总强度包络线为一水平线,总应力抗剪强度指标为

$$\varphi_u = 0 \tag{5.58}$$

$$c_u = \frac{\sigma_1 - \sigma_3}{2} \tag{5.59}$$

式中,φ_u——土的不排水内摩擦角(°);

c_u——土的不排水黏聚力(kPa)。

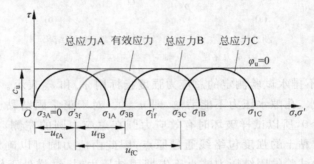

图 5.46   不固结不排水试验黏土的强度包络线

不排水黏聚力 c_u 为总应力圆的半径,所以其在数值等于不排水抗剪强度 s_u。如果在试验中分别测量试样破坏时的孔隙水压力 u_{fA}、u_{fB} 和 u_{fC},则可得到试样破坏时的有效应力圆。实际上,由于不同的试验在剪切阶段产生的超静孔压相同,都等于试验 A 的超静孔压的 u_{fA}($u_{fA} < 0$),而试验 B 和 C 在不排水条件下施加围压后的孔隙水压力分别为 $u_B = \sigma_{3B}$,$u_C = \sigma_{3C}$,故有 $u_{fB} = \sigma_{3B} + u_{fA}$,$u_{fC} = \sigma_{3C} + u_{fA}$。根据有效应力原理,$\sigma'_{3A} = \sigma_{3A} - u_{fA} = -u_{fA}$,$\sigma'_{3B} = \sigma_{3B} - u_{fB} = -u_{fA}$,$\sigma'_{3C} = \sigma_{3C} - u_{fC} = -u_{fA}$,即 $\sigma'_{3A} = \sigma'_{3B} = \sigma'_{3C} = \sigma'_{3f}$;同理可得 $\sigma'_{1A} = \sigma'_{1B} = \sigma'_{1C} = \sigma'_{1f}$。所以根据一组试验只能得到一个有效应力圆,不能得到有效应力破坏包络线和有效抗剪强度指标 c' 和 φ'。

4. 黏土抗剪强度指标的选择

在实际工程的分析与设计中,抗剪强度指标是最重要的计算参数之一,因而分析计算结果的可靠性在很大程度上取决于对抗剪强度试验方法和抗剪强度指标的正确选择。分析方法可分为采用有效应力强度指标的**有效应力分析法**和采用总应力强度指标的**总应力分析法**。如前所述,有效应力强度指标是土体的内在参数,对于同一种土,c' 和 φ' 的值理论上与试验方法无关,因而当土体内的孔隙水压力能通过计算或其他方法确定时,应当采用有效应力分析法。总应力强度指标与试验的条件有关,当试验方法不同时,测得的值有较大的差异,所以采用总应力分析法时,应根据现场的地基土的性质和实际加载情况选择合适的试验方法确定总应力强度指标。

[例题 5.6] 对某一正常固结饱和黏土进行固结不排水试验,固结围压为 300kPa,试样剪切破坏时的轴向偏应力 $q_f = 265$kPa,孔隙水压力 $u_f = 86$kPa,求:

(1) 该黏土的抗剪强度指标 φ' 和 φ_{cu};

(2) 试样破裂面上的法向应力 σ'_n 和剪应力 τ_f,以及破裂面与大主应力作用面的夹角;

(3) 如果试样在同样的围压下进行固结排水试验,求试样剪切破坏时的大主应力 σ_{1f}。

解:(1) 由 $\sigma_{3f} = 300$kPa,$q_f = 265$kPa 可得

$$\sigma_{1f} = \sigma_{3f} + q_f = (300 + 265)\text{kPa} = 565\text{kPa}$$

孔隙水压力 $u_f = 86$kPa,所以

$$\sigma'_{1f} = \sigma_{1f} - u_f = (565 - 86)\text{kPa} = 479\text{kPa}$$

$$\sigma'_{3f} = \sigma_{3f} - u_f = (300 - 86)\text{kPa} = 214\text{kPa}$$

$$\sin\varphi' = \frac{\dfrac{\sigma'_{1f} - \sigma'_{3f}}{2}}{\dfrac{\sigma'_{1f} + \sigma'_{3f}}{2}} = \frac{\sigma'_{1f} - \sigma'_{3f}}{\sigma'_{1f} + \sigma'_{3f}} = \frac{265}{479 + 214} = 0.38$$

解得

$$\varphi' = 22.5°$$

总应力指标

$$\sin\varphi_{cu} = \frac{\dfrac{\sigma_{1f} - \sigma_{3f}}{2}}{\dfrac{\sigma_{1f} + \sigma_{3f}}{2}} = \frac{\sigma_{1f} - \sigma_{3f}}{\sigma_{1f} + \sigma_{3f}} = \frac{265}{565 + 300} = 0.31$$

解得

$$\varphi_{cu} = 18.1°$$

(2) 土的破坏由有效应力决定,因此破裂面与大主应力作用面的夹角为

$$\alpha_{cr} = 45° + \frac{\varphi'}{2} = 45° + \frac{22.5°}{2} = 56.25°$$

作用在破裂面上的法向应力 σ'_n 和剪应力 τ_f 为

$$\sigma'_n = \frac{\sigma'_{1f} + \sigma'_{3f}}{2} - \frac{\sigma'_{1f} - \sigma'_{3f}}{2}\sin\varphi'$$

$$= \left(\frac{479 + 214}{2} - \frac{479 - 214}{2}\sin22.5°\right)\text{kPa}$$

$$= 295.8\text{kPa}$$

$$\tau_f = \frac{\sigma'_1 - \sigma'_3}{2}\cos\varphi' = \left(\frac{479 - 214}{2}\cos22.5°\right)\text{kPa} = 122.4\text{kPa}$$

(3) 有效应力抗剪强度指标不随试验方法的变化而变化,因而该试样在固结排水试验中的 $\varphi' = 22.5°$,固结排水剪切试验中孔隙水压力始终为零,所以 $\sigma'_{3f} = \sigma_{3f} = 300$kPa,$\sigma'_{1f} = \sigma_{1f}$,由极限平衡条件有

$$\sigma_{1f} = \sigma'_{1f} = \sigma'_{3f}\tan^2\left(45° + \frac{\varphi'}{2}\right) = 300\text{kPa} \times \tan^2\left(45° + \frac{22.5°}{2}\right) = 671.9\text{kPa}$$

思考题(Thinking Questions)

5.1 什么是剪胀性? 剪应力作用下土的典型性状有哪些?

5.2 法向有效应力对土的剪切性状有何影响?

5.3   什么是土的抗剪强度？土的抗剪强度由哪几部分组成？

5.4   什么是土的抗剪强度指标？它们有何物理含义？

5.5   什么是莫尔-库仑强度理论？

5.6   什么是土的极限平衡状态？如何判断土是否进入极限平衡状态？

5.7   为何土体中首先发生剪切破坏的平面不是在剪应力最大的平面？

5.8   什么是直剪试验？直剪试验有几种类型？

5.9   什么是常规三轴试验？常规三轴试验有几种类型？

5.10   孔隙压力系数 B 的大小和土的饱和度有何联系？孔隙压力系数 A 的大小和土的剪胀特性有何联系？

5.11   什么是应力路径？应力路径的表示方法有哪些？总应力路径和有效应力路径有何联系？

5.12   砂土的等向压缩曲线和黏土的等向压缩曲线有何不同？

5.13   影响砂土的剪切性状的因素主要有哪些？砂土在排水条件和不排水条件下的剪切性状有何联系？

5.14   黏土在不同固结和排水条件下的总应力强度指标和有效应力强度指标有何区别和联系？

习题（Exercises）

5.1   已知某黏土的抗剪强度指标 $c'=12\text{kPa}$，$\varphi'=20°$，对该黏土的三轴试样施加侧向应力 200kPa，轴向应力 300kPa，孔隙水压力 20kPa，则：

(1) 该试样是否破坏？

(2) 如果维持侧向应力和轴向应力不变，孔隙水压力增加到多少时试样破坏？

5.2   设地基内某点的总应力 $\sigma_1=300\text{kPa}$，$\sigma_3=200\text{kPa}$，孔隙水压力 $u=40\text{kPa}$，土的有效强度指标 $\varphi'=30°$，$c'=0$。

(1) 土体是否破坏？

(2) 如果维持 σ_1 和 u 不变，则 σ_3 变为多少时土体破坏？破坏面上的法向应力 σ'_n 和剪应力 τ 分别是多少？

5.3   表 5.8 为某松散干砂的三次直剪试验土样破坏时的数据。已知剪切盒横截面面积为 25cm²。计算试验 1 试样所受的法向应力和剪应力，以及该土样的内摩擦角，并求 F_2 和 N_3（假设三次试验测得的内摩擦角相同）。

表 5.8   直剪试验数据

试验编号	1	2	3
法向力/N	100	200	N_3
破坏时水平方向推力/N	62.5	F_2	250

5.4   某黏土试样进行固结慢剪试验，在法向应力 $\sigma'_{n1}=50\text{kPa}$ 时，测得其抗剪强度 $\tau_{f1}=26\text{kPa}$；在法向应力 $\sigma'_{n2}=100\text{kPa}$ 时，测得其抗剪强度 $\tau_{f2}=48\text{kPa}$。

（1）求该土样的抗剪强度指标 φ' 和 c' 值；

（2）如果试样的法向应力增至 $\sigma'_{n3}=200$kPa，则土样的抗剪强度为多少？

5.5 表 5.9 为对某种土在不同围压下进行三轴固结排水试验的结果，试通过最小二乘法拟合出近似 K'_f 线，并确定该土的抗剪强度指标 φ' 和 c' 值。

表 5.9 三轴试验数据

抗剪强度	试样			
	1	2	3	4
$\sigma'_3/$kPa	50	100	200	400
$q_f/$kPa	67	93	115	182

5.6 对某一正常固结饱和黏土进行固结不排水试验，固结围压为 400kPa，试样剪切破坏时的轴向偏应力 $q_f=236$kPa，孔隙水压力 $u_f=46$kPa，求：

（1）该黏土的抗剪强度指标 φ' 和 φ_{cu}；

（2）试样破坏时破裂面上的法向应力 σ'_n 和剪应力 τ_f，以及破裂面与大主应力作用面的夹角；

（3）如果试样在同样的围压下进行固结排水试验，求试样剪切破坏时的大主应力 σ_{1f}。

5.7 某砂土试样先在 100kPa 围压的作用下进行固结，然后关闭阀门，将围压增加到 200kPa，测得孔隙水压力 $u_1=100$kPa。接着进行不排水剪切试验，试样破坏时的轴向偏应力 $q_f=145$kPa，孔隙水压力 $u_2=140$kPa。

（1）该试样是否饱和？

（2）求该砂土的内摩擦角 φ'。

（3）若相同的土样在 500kPa 围压作用下固结，然后进行排水剪切试验，求破坏时的轴向应力 σ_{1f}。

5.8 用两种不同规格的十字板在某黏土同一深度处测土的抗剪强度，十字板的尺寸和测得的最大扭矩如表 5.10 所示。求该深度处土的抗剪强度 τ_{fh} 和 τ_{fv}。

表 5.10 十字板剪切试验数据

十字板	直径/mm	高度/mm	最大扭矩/N·m
A	50	50	8.82
B	75	150	52.83

5.9 对一个饱和砂土试样进行三轴固结不排水试验，固结围压为 600kPa，在不排水条件下剪切的试验数据如表 5.11 所示，则：

（1）绘制偏应力和轴向应变的关系曲线；

（2）在 $p(p')$-q 平面绘制试验的总应力和有效应力路径；

（3）确定该土的临界应力比 M_c 和临界内摩擦角 φ'_{cs}；

（4）绘制孔隙水压力系数 A 值随轴向应变变化的关系曲线。

表 5.11 三轴试验数据

轴向应变 $\varepsilon_1/\%$	0	2	4	6	8	10	12	14	16	18	20
偏应力 $q/$kPa	0	292	401	429	425	391	362	332	311	305	299
孔隙水压力 $u/$kPa	0	76	133	197	283	345	369	401	413	428	430

第 **6** 章

土的临界状态和本构模型（Concept of the Critical State and Constitutive Models of Soil）

6.1 概述（Introduction）

临界状态理论是现代土力学的基石。临界状态的概念由 Roscoe、Schofield 和 Wroth 于 1958 年提出，它把经典土力学中土的不同方面的性质（如强度和变形）有机地结合在一起，反映了土的最重要的行为特征。根据临界状态的概念，可由土体的初始状态和加载条件对黏土的行为进行预测，计算土体达到临界状态时的应力和体积变形。同时，临界状态理论为本构模型的建立提供了一个统一的框架，建立在临界状态理论框架下和弹塑性理论基础之上的原始剑桥模型和修正剑桥模型，能很好地描述黏土在加载过程中的反应和行为特性。

剑桥模型表明黏土的剪胀性只与应力比 $\eta(\eta=q/p')$ 有关，然而砂土的剪胀特性除了与应力比有关外，还与当前状态的密度和围压密切相关，因此在建立砂土本构模型时，应考虑这一本质区别。

本章主要介绍土的临界状态的概念、弹塑性理论基础、原始剑桥模型、修正剑桥模型和与状态相关的剪胀性砂土模型。

6.2 土的临界状态（Concept of the Critical State of Soil）

6.2.1 临界状态的定义（Definition of the Critical State）

临界状态的概念最早由 Roscoe、Schofield 和 Wroth 于 1958 年提出，该概念是根据三轴试验的观测结果归纳、总结并建立起来的。由土的三轴固结排水和固结不排水试验结果可知，无论土样的初始状态和经历的应力路径如何，在剪切的最终阶段，只有剪应变还持续增加，而土样所受的有效应力和体积趋于不变，这样的状态称为土的临界状态。临界状态可用如下公式表示：

$$\frac{\partial p'}{\partial \varepsilon_q} = 0, \quad \frac{\partial q}{\partial \varepsilon_q} = 0, \quad \frac{\partial \varepsilon_v}{\partial \varepsilon_q} = 0 \qquad (6.1)$$

【人物简介】

罗斯科(1914—1970)

罗斯科(Kenneth Harry Roscoe)于 1914 年 12 月出生于英国,早年在纽卡斯尔接受高中教育,后于 1934 年进入剑桥大学接受大学本科教育。大学毕业后,罗斯科随英国远征军进入法国参加"二战"。

"二战"后,罗斯科回到剑桥大学,开始从事土力学的学习、研究和教学工作,并建立了土力学实验室。罗斯科早期主要进行土的力学行为特性的研究,这后来成为剑桥学派研究的重心。罗斯科最早设计出了单剪仪(the simple shear apparatus),这是众多土力学剪切仪器的原型和基础。1958年,罗斯科等人分析和总结大量单剪和三轴试验的数据,发表了论文 *On the Yielding of Soils*,提出了土的临界状态的概念,并于 1963 年和 1968 年分别建立了原始剑桥模型和修正剑桥模型,从而创建了临界状态理论。临界状态理论被国际岩土工程界广泛认可,成为现代土力学的基石。

1970 年 4 月 10 日,罗斯科死于一起车祸。

式中,ε_v——体积应变;

　ε_q——偏应变,三轴应力状态时,$\varepsilon_q = \dfrac{2}{3}(\varepsilon_1 - \varepsilon_3)$。

如图 6.1(a)、(b)所示,在临界状态时,试样所受的偏应力 q 和平均有效正应力 p' 呈线性关系,而试样的孔隙比 e 与平均有效正应力 p' 的对数也呈线性关系,用公式可表示为

$$q = Mp' \tag{6.2}$$

$$e = e_r - \lambda \ln p' \tag{6.3}$$

式中,M——临界状态应力比,对于常规三轴压缩试验,$M = M_c$;

　e_r——e-$\ln p'$ 平面中临界状态线在 e 轴的截距,即当 $p' = 1(\ln p' = 0)$时的 e 值。

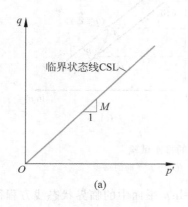

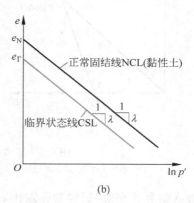

图 6.1　临界状态线

(a) p'-q 平面;(b) e-$\ln p'$ 平面

对于**黏性土**而言，$e\text{-}\ln p'$ 平面内的**临界状态线与正常固结线平行**，临界状态线在正常固结线的下方，如图 6.1(b)所示。

6.2.2　基于临界状态的黏土行为预测（Prediction of Clay Behavior Based on the Concept of the Critical State）

1. 正常固结黏土的行为预测

根据临界状态的概念，可由土体的初始状态和试验条件对黏土的行为进行预测，计算土体达到临界状态时的应力和体积变形。下面介绍如何根据临界状态的概念预测正常固结黏土在常规三轴固结排水和固结不排水试验中的行为。

（1）固结排水试验

设某黏土试样在围压 p'_0 作用下进行固结，固结后的孔隙比为 e_0，然后在排水条件下进行剪切试验，达到临界状态时，其平均有效正应力和偏应力分别为 p'_{cs} 和 q_{cs}，根据排水剪切试验的应力路径（图 6.2(a)），可得

$$\frac{q_{cs}}{p'_{cs} - p'_0} = 3 \tag{6.4}$$

而根据临界状态应力比，有

$$q_{cs} = M_c\, p'_{cs} \tag{6.5}$$

由式(6.4)和式(6.5)解得

$$p'_{cs} = \frac{3 p'_0}{3 - M_c} \tag{6.6}$$

$$q_{cs} = M_c\, p'_{cs} = \frac{3 M_c\, p'_0}{3 - M_c} \tag{6.7}$$

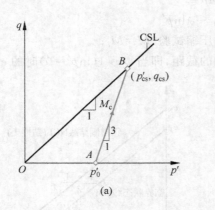
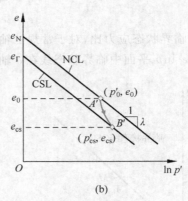

图 6.2　正常固结黏土的排水试验

(a) 在 $p'\text{-}q$ 平面的应力路径；(b) 在 $e\text{-}\ln p'$ 平面的路径

由于进入临界状态时，试样的孔隙比 e_{cs} 可由 $e\text{-}\ln p'$ 平面中的临界状态线方程得到，即

$$e_{cs} = e_\Gamma - \lambda \ln p'_{cs} = e_\Gamma - \lambda \ln \frac{3 p'_0}{3 - M_c} \tag{6.8}$$

从而可计算得到排水剪切过程产生的体积应变为

$$\varepsilon_v = \frac{-\Delta e}{1 + e_0} = \frac{e_0 - e_{cs}}{1 + e_0} \tag{6.9}$$

[例题 6.1] 某黏土试样,进行常规三轴固结排水剪切试验,已知该土的参数 $\varphi'_{cs} = 20°$, $\lambda = 0.25$, $e_N = 2.76$, $e_\Gamma = 2.6$。若试样为正常固结且固结压力 $p'_0 = 300\text{kPa}$,计算试样进入临界状态时的偏应力 q_{cs}、孔隙比 e_{cs} 和剪切过程产生的体积应变 ε_v。

解:由式(5.54)可得

$$M_c = \frac{6\sin\varphi'_{cs}}{3 - \sin\varphi'_{cs}} = \frac{6 \times \sin 20°}{3 - \sin 20°} = 0.77$$

试样进入临界状态时:

$$p'_{cs} = \frac{3p'_0}{3 - M_c} = \frac{3 \times 300}{3 - 0.77}\text{kPa} = 403.6\text{kPa}$$

$$q_{cs} = \frac{3M_c p'_0}{3 - M_c} = \frac{3 \times 0.77 \times 300}{3 - 0.77}\text{kPa} = 310.8\text{kPa}$$

或

$$q_{cs} = M_c p'_{cs} = 0.77 \times 403.6\text{kPa} = 310.8\text{kPa}$$

由于是正常固结土,固结后土的孔隙比为

$$e_0 = e_N - \lambda\ln p'_0 = 2.76 - 0.25 \times \ln 300 = 1.33$$

试样进入临界状态时的孔隙比为

$$e_{cs} = e_\Gamma - \lambda\ln p'_{cs} = 2.6 - 0.25 \times \ln 403.6 = 1.10$$

剪切过程的体积应变为

$$\varepsilon_v = \frac{-\Delta e}{1 + e_0} = \frac{e_0 - e_{cs}}{1 + e_0} = \frac{1.33 - 1.10}{1 + 1.33} \times 100\% = 9.9\%$$

(2) 固结不排水试验

设某黏土试样在围压 p'_0 作用下进行固结,固结后的孔隙比为 e_0,然后在不排水条件下进行剪切试验。由于剪切过程不排水,试样的体积和孔隙比不变化,即 $\Delta V = 0$ 和 $\Delta e = 0$,因此由图 6.3(b)可得

$$e_{cs} = e_0 = e_\Gamma - \lambda\ln p'_{cs} \tag{6.10}$$

整理上式,可得

$$p'_{cs} = e^{\frac{e_\Gamma - e_0}{\lambda}} \tag{6.11}$$

由于 $q_{cs} = M_c p'_{cs}$,所以

$$q_{cs} = M_c e^{\frac{e_\Gamma - e_0}{\lambda}} \tag{6.12}$$

土的不排水抗剪强度 s_u 为破坏时偏应力 q_{cs} 的一半,因此

$$s_u = \frac{M_c}{2} e^{\frac{e_\Gamma - e_0}{\lambda}} \tag{6.13}$$

对于同一种正常固结黏土,M_c、e_Γ 和 λ 是常数,因此**孔隙比是决定其不排水抗剪强度的唯一变量**。

根据图 6.3(a)中剪切阶段的总应力路径,有

$$\frac{q_{cs}}{p_{cs} - p'_0} = 3 \tag{6.14}$$

由上式解得进入临界状态时的总平均正应力为

$$p_{cs} = p_0' + \frac{q_{cs}}{3} \tag{6.15}$$

由于 $q_{cs} = M_c p_{cs}'$，因此进入临界状态时的平均有效正应力为

$$p_{cs}' = \frac{q_{cs}}{M_c} \tag{6.16}$$

由式(6.15)和式(6.16)可得进入临界状态时的孔隙水压力 u_{cs} 为

$$u_{cs} = p_{cs} - p_{cs}' = p_0' + \frac{q_{cs}}{3} - \frac{q_{cs}}{M_c} \tag{6.17}$$

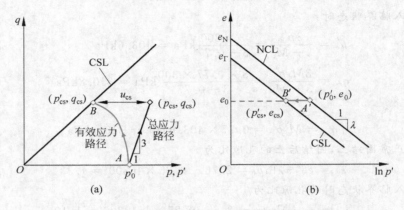

图 6.3　正常固结黏土的不排水试验
(a) 在 p'-q 平面的应力路径；(b) 在 e-$\ln p'$ 平面的路径

[**例题 6.2**]　已知某黏土的参数 $M_c = 0.90, \lambda = 0.28, e_N = 2.63, e_\Gamma = 2.48, G_s = 2.65$，若有该黏土的 A、B 两个试样，在不同的围压作用下正常固结后的含水率分别为 $w_A = 35.9\%$ 和 $w_B = 39\%$。问固结后对 A、B 两个试样分别进行不排水剪切试验测得的不排水抗剪强度 s_u 分别为多少？进入临界状态时的孔隙水压力 u_{cs} 又分别为多少？

解:　由 $e = wG_s$ 得到土样固结后的孔隙比为

$$e_{0A} = w_A G_s = 35.9\% \times 2.65 = 0.952$$

$$e_{0B} = w_B G_s = 39\% \times 2.65 = 1.033$$

由式(6.13)得到土样的不排水抗剪强度为

$$s_{uA} = \frac{M_c}{2} e^{\frac{e_\Gamma - e_{0A}}{\lambda}} = \left(\frac{0.90}{2} \times e^{\frac{2.48-0.952}{0.28}} \right) kPa = 105.5 kPa$$

$$s_{uB} = \frac{M_c}{2} e^{\frac{e_\Gamma - e_{0B}}{\lambda}} = \left(\frac{0.90}{2} \times e^{\frac{2.48-1.033}{0.28}} \right) kPa = 79.0 kPa$$

根据 $e_0 = e_N - \lambda \ln p_0'$ 得到土样的固结压力 $p_0' = e^{\frac{e_N - e_0}{\lambda}}$，所以

$$p_{0A}' = e^{\frac{e_N - e_{0A}}{\lambda}} = e^{\frac{2.63-0.952}{0.28}} kPa = 400 kPa$$

$$p_{0B}' = e^{\frac{e_N - e_{0B}}{\lambda}} = e^{\frac{2.63-1.033}{0.28}} kPa = 300 kPa$$

进入临界状态时的孔隙水压力 u_{cs} 分别为

$$(u_{cs})_A = p_{0A}' + \frac{(q_{cs})_A}{3} - \frac{(q_{cs})_A}{M_c} = \left(400 + \frac{2 \times 105.5}{3} - \frac{2 \times 105.5}{0.9} \right) kPa = 235.9 kPa$$

$$(u_{cs})_B = p'_{0B} + \frac{(q_{cs})_B}{3} - \frac{(q_{cs})_B}{M_c} = \left(300 + \frac{2 \times 79.0}{3} - \frac{2 \times 79.0}{0.9}\right)kPa = 177.1kPa$$

根据本题的结果,试样 A 的含水率 $w_A = 35.9\%$,不排水抗剪强度 $s_{uA} = 105.5kPa$;试样 B 的含水率 $w_B = 39\%$,不排水抗剪强度 $s_{uB} = 79.0kPa$。后者的含水率比前者高了 3.1%,但后者的不排水抗剪强度比前者低了 25.1%,可见含水率对正常固结黏土不排水抗剪强度有着重大的影响。

2. 超固结黏土的行为预测

如图 6.4 所示,对于重塑土样,先将其在围压 p'_m 下固结(图 6.4(a)中 A 点),然后降低围压至 p'_0(图 6.4(a)中 B 点),此时土样处于超固结状态。如果卸载后的状态点在 $e\text{-}\ln p'$ 平面内位于正常固结线(NCL)和临界状态线(CSL)之间,如图 6.4(b)中 B' 点所示,则为轻微超固结黏土。由卸载、再加载线(URL)的方程,可得到 $B(B')$ 点的孔隙比 e_B,即

$$e_B = e_A + \kappa(\ln p'_m - \ln p'_0) \tag{6.18}$$

式中,e_A 为 $A(A')$ 点的孔隙比。

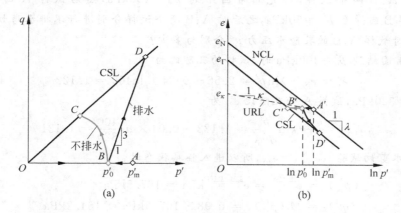

图 6.4 轻微超固结黏土

(a) 在 $p'\text{-}q$ 平面的应力路径;(b) 在 $e\text{-}\ln p'$ 平面的路径

确定 $B(B')$ 点的孔隙比后,则可根据临界状态理论预测从 $B(B')$ 点开始进行三轴排水和不排水剪切后最终达到的状态,应力路径如图 6.4 所示,计算过程与正常固结黏土类似。

如果将重塑土样先在围压 p'_m 下固结(图 6.5(a)中 A 点),然后降低围压至 p'_0(图 6.5(a)中 B 点),且卸载后的状态点在 $e\text{-}\ln p'$ 平面内位于临界状态线(CSL)左侧,如图 6.5(b)中 B' 点所示,则其为强超固结黏土。强超固结黏土的剪切行为与轻微超固结黏土有两点不同:①强超固结黏土在剪切过程出现明显的剪胀行为。在排水条件下剪切时,体积(孔隙比)先是轻微的减小,然后出现明显的增大,如图 6.5(b)中路径 $B'D'$ 所示。在不排水条件下剪切时,孔隙水压力先增大后减小,最终超静孔压为负值,如图 6.5(a)中路径 BC 所示;②强超固结黏土在排水剪切过程中会出现软化的现象,即偏应力 q 达到峰值后将下降,并最终到达临界状态。与轻微超固结黏土相同,也可以根据临界状态理论确定强超固结黏土在三轴排水和不排水剪切后最终达到的状态;但如果要确定峰值强度,则还需知道峰值强度的包络线,该包络线可近似为直线,称为**伏斯列夫线**(Hvorslev Line,HL),如图 6.5(a)所示。

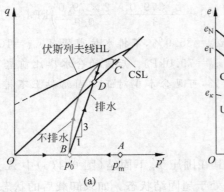
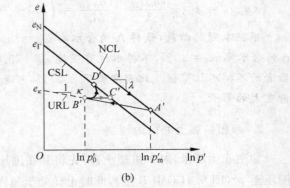

(a)   (b)

图 6.5   强超固结黏土

(a) 在 p'-q 平面的应力路径；(b) 在 e-$\ln p'$ 平面的路径

[**例题 6.3**]   已知某黏土的参数 $M_c=0.98, \lambda=0.24, \kappa=0.04, e_N=2.56, e_\Gamma=2.36$，若有该黏土的 A、B 两个试样，都先正常固结到 $p'_0=400\text{kPa}$，然后试样 A 回弹至 $p'_{0A}=320\text{kPa}$，试样 B 回弹至 $p'_{0B}=50\text{kPa}$，之后对 A、B 两个试样分别进行不排水剪切试验，则进入临界状态时试样 A、B 的孔隙水压力 u_{cs} 分别为多少？

   解：正常固结到 $p'_0=400\text{kPa}$ 时，试样的孔隙比为

$$e_0 = e_N - \lambda\ln p'_0 = 2.56 - 0.24 \times \ln400 = 1.122$$

回弹至 $p'_{0A}=320\text{kPa}$，试样 A 的孔隙比 e_{0A} 为

$$e_{0A} = e_0 + \kappa\ln\frac{p'_0}{p'_{0A}} = 1.122 + 0.04 \times \ln\frac{400}{320} = 1.131$$

由于是不排水剪切试验，$(e_{cs})_A = e_{0A}$，所以进入临界状态时：

$$(p'_{cs})_A = e^{\frac{e_\Gamma - e_{0A}}{\lambda}} = e^{\frac{2.36-1.131}{0.24}}\text{kPa} = 167.5\text{kPa}$$

$$(q_{cs})_A = M_c(p'_{cs})_A = 0.98 \times 167.5\text{kPa} = 164.2\text{kPa}$$

$$(u_{cs})_A = (p_{cs})_A - (p'_{cs})_A$$

$$= p'_{0A} + \frac{(q_{cs})_A}{3} - (p'_{cs})_A$$

$$= \left(320 + \frac{164.2}{3} - 167.5\right)\text{kPa}$$

$$= 207.2\text{kPa}$$

回弹至 $p'_{0B}=50\text{kPa}$，试样 B 的孔隙比 e_{0B} 为

$$e_{0B} = e_0 + \kappa\ln\frac{p'_0}{p'_{0B}} = 1.122 + 0.04 \times \ln\frac{400}{50} = 1.205$$

由于是不排水剪切试验，$(e_{cs})_B = e_{0B}$，所以破坏时：

$$(p'_{cs})_B = e^{\frac{e_\Gamma - e_{0B}}{\lambda}} = e^{\frac{2.36-1.205}{0.24}}\text{kPa} = 123.0\text{kPa}$$

$$(q_{cs})_B = M_c(p'_{cs})_B = 0.98 \times 123\text{kPa} = 120.5\text{kPa}$$

$$(u_{cs})_B = (p_{cs})_B - (p'_{cs})_B$$

$$= p'_{0B} + \frac{(q_{cs})_B}{3} - (p'_{cs})_B$$

$$= \left(50 + \frac{120.5}{3} - 123.0\right) \text{kPa}$$

$$= -32.8 \text{kPa}$$

试样 A 的超固结系数 $(\text{OCR})_A = p'_0/p'_{0A} = 400/320 = 1.25$，属弱超固结土，剪切时 $u_{cs} > 0$，表现出剪缩的特性；试样 B 的超固结系数 $(\text{OCR})_B = p'_0/p'_{0B} = 400/50 = 8$，属强超固结土，剪切时 $u_{cs} < 0$，表现出剪胀的特性。

6.3　弹塑性模型及塑性理论基础（Elasto-Plastic Models and Basic Concepts of Plastic Theory）

6.3.1　弹塑性模型（Elasto-Plastic Models）

根据临界状态的概念（理论），我们可以预测土体在排水条件或不排水条件下进行剪切后最终达到的状态，但不能给出在剪切过程中土体的变形情况。土是一种弹塑性材料，在加载时既会产生弹性变形，也会产生塑性变形。因此在现代土力学中，土的应力-应变关系常用弹塑性模型来模拟。在弹塑性模型中，将弹塑性变形阶段的应变分为弹性应变和塑性应变两部分，即

$$\varepsilon_{ij} = \varepsilon_{ij}^e + \varepsilon_{ij}^p \tag{6.19}$$

式中，ε_{ij}^e——弹性应变；

ε_{ij}^p——塑性应变。

由于土体的应力和应变之间的关系通常是非线性的，因而通常采用**增量的形式**来表示，即

$$d\sigma_{ij} = D_{ijkl} d\varepsilon_{kl} = D_{ijkl}(d\varepsilon_{kl}^e + d\varepsilon_{kl}^p) \tag{6.20}$$

其中 D_{ijkl} 为**弹塑性刚度矩阵**。在三轴应力空间中，应力变量为 p' 和 q，应变变量为 ε_v 和 ε_q，因此式（6.20）可表示为

$$\begin{bmatrix} dp' \\ dq \end{bmatrix} = \begin{bmatrix} D_{11} & D_{12} \\ D_{21} & D_{22} \end{bmatrix} \begin{bmatrix} d\varepsilon_v \\ d\varepsilon_q \end{bmatrix} \tag{6.21}$$

其中

$$d\varepsilon_v = d\varepsilon_v^e + d\varepsilon_v^p \tag{6.22}$$

$$d\varepsilon_q = d\varepsilon_q^e + d\varepsilon_q^p \tag{6.23}$$

若已知应力增量 dp' 和 dq，则弹性应变增量 $d\varepsilon_v^e$ 和 $d\varepsilon_q^e$ 由弹性理论求解，计算公式为

$$d\varepsilon_v^e = \frac{dp'}{K} \tag{6.24}$$

$$d\varepsilon_q^e = \frac{dq}{3G} \tag{6.25}$$

式中，K——弹性体积压缩模量（MPa）；

G——弹性剪切模量（MPa）。

由弹性力学可知

$$K = \frac{E}{3(1-2\nu)} \tag{6.26}$$

$$G = \frac{E}{2(1+\nu)} \qquad (6.27)$$

$$G = \frac{3(1-2\nu)}{2(1+\nu)} K \qquad (6.28)$$

式中，E——弹性模量；

ν——泊松比。

塑性应变增量 $\mathrm{d}\varepsilon_v^p$ 和 $\mathrm{d}\varepsilon_q^p$ 则需通过塑性理论求解。结合弹性力学计算公式和塑性理论得到的应力增量和塑性应变增量的关系可推导得到式(6.21)中的弹塑性刚度矩阵。

6.3.2   塑性理论基础（Basic Concepts of Plastic Theory）

塑性理论的三大核心要素为：①屈服准则；②流动法则；③硬化法则。 建立弹塑性模型时需分别给出相应的表达式，下面简要介绍这三方面的内容。

1. 屈服准则

屈服准则是用以判断弹塑性材料被施加应力增量后是否发生塑性变形的标准。对于单轴加载，屈服准则以屈服应力 σ_y 表示。如图 6.6(a)所示，$\sigma < \sigma_y$ 为弹性区，在该区域只会产生弹性变形；当 $\sigma = \sigma_y$ 时，材料进入屈服状态，如果应力 σ 继续增加，将同时产生弹性变形和塑性变形。土体一般处于复杂应力状态，其屈服与否与各个应力分量有关，屈服准则可用应力张量的函数来表示，即

$$f(\sigma_{ij}, H) = 0 \qquad (6.29)$$

式中，f——屈服函数；

σ_{ij}——应力张量；

H——硬化参数，一般为塑性应变的函数。

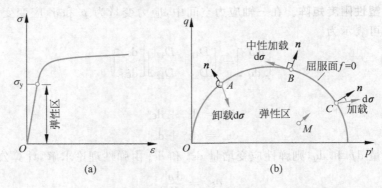

图 6.6   屈服准则

(a) 单轴加载的屈服应力；(b) 三轴应力空间的屈服面

在三轴应力空间，应力变量为 p' 和 q，因此式(6.29)可表示为

$$f(p', q, H) = 0 \qquad (6.30)$$

屈服准则在应力空间绘制出来的几何图形称为屈服面，如图 6.6(b)所示即为在三轴应力空间(p'-q 平面)的屈服面。如果当前应力状态在屈服面内(如图 6.6(b)中的点 M)，微小的应力增量产生的变形为弹性变形。如果当前应力状态在屈服面上(如图 6.6(b)中的点

A、B 和 C），对于**硬化型**的材料则分为如下三种情形：①应力增量 $d\sigma_{ij}$ 与屈服面在当前应力状态点的外法线 n_{ij}（$n_{ij} = \partial f/\partial\sigma_{ij}$）之间的夹角为钝角，即（$\partial f/\partial\sigma_{ij}$）$d\sigma_{ij} < 0$，此时为**卸载**，只产生弹性变形；②应力增量 $d\sigma_{ij}$ 与屈服面在当前应力状态点的外法线 n_{ij} 之间的夹角为直角，即（$\partial f/\partial\sigma_{ij}$）$d\sigma_{ij} = 0$，此时为**中性加载**，也只产生弹性变形；③应力增量 $d\sigma_{ij}$ 与屈服面在当前应力状态点的外法线 n_{ij} 之间的夹角为锐角，即（$\partial f/\partial\sigma_{ij}$）$d\sigma_{ij} > 0$，此时为**加载**，既产生弹性变形，也产生塑性变形。

2. 流动法则

流动法则用以确定加载过程中塑性应变增量的各个分量间的比例关系，即塑性应变空间中塑性应变增量的方向。根据塑性力学中的塑性势面理论，塑性应变增量的方向是由应力空间的塑性势面决定的，描述塑性势面的数学表达式称为塑性位势函数，即

$$g(\sigma_{ij}, H) = 0 \tag{6.31}$$

在应力空间中，任意应力点的塑性应变增量的方向必与通过该点的塑性势面垂直，所以流动法则也称为正交流动法则，该法则实际上是假定在应力空间中一点的塑性应变增量的方向只与该点的应力状态有关，而与施加的应力增量的方向无关，即

$$d\varepsilon_{ij}^{p} = dL \frac{\partial g}{\partial\sigma_{ij}} \tag{6.32}$$

式中，dL——加载比例系数。

当假定塑性位势函数与屈服函数相同时，即 $g = f$，相应的流动法则称为**相关联流动法则**（the associate flow rule）；如果 $g \neq f$，则称为**非相关联流动法则**（the nonassociate flow rule）。采用相关联流动法则时，任意应力点的塑性应变增量的方向与通过该点的屈服面垂直，如图 6.7(a)所示；而采用非相关联流动法则时，塑性应变增量的方向与通过该点的屈服面不垂直，如图 6.7(b)所示。本章将要介绍的剑桥黏土模型，包括原始剑桥模型和修正剑桥模型，均采用相关联流动法则；而与状态相关的剪胀性砂土本构模型虽然没有给出塑性势面的函数表达式，实际上采用的是非相关联流动法则。

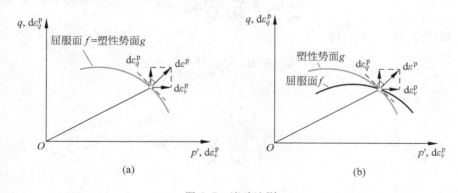

图 6.7　流动法则

(a) 相关联流动法则；(b) 非相关联流动法则

3. 硬化法则

在单向加载条件下，材料进入屈服状态后，如果应力继续增加，材料在产生塑性变形的

同时,其内部状态将发生改变,对于应变硬化型的材料,其屈服应力 σ_y 将提高,如图 6.8(a) 所示。同样,对于复杂应力作用下的应变硬化型土体,当其位于屈服面上继续沿加载方向施 加应力增量 $\mathrm{d}\sigma_{ij}$ 时,在产生塑性变形的同时,屈服面将向外扩展,形成新的屈服面,如图 6.8(b) 所示。在新屈服面上的应力 $(\sigma_{ij}+\mathrm{d}\sigma_{ij})$ 和硬化参数 $(H+\mathrm{d}H)$ 同样要满足式(6.29)所示的屈 服函数,即

$$f(\sigma_{ij}+\mathrm{d}\sigma_{ij},H+\mathrm{d}H)=0 \tag{6.33}$$

由上式得

$$f(\sigma_{ij}+\mathrm{d}\sigma_{ij},H+\mathrm{d}H)=f(\sigma_{ij},H)+\frac{\partial f}{\partial \sigma_{ij}}\mathrm{d}\sigma_{ij}+\frac{\partial f}{\partial H}\mathrm{d}H=0 \tag{6.34}$$

而 $f(\sigma_{ij},H)=0$,所以有

$$\mathrm{d}f=\frac{\partial f}{\partial \sigma_{ij}}\mathrm{d}\sigma_{ij}+\frac{\partial f}{\partial H}\mathrm{d}H=0 \tag{6.35}$$

上式称为**一致性条件**(the condition of consistency)。

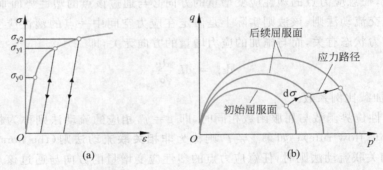

图 6.8　硬化法则
(a) 单轴加载的屈服应力;(b) 三轴应力空间的屈服面

若以塑性应变为硬化参数,即 $H=H(\varepsilon_{ij}^{\mathrm{p}})$,则由式(6.35)可得

$$\frac{\partial f}{\partial \sigma_{ij}}\mathrm{d}\sigma_{ij}+\frac{\partial f}{\partial H}\frac{\partial H}{\partial \varepsilon_{ij}^{\mathrm{p}}}\mathrm{d}\varepsilon_{ij}^{\mathrm{p}}=0 \tag{6.36}$$

将式(6.32)代入式(6.36),得

$$\frac{\partial f}{\partial \sigma_{ij}}\mathrm{d}\sigma_{ij}+\mathrm{d}L\frac{\partial f}{\partial H}\frac{\partial H}{\partial \varepsilon_{ij}^{\mathrm{p}}}\frac{\partial g}{\partial \sigma_{ij}}=0 \tag{6.37}$$

解得

$$\mathrm{d}L=-\frac{\dfrac{\partial f}{\partial \sigma_{ij}}\mathrm{d}\sigma_{ij}}{\dfrac{\partial f}{\partial H}\dfrac{\partial H}{\partial \varepsilon_{ij}^{\mathrm{p}}}\dfrac{\partial g}{\partial \sigma_{ij}}}=\frac{\dfrac{\partial f}{\partial \sigma_{ij}}\mathrm{d}\sigma_{ij}}{K_{\mathrm{p}}} \tag{6.38}$$

其中

$$K_{\mathrm{p}}=-\frac{\partial f}{\partial H}\frac{\partial H}{\partial \varepsilon_{ij}^{\mathrm{p}}}\frac{\partial g}{\partial \sigma_{ij}} \tag{6.39}$$

K_{p} 称为**塑性模量**(单位:MPa)。

由式(6.38)和式(6.32)可知,**结合硬化法则和流动法则,可计算出由给定的应力增量所 引起的塑性应变增量各分量的大小**。

6.4 剑桥黏土模型(Cam-Clay Models)

6.4.1 原始剑桥黏土模型(The Original Cam-Clay Model)

原始剑桥模型由 Roscoe、Schofield 和 Thurairajah 于 1963 年提出。原始剑桥模型有如下基本假定:①所有偏应变 ε_q 都是不可恢复的,即 $d\varepsilon_q^e = 0$,$d\varepsilon_q = d\varepsilon_q^p$;②塑性功增量为 $dW^p = Mp'd\varepsilon_q^p$;③模型遵循相关联流动法则,即塑性势函数与屈服函数一致。

1. 原始剑桥模型的屈服函数

原始剑桥模型首先通过能量方程推导屈服函数。设单位体积土体在 p' 和 q 状态下施加有微小应力增量 dp' 和 dq,产生的应变增量为 $d\varepsilon_v$ 和 $d\varepsilon_q$,则在这一过程中外力对单位体积土体做的功为

$$dW = p'd\varepsilon_v + qd\varepsilon_q \tag{6.40}$$

而 $d\varepsilon_v = d\varepsilon_v^e + d\varepsilon_v^p$,$d\varepsilon_q = d\varepsilon_q^e + d\varepsilon_q^p$,$dW$ 可分解为弹性部分 dW^e 和塑性部分 dW^p 之和,即

$$dW = dW^e + dW^p \tag{6.41}$$

其中弹性部分为

$$dW^e = p'd\varepsilon_v^e + qd\varepsilon_q^e \tag{6.42}$$

由于假定 $d\varepsilon_q^e = 0$,所以式(6.42)即为

$$dW^e = p'd\varepsilon_v^e \tag{6.43}$$

由于原始剑桥模型假定塑性功增量为

$$dW^p = Mp'd\varepsilon_q^p \tag{6.44}$$

因此

$$dW = dW^e + dW^p = p'd\varepsilon_v^e + Mp'd\varepsilon_q^p \tag{6.45}$$

联立式(6.40)和式(6.45),得

$$p'd\varepsilon_v + qd\varepsilon_q = p'd\varepsilon_v^e + Mp'd\varepsilon_q^p \tag{6.46}$$

根据 $d\varepsilon_q = d\varepsilon_q^p$ 并整理式(6.46),得

$$d = \frac{d\varepsilon_v^p}{d\varepsilon_q^p} = M - \frac{q}{p'} = M - \eta \tag{6.47}$$

式中,d——剪胀系数,$d = d\varepsilon_v^p / d\varepsilon_q^p$;

η——应力比,$\eta = q/p'$。

式(6.47)描述了剪胀系数与应力比之间的关系,也称为**剪胀方程**。如图 6.9 所示,$d = d\varepsilon_v^p / d\varepsilon_q^p$ 实际上表示了塑性应变增量的方向,**根据相关联流动法则**,在应力空间中塑性应变增量向量必和屈服面正交,因此有

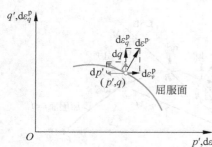

图 6.9 塑性应变增量与屈服面的正交性

$$(dp' \quad dq) \cdot \begin{bmatrix} d\varepsilon_v^p \\ d\varepsilon_q^p \end{bmatrix} = 0 \tag{6.48}$$

即

$$d p' d\varepsilon_v^p + d q d\varepsilon_q^p = 0 \tag{6.49}$$

式(6.49)可变换为

$$\frac{d q}{d p'} = -\frac{d\varepsilon_v^p}{d\varepsilon_q^p} \tag{6.50}$$

将式(6.47)代入式(6.50),得

$$\frac{d q}{d p'} = \eta - M \tag{6.51}$$

式(6.51)即为求解屈服函数的常微分方程。由 $\eta = q/p'$ 可得 $q = \eta p'$,微分得 $d q = \eta d p' + p' d\eta$,将其代入式(6.51),得

$$\eta d p' + p' d\eta = \eta d p' - M d p' \tag{6.52}$$

整理得

$$d\eta + \frac{M}{p'} d p' = 0 \tag{6.53}$$

对式(6.53)积分,得

$$\int d\eta + M \int \frac{d p'}{p'} = C \tag{6.54}$$

即

$$\eta + M \ln p' - C = 0 \tag{6.55}$$

或

$$\frac{q}{p'} + M \ln p' - C = 0 \tag{6.56}$$

在上式中,C 为积分常数,可由边界条件确定。设当 $q = 0$ 时,$p' = p_0'$,并代入式(6.56)可得

$$C = M \ln p_0' \tag{6.57}$$

将式(6.57)代入式(6.56)后,得

$$f(p', q, H) = \frac{q}{p'} + M \ln \frac{p'}{p_0'} = 0 \tag{6.58}$$

式(6.58)即为原始剑桥模型的屈服函数,在该函数中 M 为材料常数,p' 和 q 为应力变量,p_0' 数值的大小决定了屈服面的大小,如图6.10(a)所示。如图6.10(b)所示,在 p'-q 平面的临界状态线(CSL)通过屈服面的最高点,当 $\eta < M$ 时,$d\varepsilon_v^p > 0$,土表现出剪缩的特性;当 $\eta > M$ 时,$d\varepsilon_v^p < 0$,土表现出剪胀的特性;而当 $\eta = M$ 时,$d\varepsilon_v^p = 0$,土进入临界状态。

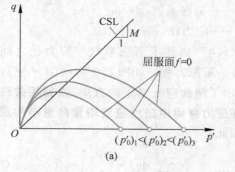
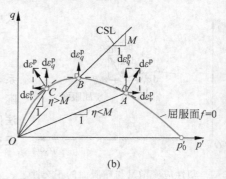

图 6.10 原始剑桥模型的屈服面

(a) p_0' 与屈服面的大小;(b) η 与剪胀特性

2. 原始剑桥模型的硬化参数

原始剑桥模型以塑性体积应变 ε_v^p 为硬化参数，其与屈服函数中 p_0' 的关系可由土的等向压缩试验结果推导得到。如图 6.11 所示，由正常固结线（NCL）可得

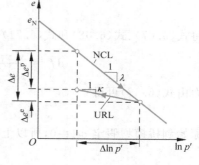

$$\Delta e = -\lambda \Delta \ln p' \tag{6.59}$$

而由卸载再加载线（URL）可得

$$\Delta e^e = -\kappa \Delta \ln p' \tag{6.60}$$

由式（6.59）得

$$de = -\lambda d\ln p' = -\lambda \frac{dp'}{p'} \tag{6.61}$$

图 6.11　黏土的弹性和塑性体积变形

由式（6.60）得

$$de^e = -\kappa d\ln p' = -\kappa \frac{dp'}{p'} \tag{6.62}$$

以上两式相减可得

$$de^p = de - de^e = -(\lambda - \kappa) \frac{dp'}{p'} \tag{6.63}$$

根据体积应变的定义并将上式代入，有

$$d\varepsilon_v^p = -\frac{de^p}{1 + e_0} = \frac{\lambda - \kappa}{1 + e_0} \frac{dp'}{p'} \tag{6.64}$$

式中，e_0 是初始孔隙比。因为只有当前应力状态位于屈服面上时，应力增量才能产生塑性应变增量，此时 $p' = p_0'$，所以上式为

$$d\varepsilon_v^p = \frac{\lambda - \kappa}{1 + e_0} \frac{dp_0'}{p_0'} \tag{6.65}$$

3. 原始剑桥模型的弹塑性刚度矩阵

由于原始剑桥模型以 ε_v^p 为硬化参数，屈服函数可写成 $f(p, q, \varepsilon_v^p) = 0$，根据一致性条件有

$$df = \frac{\partial f}{\partial p'} dp' + \frac{\partial f}{\partial q} dq + \frac{\partial f}{\partial \varepsilon_v^p} d\varepsilon_v^p = 0 \tag{6.66}$$

其中

$$\frac{\partial f}{\partial p'} = \frac{\partial (q/p' + M\ln p' - M\ln p_0')}{\partial p'} = -\frac{q}{p'^2} + \frac{M}{p'} = \frac{M - \eta}{p'} \tag{6.67}$$

$$\frac{\partial f}{\partial q} = \frac{\partial (q/p' + M\ln p' - M\ln p_0')}{\partial q} = \frac{1}{p'} \tag{6.68}$$

$$\frac{\partial f}{\partial \varepsilon_v^p} = \frac{\partial f}{\partial p_0'} \frac{\partial p_0'}{\partial \varepsilon_v^p} = \frac{\partial (q/p' + M\ln p' - M\ln p_0')}{\partial p_0'} \frac{\partial p_0'}{\partial \varepsilon_v^p} = -\frac{M}{p_0'} \frac{dp_0'}{d\varepsilon_v^p} \tag{6.69}$$

而由式（6.65）可得

$$\frac{dp_0'}{d\varepsilon_v^p} = \frac{p_0'(1 + e_0)}{\lambda - \kappa} \tag{6.70}$$

将式（6.70）代入式（6.69），得

$$\frac{\partial f}{\partial \varepsilon_v^p} = -\frac{M(1+e_0)}{\lambda-\kappa} \tag{6.71}$$

将式(6.67)、式(6.68)和式(6.71)代入式(6.66),得

$$\mathrm{d}f = \frac{M-\eta}{p'}\mathrm{d}p' + \frac{1}{p'}\mathrm{d}q - \frac{M(1+e_0)}{\lambda-\kappa}\mathrm{d}\varepsilon_v^p = 0 \tag{6.72}$$

而由式(6.47)可得

$$\mathrm{d}\varepsilon_v^p = (M-\eta)\mathrm{d}\varepsilon_q^p \tag{6.73}$$

原始剑桥模型假定 $\mathrm{d}\varepsilon_q^e = 0$,所以上式即为

$$\mathrm{d}\varepsilon_v^p = (M-\eta)\mathrm{d}\varepsilon_q \tag{6.74}$$

由弹性理论并将式(6.74)代入,有

$$\mathrm{d}p' = K\mathrm{d}\varepsilon_v^e = K(\mathrm{d}\varepsilon_v - \mathrm{d}\varepsilon_v^p) = K\mathrm{d}\varepsilon_v - K(M-\eta)\mathrm{d}\varepsilon_q \tag{6.75}$$

由式(6.72)有

$$\mathrm{d}q = \frac{Mp'(1+e_0)}{\lambda-\kappa}\mathrm{d}\varepsilon_v^p - (M-\eta)\mathrm{d}p' \tag{6.76}$$

将式(6.74)和式(6.75)代入式(6.76)得

$$\begin{aligned}
\mathrm{d}q &= \frac{Mp'(1+e_0)(M-\eta)\mathrm{d}\varepsilon_q}{\lambda-\kappa} - K(M-\eta)\mathrm{d}\varepsilon_v + K(M-\eta)^2\mathrm{d}\varepsilon_q \\
&= \left[\frac{Mp'(1+e_0)(M-\eta)}{\lambda-\kappa} + K(M-\eta)^2\right]\mathrm{d}\varepsilon_q - K(M-\eta)\mathrm{d}\varepsilon_v
\end{aligned} \tag{6.77}$$

式(6.75)和式(6.77)可写成

$$\begin{bmatrix} \mathrm{d}p' \\ \mathrm{d}q \end{bmatrix} = \begin{bmatrix} K & -K(M-\eta) \\ -K(M-\eta) & \dfrac{Mp'(1+e_0)(M-\eta)}{\lambda-\kappa} + K(M-\eta)^2 \end{bmatrix} \begin{bmatrix} \mathrm{d}\varepsilon_v \\ \mathrm{d}\varepsilon_q \end{bmatrix} \tag{6.78}$$

而由应变的定义和式(6.62)可得

$$\mathrm{d}\varepsilon_v^e = -\frac{\mathrm{d}e^e}{1+e_0} = \frac{\kappa}{1+e_0}\frac{\mathrm{d}p'}{p'} \tag{6.79}$$

而 $\mathrm{d}p' = K\mathrm{d}\varepsilon_v^e$,因此有

$$K = \frac{1+e_0}{\kappa}p' \tag{6.80}$$

将式(6.80)代入式(6.78)得

$$\begin{bmatrix} \mathrm{d}p' \\ \mathrm{d}q \end{bmatrix} = \frac{p'(1+e_0)}{\kappa} \begin{bmatrix} 1 & \eta-M \\ \eta-M & \dfrac{M(M-\eta)\kappa}{\lambda-\kappa} + (M-\eta)^2 \end{bmatrix} \begin{bmatrix} \mathrm{d}\varepsilon_v \\ \mathrm{d}\varepsilon_q \end{bmatrix} \tag{6.81}$$

上式右侧 2×2 矩阵即为**原始剑桥模型的弹塑性刚度矩阵**,根据式(6.81)可由应变增量计算得到应力增量。

另外,式(6.81)可变换为

$$\begin{bmatrix} \mathrm{d}\varepsilon_v \\ \mathrm{d}\varepsilon_q \end{bmatrix} = \frac{\lambda-\kappa}{M(M-\eta)p'(1+e_0)} \begin{bmatrix} \dfrac{M(M-\eta)\kappa}{\lambda-\kappa} + (M-\eta)^2 & M-\eta \\ M-\eta & 1 \end{bmatrix} \begin{bmatrix} \mathrm{d}p' \\ \mathrm{d}q \end{bmatrix} \tag{6.82}$$

上式右侧 2×2 矩阵即为**原始剑桥模型的弹塑性柔度矩阵**,根据式(6.82)可由应力增量计算得到应变增量。

从式(6.81)和式(6.82)可以看出,原始剑桥模型的刚度矩阵和柔度矩阵均为对称矩阵。

[**例题 6.4**]   已知某黏土的参数 $M_c=0.98$,$\lambda=0.24$,$\kappa=0.04$,$e_N=2.56$,若有该黏土的 A、B 两个试样,试样 A 正常固结到 $p_0'=500\text{kPa}$ 后进行不排水剪切试验,试样 B 正常固结到 $p_0'=500\text{kPa}$ 后回弹至 $p_{0B}'=100\text{kPa}$,然后进行不排水剪切试验,利用原始剑桥模型计算并绘制剪切过程中的有效应力路径及偏应力和偏应变之间的关系。

解:正常固结到 $p_0'=500\text{kPa}$ 时,试样 A 的孔隙比为

$$e_{0A}=e_N-\lambda\ln p_0'=2.56-0.24\times\ln 500=1.068$$

回弹至 $p_{0B}'=100\text{kPa}$ 时,试样 B 的孔隙比 e_{0B} 为

$$e_{0B}=e_{0A}+\kappa\ln\frac{p_0'}{p_{0B}'}=1.068+0.04\times\ln\frac{500}{100}=1.132$$

在不排水剪切试验过程中,由于 $\mathrm{d}\varepsilon_v=0$,由式(6.81)可得

$$\mathrm{d}p'=\frac{p'(1+e_0)(\eta-M)}{\kappa}\mathrm{d}\varepsilon_q \tag{6.83}$$

$$\mathrm{d}q=\frac{p'(1+e_0)}{\kappa}\left[\frac{M(M-\eta)\kappa}{\lambda-\kappa}+(M-\eta)^2\right]\mathrm{d}\varepsilon_q \tag{6.84}$$

试样 A 为正常固结黏土,从剪切开始就位于屈服面上,因此可由式(6.83)和式(6.84)计算出应力增量 $\mathrm{d}p'$ 和 $\mathrm{d}q$。以 $\mathrm{d}\varepsilon_q=0.1\%$ 为步长,分别计算每步的应力增量 $\mathrm{d}p'$ 和 $\mathrm{d}q$,更新应力变量后进入下一步计算,具体过程可通过编程或利用 Excel 表格计算实现,部分计算结果如表 6.1 所示(取更小步长或进行迭代计算可提高计算精度)。

表 6.1   试样 A 部分计算结果

步数	p'/kPa	q/kPa	$\mathrm{d}\varepsilon_q/\%$	$\mathrm{d}p'/\text{kPa}$	$\mathrm{d}q/\text{kPa}$	$\varepsilon_q/\%$
1	500	0	0.1	-25.33	29.79	0
2	474.67	29.79	0.1	-22.51	25.06	0.1
3	452.16	54.85	0.1	-20.07	21.17	0.2
4	432.08	76.02	0.1	-17.96	17.96	0.3
5	414.12	93.98	0.1	-16.12	15.30	0.4
$\vdots$	$\vdots$	$\vdots$	$\vdots$	$\vdots$	$\vdots$	$\vdots$
97	220.13	215.23	0.1	-0.026	0.0051	9.6
98	220.10	215.24	0.1	-0.024	0.0048	9.7
99	220.08	215.24	0.1	-0.023	0.0045	9.8
100	220.06	215.25	0.1	-0.021	0.0042	9.9
101	220.04	215.25	0.1	-0.020	0.0039	10

试样 B 为超固结黏土,所以在剪切的第一阶段应力状态位于初始屈服面内,土体没有产生塑性变形,即 $\mathrm{d}\varepsilon_v^p=0$ 且 $\mathrm{d}\varepsilon_q^p=0$;由于是不排水试验,$\mathrm{d}\varepsilon_v=0$,所以在初始屈服面内 $\mathrm{d}\varepsilon_v^e=\mathrm{d}\varepsilon_v-\mathrm{d}\varepsilon_v^p=0$,$\mathrm{d}p'=K\mathrm{d}\varepsilon_v^e=0$,即在 $p'\text{-}q$ 平面内应力路径是一条竖直线。应力路径与初始屈服面交点 N 的坐标 (p_N',q_N) 可根据屈服函数

$$\frac{q}{p'}+M\ln\frac{p'}{p_0'}=0$$

求出。将 $p_N'=p_{0B}'=100\text{kPa}$ 和 $p_0'=500\text{kPa}$ 代入上式,解得 $q_N=157.7\text{kPa}$。当应力状态到达屈服面后,根据式(6.83)和式(6.84)由每步的应变增量 $\mathrm{d}\varepsilon_q$ 算出相应的应力增量 $\mathrm{d}p'$ 和

dq,部分计算结果如表 6.2 所示。

表 6.2　试样 B 部分计算结果

步数	p'/kPa	q/kPa	dε_q/%	dp'/kPa	dq/kPa	ε_q/%
1	100	157.7	0.1	3.18	1.28	0
2	103.18	158.98	0.1	3.08	1.12	0.1
3	106.27	160.10	0.1	2.98	0.99	0.2
4	109.25	161.09	0.1	2.88	0.86	0.3
5	112.13	161.95	0.1	2.77	0.74	0.4
⋮	⋮	⋮	⋮	⋮	⋮	⋮
97	166.65	163.53	0.1	0.011	−0.002	9.6
98	166.66	163.52	0.1	0.011	−0.002	9.7
99	166.67	163.52	0.1	0.0096	−0.0019	9.8
100	166.68	163.52	0.1	0.0090	−0.0018	9.9
101	166.69	163.52	0.1	0.0084	−0.0017	10

　　试样 A 和试样 B 在剪切过程中的有效应力路径及偏应力-偏应变关系曲线如图 6.12
所示。

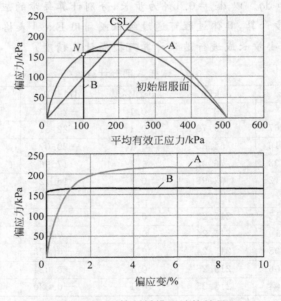

图 6.12　原始剑桥模型计算结果

6.4.2　修正剑桥黏土模型(The Modified Cam-Clay Model)

　　原始剑桥模型存在一些固有的不足。首先屈服面与 p' 轴不正交,导致在纯围压(无偏
应力)作用下进行固结时也会产生塑性偏应变,这显然与试验结果不符;另外原始剑桥模型
假定弹性偏应变始终为零也与实际情况相悖。为了解决这些问题,Roscoe 和 Burland 于
1968 年提出了修正剑桥模型,修正剑桥模型放弃了弹性偏应变为零的假定,并通过采用与
原始剑桥模型不同的能量方程得到不同的屈服函数,使屈服面与 p' 轴正交。

1. 修正剑桥模型的屈服函数

修正剑桥模型假定能量耗散方程为

$$dW^p = p'd\varepsilon_v^p + qd\varepsilon_q^p = p'\sqrt{(d\varepsilon_v^p)^2 + (Md\varepsilon_q^p)^2} \tag{6.85}$$

整理上式可得

$$\frac{d\varepsilon_v^p}{d\varepsilon_q^p} = \frac{M^2 - \eta^2}{2\eta} \tag{6.86}$$

由于剪胀系数的定义为 $d = d\varepsilon_v^p/d\varepsilon_q^p$，上式即为**修正剑桥模型的剪胀方程**。

修正剑桥模型仍然采用相关联流动法则。根据相关联流动法则，有

$$\frac{d\varepsilon_v^p}{d\varepsilon_q^p} = -\frac{dq}{dp'} = -\frac{d(\eta p')}{dp'} = -\frac{\eta dp' + p'd\eta}{dp'} = -\eta - p'\frac{d\eta}{dp'} \tag{6.87}$$

由式(6.86)和式(6.87)得

$$\frac{M^2 - \eta^2}{2\eta} = -\eta - p'\frac{d\eta}{dp'} \tag{6.88}$$

上式即为修正剑桥模型屈服函数的微分方程，对其积分得到如下屈服函数：

$$f(p', q, H) = M^2 p'^2 - M^2 p_0' p' + q^2 = 0 \tag{6.89}$$

式中，p_0' 是屈服面与 p' 轴的交点坐标，其数值的大小决定了屈服面的大小。修正剑桥模型的屈服面实际是椭圆曲线，如图 6.13 所示。**修正剑桥模型的屈服面与 p' 轴正交**，确保了在纯围压(无偏应力)作用下进行固结时不会产生塑性偏应变。

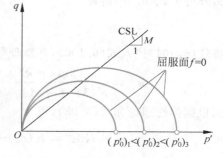

图 6.13　修正剑桥模型的屈服面

2. 修正剑桥模型的弹塑性刚度矩阵

与原始剑桥模型相同，修正剑桥模型也以塑性体积应变 ε_v^p 为硬化参数，因此屈服函数可写成 $f(p', q, \varepsilon_v^p) = 0$，根据一致性条件有

$$df = \frac{\partial f}{\partial p'}dp' + \frac{\partial f}{\partial q}dq + \frac{\partial f}{\partial \varepsilon_v^p}d\varepsilon_v^p = 0 \tag{6.90}$$

其中

$$\frac{\partial f}{\partial p'} = \frac{\partial(M^2 p'^2 - M^2 p_0' p' + q^2)}{\partial p'} = M^2(2p' - p_0') \tag{6.91}$$

$$\frac{\partial f}{\partial q} = \frac{\partial(M^2 p'^2 - M^2 p_0' p' + q^2)}{\partial q} = 2q \tag{6.92}$$

$$\frac{\partial f}{\partial \varepsilon_v^p} = \frac{\partial f}{\partial p_0'}\frac{\partial p_0'}{\partial \varepsilon_v^p} = \frac{\partial(M^2 p'^2 - M^2 p_0' p' + q^2)}{\partial p_0'}\frac{\partial p_0'}{\partial \varepsilon_v^p} = -M^2 p'\frac{dp_0'}{d\varepsilon_v^p} \tag{6.93}$$

将式(6.70)代入式(6.93)，得

$$\frac{\partial f}{\partial \varepsilon_v^p} = -\frac{M^2 p' p_0'(1 + e_0)}{\lambda - \kappa} \tag{6.94}$$

将式(6.91)、式(6.92)和式(6.94)代入式(6.90)，得

$$df = M^2(2p' - p_0')dp' + 2qdq - \frac{M^2 p' p_0'(1 + e_0)}{\lambda - \kappa}d\varepsilon_v^p = 0 \tag{6.95}$$

由式(6.86)可得

$$d\varepsilon_v^p = \frac{M^2 - \eta^2}{2\eta} d\varepsilon_q^p \tag{6.96}$$

而

$$d\varepsilon_q^p = d\varepsilon_q - d\varepsilon_q^e = d\varepsilon_q - \frac{dq}{3G} \tag{6.97}$$

将式(6.97)代入式(6.96),得

$$d\varepsilon_v^p = \frac{M^2 - \eta^2}{2\eta} \left(d\varepsilon_q - \frac{dq}{3G} \right) \tag{6.98}$$

再将式(6.98)代入式(6.95),得

$$M^2(2p' - p_0')dp' + 2qdq - \frac{M^2 p' p_0'(1 + e_0)}{\lambda - \kappa} \frac{M^2 - \eta^2}{2\eta} \left(d\varepsilon_q - \frac{dq}{3G} \right) = 0 \tag{6.99}$$

由上式解得

$$d\varepsilon_q = \frac{\lambda - \kappa}{M^2 p' p_0'(1 + e_0)} \frac{2\eta}{M^2 - \eta^2} \left[M^2(2p' - p_0')dp' + 2qdq \right] + \frac{dq}{3G} \tag{6.100}$$

另外可由式(6.89)解得

$$p_0' = \frac{M^2 p'^2 + q^2}{M^2 p'} \tag{6.101}$$

将式(6.101)代入式(6.100),并整理得

$$d\varepsilon_q = \frac{2\eta(\lambda - \kappa)}{p'(M^2 + \eta^2)(1 + e_0)} dp' + \left[\frac{4\eta^2(\lambda - \kappa)}{p'(M^4 - \eta^4)(1 + e_0)} + \frac{1}{3G} \right] dq \tag{6.102}$$

而根据弹性理论和式(6.98),得

$$dp' = K d\varepsilon_v^e = K(d\varepsilon_v - d\varepsilon_v^p) = K d\varepsilon_v - K \frac{M^2 - \eta^2}{2\eta} \left(d\varepsilon_q - \frac{dq}{3G} \right) \tag{6.103}$$

由上式解得

$$d\varepsilon_v = \frac{dp'}{K} + \frac{M^2 - \eta^2}{2\eta} \left(d\varepsilon_q - \frac{dq}{3G} \right) \tag{6.104}$$

将式(6.102)代入式(6.104),并整理得

$$d\varepsilon_v = \left[\frac{1}{K} + \frac{(M^2 - \eta^2)(\lambda - \kappa)}{p'(M^2 + \eta^2)(1 + e_0)} \right] dp' + \frac{2\eta(\lambda - \kappa)}{p'(M^2 + \eta^2)(1 + e_0)} dq \tag{6.105}$$

将式(6.102)和式(6.105)写成矩阵形式:

$$\begin{bmatrix} d\varepsilon_v \\ d\varepsilon_q \end{bmatrix} = \begin{bmatrix} \dfrac{1}{K} + \dfrac{(M^2 - \eta^2)(\lambda - \kappa)}{p'(M^2 + \eta^2)(1 + e_0)} & \dfrac{2\eta(\lambda - \kappa)}{p'(M^2 + \eta^2)(1 + e_0)} \\ \dfrac{2\eta(\lambda - \kappa)}{p'(M^2 + \eta^2)(1 + e_0)} & \dfrac{4\eta^2(\lambda - \kappa)}{p'(M^4 - \eta^4)(1 + e_0)} + \dfrac{1}{3G} \end{bmatrix} \begin{bmatrix} dp' \\ dq \end{bmatrix} \tag{6.106}$$

上式右侧 2×2 矩阵即为**修正剑桥模型的弹塑性柔度矩阵**。根据上式可由应力增量计算得到应变增量。

另外,式(6.106)可变换为

$$\begin{bmatrix} dp' \\ dq \end{bmatrix} = \frac{1}{T} \begin{bmatrix} \dfrac{4\eta^2(\lambda - \kappa)}{p'(M^4 - \eta^4)(1 + e_0)} + \dfrac{1}{3G} & -\dfrac{2\eta(\lambda - \kappa)}{p'(M^2 + \eta^2)(1 + e_0)} \\ -\dfrac{2\eta(\lambda - \kappa)}{p'(M^2 + \eta^2)(1 + e_0)} & \dfrac{1}{K} + \dfrac{(M^2 - \eta^2)(\lambda - \kappa)}{p'(M^2 + \eta^2)(1 + e_0)} \end{bmatrix} \begin{bmatrix} d\varepsilon_v \\ d\varepsilon_q \end{bmatrix} \tag{6.107}$$

其中

$$T = \frac{4\eta^2(\lambda-\kappa)}{Kp'(M^4-\eta^4)(1+e_0)} + \frac{(M^2-\eta^2)(\lambda-\kappa)}{3Gp'(M^2+\eta^2)(1+e_0)} + \frac{1}{3KG} \quad (6.108)$$

式(6.107)右侧 2×2 矩阵即为**修正剑桥模型的弹塑性刚度矩阵**,根据式(6.107)可由应变增量计算得到应力增量。

与原始剑桥模型相同,修正剑桥模型的刚度矩阵和柔度矩阵也为对称矩阵。

[**例题 6.5**] 条件同例题 6.4 且 $\nu=0.3$,利用修正剑桥模型计算并绘制两个试验过程中的有效应力路径及剪切过程中的偏应力和偏应变之间的关系。

解:在不排水剪切试验过程中,$d\varepsilon_v=0$,由式(6.107)得

$$dp' = -\frac{1}{T}\frac{2\eta(\lambda-\kappa)}{p'(M^2+\eta^2)(1+e_0)}d\varepsilon_q \quad (6.109)$$

$$dq = \frac{1}{T}\left[\frac{1}{K} + \frac{(M^2-\eta^2)(\lambda-\kappa)}{p'(M^2+\eta^2)(1+e_0)}\right]d\varepsilon_q \quad (6.110)$$

试样 A 为正常固结黏土,从开始剪切就位于屈服面上,因此可由式(6.109)和式(6.110)计算出应力增量 dp' 和 dq。以 $d\varepsilon_q=0.1\%$ 为步长,分别计算每步的应力增量 dp' 和 dq,更新应力变量后进入下一步计算,具体过程可通过编程或利用 Excel 表格计算实现,部分计算结果如表 6.3 所示(取更小步长或进行迭代计算可提高计算精度)。

表 6.3 试样 A 部分计算结果

步数	p'/kPa	q/kPa	$d\varepsilon_q$/%	dp'/kPa	dq/kPa	ε_q/%
1	500.00	0.00	0.1	0.00	35.79	0
2	500.00	35.79	0.1	−4.35	34.89	0.1
3	495.65	70.68	0.1	−8.06	32.10	0.2
4	487.59	102.78	0.1	−10.62	28.14	0.3
5	476.97	130.91	0.1	−11.99	23.85	0.4
⋮	⋮	⋮	⋮	⋮	⋮	⋮
97	289.09	282.85	0.1	−0.024	0.0047	9.6
98	289.07	282.85	0.1	−0.022	0.0044	9.7
99	289.05	282.86	0.1	−0.021	0.0042	9.8
100	289.02	282.86	0.1	−0.020	0.0039	9.9
101	289.00	282.86	0.1	−0.019	0.0037	10

试样 B 为超固结黏土,所以在剪切的第一阶段,应力状态位于初始屈服面内,土体没有产生塑性变形,即 $d\varepsilon_v^p=0$ 和 $d\varepsilon_q^p=0$;由于是不排水剪切试验,$d\varepsilon_v=0$,所以在初始屈服面内 $d\varepsilon_v^e=d\varepsilon_v-d\varepsilon_v^p=0$,$dp'=Kd\varepsilon_v^e=0$,即在 p'-q 平面内应力路径是一条竖直线。应力路径与初始屈服面交点 N 的坐标 (p_N', q_N) 可根据屈服函数求出:

$$M^2 p'^2 - M^2 p_0' p' + q^2 = 0$$

将 $p_N' = p_{0B}' = 100\text{kPa}$ 和 $p_0' = 500\text{kPa}$ 代入上式,解得 $q_N=198.0\text{kPa}$,因此在到达 N 点时,总的弹性偏应变为

$$(\varepsilon_q^e)_N = \frac{q_N}{3G} = \frac{q_N}{3\times\frac{3(1-2\nu)}{2(1+\nu)}K} = \frac{q_N}{3\times\frac{3(1-2\nu)}{2(1+\nu)}\frac{1+e_{0B}}{\kappa}p_{0B}'}$$

$$= \frac{198.0}{3 \times \frac{3(1-2\times0.3)}{2(1+0.3)} \times \frac{1+1.132}{0.04} \times 100}$$

$$= 2.68\%$$

当应力状态到达屈服面后,则根据式(6.109)和式(6.110)由应变增量 $d\varepsilon_q$ 算出每步的应力增量 dp' 和 dq,部分计算结果如表 6.4 所示。

表 6.4 试样 B 部分计算结果

步数	p'/kPa	q/kPa	$d\varepsilon_q/\%$	dp'/kPa	dq/kPa	$\varepsilon_q/\%$
1	100.00	198.00	0.1	3.13	1.59	2.68
2	103.13	199.59	0.1	3.16	1.53	2.78
3	106.29	201.12	0.1	3.19	1.47	2.88
4	109.48	202.58	0.1	3.21	1.40	2.98
5	112.69	203.98	0.1	3.23	1.33	3.08
$\vdots$	$\vdots$	$\vdots$	$\vdots$	$\vdots$	$\vdots$	$\vdots$
97	216.27	215.59	0.1	0.19	−0.0334	9.68
98	216.46	215.55	0.1	0.18	−0.0316	9.78
99	216.64	215.52	0.1	0.17	−0.02984	9.88
100	216.82	215.49	0.1	0.16	−0.02817	9.98
101	216.97	215.46	0.1	0.15	−0.02658	10.08

试样 A 和试样 B 在剪切过程中的有效应力路径及偏应力和偏应变之间的关系曲线如图 6.14 所示,为便于对比,将由原始剑桥模型计算的结果也绘制其中。从图中可以看出,对于相同的初始固结压力 p'_0,修正剑桥模型的屈服面比原始剑桥模型的屈服面更高,无论是正常固结黏土还是超固结黏土,修正剑桥模型预测的最大偏应力都比原始剑桥模型的预测值更大。

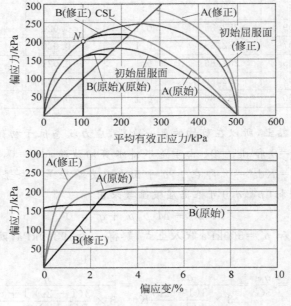

图 6.14 修正剑桥模型计算结果

6.5 与状态相关的剪胀性砂土模型(A Sand Model with State-Dependent Dilatancy)

与状态相关的剪胀性砂土模型于 2000 年由 Li 和 Dafalias 提出,该模型以与状态相关的剪胀性理论和临界状态理论为基础,只用一组参数可以模拟同一种砂土在各种密度和应力水平下的行为。下面简要介绍该模型。

6.5.1 与状态相关的剪胀性(State-Dependent Dilatancy)

土的剪胀性的定义是塑性体积应变增量 $d\varepsilon_v^p$ 与塑性偏应变增量 $d\varepsilon_q^p$ 之比,剑桥模型表明黏土的剪胀性只和应力比 $\eta(\eta=q/p)$ 有关,然而砂土的剪胀特性却更为复杂,除了应力比外,**当前状态的密度和围压对砂土的剪胀特性都有重要影响**。如图 6.15(a) 所示,有同一种砂土的松砂和密砂两个试样,在相同的初始围压 p_0' 作用下进行不排水剪切至相同的应力比 η,此时如果继续加载,松砂将剪缩(即剪胀系数 $d>0$),而密砂将剪胀(即剪胀系数 $d<0$);而如图 6.15(b) 所示,有同一种砂土相同密度的两个试样,在不相同的初始围压作用下进行不排水剪切至相同的应力比 η,此时如果继续加载,在高初始围压 $(p_0')_2$ 作用下的试样将剪缩,而在低初始围压 $(p_0')_1$ 作用下的试样将剪胀。

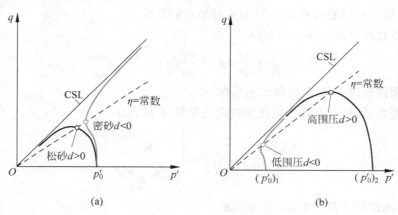

图 6.15　影响砂土剪胀性的因素
(a)密度的影响;(b)围压的影响

为了能同时反映砂土的密度和围压对其剪胀性的共同影响,引入**状态参数**(state parameter)的概念(由 Been 和 Jefferies 于 1985 年提出)。如图 6.16 所示,状态参数为当前状态下的孔隙比 e 与相同围压下临界状态孔隙比 e_{cs} 之差,用 ψ 表示,即

$$\psi = e - e_{cs} \qquad (6.111)$$

与黏土不同,砂土在 e-p' 平面内的临界状态线常用如下公式(由 Li 和 Wang 于 1998 年提出)表示:

$$e_{cs} = e_\Gamma - \lambda_c (p'/p_a)^\xi \qquad (6.112)$$

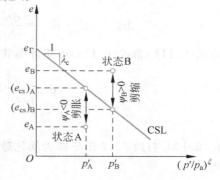

图 6.16　砂土的临界状态线和状态参数

式中，e_Γ、λ_c 和 ξ 为临界状态线的参数；p_a 为大气压力。将式(6.112)代入式(6.111)，得

$$\psi = e - e_{cs} = e - [e_\Gamma - \lambda_c (p'/p_a)^\xi] \tag{6.113}$$

如图 6.16 所示，当砂土的当前状态位于临界状态线下方时(如状态 A)，$\psi < 0$，其总体将表现出剪胀的特性；而当砂土的当前状态位于临界状态线上方时(如状态 B)，$\psi > 0$，其总体将表现出剪缩的特性。

结合状态参数 ψ，Li 和 Dafalias 提出了如下**剪胀方程**：

$$d = d_0 \left[\exp(m\psi) - \frac{\eta}{M} \right] = \frac{d_0}{M} [M \exp(m\psi) - \eta] \tag{6.114}$$

式中，d_0 和 m 为材料参数。比较式(6.47)和式(6.114)可知，原始剑桥模型的剪胀方程($d = M - \eta$)可以看成式(6.114)在 $d_0 = M$ 且 $m = 0$ 时的特例。

6.5.2 三轴应力空间简化砂土模型(A Simplified Sand Model in the Triaxial Stress Space)

砂土是一种摩擦材料，在应力比 η 不变，而只增加围压时，颗粒之间几乎不发生相对滑动，产生的塑性变形与应力比发生变化时所产生的塑性变形相比要小得多，因此为了简化起见，模型采用如下屈服函数：

$$f = q - \eta p' = 0 \tag{6.115}$$

式(6.115)所描述的屈服面在 $p'\text{-}q$ 平面为过原点的射线。

根据一致性条件由式(6.38)可得

$$dL = \frac{1}{K_p} \left(\frac{\partial f}{\partial p'} dp' + \frac{\partial f}{\partial q} dq \right) = \frac{dq - \eta dp'}{K_p} \tag{6.116}$$

式中，K_p 为塑性模量；dL 为加载比例系数。

由于剪胀系数 $d = d\varepsilon_v^p / d\varepsilon_q^p$，因此塑性应变增量可表示为

$$\begin{bmatrix} d\varepsilon_q^p \\ d\varepsilon_v^p \end{bmatrix} = dL \begin{bmatrix} 1 \\ d \end{bmatrix} = \begin{bmatrix} \dfrac{dq - \eta dp'}{K_p} \\ d \dfrac{dq - \eta dp'}{K_p} \end{bmatrix} \tag{6.117}$$

所以，对于在屈服面上继续加载，总应变为

$$d\varepsilon_q = d\varepsilon_q^e + d\varepsilon_q^p = \frac{dq}{3G} + \frac{dq - \eta dp'}{K_p} = \left(\frac{1}{3G} + \frac{1}{K_p} \right) dq - \frac{\eta}{K_p} dp' \tag{6.118}$$

$$d\varepsilon_v = d\varepsilon_v^e + d\varepsilon_v^p = \frac{dp'}{K} + d \, d\varepsilon_q^p = \frac{d}{K_p} dq + \left(\frac{1}{K} - \frac{d}{K_p} \eta \right) dp' \tag{6.119}$$

将式(6.118)和式(6.119)以矩阵形式表示为

$$\begin{bmatrix} d\varepsilon_v \\ d\varepsilon_q \end{bmatrix} = \begin{bmatrix} \dfrac{1}{K} - \dfrac{d}{K_p} \eta & \dfrac{d}{K_p} \\ -\dfrac{\eta}{K_p} & \dfrac{1}{3G} + \dfrac{1}{K_p} \end{bmatrix} \begin{bmatrix} dp' \\ dq \end{bmatrix} \tag{6.120}$$

式(6.120)右边 2×2 矩阵即为**简化砂土模型的柔度矩阵**，可由应力增量直接计算得到应变增量。

对式(6.120)进行变换，可得

$$\begin{bmatrix} \mathrm{d}p' \\ \mathrm{d}q \end{bmatrix} = \frac{3GKK_{\mathrm{p}}}{K_{\mathrm{p}}+3G-Kd\eta} \begin{bmatrix} \dfrac{1}{3G}+\dfrac{1}{K_{\mathrm{p}}} & -\dfrac{d}{K_{\mathrm{p}}} \\[2mm] \dfrac{\eta}{K_{\mathrm{p}}} & \dfrac{1}{K}-\dfrac{d}{K_{\mathrm{p}}}\eta \end{bmatrix} \begin{bmatrix} \mathrm{d}\varepsilon_v \\ \mathrm{d}\varepsilon_q \end{bmatrix} \qquad (6.121)$$

式(6.121)右边 2×2 矩阵即为**简化砂土模型的刚度矩阵**,可由应变增量直接计算得到应力增量。式(6.120)和式(6.121)表明,与状态相关的剪胀性砂土简化模型的刚度矩阵和柔度矩阵均为非对称矩阵。

为了确定刚度矩阵和柔度矩阵,除了式(6.114)定义的剪胀系数,还需确定 G、K 和 K_{p}。对于砂土,剪切模量 G 常采用如下经验公式(由 Richart 等人于 1970 年提出):

$$G = G_0 \frac{(2.97-e)^2}{1+e} \sqrt{p' p_{\mathrm{a}}} \qquad (6.122)$$

式中,G_0 为材料常数。

体积模量 K 则可由 G 和 ν 由公式

$$K = G \frac{2(1+\nu)}{3(1-2\nu)} \qquad (6.123)$$

计算得到。

对于塑性模量,模型采用如下表达式计算:

$$K_{\mathrm{p}} = hG\left(\frac{M}{\eta} - \mathrm{e}^{n\psi}\right) \qquad (6.124)$$

式中,n 为材料常数,而 h 为孔隙比 e 的函数,即

$$h = h_1 - h_2 e \qquad (6.125)$$

其中,h_1 和 h_2 为材料常数。

综上,与状态相关的剪胀性砂土简化模型共有 11 个参数,可分为四组,分别为弹性参数、临界状态参数、剪胀性参数和硬化参数,如表 6.5 所示。

表 6.5　与状态相关的剪胀性简化砂土模型的主要参数

弹性参数	临界状态参数	剪胀性参数	硬化参数
$G_0 = 125$	$M = 1.21$	$d_0 = 0.5$	$h_1 = 3.15$
$\nu = 0.25$	$e_{\mathrm{r}} = 0.75$	$m = 3$	$h_2 = 3.05$
	$\lambda_c = 0.018$		$n = 1.1$
	$\xi = 0.7$		

[例题 6.6]　已知某砂土率定出的模型参数如表 6.5 所示,试由简化砂土模型计算并绘制以下曲线:

(1) 孔隙比为 0.70 的试样,在围压 $p_0' = 100$、500 和 1000kPa 作用下进行三轴不排水剪切时的应力路径和偏应变-偏应力关系曲线;

(2) 在围压 $p_0' = 400$kPa 作用下,孔隙比为 0.60、0.70 和 0.80 的试样进行三轴不排水剪切时的应力路径和偏应变-偏应力关系曲线。

解:由于是不排水剪切试验,$\mathrm{d}\varepsilon_v = 0$,由式(6.121)得

$$\mathrm{d}p' = -\frac{3GKK_{\mathrm{p}}}{K_{\mathrm{p}}+3G-Kd\eta}\frac{d}{K_{\mathrm{p}}}\mathrm{d}\varepsilon_q \qquad (6.126)$$

$$dq = \frac{3GKK_p}{K_p + 3G - Kd\eta}\left(\frac{1}{K} - \frac{d}{K_p}\eta\right)d\varepsilon_q \tag{6.127}$$

由式(6.126)和式(6.127)可计算出应变增量 $d\varepsilon_q$ 作用下的应力增量 dp' 和 dq。

(1) 取 $d\varepsilon_q = 0.02\%$，根据砂土的当前状态计算出相应的 η、d、G、K 和 K_p，代入式(6.126)和式(6.127)计算得到应力增量 dp' 和 dq，更新应力 p' 和 q 后，进行下一步计算。表 6.6 给出孔隙比为 0.70、围压 $p_0' = 100$kPa 时的部分计算结果。

孔隙比为 0.70 的试样，在围压 p_0' 为 100、500 和 1000kPa 作用下进行不排水剪切时的应力路径和偏应变-偏应力关系曲线如图 6.17 所示。

表 6.6　孔隙比为 0.70、围压为 100kPa 的部分计算结果

步数	p'/kPa	q/kPa	$d\varepsilon_q$/%	dp'/kPa	dq/kPa	ε_q/%
1	100.00	0.00	0.02	0.00	22.88	0.00
2	100.00	22.88	0.02	−1.89	13.42	0.02
3	98.11	36.29	0.02	−2.20	9.48	0.04
4	95.90	45.77	0.02	−2.18	7.10	0.06
5	93.72	52.87	0.02	−2.03	5.50	0.08
⋮	⋮	⋮	⋮	⋮	⋮	⋮
998	428.16	518.50	0.02	0.04	0.04	19.94
999	428.20	518.54	0.02	0.04	0.04	19.96
1000	428.24	518.58	0.02	0.04	0.04	19.98
1001	428.28	518.62	0.02	0.04	0.04	20.00

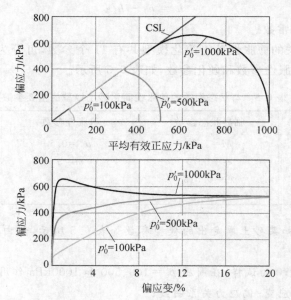

图 6.17　孔隙比为 0.70 的试样在不同围压下的计算结果

(2) 计算步骤同(1)，在围压 $p_0' = 400$kPa 时，孔隙比为 0.60、0.70 和 0.80 的试样在不排水剪切时的应力路径和偏应变-偏应力关系曲线如图 6.18 所示。

由本例题的结果可以看出，与状态相关的剪胀性砂土模型很好地反映了孔隙比和应力水平这两个关键因素对砂土行为的影响。

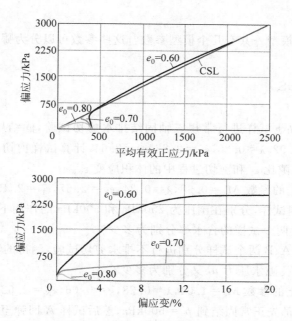

图 6.18 围压为 400kPa 时不同孔隙比试样的计算结果

思考题 (Thinking Questions)

6.1 什么是临界状态? 临界状态的概念是如何提出的?

6.2 在临界状态,偏应力和平均有效正应力有何关系? 孔隙比和平均有效正应力又有何关系?

6.3 如何根据临界状态理论,由初始状态和试验条件对黏土的行为进行预测?

6.4 决定正常固结黏土不排水抗剪强度的唯一变量是什么?

6.5 在弹塑性模型中,通常将弹塑性变形阶段的应变分为哪两部分?

6.6 为何通常采用增量的形式表示土体的应力-应变关系?

6.7 什么是弹塑性刚度矩阵?

6.8 塑性理论的三大核心要素是什么?

6.9 什么是屈服准则?

6.10 什么是相关联流动法则? 什么是非相关联流动法则?

6.11 什么是一致性条件?

6.12 原始剑桥模型的基本假定有哪些? 它采用相关联流动法则还是非相关联流动法则? 它的屈服函数是什么?

6.13 修正剑桥模型解决了原始剑桥模型存在的哪些固有问题? 修正剑桥模型屈服面的形状是什么?

6.14 砂土的剪胀特性与黏土的剪胀特性有何不同? 为何需要引入状态参数来描述砂土的剪胀性?

6.15 简化砂土模型采用的屈服函数是什么? 它采用相关联流动法则,还是非相关联流动法则?

6.16　简化砂土模型一共有几个模型参数? 这些参数可以分为哪几组?

习题(Exercises)

6.1　对某重塑黏土试样进行常规三轴固结排水剪切试验,固结压力 $p_0' = 400\text{kPa}$。已知该土的参数 $M_c = 0.92, \lambda = 0.20, e_N = 2.82, e_\Gamma = 2.64$,计算试样剪切破坏时的平均有效正应力 p_f'、偏应力 q_f、孔隙比 e_f 和剪切过程中的体积应变 ε_v。

6.2　已知某黏土的参数 $M_c = 0.98, \lambda = 0.24, e_N = 2.67, e_\Gamma = 2.49, G_s = 2.66$。若有该黏土的 A、B 两个重塑试样,分别在围压为 250kPa 和 500kPa 的作用下固结,则:

(1) 固结后 A、B 两个试样的含水率分别为多少?

(2) 若固结后对 A、B 两个试样分别进行不排水剪切试验,测得的不排水抗剪强度 s_u 分别为多少? 破坏时的孔隙水压力 u_f 又分别为多少?

6.3　已知某黏土的参数 $M_c = 1.04, \lambda = 0.28, \kappa = 0.06, e_N = 2.62, e_\Gamma = 2.42$,若有该黏土的 A、B 两个试样,都先正常固结到 $p_0' = 600\text{kPa}$,然后试样 A 回弹至 $p_{0A}' = 540\text{kPa}$,试样 B 回弹至 $p_{0B}' = 60\text{kPa}$,之后对 A、B 两个试样分别进行不排水剪切试验,则破坏时:

(1) 试样 A、B 的孔隙比分别为多少?

(2) 试样 A、B 的孔隙水压力分别为多少?

6.4　已知某黏土的参数 $M_c = 0.94, \lambda = 0.26, \kappa = 0.05, e_N = 2.72$,若有该黏土的 A、B 两个试样,试样 A 正常固结到 $p_0' = 480\text{kPa}$ 后进行不排水剪切试验,试样 B 正常固结到 $p_0' = 480\text{kPa}$ 后回弹至 $p_{0B}' = 60\text{kPa}$,然后进行排水剪切试验,利用原始剑桥模型计算并绘制:

(1) 剪切过程中的有效应力路径;

(2) 剪切过程中偏应力和偏应变的关系;

(3) 剪切过程中偏应变和体积应变的关系。

6.5　条件同习题 6.4 且 $\nu = 0.3$,利用修正剑桥模型计算并绘制:

(1) 剪切过程中的有效应力路径;

(2) 剪切过程中偏应力和偏应变的关系;

(3) 剪切过程中偏应变和体积应变的关系。

6.6　采用表 6.5 所示的参数,由与状态相关的剪胀性砂土模型计算并绘制:

(1) 孔隙比为 0.75 的砂土试样,在围压 $p_0' = 200\text{kPa}$ 和 $p_0' = 2000\text{kPa}$ 作用下进行三轴排水剪切时的偏应变-偏应力关系曲线和偏应变-体积应变关系曲线;

(2) 在围压 $p_0' = 500\text{kPa}$ 时,孔隙比为 0.60、0.75 和 0.90 的试样进行三轴排水剪切时的偏应变-偏应力关系曲线和偏应变-体积应变关系曲线。

非饱和土的基本性状（Fundamental Behavior of Unsaturated Soil）

7.1 概述（Introduction）

前面章节重点介绍了饱和土的性状及相关理论，然而地球表面很大一部分是干旱或半干旱地带，因此实际工程经常涉及非饱和土。非饱和土是由多相物质构成的多孔介质，在固体颗粒形成的土骨架的孔隙中存在两种或两种以上的流体。孔隙流体通常为孔隙气体和孔隙水，这两种流体在孔隙中所占比例对非饱和土的水力特性有着显著的影响。由于这两种流体不相溶，它们之间存在**水-气分界面**，也称为**收缩膜**。由于收缩膜的表面张力作用，非饱和土中产生了负孔隙水压（或基质吸力），并表现出独特的力学性状。本章简要介绍非饱和土的应力状态变量、基本性状及相关理论，所涉及的基本性状有水力特性、变形性状和抗剪强度特性。

7.2 毛细作用和吸力（Capillarity and Suction）

7.2.1 收缩膜和表面张力（Contractile Skin and Surface Tension）

一般认为非饱和土是三相混合体，包括了固相（固体颗粒）、液相（孔隙水）和气相（孔隙气）。混合体的一部分要成为一个独立的相，它必须满足以下两个条件：①与邻近材料的属性不同；②有确定的边界面。饱和土是由土骨架和孔隙水两相组成，而孔隙气体是非饱和土中另外一个独立的相，此三相（土骨架、孔隙水和孔隙气体）很明显符合上述相的定义。基于实验测定，研究者发现收缩膜的大部分性质均有别于相邻的液相，相比液相而言收缩膜的密度减小，热传导率增加，而其双折射数据与冰类似，从液态水转化为收缩膜的过程是明显而突变式的。因此，研究者认为应该把非饱和土孔隙中的水-气分界面，即收缩膜，定义为一个独立的相。换言之，非饱和土实际上是由四相组成，如图 7.1 所示。在其他三相的物理性质都比较明确的情况下，认识第四相收缩膜的性质和范围是非常重要的。

与其他三相相比，收缩膜具有一种显著的特性，称为表面张力。它的产生是由于收缩膜内的水分子有一指向水体内部的不平衡力的作用，从而收缩膜产生张力以保持平衡。表面张力是一种线力，以收缩膜单位长度上的张力（单位：N/m）大小表示，其作用方向与收缩膜表面相切。

收缩膜的厚度只有几个分子层，体积很小，因此从体积-质量关系来看，可将非饱和土视

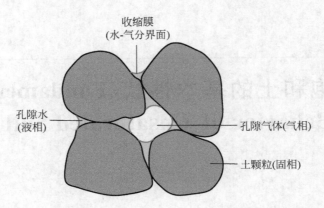

图 7.1 非饱和土的四相组成

为三相体,把收缩膜视为液相的一部分所产生的误差可忽略。然而,将非饱和土作为多相连续体进行力学分析时,必须把收缩膜视为一个独立的相,因为收缩膜像一张薄的橡皮膜那样将土颗粒拉在一起,影响了土颗粒间的相互作用。

表面张力使收缩膜具有弹性薄膜的性状。如图 7.2 所示,在二维薄膜上下面施加不同的压力,则薄膜将凹向压力小的一侧(弯曲的收缩膜通常称为弯液面)并在膜内产生张力,以平衡薄膜上下面的压力差。将作用于薄膜上下面的压力分别用 $(u+\Delta u)$ 和 u 表示,薄膜的曲率半径为 R_s,表面张力为 T_s。由于对称性,作用于薄膜上的水平力互相抵消,为保持竖向受力平衡则有

$$2T_s \sin\beta = 2\Delta u R_s \sin\beta \tag{7.1}$$

式中,$2R_s \sin\beta$——投影在水平面上的薄膜长度(m)。

式(7.1)可以简化为

$$\Delta u = \frac{T_s}{R_s} \tag{7.2}$$

对于三维曲面形态的收缩膜(如图 7.3 所示的鞍形翘曲面),可将式(7.2)延伸为

$$\Delta u = T_s \left(\frac{1}{R_1} + \frac{1}{R_2} \right) \tag{7.3}$$

式中,R_1,R_2——三维曲面在正交平面上的曲率半径(m)。

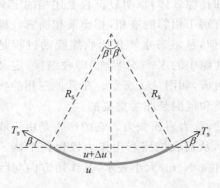

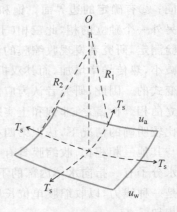

图 7.2 作用在二维曲面收缩膜上的压力和表面张力   图 7.3 作用在三维曲面收缩膜上的表面张力

当三维曲面为球面时,曲率半径是各向等值的(即 $R_1=R_2=R_s$),式(7.3)变为

$$\Delta u = \frac{2T_s}{R_s} \tag{7.4}$$

在非饱和土中,收缩膜两侧分别承受水压力 u_w 和大于水压力的空气压力 u_a。压力差 u_a-u_w 称为**基质吸力**。因此,式(7.4)可写成:

$$u_a - u_w = \frac{2T_s}{R_s} \tag{7.5}$$

式中,u_a-u_w——作用于收缩膜上的孔隙气压力与孔隙水压力的差值,称为基质吸力(kPa)。

式(7.5)称为 **Kelvin(开尔文)毛细管模型方程**。随着土的基质吸力增大,收缩膜的曲率半径减小。当孔隙气压力趋近于孔隙水压力时(即基质吸力趋近于零),收缩膜的曲率半径将变成无穷大。因此当基质吸力为零时,收缩膜是平的。

【人物简介】

弗雷德隆德(Delwyn G. Fredlund)于 1940 年 3 月出生于加拿大,1962 年本科毕业于加拿大 Saskatchewan 大学,1964 年及 1973 年在加拿大 Alberta 大学分别获硕士及博士学位。曾担任加拿大萨斯喀彻温(Saskatchewan)大学土木工程系主任、国际土力学及基础工程学会 TC-6 非饱和土技术委员会主席,获 2005 年度美国土木工程学会太沙基奖。

弗雷德隆德一直专注于非饱和土力学的研究,研究重点在非饱和土的性状及干旱地区的岩土工程问题,内容包括边坡稳定分析、膨胀土、湿陷性土、土的吸力测量、非饱和土的抗剪强度及体积变化、非饱和土中的渗流及渗流函数,以及概率论在

Delwyn G. Fredlund(1940—)

岩土工程问题中的应用等。弗雷德隆德出版了国际上首部非饱和土力学专著《非饱和土土力学》(*Soil Mechanics for Unsaturated Soils*),有"非饱和土之父"之称。

7.2.2 毛细作用(Capillarity)

液体的表面张力会引起自然界和生活中常见的毛细现象,又称毛细作用。毛细作用通常可用毛细管中的水面上升现象来解释(图 7.4),在该现象中,毛细管壁通过收缩膜的表面张力对毛细管中的水柱施加往上的拉力,以平衡毛细管中水面上升所需克服的重力。

在大气环境中将一个小玻璃管插入水中,如图 7.5 所示。由于收缩膜上表面张力作用以及玻璃表面的亲水性使水沿毛细管上升。这种现象可以通过对作用于收缩膜上弯液面周边的表面张力 T_s 来

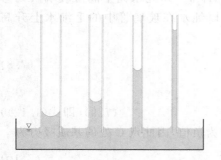

图 7.4 不同半径毛细管中形成的收缩膜

进行分析解释。表面张力 T_s 的作用方向与竖直面成 α 角，该角称为**接触角**，其大小取决于收缩膜中分子与毛细管材料之间的黏着力。接触角的大小反映液体对固体材料表面的润湿程度。$\alpha < 90°$ 说明固体表面是亲水性的，即液体较易润湿固体，其角越小，表示润湿性越好；若 $\alpha > 90°$，则说明固体表面是疏水性的，即液体不容易润湿固体，容易在表面上移动。

如图 7.5 所示，对毛细管中水进行垂直受力平衡分析。由表面张力的垂直分量（即 $2\pi r T_s \cos\alpha$）与高度为 h_c 的水柱重量（即 $\pi r^2 h_c \gamma_w$）平衡可得：

$$2\pi r T_s \cos\alpha = \pi r^2 h_c \gamma_w \tag{7.6}$$

式中，r——毛细管半径（m）；

$\quad T_s$——水的表面张力（N/m）；

$\quad \alpha$——接触角（°）；

$\quad h_c$——毛细水上升高度（m）；

$\quad \gamma_w$——水的重度（kN/m³）。

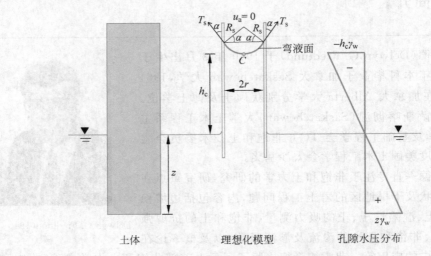

图 7.5　毛细作用及其物理模型

根据上式可得到水在毛细管中的最大上升高度 h_c：

$$h_c = \frac{2T_s}{\gamma_w R_s} \tag{7.7}$$

式中，R_s——弯液面的曲率半径，即 $r/\cos\alpha$，可由图 7.5 中弯液面处几何关系得到（m）。

如果纯水的收缩膜与洁净玻璃之间的接触角为零（即 $\alpha = 0$，纯水完全润湿玻璃），则弯液面的曲率半径 R_s 等于毛细管的半径 r（图 7.5），所以纯水在玻璃管中的毛细水上升高度为

$$h_c = \frac{2T_s}{\gamma_w r} \tag{7.8}$$

如图 7.5 所示，收缩膜上 C 点的水压力为

$$u_c = -h_c \gamma_w \tag{7.9}（即式(1.12)）$$

点 C 处的空气压力等于大气压（即 $u_a = 0$），水压力为负值，因此点 C 处的基质吸力为

$$u_a - u_w = \frac{2T_s \cos\alpha}{r} \tag{7.10}$$

如果 $\alpha=0$，则有

$$u_a - u_w = \frac{2T_s}{r} \qquad (7.11)$$

在土中，细小孔隙就像毛细管那样促使土中水上升到地下水位以上，在大气环境中（即 $u_a=0$），土中毛细区的水具有负压力。毛细管的半径相当于土中孔隙的半径。根据式(7.11)，土中孔隙的半径越小，毛细水上升高度越大，也就是说细粒土的毛细水上升高度要比粗粒土的大，说明更多的水能跑到细粒土地下水位以上区域。

毛细作用还受到毛细管长度及管径的影响。如图 7.6(a)所示，在半径为 r 的洁净毛细管中，纯水最大的毛细水上升高度为 h_c。然而水在毛细管中的上升可能受管自身长度的限制，如图 7.6(b)所示。由式(7.7)可知，在平衡状态下，毛细水上升高度减小将导致曲率半径 R_s 的增大。对于恒定管径的情况，R_s 增大会使接触角增大。

管径是影响毛细水上升高度的另外一个重要因素。如图 7.6(c)与(d)所示两种情况，在毛细水上升高度 h_c 的半中腰有扩径，这段管径为 r_1，并且 $r_1>r$。在毛细作用下，水进入毛细管，在扩径段的底面停止上升，如图 7.6(c)所示。换言之，非均匀的毛细管径可能使毛细上升作用无法充分发展。另一方面，如果将毛细管的扩径部分浸没在水下，使其充满水，然后再提出水面，那么毛细上升作用可以得到充分发展，如图 7.6(d)所示。这个现象称为**瓶颈效应**(ink-bottle effect)，说明毛细水上升高度还与毛细管中水的运动方向（即增湿还是脱湿）有关。

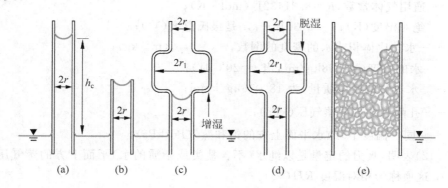

图 7.6 管长及管径对毛细作用的影响

土中的毛细水上升作用也会受到孔隙大小分布的影响。如图 7.6(e)所示，水能通过土中小于或等于半径 r 的连续孔隙上升到 h_c。如果土柱的高度延长，也有可能出现大于 h_c 的毛细水上升高度，这出现在半径小于 r 的孔隙中。但当土柱的中间部分有大孔隙时，水面就不能继续上升。

毛细管模型虽然很简单，但在描述非饱和土力学性状方面的应用有其局限性。由于土中孔隙分布的测量比较复杂，而毛细管模型中只使用单一的孔隙半径，使模型难以在工程实践中应用。此外，土中之所以存在很大的负孔隙水压力，还有其他因素的作用，如颗粒间的吸附力等。

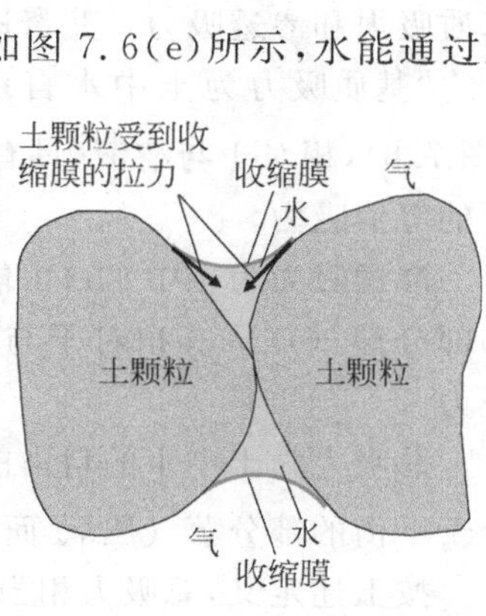

关于力学性状，如图 7.7 所示，收缩膜产生拉应力，从

图 7.7 收缩膜作用在土颗粒的拉力

而对土颗粒施加应力,增加土颗粒间的法向接触力,其结果表现为抗剪强度将增加。研究表明,非饱和土的强度受毛细水中应力状态的影响较大,而毛细水中的应力状态还与蒸发、蒸腾和土体上方空气的相对湿度有关。一些研究者已经针对"毛细水的稳定效应"发展了与负孔隙水压力相关的概念并应用到开挖面稳定性等问题的分析中。因此,在进行非饱和土的应力状态分析时,需要把收缩膜视为一个独立的相,即把非饱和土视为一个四相体系。

7.2.3　吸力(Suction)

土壤物理学在 20 世纪早期已开始发展土中吸力的理论概念,相关的吸力理论主要是与土-水-植物相关联。英格兰道路研究所首先指出,土的吸力在解释工程问题中的非饱和土的力学性状方面具有重要意义。在 1956 年召开的土力学研讨会上,艾奇逊(Aitchison)从热动力学角度定义了土的吸力及其组成。这些定义已在岩土工程中广为接受。

通常认为,土中吸力反映土中水的自由能状态,这种自由能可用土中水的部分蒸气压来表述量测。从热动力学观点来看,土中吸力(或土中水的自由能)可用开尔文公式进行定量的描述:

$$\psi = -\frac{RT}{v_{w0} w_v} \ln\left(\frac{\bar{u}_v}{\bar{u}_{v0}}\right) \tag{7.12}$$

式中,ψ——土的总吸力(kPa);

R——通用气体常数,$R = 8.31432 \text{J}/(\text{mol} \cdot \text{K})$;

T——绝对温度(K),$T = 273.16 + t$,t 是摄氏温度(℃);

v_{w0}——水的比体积或水的密度的倒数,$v_{w0} = 1/\rho_w (\text{m}^3/\text{kg})$;

ρ_w——水的密度(即 998kg/m³,当 $t = 20$℃时);

w_v——水蒸气的摩尔质量,为 18.016kg/kmol;

$\bar{u}_v$——孔隙水的部分蒸气压(kPa);

$\bar{u}_{v0}$——同一温度下,纯水平面上方的饱和蒸气压(kPa)。

式(7.12)表明,吸力的定量是以纯水(不含盐类或杂质的水)平面上方的蒸气压为基准的。$\bar{u}_v/\bar{u}_{v0}$ 这项称为相对湿度 RH(%)。

根据式(7.12)基于相对湿度确定的土中吸力通常称为"**总吸力**",它有两个组成部分,即基质吸力和渗透吸力。艾奇逊把三者定义为:

"基质吸力为土中水自由能的毛细部分——它是土中水处于平衡的部分蒸气压 $\bar{u}_v$(图 7.8),相对于与溶液(具有与土中水相同成分)处于平衡的部分蒸气压 $\bar{u}_{v1}$(图 7.8)而确定的等值吸力。

渗透吸力为土中水自由能的溶质部分——它是溶液(具有与土中水相同成分)处于平衡的部分蒸气压 $\bar{u}_{v1}$,相对于与自由纯水处于平衡的部分蒸气压 $\bar{u}_{v0}$(图 7.8)而确定的等值吸力。

总吸力为土中水的自由能——它是土中水处于平衡的部分蒸气压 $\bar{u}_v$,相对于自由纯水处于平衡的部分蒸气压 $\bar{u}_{v0}$ 而确定的等值吸力。"

按上述定义,总吸力相当于土中水的自由能,而基质吸力和渗透吸力是自由能的组成部分,可用公式表示如下:

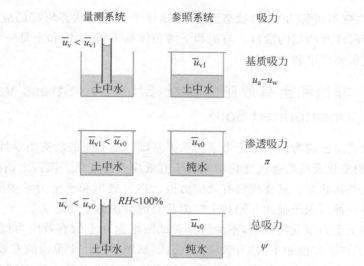

图 7.8 总吸力及其组成：基质吸力和渗透吸力

$$\psi = (u_a - u_w) + \pi \tag{7.13}$$

式中，$u_a - u_w$——基质吸力(kPa)；

　　　u_a——孔隙气压力(kPa)；

　　　u_w——孔隙水压力(kPa)；

　　　π——渗透吸力(kPa)。

图 7.8 从土中水自由能的角度展示了总吸力及其组成部分的概念。基质吸力通常与毛细作用相关。当土为非饱和土时，孔隙中的水与毛细管中的水一样，存在弯液面，其上的部分蒸气压 $\bar{u}_v$ 要小于土处于饱和状态(相同水质)时，即土中水为水平水面时，其上方的蒸气压力 $\bar{u}_{v1}$。这表示毛细作用使相对湿度降低了，而毛细作用与基质吸力密切关联，因此基质吸力被视为总吸力的一个组成部分。

另一方面，当土中孔隙水含盐且水面水平时，水面上方的蒸气压力 $\bar{u}_{v1}$ 会小于纯净水水面水平时水面上方的蒸气压力 $\bar{u}_{v0}$。故土中水含盐时，相对湿度会降低，即吸力会升高。这一部分升高的吸力称为渗透吸力，因为渗透吸力与溶质种类及浓度有关，因此渗透吸力也称为**溶质吸力**。渗透吸力与土中水的盐含量有关，它存在于非饱和土和饱和土中。

吸力的变化会影响土体的平衡状态，从而改变土体性状，例如吸力影响抗剪强度和压缩性。吸力的变化是由总吸力中一个或两个组成部分发生变化引起的。在大多数岩土工程实践中(与化学污染相关的问题除外)，渗透吸力的变化通常不大，可将其看作是常值。换言之，总吸力的变化主要是由于基质吸力的变化引起的。因此，如无特别声明，下文的吸力指的是基质吸力。

7.3　非饱和土的应力状态变量(Stress State Variable for Unsaturated Soil)

土的力学性状(例如体变和剪切性状)取决于土中的应力状态。对应力状态的彻底了解是发展非饱和土土力学这门学科的重要基础。土中的应力状态可用若干应力变量的组合来描述,这些应力变量可称为"**应力状态变量**"。描述土的应力状态所需的应力状态变量的数目主要取决于所涉及的相的数目。与饱和土两相体系不同,非饱和土是一个四相体系,所需的应力状态变量要比饱和土复杂。

7.3.1　非饱和土有效应力变量(Effective Stress Variable for Unsaturated Soil)

有效应力概念已成为饱和土土力学的重要基础。饱和土的所有力学性质均由有效应力控制,例如体积变化及抗剪强度变化均取决于有效应力的变化。换言之,有效应力的变化将改变饱和土的平衡状态。只要理解有效应力概念在发展饱和土土力学中所起的重要作用,就能领会需要一种可用于描述非饱和土应力状态的方法的重要意义。

在非饱和土土力学发展初期,不少研究者试图把饱和土的有效应力概念延伸应用于非饱和土,提出了许多非饱和土的"有效应力"公式,试图采用一个单值的有效应力或应力状态变量来描述非饱和土的应力状态。这些公式通常含有土性参数。然而试验结果表明,量测出来的土的性质同所建议的有效应力之间不存在单值的关系。换言之,建议的有效应力公式中的土性参数对不同问题(例如体变或抗剪强度)、不同应力路径、不同土类具有不同的数值。除了含土性参数的数值不唯一外,大多数"有效应力"公式难以解释非饱和土浸水发生体缩的机理。

克罗尼(Croney)等人在 1958 年提出如下的非饱和土有效应力公式:

$$\sigma' = \sigma - \beta' u_w \tag{7.14}$$

式中,β'——结合系数,反映土中有助于提高抗剪强度的结合点的数目。

毕肖普(Bishop)在 1959 年提出了获得广泛引用的有效应力表达式:

$$\sigma' = (\sigma - u_a) + \chi(u_a - u_w) \tag{7.15}$$

式中,χ——与土饱和度有关的参数。

对于饱和土,$\chi = 1$;对于干土,$\chi = 0$;其他湿度状态的土有 $0 < \chi < 1$。χ 同饱和度之间的关系可通过试验测定。唐纳德(Donnald)和布莱特(Blight)分别用无黏性粉土和压实土进行试验得到参数 χ 与饱和度的关系,如图 7.9 所示。从试验测试结果可知,参数 χ 的取值

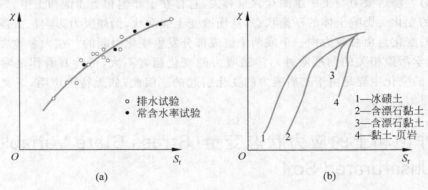

图 7.9　参数 χ 和饱和度 S_r 的关系

(a) 无黏性粉土的 χ 值;(b) 压实土的 χ 值

不仅仅取决于土的饱和度,还取决于土的属性以及测试路径和土的种类。哈利利(Khalili)和卡巴兹(Khabbaz)在 1998 年基于多种土的试验数据拟合出参数 χ 的统一表达式为

$$\chi = \left[\frac{(u_a - u_w)}{(u_a - u_w)_b} \right]^{-0.55} \tag{7.16}$$

式中,$(u_a - u_w)_b$ 为土的进气值(kPa),下文会讲述它的定义。需要注意的是,这个表达式也包含了土性参数,即进气值。

大多数非饱和土"有效应力"公式把吸力的作用效应视为各向同性。然而有研究者认为吸力的作用效应应该是各向异性的,包含偏量(deviatoric component)。Li 在 2003 年基于微观结构分析,推导出下述非饱和土有效应力表达式(张量形式):

$$\sigma'_{ij} = \sigma_{ij} - u_a \delta_{ij} + F_{ij}(u_a - u_w) \tag{7.17}$$

式中,F_{ij}——反映吸力作用效应的张量,与土中水及收缩膜的数量和分布有关。

这个表达式通过 F_{ij} 能体现吸力产生的剪切效应。如图 7.10 所示,由于孔隙水在土中分布不均匀,从而导致吸力(或收缩膜)对土颗粒产生了剪切作用。考虑吸力的剪切效应为解决应用单值的非饱和土有效应力遇到的困难提供了新思路,然而目前的技术难以量化孔隙水及收缩膜在土中的分布,导致目前式(7.17)的应用有限。

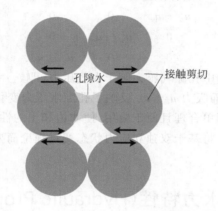

图 7.10   孔隙水分布不均匀产生剪切效应的示意图

7.3.2   双独立应力状态变量(Two Independent Stress State Variables)

由于单值"有效应力"变量在描述非饱和土各方面的力学性状时有很多困难,因此弗雷德隆德(Fredlund)提出了双应力变量理论,采用净应力 $\sigma - u_a$ 和吸力 $u_a - u_w$ 作为两个独立的应力变量来描述非饱和土的力学性状。

图 7.11 表示两个独立的应力变量作用于非饱和土体的一点。对于非饱和土来说,平衡条件意味着土的四个相(土颗粒、水、空气和收缩膜)均处于平衡状态。非饱和土的全面应力状态可以用两个独立的应力变量表示,其应力张量的表达形式为

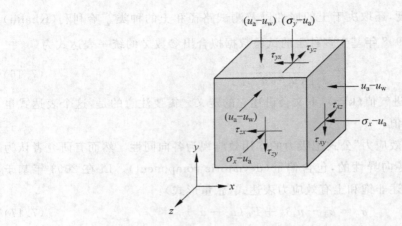

图 7.11　非饱和土的应力状态变量

$$\begin{bmatrix} \sigma_x - u_a & \tau_{yx} & \tau_{zx} \\ \tau_{xy} & \sigma_y - u_a & \tau_{zy} \\ \tau_{xz} & \tau_{yz} & \sigma_z - u_a \end{bmatrix} \qquad (7.18)$$

和

$$\begin{bmatrix} u_a - u_w & 0 & 0 \\ 0 & u_a - u_w & 0 \\ 0 & 0 & u_a - u_w \end{bmatrix} \qquad (7.19)$$

在大多数实际工程问题中孔隙气压力等于大气压力(即 $u_a = 0$),因此净应力 $\sigma - u_a$ 反映了总应力变化造成的影响,而吸力 $u_a - u_w$ 反映了孔隙水压力变化造成的影响。这两个相互独立的应力状态变量组合简单合理且便于应用,使非饱和土的性状得到更充分的描述,因此也得到了广泛的应用。下文将基于双独立应力状态变量理论简要介绍非饱和土的性状和相关理论。

7.4　非饱和土的水力特性(Hydraulic Properties of Unsaturated Soil)

7.4.1　非饱和土的持水特性(Retention Properties of Unsaturated Soil)

第 1 章所定义的含水率 w 和饱和度 S_r 用来描述土中含水量的多少。在描述非饱和土的持水特性时,经常用到另一个表述土中含水量的变量——体积含水率 θ_w。它的定义为土中水的体积 V_w 与土的总体积 V 的比值,其表达式为

$$\theta_w = \frac{V_w}{V} \qquad (7.20)$$

为了不引起混淆,可以把第 1 章所定义的含水率 w 称为重力含水率(gravimetric water content)。

对饱和土来说,含水率的变化只与孔隙比的变化有关。而对于非饱和土,除了孔隙比以

外,吸力的变化也会引起含水率的变化。随着土中吸力的增大,土体含水率或饱和度会下降。在非饱和土力学中,土体含水率(或饱和度)与土中吸力之间的关系定义为土-水特征曲线(soil-water characteristic curve,SWCC)。这种本构关系在其他学科也有应用,如土壤学、土壤物理学以及农业相关的学科。因此有很多不同的术语来描述这种关系,如土-水特征曲线、吸力-含水率关系曲线、持水曲线、水分保持曲线等。弗雷德隆德(Fredlund)建议在岩土工程领域使用土-水特征曲线这个术语比较合适。土-水特征曲线描述了土的持水能力,它是岩土工程中评估非饱和土特性如渗流、抗剪强度、体变等的重要参数之一。

　　[例题 7.1]　一个初始饱和土试样的孔隙比为 0.8,对其施加 20kPa 的吸力,平衡后孔隙比减少了 10%,而重力含水率降低了 15%。试计算 20kPa 的吸力平衡后的饱和度和引起的体积含水率变化值。已知土粒比重为 2.70。

　　解: 在初始状态,孔隙比 $e_0 = 0.8$,饱和度 $S_{r0} = 100\%$,$G_s = 2.70$,得到
初始体积含水率

$$\theta_{w0} = \frac{S_{r0} e_0}{1 + e_0} = \frac{1 \times 0.8}{1 + 0.8} = 0.444$$

初始重力含水率

$$w_0 = \frac{S_{r0} e_0}{G_s} = \frac{1 \times 0.8}{2.70} = 29.6\%$$

施加 20kPa 的吸力达到平衡时,孔隙比

$$e_f = e_0 \times (1 - 10\%) = 0.8 \times 0.9 = 0.72$$

重力含水率

$$w_f = w_0 \times (1 - 15\%) = 29.6\% \times 0.85 = 25.2\%$$

饱和度

$$S_{rf} = \frac{w_f G_s}{e_f} = \frac{0.252 \times 2.70}{0.72} \times 100\% = 94.5\%$$

$$\theta_{wf} = \frac{S_{rf} e_f}{1 + e_f} = \frac{0.945 \times 0.72}{1 + 0.72} = 0.396$$

因此体积含水率变化值

$$\Delta\theta_w = \theta_{wf} - \theta_{w0} = 0.396 - 0.444 = -0.048$$

　　土-水特征曲线通常表述在半对数坐标上,如图 7.12 所示。一条典型的土-水特征曲线可以分为三个部分,即边界效应区、过渡区和非饱和残余区。进气值是边界效应区和过渡区的切线相交点所对应的吸力值,可用来划分过渡区和边界效应区。残余饱和度是过渡区和非饱和残余区的切线相交点所对应的饱和度值,可用来划分过渡段和非饱和残余段。在边界效应区,土中孔隙是充满水的,当吸力值大于进气值,即进入过渡区时,土中孔隙将由水和空气填满。在这个阶段,水相和气相都是连续的。而在非饱和残余区,水相不再是连续的,在此阶段吸力的巨大变化只能引起含水率的微小改变。

　　砂土、粉土和黏土是三种典型的土类,它们的土-水特征曲线示意图如图 7.13 所示。对于砂土,随着吸力的增加含水率急剧下降,说明砂土具有较低的持水能力,与之相反的是,黏土具有较高的持水能力,即随着吸力的增加含水率缓慢下降。

　　目前已经提出很多模型来描述土-水特征曲线,在这些模型中,含水率通常表述为土吸力的函数。描述含水率通常有三个变量,即重力含水率、体积含水率和饱和度。对于土吸

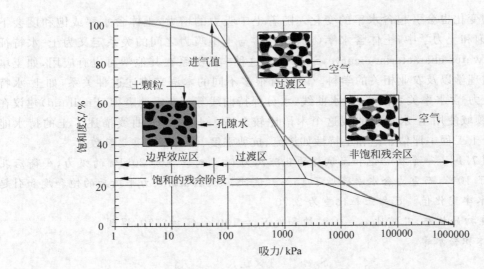

图 7.12　土-水特征曲线中的区域划分

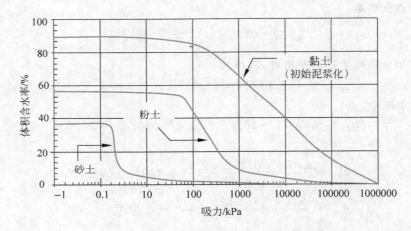

图 7.13　三种典型土类的土-水特征曲线示意图

力,常用的变量有总吸力、基质吸力和渗透吸力。在这些模型中,比较为人们所熟知的是 van Genuchten 模型和 Fredlund & Xing 模型。其中,van Genuchten 模型的表达式为

$$\theta_w = \theta_r + \frac{\theta_s - \theta_r}{(1 + a\psi^b)^c} \tag{7.21}$$

式中,θ_s——饱和体积含水率;

　　　θ_r——残余体积含水率;

　　　ψ——土的吸力(kPa);

　　　a、b、c——土性参数。

Fredlund & Xing 模型的表达式为

$$\theta_w = \left[1 - \frac{\ln\left(1 + \dfrac{\psi}{\psi_r}\right)}{\ln\left(1 + \dfrac{1000000}{\psi_r}\right)} \right] \frac{\theta_s}{\left\{ \ln\left[e + \left(\dfrac{\psi}{a}\right)^b \right] \right\}^c} \tag{7.22}$$

式中，ψ_r——土的残余吸力（kPa）；

e——自然常数；

a、b、c——土性参数。

试验结果表明土的土-水特征曲线受多种因素影响，包括压实条件、增湿/脱湿路径、吸力历史、应力历史、应力水平等。增湿/脱湿路径对土-水特征曲线的影响如图 7.14 所示，这种现象通常称为水力滞回效应。

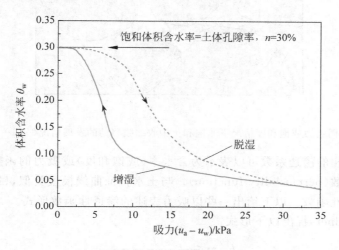

图 7.14 土-水特征曲线的水力滞回效应

7.4.2 非饱和土的渗流规律及渗透特性（Flow Law and Seepage Properties of Unsaturated Soil）

非饱和土孔隙内包含水和气两种流体，流体的流动分析需要一个定律来描述，要用适当的系数将流速和驱动势能联系起来。在水相和气相都连续的情况下，水的流动和气体的流动都有各自的渗透流动规律。由于篇幅限制，本节只讲述水的渗透流动。

如第 3 章所述，饱和土中水的流动通常用达西定律来表达，驱动势能为总水头（或测管水头）。研究者通过试验发现，达西定律也适用于非饱和土中水的流动，其驱动势能亦为总水头，换言之，非饱和土中水流动的驱动势能只与吸力中的孔隙水压有关，与吸力没有直接关系。但是与在饱和土中假定渗透系数为常数不同，在非饱和土中的渗透系数一般都是变数，且主要是非饱和土含水率或吸力的函数。为了和气相的流动区别，用 k_w 表示**非饱和土中液相的渗透系数**。因此，应用于非饱和土的达西定律表示为

$$v = k_w i \tag{7.23}$$

式中，v——渗透速度（m/s 或 cm/s）；

k_w——非饱和土液相的渗透系数（m/s 或 cm/s）；

i——水力梯度。

在非饱和土中，渗透系数受到含水率（或饱和度）变化的强烈影响。由于水在被水所充填的孔隙间流动，所以充水孔隙的比例是一重要的影响因素。当土由饱和变成非饱和时，空气首先取代某些大孔隙中的水，导致水通过较小孔隙流动，从而使流程的绕曲度增加而过水

断面减小。随着土中吸力的进一步增加导致水占有的孔隙体积进一步减少,即水气界面越来越靠近土颗粒(图 7.15)。结果是水相的渗透系数随着可供水流动的空间减少而急剧降低。

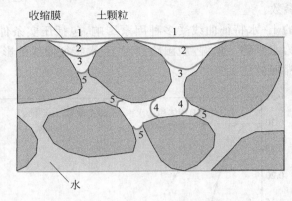

图 7.15   在不同吸力或饱和度情况下非饱和土中收缩膜移动的发展情况(分 1~5 共 5 个阶段)

非饱和土水相的渗透系数可以表示为含水率(或饱和度)或吸力的函数,通常将此类函数称为**渗透性函数**(permeability function)。与土水特征曲线模型类似,目前已经提出很多模型来描述渗透性函数。以下给出一些以吸力表述的渗透性函数形式。

加德纳(Gardner)提出以下形式:

$$k_w = \frac{k_s}{1 + \alpha \left(\dfrac{u_a - u_w}{\rho_w g} \right)^n} \tag{7.24}$$

式中,k_s——饱和渗透系数(m/s 或 cm/s);

α、n——土性参数。

阿博伊尔曼(Arbhiraman)等提出以下形式:

$$k_w = \frac{k_s}{1 + \left[\dfrac{u_a - u_w}{(u_a - u_w)_b} \right]^{n'}} \tag{7.25}$$

式中,n'——土性参数。

7.5   非饱和土的变形性状(Deformation Behavior of Unsaturated Soil)

对饱和土来说,有效应力的变化会引起土体的变形,如前述的一维/等向压缩性状和剪切性状涉及的变形。同样,对非饱和土来说,净应力和吸力的变化也会引起土体的变形。其中,净应力的作用效果类似饱和土中的有效应力,在此不进行讲述。下面重点讲述吸力的作用效应。

7.5.1   吸力对非饱和土变形性状的影响(Effect of Suction on Deformation Behavior of Unsaturated Soil)

吸力对非饱和土变形性状的影响主要体现在两个方面:一是吸力的变化会引起土体的

变形；二是吸力会改变土体的模量或压缩参数，如弹性模量、压缩性指标等。

吸力的变化会引起非饱和土特别是膨胀土等特殊土产生体变。降雨入渗、地下水位上升等工况通常会引起非饱和土体吸水，导致土体内部饱和度上升以及吸力下降。试验表明，一般的非饱和土（例如非饱和压实黏土）在无围压或低围压作用下会随着吸力的下降产生轻微的体胀，如图7.16所示，通常此体胀是可逆的，即体胀会随着吸力的恢复而消失；然而在较高围压作用下，一般的非饱和土随着吸力的下降先产生轻微的体胀，然后产生较明显的不可逆的体缩，如图7.16所示。此吸水体缩性状被视为非饱和土最显著性状之一，并被研究者定义为湿陷（wetting-induced collapse）特性。研究者发现，吸力下降引起的体变性状非常复杂，除了围压以外，还受初始密度、初始含水率、吸力历史和应力历史等因素影响。

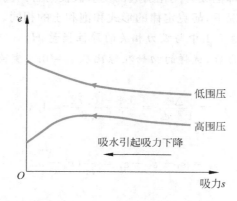

图7.16　不同围压下一般非饱和土随吸力下降的典型体变性状

吸力上升（即干燥）通常会导致非饱和土的体缩。研究者发现，类似饱和土的一维压缩，当吸力上升超过一个阈值，非饱和土会发生不可逆转的体缩。类似先期固结应力，此吸力阈值定义为屈服吸力。试验表明屈服吸力也受多因素的影响。

膨胀土中黏粒成分主要由亲水性强的矿物组成，与一般非饱和土相比，非饱和膨胀土具有显著的吸水膨胀特性。除了上述一般非饱和土具有的特性外，非饱和膨胀土还具有一些特征，例如吸水产生显著的不可逆体胀、吸水-失水循环产生累积的体胀。与一般非饱和土类似，这些变形性状还受围压、初始密度、初始含水率、吸力历史和应力历史等因素影响。

一般来说，吸力会增加土颗粒之间的作用力，因而会提高非饱和土体的模量，即降低压缩参数。但是有部分试验表明，非饱和土体的压缩参数（如5.5.3节讲述的参数λ）随吸力的增加而变大。

7.5.2　非饱和土变形的弹性理论（Elasticity Theory for Deformations of Unsaturated Soil）

将应变与应力状态变量联系起来，便可建立材料的应力-应变本构关系。这类本构关系可以用来描述由于应力状态变化而引起的变形。在弹性力学范畴内，最常见的应力-应变关系为2.3.3节介绍的胡克定律，对各向同性的线弹性材料，以主应力和主应变的形式表达如式（2.15）所示。对于非饱和土，采用双独立应力状态变量，即净应力和吸力，可将式（2.15）

表述的胡克定律引申到非饱和土：

$$\begin{bmatrix} \varepsilon_1 \\ \varepsilon_2 \\ \varepsilon_3 \end{bmatrix} = \frac{1}{E} \begin{bmatrix} 1 & -\nu & -\nu \\ -\nu & 1 & -\nu \\ -\nu & -\nu & 1 \end{bmatrix} \begin{bmatrix} \sigma_1 - u_a \\ \sigma_2 - u_a \\ \sigma_3 - u_a \end{bmatrix} + \frac{1}{H} \begin{bmatrix} 1 & 0 & 0 \\ 0 & 1 & 0 \\ 0 & 0 & 1 \end{bmatrix} (u_a - u_w) \qquad (7.26)$$

式中，E——弹性模量(MPa)；

ν——泊松比；

H——与吸力$(u_a - u_w)$变化有关的弹性模量(MPa)。

上式中弹性参数 E 和 ν 用于描述净应力的变化引起的变形，弹性模量 H 用于描述吸力的变化引起的变形。一般都把吸力变化引起的变形假设为各向同性，即只引起体应变，不产生剪应变。因此在纯剪情况下，胡克定律的形式和饱和土的相同。

[**例题 7.2**]　计算例题 7.1 中与吸力相关的弹性模量 H。

解：在施加 20kPa 吸力后，试样的初始孔隙比从 $e_0 = 0.8$ 变为 $e_f = 0.72$，期间发生的体应变为

$$\varepsilon_v = \frac{\Delta e}{1 + e_0} = \frac{0.8 - 0.72}{1 + 0.8} = 4.4\%$$

根据式(7.26)，

$$\varepsilon_v = \varepsilon_1 + \varepsilon_2 + \varepsilon_3 = \frac{3}{H}(u_a - u_w)$$

可得

$$H = \frac{3}{\varepsilon_v}(u_a - u_w) = \frac{3}{0.044} \times 20\text{kPa} = 1364\text{kPa} = 1.364\text{MPa}$$

如果考虑吸力对弹性模量的影响，那式(7.26)中弹性参数 E 和 ν 会受吸力状态影响，表现出非线性特点。如果把式(7.26)用于描述吸力变化引起的体变，那弹性模量 H 会受多个因素的影响，包括吸力路径、围压、初始密度、初始含水率、吸力历史和应力历史等。因此，需要采用更高级、更复杂的弹塑性理论才能较好地描述吸力变化引起的体变性状。

7.6　非饱和土的抗剪强度特性(Shear Strength Properties of Unsaturated Soil)

7.6.1　吸力对抗剪强度的贡献(Contribution of Suction to Shear Strength)

如前所述，收缩膜的表面张力作用会把土颗粒拉在一起，从而增加非饱和土颗粒的稳定性，在宏观上表现为吸力增强了非饱和土的抗剪强度。近几十年众多学者针对吸力对非饱和土抗剪强度的影响进行了试验研究。试验结果表明吸力能提高非饱和土体的抗剪强度，但是抗剪强度不会随吸力值的增加而无限增大。大部分试验数据表明非饱和土抗剪强度随吸力的增加非线性增大，如图 7.17 模式 1 所示，在较小的吸力范围内可近似认为抗剪强度随吸力线性增大。对于粗颗粒土(如砂土)，有试验表明，土体抗剪强度在某吸力作用下达到最大值，如图 7.17 模式 2 所示，超过此吸力后，抗剪强度反而随吸力的增加而减小。其主要

原因是收缩膜对非饱和土颗粒的作用不仅和吸力大小有关,还和收缩膜与土颗粒的接触长度及数量有关。

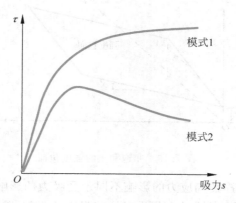

图 7.17 吸力对抗剪强度的贡献示意图

7.6.2 非饱和土抗剪强度理论(Shear Strength Theory for Unsaturated Soil)

如前所述,饱和土的抗剪强度理论通常采用莫尔-库仑强度理论。对于非饱和土,可以采用双独立应力状态变量,即净应力和吸力,将莫尔-库仑强度理论引申到非饱和土。1978年弗雷德隆德(Fredlund)等人提出了基于双独立应力状态变量的非饱和土抗剪强度公式:

$$\tau_f = (\sigma_n - u_a)\tan\varphi' + (u_a - u_w)\tan\varphi^b + c' \tag{7.27}$$

式中,τ_f——剪切面上土的抗剪强度(kPa),意义与式(5.4)相同;

$\sigma_n - u_a$——剪切面上作用的净法向应力(kPa);

φ'——与净法向应力有关的内摩擦角(°);

$u_a - u_w$——剪切面上作用的吸力(kPa);

φ^b——抗剪强度随吸力$(u_a - u_w)$而增加的速率(°);

c'——土的有效黏聚力(kPa),意义与式(5.4)相同。

c'、φ'和φ^b统称为非饱和土的强度参数。一般认为,对于同一种土,强度参数c'、φ'和φ^b与试验方法无关,是土体的内在参数。

比较式(5.4)和式(7.27)可知,当饱和度接近100%时,孔隙水压力u_w接近孔隙气压力u_a,吸力$u_a - u_w$趋于零,这时净法向应力$\sigma_n - u_a$近似等于有效法向应力$\sigma_n - u_w$,式(7.27)变为式(5.4)所示的饱和土的抗剪强度公式。换言之,非饱和土的抗剪强度公式能平顺地过渡到饱和土的抗剪强度公式。

对饱和土来说,式(5.4)的函数关系表示在τ-σ_n'平面是一条包络线。对非饱和土来说,如把式(7.27)的函数关系表示在τ-$(\sigma_n - u_a)$-$(u_a - u_w)$三维空间中,将得到如图7.18所示的一个包面。此三维坐标中的纵坐标为剪应力τ,而横坐标和纵坐标为两个应力状态变量$\sigma_n - u_a$和$u_a - u_w$。图7.18表明,包面在剪应力τ轴的截距为黏聚力c',此包面与$\sigma_n - u_a$和$u_a - u_w$轴之间的夹角分别为φ'和φ^b。如果假设φ'和φ^b都是常数,强度包面就是一个平面。当土变为饱和时,吸力变成零,于是孔隙水压力接近孔隙气压力。其结果是,三维强度包面

简化为 τ-$(\sigma_n - u_w)$ 二维平面内的一条包络线。

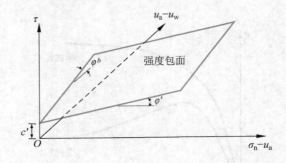

图 7.18　非饱和土的强度包面

非饱和土抗剪强度受净法向应力的影响不同于受吸力的影响。由式(7.27)可知,内摩擦角 φ' 描述作用在剪切面上的净法向应力对抗剪强度的贡献,其作用机理类似于固体间的摩擦特性。而 φ^b 描述吸力对抗剪强度的贡献,如前所述,由于表面张力作用,吸力增加了土粒间的法向作用力,从而提高了抗剪强度。一般情况下,φ^b 值等于或小于 φ'。

强度包面与剪应力-吸力平面的相交线表示在图 7.19 中,从式(7.27)可知,此相交线可用下式表示:

$$c = c' + (u_a - u_w)\tan\varphi^b \tag{7.28}$$

式中,c——在给定的吸力 $u_a - u_w$ 和净法向应力为零时的抗剪强度,称为**总黏聚力**(kPa)。

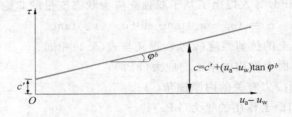

图 7.19　强度包面与 τ-$(u_a - u_w)$ 面的交线

将式(7.28)代入到式(7.27)中,则式(7.27)可以改写成:

$$\tau_f = c + (\sigma_n - u_a)\tan\varphi' \tag{7.29}$$

此式与饱和土强度表达式(5.4)类似,形式上把非饱和土的抗剪强度分为摩阻力和黏聚力两部分。但是,把吸力包含在黏聚力部分中并不意味着吸力是抗剪强度黏聚力的一个分量,只是为了便于将三维强度包面移到二维图中。将图 7.18 三维空间的非饱和土强度包面水平投影在 τ-$(\sigma_n - u_a)$ 平面上,则可得到一组代表不同吸力 $u_a - u_w$ 的强度包络线,如图 7.20 所示。它们的黏聚力截距因其吸力的不同而不同,这些包络线是三维强度包面的简化表示方式。

与饱和土类似,非饱和土的强度包面可采用直剪仪来测定。由于吸力是一个重要的应变状态变量,需要在饱和土的直剪仪上添加吸力控制或测量装置,对固结和剪切过程中试样吸力进行控制或测量。为了测定强度参数 c'、φ' 和 φ^b,对同一种土分别在不同垂直净应力 $\sigma_n - u_a$ 和不同吸力 $u_a - u_w$ 作用下进行剪切试验,根据试验结果绘制出抗剪强度 τ 和垂直净应力 $\sigma_n - u_a$ 及吸力 $u_a - u_w$ 之间的关系,从而确定出非饱和土的抗剪强度指标。

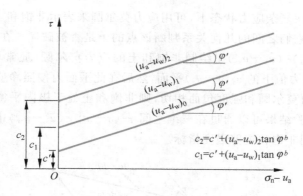

图 7.20 强度包面水平投影到 τ-(σ_n-u_a) 平面上的一组强度包络线

[**例题 7.3**] 对某种土首先进行饱和土直剪试验,测定其饱和抗剪强度参数 $c'=10\text{kPa}$ 和 $\varphi'=25.5°$。接着开展控制吸力的非饱和土直剪试验,试验所施加的净法向应力 $\sigma_n-u_a=50\text{kPa}$,所施加的吸力 u_a-u_w 和得到的抗剪强度 τ_f 如表 7.1 所示,试确定该非饱和土的抗剪强度指标 φ^b。

表 7.1 非饱和土直剪试验数据

项目	试样 1	试样 2	试样 3	试样 4
(u_a-u_w)/kPa	20	40	60	80
τ_f/kPa	40.2	46.8	53.2	59.8

解:4 个试验施加的净法向应力都是 50kPa,强度包面和 $\sigma_n-u_a=50\text{kPa}$ 的垂直平面的交线可表述在 τ-(u_a-u_w) 平面上,此强度包络线的截距 d 代表 $\sigma_n-u_a=50\text{kPa}$ 和 $u_a-u_w=0$ 的抗剪强度,根据式(7.27)可得:

$$d=(\sigma_n-u_a)\tan\varphi'+c'=(50\times\tan25.5°+10)\text{kPa}=33.8\text{kPa}$$

根据试验结果,在 τ-(u_a-u_w) 平面绘制强度包络线,如图 7.21 所示。利用最小二乘法拟合出最接近这些点且截距为 33.8kPa 的直线,其表达式为

$$\tau=0.324(u_a-u_w)+33.8\text{kPa}$$

因此得到

$$\tan\varphi^b=0.324,\quad 即\quad \varphi^b=18.0°$$

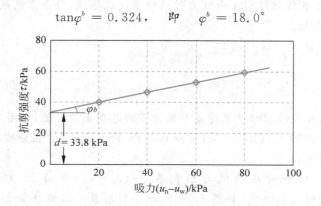

图 7.21 净法向应力为 50kPa 处 τ-(u_a-u_w) 平面上的强度包络线

与饱和土类似,在复杂应力状态下,可用应力莫尔圆来表示非饱和土体中一点各截面上应力分量,并可根据它们之间的几何关系判断该点的土是否被破坏。在如图 7.22 所示的三维应力空间 τ-$(\sigma-u_a)$-(u_a-u_w) 里绘制非饱和土的应力莫尔圆,通常先根据吸力值(例如 $(u_a-u_w)_1$)确定此吸力值下的 τ-$(\sigma-u_a)$ 平面,然后在此平面内按照净应力状态绘制净应力莫尔圆。如果此应力莫尔圆和强度包面相切,则非饱和土处于极限平衡状态。与饱和土类似,非饱和土三轴试验结果可以通过在三维空间 τ-$(\sigma-u_a)$-(u_a-u_w) 中分析试样破坏时的极限应力莫尔圆得到非饱和抗剪强度指标。

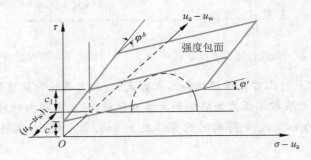

图 7.22　非饱和土的应力莫尔圆

[**例题 7.4**]　对某种土首先进行饱和土三轴试验,测定其饱和抗剪强度参数 $c'=0$ 和 $\varphi'=35°$。接着开展控制吸力的非饱和土三轴试验,试验所施加的净围压 $\sigma_3-u_a=100\text{kPa}$,所施加的吸力 (u_a-u_w) 和得到的破坏偏应力 q_f 如表 7.2 所示,试确定该非饱和土的抗剪强度指标 φ^b。

表 7.2　非饱和土三轴试验数据

项目	试样 1	试样 2	试样 3	试样 4
$(u_a-u_w)/\text{kPa}$	25	50	75	100
q_f/kPa	296	324	352	380

解：根据试验结果在 τ-(σ_n-u_a) 平面上得到 4 个试样的极限应力莫尔圆,如图 7.23 所示。

按照 $\varphi'=35°$ 可在该图得到 4 个吸力对应的强度包络线,每条强度包络线与对应的应力莫尔圆相切,在切点处:

$$\tau_f = \frac{(\sigma_1-u_a)-(\sigma_3-u_a)}{2}\cos\varphi' = \frac{q_f}{2}\cos\varphi'$$

$$(\sigma_n-u_a)_f = \frac{(\sigma_1-u_a)+(\sigma_3-u_a)}{2} - \tau_f\tan\varphi' = (\sigma_3-u_a) + \frac{q_f}{2}(1-\sin\varphi')$$

把上述两式代入式(7.29)可求得 4 个吸力下的总黏聚力 c 值,即图 7.23 上强度包络线的截距。对应吸力 25kPa、50kPa、75kPa 和 100kPa 的总黏聚力 c 值分别为 7.0kPa、14.3kPa、21.6kPa 和 28.9kPa。

把总黏聚力 c 值和对应的吸力绘制在 τ-(u_a-u_w) 平面上,即净应力为零处 τ-(u_a-u_w) 平面上的强度包络线,如图 7.24 所示。利用最小二乘法拟合出最接近这些点且通过原点(因为 $c'=0$)的直线,其表达式为

$$\tau = 0.288(u_a - u_w)$$

因此得到

$$\tan\varphi^b = 0.288, \quad 即 \quad \varphi^b = 16.1°$$

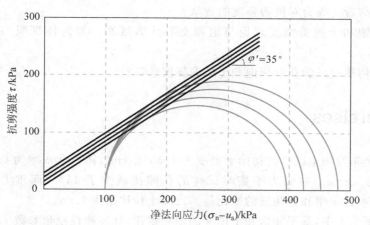

图 7.23 $\tau-(\sigma_n-u_a)$平面上极限应力莫尔圆和强度包络线

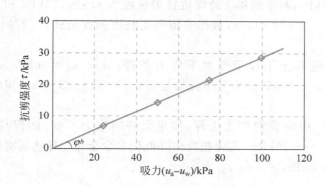

图 7.24 总黏聚力与吸力的关系

思考题(Thinking Questions)

7.1 什么是收缩膜?为什么要把它视为非饱和土的第四相?

7.2 什么是毛细管模型?将其应用于非饱和土力学性状方面有什么局限性?

7.3 请解释为什么黏土的毛细上升高度要比砂土的高。

7.4 为什么收缩膜能增加土颗粒间的作用力?

7.5 什么是土的总吸力?它的组成部分是什么?

7.6 应用单值有效应力变量描述非饱和土性状会遇到什么困难?

7.7 双独立应力状态变量理论有什么优点?

7.8 什么是土水特征曲线?它有什么意义?

7.9 什么是水力滞回效应?

7.10   非饱和土的渗流定律和饱和土有什么异同？

7.11   什么是非饱和土的渗透函数？

7.12   非饱和土变形的弹性理论和饱和土有何区别？

7.13   如何看待吸力对抗剪强度的贡献？

7.14   非饱和土抗剪强度理论与饱和土有什么区别？如何体现吸力对抗剪强度的贡献？

7.15   如何通过试验获取非饱和土抗剪强度参数？

习题（Exercises）

7.1   一个非饱和土试样的初始干密度为 $1.395 \mathrm{g/cm^3}$，体积含水率为 0.426，对其施加 100kPa 的吸力 $u_a - u_w$，在吸力平衡时试样的孔隙比减少了 15%，而重力含水率减少了 30%。计算体积含水率和饱和度的变化值。已知土粒比重为 2.65。

7.2   在题 7.1 中，基于非饱和土体变的胡克定律，计算弹性模量参数 H。

7.3   对非饱和土试样进行三个净正应力为 100kPa 的直剪试验，所施加的吸力分别为 20kPa、40kPa 和 60kPa，测量到相应的峰值抗剪强度为 68kPa、73kPa 和 78kPa。已知此非饱和土的有效黏聚力为 $c' = 10 \mathrm{kPa}$，根据非饱和土抗剪强度公式（7.27）计算抗剪强度参数 φ' 和 φ^b。

7.4   一个非饱和土土样承受以下应力条件：$\sigma_x - u_a = 60 \mathrm{kPa}$，$\sigma_y - u_a = 120 \mathrm{kPa}$，$\tau_{xy} = -40 \mathrm{kPa}$，$u_a - u_w = 80 \mathrm{kPa}$。在三维应力空间 τ-$(\sigma - u_a)$-$(u_a - u_w)$ 里绘制非饱和土土样的应力莫尔圆。

7.5   在题 7.4 中的非饱和土土样，如果保持净应力不变，即保持 $\sigma_x - u_a = 60 \mathrm{kPa}$，$\sigma_y - u_a = 120 \mathrm{kPa}$，$\tau_{xy} = -40 \mathrm{kPa}$，需要把吸力降低到多少会让土样达到破坏状态。已知土体抗剪强度参数：$c' = 0 \mathrm{kPa}$，$\varphi' = 30°$，$\varphi^b = 10°$。

第8章

土压力理论(Earth Pressure Theories)

8.1　概述(Introduction)

挡土结构是用来支撑天然斜坡或人工填土边坡以保证斜坡土体稳定性的一种构筑物。挡土结构在房屋建筑、路桥、水利和港口等工程中应用十分广泛,如建筑物地下室的侧墙、基坑支护结构(图 8.1(a))、桥梁的桥台、道路边坡的挡土墙(图 8.1(b))、水闸的翼墙和码头暗墙等。

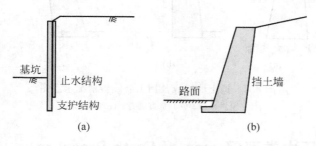

图 8.1　挡土结构
(a)基坑支护结构;(b)道路边坡的挡土墙

挡土结构后的土体因自重或外荷载作用,对挡土结构产生的侧向压力称为土压力。由于土压力是挡土结构的主要外荷载,因此土压力的计算是挡土结构断面设计和稳定性验算的重要内容。本章主要介绍土压力类型、各种土压力的形成条件、静止土压力计算、朗肯和库仑土压力理论及计算方法,以及几种常见情况下的土压力计算等内容。

8.2　挡土结构及土压力(Retaining Structures and Earth Pressures)

8.2.1　挡土结构的类型(Types of Retaining Structure)

挡土结构的分类方法较多,按建筑材料可分为砖、石、混凝土、钢筋混凝土挡土结构等;按断面几何形状及受力特点可分为重力式、悬臂式、扶壁式、板桩式、锚定板式、加筋土式挡土结构等;按其刚度可分为刚性挡土结构与柔性挡土结构。

由于刚度大,挡土结构在侧向土压力作用下仅能发生整体平移或转动,挡土结构的挠曲变形可忽略不计,这种类型的挡土结构称为**刚性挡土结构**。一般用砌石、混凝土或钢筋混凝土砌筑的断面较大的挡土墙都属于刚性挡土结构。而在土压力作用下,挡土结构发生明显的挠曲变形,挡土结构的变形反过来影响土压力的大小和分布,这种类型的挡土结构称为**柔性挡土结构**。如在深基坑开挖中,为支护坑壁而打入土中的板桩墙即为柔性挡土结构。

作用在刚性挡土结构上的土压力计算是土压力计算的基础,其他类型挡土结构上作用的土压力大都以刚性挡土结构土压力计算方法为依据,因此本章主要介绍作用在刚性挡土墙上的土压力的计算。此外,一般挡土墙因其长度远大于高度,并且断面在很长范围内是不变的,因此属于平面应变问题,在分析土压力时可取沿墙长度方向每延米计算。

挡土墙各部分的名称如图 8.2(a)所示,靠填土(或山体)一侧为墙背,外露一侧为墙面,墙面与墙底的交线称为墙趾,墙背与墙底的交线称为墙踵,墙背与铅垂线的交角为墙背倾角 ε。墙背向外侧倾斜时为俯斜墙背,其 $\varepsilon>0$,如图 8.2(a)所示;墙背向墙后土体一侧倾斜时为仰斜墙背,其 $\varepsilon<0$,如图 8.2(c)所示;墙背竖直时为垂直墙背,其 $\varepsilon=0$,如图 8.2(b)所示。

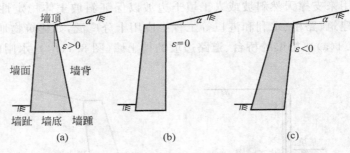

图 8.2　挡土墙组成及挡土墙倾斜情况示意图
(a) 俯斜墙背;(b) 垂直墙背;(c) 仰斜墙背

8.2.2　土压力类型(Types of Earth Pressure)

土压力的大小和分布比较复杂,除了与墙后土体的性质有关外,还与挡土墙的高度、结构类型、刚度和位移有关。根据挡土墙的位移方向、大小及墙后土体所处的状态,可以定义三种特殊状态下的土压力,即静止土压力、主动土压力和被动土压力。

1. 静止土压力

挡土墙在墙后土体的作用下不产生任何移动或转动,保持在原来的位置,而且墙后土体处于弹性平衡状态,此时作用在墙背上的土压力称为静止土压力,如图 8.3(a)所示。作用在每延米挡土墙上的静止土压力的合力用 E_0(kN/m)表示,静止土压力强度(单位面积上作用的土压力)用符号 p_0(kPa)表示。

2. 主动土压力

如图 8.3(b)所示,挡土墙在墙后土体的作用下,产生背离土体方向的移动或转动时,随着墙的位移量的逐渐增大,土体作用于墙上的土压力逐渐减小;当墙后土体达到主动极限平衡状态并出现连续滑动面时,此时作用于墙上的土压力减至最小,称为主动土压力。作用在每延米挡土墙上的主动土压力的合力用符号 E_a(kN/m)表示,主动土压力强度用符号

p_a(kPa)表示。

3. 被动土压力

如图 8.3(c)所示,挡土墙在外力作用下,向着土体发生移动或转动时,挤压墙后土体;随着墙位移量的逐渐增大,土体作用于墙上的土压力逐渐增大,当墙后土体达到被动极限平衡状态并出现滑动面时,此时作用于墙上的土压力增至最大,称为被动土压力。作用在每延米挡土墙上的被动土压力的合力用符号 E_p(kN/m)表示,被动土压力强度用符号 p_p(kPa)表示。

图 8.4 为土压力与挡土墙位移(位移与墙高的比值,Δ/H)关系曲线示意图。从图中可以看出,作用在挡土墙上土压力的大小与位移的方向和大小有关。在相同条件下,静止土压力大于主动土压力而小于被动土压力,即 $E_a < E_0 < E_p$,而产生被动土压力时所需的位移量远远大于产生主动土压力时所需的位移量。

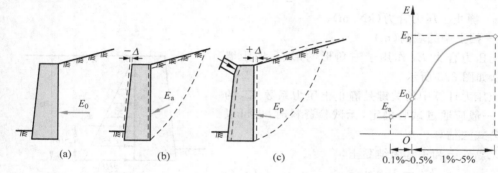

图 8.3 挡土墙上三种土压力示意图   图 8.4 土压力与挡土墙位移的关系
(a) 静止土压力;(b) 主动土压力;(c) 被动土压力

8.2.3 土压力理论(Earth Pressure Theories)

从土压力理论研究现状来看,计算静止土压力主要应用弹性理论方法和经验方法,而计算主动土压力和被动土压力主要应用经典土压力理论,即库仑土压力理论和朗肯土压力理论。经典土压力理论基于以下假定:①挡土结构视为刚体;②土体是理想刚塑性体;③土体材料服从 Mohr-Coulomb 准则。依照经典土压力理论得到的是极限平衡状态下的土压力值。

8.3 静止土压力的计算(Calculation of the Earth Pressure at Rest)

静止土压力是挡土墙静止不动时,作用在墙上的土压力。在实际工程中,如果挡土墙有足够的刚度,并且修建在坚实的地基上,则能够保证挡土墙在墙后土体的压力作用下不发生任何位移或转动,此时挡土墙所受的土压力可视为静止土压力。地下室外墙、船闸边墙、岩石地基上的重力式挡土墙和涵洞侧壁所受的土压力通常按照静止土压力计算。

由于墙静止不动,墙后土体不能有侧向位移而处于侧限状态,其与水平场地中只受自重作用的土体状态相同,因此可以用第 2 章计算土体自重应力的公式来计算静止土压力。

墙后为表面水平的均质土体,地下水位在墙底以下,土体天然重度为 γ,则在深度 z 处由自重产生的竖向应力 $\sigma_{zs} = \gamma z$,该处的水平应力,也就是作用在挡土墙上的静止土压力强度,可由以下公式计算:

$$p_0 = \sigma_{xs} = K_0 \sigma_{zs} = K_0 \gamma z \tag{8.1}$$

式中,p_0——静止土压力强度(kPa);

$\quad K_0$——静止土压力系数,即静止侧压力系数;

$\quad \gamma$——墙后土体重度(kN/m³);

$\quad z$——墙后土体距离地面的深度(m)。

由式(8.1)可知,静止土压力的大小沿深度线性增加,即呈三角形分布。若墙后土面水平时,作用在单位长度墙上的静止土压力的合力为 p_0 分布图形的面积,即

$$E_0 = \frac{1}{2} K_0 \gamma H^2 \tag{8.2}$$

式中,E_0——静止土压力合力(kN/m);

$\quad H$——挡土墙的墙高(m)。

静止土压力合力 E_0 作用于三角形的形心,即距墙踵 $H/3$ 处,如图 8.5 所示。

静止土压力计算中的关键是静止土压力系数 K_0 的取值。K_0 一般应通过试验确定,无试验资料时,也可以采用经验公式法估算。

对于无黏性土和正常固结黏土,

$$K_0 = 1 - \sin\varphi' \tag{8.3}$$

对于超固结黏土,

$$K_0 = (1 - \sin\varphi') \text{OCR}^{\sin\varphi'} \tag{8.4}$$

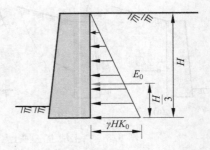

图 8.5　静止土压力分布

式中,φ'——土的有效内摩擦角(°);

$\quad$OCR——超固结系数。

可见,对于砂土和正常固结的黏性土,K_0 值均小于 1;而对于超固结黏土,K_0 值可能小于 1,也可能大于 1。

对于墙后土体有多个土层的情况,计算方法参见 8.7.2"墙后土体分层"一节,要特别注意在不同土层交界面处静止土压力强度不连续。

[例题 8.1]　设计一个位于岩石地基上的挡土墙,墙高 3m,墙后为砂土,重度为 17.5kN/m³,有效内摩擦角为 30°。计算作用在挡土墙上的土压力。

解:由于该挡土墙位于岩石地基上,因此按照静止土压力计算。

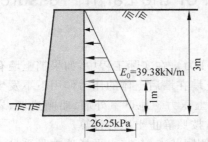

图 8.6　例题 8.1 图

静止土压力系数为

$$K_0 = 1 - \sin\varphi' = 1 - \sin 30° = 0.5$$

墙顶处静止土压力强度为

$$p_{01} = 0 \text{kPa}$$

墙底处静止土压力强度为

$$p_{02} = K_0 \gamma H = 0.5 \times 17.5 \times 3 = 26.25 (\text{kPa})$$

采用上述计算结果绘出静止土压力强度分布,如图 8.6 所示。

由静止土压力强度分布图计算静止土压力合力为

$$E_0 = \left(\frac{1}{2} \times 26.25 \times 3 \right) \text{kN/m} = 39.38 \text{kN/m}$$

静止土压力合力 E_0 的作用点离墙底的距离 $d_0 = H/3 = 3\text{m}/3 = 1\text{m}$。

8.4　朗肯土压力理论（Rankine's Earth Pressure Theory）

朗肯土压力理论是英国科学家朗肯（Rankine）于 1857 年根据半空间内的应力状态和土的极限平衡理论提出的土压力计算方法。朗肯土压力理论的基本假定为：

（1）墙后**土体表面水平**并无限延长；

（2）挡土墙**墙背竖直、光滑**。

第一个假定使墙后土体的应力状态符合半无限空间的应力状态，当整个土体处于静止状态时，土体内各点都处于弹性平衡状态。由于为半无限空间，所以土体内每一竖直面都是对称面，因此竖直截面和水平截面上的剪应力都为零，相应截面上的法向应力都是主应力，如图 8.7（a）所示。

第二个假定使土体内任意水平面与竖直墙背均为主平面（因为墙背与墙后土体间没有摩擦力产生，所以剪应力为零），作用于这两个平面上的法向应力均为主应力。因此可将图 8.7（a）中半无限空间左侧的土体换成虚设的墙背竖直、光滑的挡土墙，且保证原来的应力条件和边界条件都没有发生改变，如图 8.7（b）所示。在深度 z 处取一个微单元体，作用在单元体竖向的应力为自重应力 σ_{zs}，水平应力为静止土压力 σ_{xs}（即 p_0），此时表示该单元体应力状态的应力圆（图 8.8（b）中的圆 I）处于土的抗剪强度包络线下方，该单元体处于弹性状态。

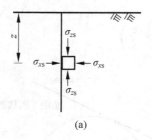 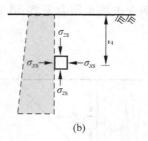

图 8.7　半无限空间弹性体应力状态

(a) 半无限空间体的土单元应力状态；(b) 虚设挡土墙后的土单元应力状态

【人物简介】

朗肯（William John Maquorn Rankine）于 1820 年 7 月 2 日出生于苏格兰爱丁堡（Edinburgh），1872 年 12 月 24 日逝世于苏格兰格拉斯哥（Glasgow）。

　　朗肯在父亲及家庭教师的指导下接受了初等教育。进入爱丁堡大学学习 2 年后,他离校去做了土木工程师。1855 年,朗肯任格拉斯哥大学土木工程和力学系主任。1857 年,他研究了土体在自重作用下发生平面应变时达到极限平衡的应力状态,建立了计算土压力的理论,即朗肯土压力理论。

　　朗肯在热力学、流体力学及土力学等领域都有杰出的贡献。他一生论著颇丰,共发表学术论文 154 篇,并编写了大量教科书及手册,其中一些直到 20 世纪还在作为标准教科书使用。

朗肯(1820—1872)

8.4.1　朗肯主动土压力(Rankine's Active Earth Pressure)

　　现假想挡土墙由静止状态逐渐离开土体向左移动,如图 8.8(a)所示,在此过程中,作用在单元体上的竖向应力 $\sigma_z(\sigma_z = \sigma_{zs})$ 保持不变,而水平应力 σ_x 却逐渐减小,当墙的位移达到一定的数值,墙后土体进入极限平衡状态,水平应力 σ_x 达到最小值,表示该单元体应力状态的应力圆(图 8.8(b)中的圆Ⅱ)与土的抗剪强度包络线相切。此时竖向应力为大主应力,水平应力为小主应力,土体对挡土墙的压力即为主动土压力 p_a,而墙后土体中的滑裂面方向与大主应力作用面(即水平面)成 $45° + \varphi/2$ 的夹角,如图 8.8(a)所示。根据土体的极限平衡条件可得

$$p_a = \sigma_{x,\min} = \sigma_{zs}\tan^2\left(45° - \frac{\varphi}{2}\right) - 2c\tan\left(45° - \frac{\varphi}{2}\right)$$
$$= \gamma z K_a - 2c\sqrt{K_a} \tag{8.5}$$

式中,K_a——朗肯主动土压力系数,其表达式为

$$K_a = \tan^2\left(45° - \frac{\varphi}{2}\right) \tag{8.6}$$

图 8.8　朗肯主动土压力

(a) 朗肯主动状态;(b) 朗肯主动状态下的应力圆

　　对于无黏性土,黏聚力 $c = 0$,式(8.5)变为

$$p_a = \gamma z K_a \tag{8.7}$$

　　由式(8.5)和式(8.7)可知,主动土压力强度沿深度 z 呈线性分布,如图 8.9 和图 8.10 所示。式(8.5)为黏性土的主动土压力强度计算公式,当 $z = 0$ 时,由式(8.5)可以求出 $p_a =$

$-2c\sqrt{K_a}$。此时主动土压力强度为负值,即出现拉力区,如图 8.9(a)所示。实际上墙与土之间的抗拉能力极小,墙和土在很小的拉力作用下就会分离,所以在拉力区范围内土将出现拉裂缝。令式(8.5)中的 $p_a=0$,可得到拉裂缝的深度 z_0 为

$$z_0 = \frac{2c}{\gamma\sqrt{K_a}} \tag{8.8}$$

在计算墙背主动土压力合力时不考虑拉力的作用,因此作用在每延米挡土墙上的主动土压力的合力为图 8.9(b)所示分布图的面积,即

$$
\begin{aligned}
E_a &= \frac{1}{2}(\gamma H K_a - 2c\sqrt{K_a})(H - z_0) \\
&= \frac{1}{2}\gamma H^2 K_a - 2cH\sqrt{K_a} + \frac{2c^2}{\gamma}
\end{aligned} \tag{8.9}
$$

E_a 的作用点位置在分布图的形心,即距离墙踵 $(H-z_0)/3$ 处。

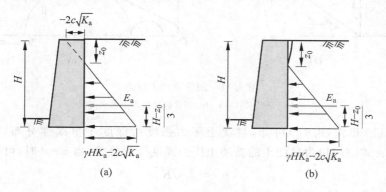

图 8.9　黏性土主动土压力分布

(a) 黏性土中的拉应力区;(b) 黏性土中的拉裂缝

式(8.7)为无黏性土的主动土压力强度计算公式,作用在每延米长挡土墙上的主动土压力的合力为图 8.10 所示分布图的面积,即

$$E_a = \frac{1}{2}\gamma H^2 K_a \tag{8.10}$$

E_a 的作用点位置在分布图的形心处,即距离墙踵 $H/3$ 处。

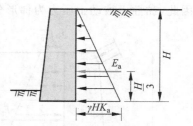

图 8.10　无黏性土主动土压力分布

8.4.2　朗肯被动土压力(Rankine's Passive Earth Pressure)

现假想挡土墙在外力作用下,由静止状态逐渐向墙后土体方向移动,如图 8.11(a)所示。在此过程中,作用在单元体上的竖向应力 σ_z($\sigma_z = \sigma_{zs}$)保持不变,而水平应力 σ_x 却逐渐增大,当墙的位移达到一定的数值,墙后土体进入极限平衡状态,水平应力 σ_x 达到最大值,表示该单元体应力状态的应力圆(图 8.11(b)中的圆Ⅱ)与土的抗剪强度包络线相切。此时竖向应力为小主应力,水平应力为大主应力,土体对挡土墙的压力即为被动土压力 p_p,而墙后土体中的滑裂面方向与小主应力作用面(即水平面)成 $45° - \varphi/2$ 的夹角,如图 8.11(a)所示。根据土体的极限平衡条件可得

$$p_p = \sigma_{x,\max} = \sigma_{zs}\tan^2\left(45° + \frac{\varphi}{2}\right) + 2c\tan\left(45° + \frac{\varphi}{2}\right)$$

$$= \gamma z K_p + 2c\sqrt{K_p} \tag{8.11}$$

式中，K_p——朗肯被动土压力系数，其表达式为

$$K_p = \tan^2\left(45° + \frac{\varphi}{2}\right) \tag{8.12}$$

对于无黏性土，黏聚力 $c=0$，式(8.11)变为

$$p_p = \gamma z K_p \tag{8.13}$$

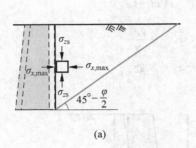
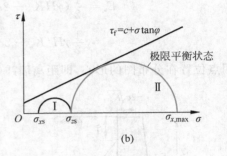

图 8.11　朗肯被动土压力
(a) 朗肯被动状态；(b) 朗肯被动状态下的应力圆

由式(8.11)和式(8.13)可知，被动土压力强度沿深度 z 呈线性分布，如图 8.12 和图 8.13 所示。式(8.11)为黏性土的被动土压力强度计算公式，当 $z=0$ 时，可得

$$p_p = 2c\sqrt{K_p} \tag{8.14}$$

当 $z=H$ 时，由式(8.11)可得

$$p_p = \gamma H K_p + 2c\sqrt{K_p} \tag{8.15}$$

因此，黏性土被动土压力为梯形分布，如图 8.12 所示。

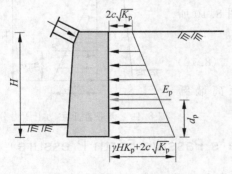
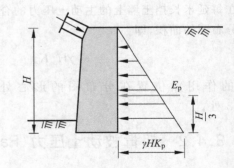

图 8.12　黏性土被动土压力分布　　　　　图 8.13　无黏性土被动土压力分布

作用在每延米挡土墙上的被动土压力的合力为分布图的面积，即

$$E_p = \frac{1}{2}\left[2c\sqrt{K_p} + (\gamma H K_p + 2c\sqrt{K_p})\right]H$$

$$= \frac{1}{2}\gamma H^2 K_p + 2cH\sqrt{K_p} \tag{8.16}$$

E_p 的作用点在被动土压力分布图的形心处。

无黏性土的被动土压力为三角形分布,如图 8.13 所示,作用在每延米挡土墙上的被动土压力的合力为

$$E_p = \frac{1}{2}\gamma H^2 K_p \tag{8.17}$$

E_p 的作用点在分布图的形心处,即距离墙踵 $H/3$ 处。

[例题 8.2] 已知某挡土墙高 8.0m,墙背竖直、光滑,墙后土体表面水平。已知土体的重度 $\gamma = 18.2\text{kN/m}^3$,$\varphi = 30°$,$c = 12\text{kPa}$,则:

(1)计算作用在挡土墙上的主动土压力合力及其作用点,并绘出主动土压力强度分布图;

(2)计算作用在挡土墙上的被动土压力合力及其作用点,并绘出被动土压力强度分布图。

解:由已知条件,可应用朗肯土压力理论计算。

(1)主动土压力系数为

$$K_a = \tan^2\left(45° - \frac{\varphi}{2}\right) = \tan^2\left(45° - \frac{30°}{2}\right) = 0.33$$

挡土墙上各点处的主动土压力强度如下:

A 点:

$$\begin{aligned}
p_{a,A} &= \gamma z_A K_a - 2c\sqrt{K_a} \\
&= (18 \times 0 \times 0.33 - 2 \times 12 \times 0.577)\text{kPa} \\
&= -13.85\text{kPa}
\end{aligned}$$

B 点:

$$\begin{aligned}
p_{a,B} &= \gamma z_B K_a - 2c\sqrt{K_a} \\
&= (18.2 \times 8 \times 0.33 - 2 \times 12 \times 0.577)\text{kPa} \\
&= 34.64\text{kPa}
\end{aligned}$$

墙后土体中拉裂缝的临界深度为

$$z_0 = \frac{2c}{\gamma}\frac{1}{\sqrt{K_a}} = \frac{2 \times 12}{18.2 \times 0.577}\text{m} = 2.29\text{m}$$

由上述计算结果绘出主动土压力强度的分布如图 8.14(a)所示。

由主动土压力强度分布图计算得到主动土压力合力为

$$E_a = \left[\frac{1}{2} \times 34.64 \times (8 - 2.29)\right]\text{kN/m} = 98.90\text{kN/m}$$

E_a 作用点距离墙踵:

$$d_a = \frac{H - z_0}{3} = \frac{8 - 2.29}{3}\text{m} = 1.90\text{m}$$

(2)被动土压力系数为

$$K_p = \tan^2\left(45° + \frac{\varphi}{2}\right) = \tan^2\left(45° + \frac{30°}{2}\right) = 3$$

挡土墙上各点处的被动土压力强度如下:

A 点:

$$p_{p,A} = \gamma z_A K_p + 2c\sqrt{K_p}$$

$$= (18.2 \times 0 \times 3 + 2 \times 12 \times 1.732) \text{kPa}$$
$$= 41.57 \text{kPa}$$

B 点：

$$p_{\text{p,B}} = \gamma z_B K_p + 2c\sqrt{K_p}$$
$$= (18.2 \times 8 \times 3 + 2 \times 12 \times 1.732) \text{kPa}$$
$$= 478.37 \text{kPa}$$

由上述计算结果绘出被动土压力强度的分布如图 8.14(b) 所示。

由被动土压力强度分布图计算得出被动土压力合力为

$$E_p = \left[\frac{1}{2} \times (41.57 + 478.37) \times 8.0 \right] \text{kN/m} = 2079.76 \text{kN/m}$$

E_p 作用点距离墙踵：

$$d_p = \frac{41.57 \times 8 \times \frac{1}{2} \times 8 + \frac{1}{2} \times 8 \times (478.37 - 41.57) \times \frac{1}{3} \times 8}{2079.76} \text{m} = 2.88 \text{m}$$

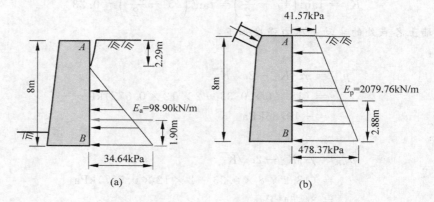

图 8.14   例题 8.2 图

(a) 主动土压力；(b) 被动土压力

8.5   库仑土压力理论（Coulomb's Earth Pressure Theory）

库仑土压力理论是法国科学家库仑（Coulomb）于 1773 年根据挡土墙后滑动楔体处于极限平衡状态时，应用静力平衡条件求解得到的土压力计算方法。库仑土压力理论计算原理比较简明，**可适用于挡土墙墙背倾斜、粗糙，墙后土体表面倾斜等情况**，因此适用性较广，至今仍在广泛使用。库仑土压力理论的基本假定为：

（1）挡土墙后土体为无黏性土（即黏聚力 $c=0$）；

（2）当挡土墙向前或向后移动，使墙后土体达到极限平衡状态时，墙后土体形成滑动楔体，其滑动面是通过墙踵的两组平面，如图 8.15 和图 8.18 所示，一个是沿墙背的 AB 面，另一个是在墙背土体中的斜平面 BC。

设挡土墙高为 H，墙后土体为无黏性土，土体表面与水平面成 α 角，土体内摩擦角为 φ，墙背与土体间的外摩擦角为 δ，墙背倾斜并与竖直面之间的夹角为 ε，斜平面 BC 与水平面之

间的夹角为 θ，取单位长度的挡土墙进行分析，根据理论力学刚性体静力平衡法对滑动楔体 ABC 进行分析，即可推导得到库仑主动土压力和被动土压力的计算公式。

8.5.1　库仑主动土压力（Coulomb's Active Earth Pressure）

如图 8.15(a)所示，若挡土墙向背离墙后土体的方向移动，墙后土体将沿着墙背 AB 及滑动面 BC 向下滑动，当墙后土体处于主动极限平衡状态时，取滑动楔体 ABC 为隔离体进行静力平衡分析。此时，作用在滑动楔体 ABC 上的作用力包括：

（1）滑动楔体 ABC 的自重 G，其大小为 $G = \gamma \cdot S_{\triangle ABC}$，方向竖直向下。自重 G 随着滑动面 BC 与水平面之间的夹角 θ 而变化，即 $G = G(\theta)$。

（2）滑动面 BC 下方的不动土体对滑动楔体 ABC 的反力 R。R 是 BC 面上的摩擦力与法向反力的合力，由于滑动楔体 ABC 相对于滑动面 BC 右边的土体向下滑动，因此 R 的作用方向与滑动面 BC 的法线成 φ 角，且 R 位于滑动面 BC 的法线下方，指向上方，但大小未知。

（3）挡土墙墙背对滑动楔体 ABC 的作用力，该作用力与要计算的主动土压力大小相等，方向相反，用 E_a' 表示。由于滑动楔体 ABC 向下滑动，墙对滑动楔体的阻力向上，因此 E_a' 的作用方向与墙背 AB 的法线成 δ 角，且位于墙背 AB 的法线下方，指向上方，但大小未知。

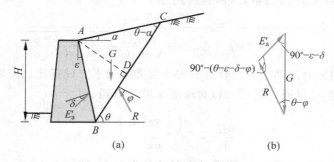

图 8.15　库仑主动土压力
（a）计算模型；（b）力矢量三角形

滑动楔体 ABC 在上述三个作用力下处于静力平衡状态，其力矢量应为封闭的三角形，如图 8.15(b)所示。其中，滑动楔体 ABC 的自重为

$$G = \gamma \cdot S_{\triangle ABC} = \frac{1}{2}\gamma \cdot \overline{AD} \cdot \overline{BC} \tag{8.18}$$

在 $\triangle ABC$ 中应用正弦定理得

$$\frac{\overline{AB}}{\sin(\theta - \alpha)} = \frac{\overline{BC}}{\sin(90° - \varepsilon + \alpha)} \tag{8.19}$$

由于 $\overline{AB} = H/\cos\varepsilon$，所以 $\overline{BC} = H\cos(\varepsilon - \alpha)/[\cos\varepsilon\sin(\theta - \alpha)]$，由 $\triangle ABD$ 可得

$$\overline{AD} = \overline{AB} \cdot \sin\angle ABC = \frac{H}{\cos\varepsilon}\sin[90° - (\theta - \varepsilon)]$$

$$= \frac{H\cos(\theta - \varepsilon)}{\cos\varepsilon} \tag{8.20}$$

因此可得

$$G = \frac{1}{2}\gamma H^2 \frac{\cos(\varepsilon-\alpha)\cos(\theta-\varepsilon)}{\cos^2\varepsilon\sin(\theta-\alpha)} \quad\quad (8.21)$$

对力矢量三角形应用正弦定理,可得

$$\frac{E'_a}{\sin(\theta-\varphi)} = \frac{G}{\sin[90°-(\theta-\varepsilon-\delta-\varphi)]} \quad\quad (8.22)$$

因此

$$E'_a = \frac{G\sin(\theta-\varphi)}{\cos(\theta-\varepsilon-\delta-\varphi)} = \frac{1}{2}\gamma H^2 \frac{\cos(\varepsilon-\alpha)\cos(\theta-\varepsilon)\sin(\theta-\varphi)}{\cos^2\varepsilon\sin(\theta-\alpha)\cos(\theta-\varepsilon-\delta-\varphi)} \quad\quad (8.23)$$

式中,γ、H、ε、α、δ、φ 都是已知的,而滑动面 BC 与水平面的夹角 θ 是可变的,因此选定不同的 θ 角,可以得到不同的 E'_a 值,即 E'_a 是 θ 的函数。因为挡土墙是向背离墙后土体方向移动,所以 E'_a 达到最大值时,所对应的滑动面 BC 才是最危险滑动面。令 $\mathrm{d}E'_a/\mathrm{d}\theta=0$,并解出相应的 θ_f 值,将 θ_f 表达式代入式(8.23)可得库仑主动土压力计算公式为

$$E_a = E'_a = \frac{1}{2}\gamma H^2 \frac{\cos^2(\varphi-\varepsilon)}{\cos^2\varepsilon\cos(\varepsilon+\delta)\left[1+\sqrt{\dfrac{\sin(\varphi-\alpha)\sin(\delta+\varphi)}{\cos(\delta+\varepsilon)\cos(\varepsilon-\alpha)}}\right]^2}$$

$$= \frac{1}{2}\gamma H^2 K_a \quad\quad (8.24)$$

其中,K_a——库仑主动土压力系数,其表达式为

$$K_a = \frac{\cos^2(\varphi-\varepsilon)}{\cos^2\varepsilon\cos(\varepsilon+\delta)\left[1+\sqrt{\dfrac{\sin(\varphi-\alpha)\sin(\delta+\varphi)}{\cos(\delta+\varepsilon)\cos(\varepsilon-\alpha)}}\right]^2} \quad\quad (8.25)$$

式(8.24)表明库仑主动土压力合力的大小与墙高的平方成正比。离墙顶任意深度 z 处的主动土压力强度 p_a 可通过式(8.24)对深度 z 求导得到,即

$$p_a = \frac{\mathrm{d}E_a}{\mathrm{d}z} = \frac{\mathrm{d}\left(\dfrac{1}{2}\gamma z^2 K_a\right)}{\mathrm{d}z} = \gamma z K_a \quad\quad (8.26)$$

上式表明库仑主动土压力强度 p_a 沿着墙高呈三角形分布,如图8.16所示,应注意**图中的分布只表示了库仑主动土压力强度的大小,不代表其作用方向**。库仑主动土压力合力作用点在距墙踵 $H/3$ 处,作用方向与墙背法线成 δ 角。

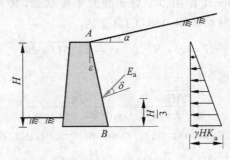

图8.16 库仑主动土压力分布

由式(8.24)和式(8.25)可知,当其他条件相同时,存在如下规律:

(1) 土体内摩擦角 φ 越大,则 K_a(或 E_a)值越小。

(2) 墙背与土体间的外摩擦角 δ 越大,则 K_a(或 E_a)值越小;δ 与墙背粗糙度、墙后土体

性质、排水条件、地面超载、墙背土体表面的倾角 α 等因素有关。δ 的取值范围是 $0 \le \delta \le \varphi$，一般情况下：当墙背平滑、排水不良时，$0 \le \delta \le \frac{1}{3}\varphi$；当墙背粗糙且排水良好时，$\frac{1}{3}\varphi \le \delta \le \frac{1}{2}\varphi$；当墙背很粗糙，且排水良好时，$\frac{1}{2}\varphi \le \delta \le \frac{2}{3}\varphi$。

（3）墙背土体表面的倾角 α 越大，则 K_a（或 E_a）值越大；而当 $\alpha > \varphi$ 时，式（8.24）和式（8.25）没有实根。事实上，对于砂土斜坡，其坡角 $\alpha \le \varphi$ 时斜坡才能稳定，$\alpha > \varphi$ 的情况不会出现。

（4）ε 角为负（即仰斜墙）且其绝对值越大，则 K_a（或 E_a）值越小，而 ε 角为正（即俯斜墙）且其值越大，则 K_a（或 E_a）值越大。但是当墙背俯斜角度很大，即墙背过于平缓时，滑动楔体将不沿墙背滑动，而是沿着出现在墙后土体内部并相交于墙踵的两个破裂面滑动，如图 8.17 所示。离墙较远的破裂面 BC 称为第一破裂面，离墙较近的破裂面 BF 称为第二破裂面。工程上将出现第二破裂面的挡土墙称为坦墙。一般当墙背粗糙

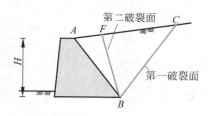

图 8.17 第二破裂面示意图

（δ 较大，接近于 φ），且墙背俯斜角度较大时，会出现第二破裂面。此时第二破裂面与墙体之间的楔体 ABF 未达到极限平衡状态，它将贴附于墙背 AB 上与墙一起移动，可将其看作是墙体的一部分。各种边界条件下第二破裂面产生的条件请参考铁路工程设计相关手册，本章不再赘述。

8.5.2 库仑被动土压力（Coulomb's Passive Earth Pressure）

如图 8.18 所示，当挡土墙在外力作用下向后移动，墙后土体受到挤压将沿着墙背 AB 及滑动面 BC 向上滑动，当墙后土体处于被动极限平衡状态时，取滑动楔体 ABC 为隔离体来研究其静力平衡条件。此时，作用在滑动楔体 ABC 上的作用力包括：

（1）滑动楔体 ABC 的自重为 G，其大小为 $G = \gamma \cdot S_{\triangle ABC}$，方向竖直向下。自重 G 随着滑动面 BC 与水平面之间的夹角 θ 而变化，即 $G = G(\theta)$。

（2）滑动面 BC 下方的不动土体对滑动楔体 ABC 的反力为 R。R 是 BC 面上的摩擦力与法向反力的合力，由于滑动楔体 ABC 相对于滑动面 BC 右边的土体向上滑动，因此 R 的作用方向与滑动面 BC 的法线成 φ 角，且 R 位于滑动面 BC 的法线上方，大小未知。

（3）墙背 AB 对滑动楔体 ABC 的力，用 E'_p 表示，该作用力与要计算的被动土压力大小相等，方向相反。由于滑动楔体 ABC 向上滑动，墙对土楔的阻力向下，因此 E'_p 的方向与墙背 AB 的法线成 δ 角，且位于墙背 AB 的法线的上方，但大小未知。

滑动楔体 ABC 在上述三个作用力下处于静力平衡状态，其力矢量三角形应为封闭图形，如图 8.18（b）所示。

与库仑主动土压力类似，可以得到滑动楔体 ABC 的自重为

$$G = \frac{1}{2}\gamma H^2 \frac{\cos(\varepsilon - \alpha)\cos(\theta - \varepsilon)}{\cos^2\varepsilon \sin(\theta - \alpha)} \tag{8.27}$$

对力矢量三角形应用正弦定理，可得

$$\frac{E'_p}{\sin(\theta + \varphi)} = \frac{G}{\sin[90° - (\delta + \theta + \varphi - \varepsilon)]} \tag{8.28}$$

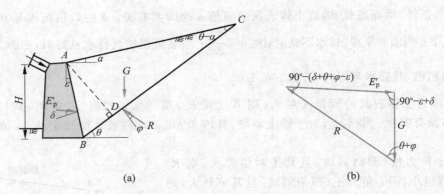

图 8.18   库仑被动土压力

(a) 计算模型；(b) 力矢量三角形

因此

$$E'_p = \frac{G\sin(\theta + \varphi)}{\cos(\delta + \theta + \varphi - \varepsilon)} = \frac{1}{2}\gamma H^2 \frac{\cos(\varepsilon - \alpha)\cos(\theta - \varepsilon)\sin(\theta + \varphi)}{\cos^2\varepsilon\sin(\theta - \alpha)\cos(\delta + \theta + \varphi - \varepsilon)} \tag{8.29}$$

式中，γ、H、ε、α、δ、φ 都是已知的，而滑动面 BC 与水平面的夹角 θ 是可变的，因此 E'_p 是 θ 的函数，随着 θ 而变化。当 E'_p 为最小值时，可以得到最危险滑动面。设其与水平面的夹角为 θ_f，令 $\mathrm{d}E'_p/\mathrm{d}\theta = 0$，解得相应的 θ_f 的表达式，将其代入式(8.29)从而得到库仑被动土压力计算公式为

$$E_p = E'_p = \frac{1}{2}\gamma H^2 \frac{\cos^2(\varphi + \varepsilon)}{\cos^2\varepsilon\cos(\varepsilon - \delta)\left[1 - \sqrt{\dfrac{\sin(\varphi + \alpha)\sin(\delta + \varphi)}{\cos(\varepsilon - \delta)\cos(\varepsilon - \alpha)}}\right]^2} = \frac{1}{2}\gamma H^2 K_p \tag{8.30}$$

其中，K_p——库仑被动土压力系数，其表达式为

$$K_p = \frac{\cos^2(\varphi + \varepsilon)}{\cos^2\varepsilon\cos(\varepsilon - \delta)\left[1 - \sqrt{\dfrac{\sin(\varphi + \alpha)\sin(\delta + \varphi)}{\cos(\varepsilon - \delta)\cos(\varepsilon - \alpha)}}\right]^2} \tag{8.31}$$

式(8.30)表明库仑被动土压力合力的大小与墙高的平方成正比，因此，库仑被动土压力强度 p_p 沿着墙高也呈三角形分布，可通过式(8.30)对深度 z 求导得到，即

$$p_p = \frac{\mathrm{d}E_p}{\mathrm{d}z} = \frac{\mathrm{d}\left(\dfrac{1}{2}\gamma z^2 K_p\right)}{\mathrm{d}z} = \gamma z K_p \tag{8.32}$$

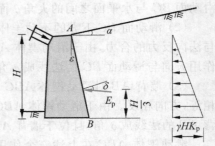

图 8.19   库仑被动土压力分布

图 8.19 给出了库仑被动土压力强度沿着墙高的分布，该分布只代表数值的大小，不代表其作用方向。库仑被动土压力合力作用点在距墙踵 $H/3$ 处，作用方向与墙背法线成 δ 角。

[例题 8.3]   某挡土墙墙高 7m，墙背俯斜且 $\varepsilon = 20°$，墙后土体表面倾角 $\alpha = 10°$，土体重度 $\gamma = 20\mathrm{kN/m^3}$，内摩擦角 $\varphi = 30°$，黏聚力 $c = 0$。计算：

(1) 当墙背与土体间的外摩擦角 $\delta = 15°$ 时，作用在挡土墙上的主动土压力；

（2）当墙背与土体间的外摩擦角 $\delta=0°$ 时，作用在挡土墙上的主动土压力。

解：由已知条件，可应用库仑土压力理论计算。

（1）将 $\varepsilon=20°,\alpha=10°,\delta=15°$ 和 $\varphi=30°$ 代入式（8.25）得到库仑主动土压力系数：

$$K_a = \frac{\cos^2(\varphi-\varepsilon)}{\cos^2\varepsilon\cos(\varepsilon+\delta)\left[1+\sqrt{\dfrac{\sin(\varphi-\alpha)\sin(\delta+\varphi)}{\cos(\delta+\varepsilon)\cos(\varepsilon-\alpha)}}\right]^2} = 0.560$$

主动土压力合力大小为

$$E_a = \frac{1}{2}\gamma H^2 K_a = \left(\frac{1}{2}\times20\times7^2\times0.560\right)\text{kN/m} = 274.4\text{kN/m}$$

土压力合力 E_a 作用点距离墙踵：

$$d_a = \frac{H}{3} = \frac{7\text{m}}{3} = 2.33\text{m}$$

E_a 的方向如图 8.20(a)所示。

土压力强度沿墙高呈三角形分布，墙底处

$$p_a = \gamma H K_a = (20\times7\times0.560)\text{kPa} = 78.4\text{kPa}$$

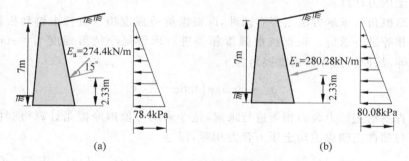

图 8.20 例题 8.3 图

（a）考虑墙后土体与墙背间的摩擦力；（b）不考虑墙后土体与墙背间的摩擦力

（2）将 $\varepsilon=20°,\alpha=10°,\delta=0°,\varphi=30°$ 代入式（8.25）可得到库仑主动土压力系数：

$$K_a = \frac{\cos^2(\varphi-\varepsilon)}{\cos^2\varepsilon\cos(\varepsilon+\delta)\left[1+\sqrt{\dfrac{\sin(\varphi-\alpha)\sin(\delta+\varphi)}{\cos(\delta+\varepsilon)\cos(\varepsilon-\alpha)}}\right]^2} = 0.572$$

主动土压力合力大小为

$$E_a = \frac{1}{2}\gamma H^2 K_a = \left(\frac{1}{2}\times20\times7^2\times0.572\right)\text{kN/m} = 280.28\text{kN/m}$$

土压力合力 E_a 作用点距离墙踵：

$$d_a = \frac{H}{3} = \frac{7\text{m}}{3} = 2.33\text{m}$$

E_a 的方向如图 8.20(b)所示。

土压力强度沿墙高呈三角形分布，墙底处

$$p_a = \gamma H K_a = (20\times7\times0.572)\text{kPa} = 80.08\text{kPa}$$

根据以上两种情况的计算结果，可知库仑主动土压力合力的大小对墙后土体与墙背间

的外摩擦角 δ 的敏感度较低,但是 δ 改变了库仑主动土压力合力的方向,将会影响挡土墙的抗滑移稳定性和抗倾覆稳定性。

8.5.3 黏性土的库仑土压力(Coulomb's Earth Pressure for Cohesive Soil)

库仑土压力理论适用于挡土墙后土体为无黏性土的情况,当墙后土体为黏性土时库仑土压力公式将不能直接应用。黏聚力的大小对土压力的大小、分布规律会产生较大影响,目前采用库仑土压力公式计算黏性土土压力的方法主要有三种:等值内摩擦角法、图解法和《建筑地基基础设计规范》推荐的方法,其中规范推荐的方法忽略了地表裂缝深度及墙背与填土之间黏聚力的影响,本节主要介绍前两种方法。

1. 等值内摩擦角法

等值内摩擦角法略去黏性土的黏聚力,适当提高其内摩擦角,用提高后的等值内摩擦角(the equivalent internal friction angle) φ_e 代替原来的内摩擦角,然后采用库仑土压力公式进行黏性土土压力计算。

等值内摩擦角的求解方法主要有两种,即根据抗剪强度相等进行求解和根据朗肯主动土压力合力相等进行求解。根据抗剪强度相等进行求解是令抗剪强度 $\tau_f = \sigma \tan\varphi_e$ 和 $\tau_f = \sigma \tan\varphi + c$ 相等,从而得到等值内摩擦角为

$$\varphi_e = \arctan\left(\tan\varphi + \frac{c}{\sigma}\right) \tag{8.33}$$

根据朗肯主动土压力合力相等进行求解,是令采用等值内摩擦角计算得到的朗肯主动土压力合力与黏性土朗肯主动土压力合力相等,即

$$\frac{1}{2}\gamma H^2 \tan^2\left(45° - \frac{\varphi_e}{2}\right) = \frac{1}{2}\gamma H^2 \tan^2\left(45° - \frac{\varphi}{2}\right) - 2cH\tan\left(45° - \frac{\varphi}{2}\right) + \frac{2c^2}{\gamma} \tag{8.34}$$

由上式解得等值内摩擦角为

$$\varphi_e = 90° - 2\arctan\left[\tan\left(45° - \frac{\varphi}{2}\right) - \frac{2c}{\gamma H}\right] \tag{8.35}$$

2. 图解法

图解法事实上是一种楔体试算法,以作用在任一破坏楔体上的力多边形为依据进行土压力计算,如图 8.21 所示。其具体计算过程如下:

(1) 先按照朗肯理论确定裂缝深度 z_0,再假设一滑动面 BD_1,取滑动楔体 $AA'BD_1F_1$ 为隔离体进行静力平衡分析。作用在滑动楔体 $AA'BD_1F_1$ 上的作用力包括:①滑动楔体 $AA'BD_1F_1$ 自重 G_1;②滑动面 BD_1 上的反力 R_1,其与 BD_1 的法线成 φ 角;③滑动面 BD_1 上的总黏聚力 C_h($C_h = c \times \overline{BD_1}$,$c$ 是墙后土体的黏聚力);④墙背与土体接触面 $A'B$ 上的总黏聚力 C_b($C_b = c' \times \overline{A'B}$,$c'$ 是墙背与墙后土体之间的黏聚力);⑤墙背对墙后土体的反力 E_1,其与墙背法线成 δ 角。

(2) G_1、C_h、C_b 的大小和方向都是已知的,R_1、E_1 的方向已知,但大小未知。滑动楔体 $AA'BD_1F_1$ 在上述 5 个作用力下处于静力平衡状态,其力矢量多边形如图 8.21(b)所示。

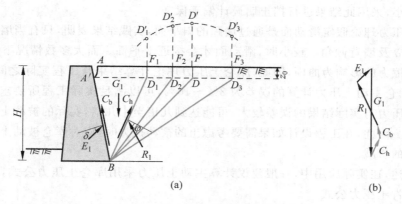

图 8.21　黏性土库仑主动土压力图解法
(a) 楔体试算法；(b) 力矢量多边形

通过力矢量多边形可以确定 E_1 的数值。

（3）重复上述步骤，假定多个滑动面 BD_2、BD_3、……，可以得到不同的滑动楔体，再按照以上方法进行计算，得到一系列的墙背对滑动楔体的反力 E_i 值。在墙后土体上方作垂线，按照适当的比例尺在垂线上量取 F_1D_1'、F_2D_2'、F_3D_3'、……分别代表 E_1、E_2、E_3、……的大小，将 D_1'、D_2'、D_3'、……点连成曲线，如图 8.21(a) 所示，该曲线的最大值即为主动土压力合力 E_a。与最大值对应的 BD 面就是最危险滑动面。

8.6　朗肯与库仑土压力理论的比较（Comparison between Rankine's and Coulomb's Earth Pressure Theories）

朗肯土压力理论与库仑土压力理论是基于不同的假设条件，采用不同的分析方法得到的土压力计算公式。**朗肯土压力理论属于极限应力法**，即从土中一点的应力极限平衡状态出发，求出土中竖直面上的土压力强度及分布形式，再算出作用在墙背上的总土压力；**库仑土压力理论属于滑动楔体法**，即根据墙背和滑动面之间滑动楔体整体极限平衡状态，由静力平衡条件求出总土压力，需要时再算出土压力强度及分布形式。朗肯土压力理论比较严密，但在应用上受到限制；库仑土压力理论比较简化，但能适用于比较复杂的边界条件，应用范围更广。

对于库仑土压力理论，当挡土墙墙背竖直、光滑，墙后土体表面水平，即 $\varepsilon=0$，$\delta=0$ 且 $\alpha=0$ 时，将此条件分别代入式(8.24)和式(8.30)，可得

$$E_a = \frac{1}{2}\gamma H^2 \tan^2\left(45° - \frac{\varphi}{2}\right) \tag{8.36}$$

$$E_p = \frac{1}{2}\gamma H^2 \tan^2\left(45° + \frac{\varphi}{2}\right) \tag{8.37}$$

此计算结果与无黏性土朗肯土压力合力的计算公式一致，表明**朗肯土压力是库仑土压力的一个特例**。

由前述分析可知，增大墙后土体与墙背之间的摩擦角 δ，可以使主动土压力减小，被动土压力增大，而朗肯土压力理论不考虑 δ 的影响，因此朗肯主动土压力数值偏大，而被动土

压力数值偏小,采用此结果进行挡土墙设计偏于保守。

　　库仑土压力理论假定滑动面是通过墙踵的斜平面,实践结果表明,只有当墙背与土体间的外摩擦角 δ 及墙背倾角 ε 较小时,滑动面才会接近于平面。而大多数情况下实际滑动面因受墙背摩擦力的影响为曲面,因此,库仑土压力理论计算结果与工程实际之间存在误差。实践表明,库仑主动土压力计算的误差为 $2\% \sim 10\%$,可以满足实际工程所要求的精度;但库仑被动土压力与实际结果的误差较大,可能达到几倍至十几倍,实际的被动土压力达不到理论计算值。因此,在工程设计如果需要考虑土的被动抗力时,应对库仑被动土压力的计算值进行相应的折减。

　　综上所述,在实际应用中,一般建议计算主动土压力采用库仑土压力公式,计算被动土压力采用朗肯土压力公式。

8.7　几种常见情况下的土压力计算(Earth Pressure Calculation in Several Common Situations)

8.7.1　作用均布荷载时(Effect of Uniformly-Distributed Loads)

　　当墙背竖直、光滑,墙后土体表面水平,有均布荷载作用在土体表面时,可以采用朗肯土压力理论计算。如图 8.22(a)所示,墙后土体表面的均布荷载使深度 z 处单元体上的竖向应力由自重应力 σ_{zs} 变为 $\sigma_{zs}+q$。因此,墙后土体表面作用均布荷载时朗肯主动土压力强度的计算公式为

$$p_a = (\gamma z + q)K_a - 2c\sqrt{K_a} \tag{8.38}$$

被动土压力强度的计算公式为

$$p_p = (\gamma z + q)K_p + 2c\sqrt{K_p} \tag{8.39}$$

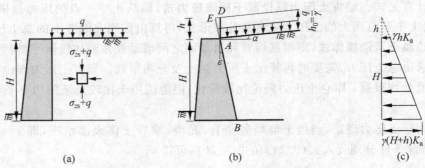

图 8.22　土体表面作用均布荷载时土压力计算
(a) 朗肯主动状态;(b) 库仑主动状态;(c) 库仑主动土压力分布

　　当墙背倾斜、粗糙,墙后土体表面倾斜,有均布荷载作用在土体表面时,可以采用库仑土压力理论计算。如图 8.22(b)所示,将均布荷载视为由虚构的半无限土体 AD 的自重产生的。延长墙背 BA 与假想土体面相交于 E 点,此时 AE 为挡土墙假想墙背,挡土墙假想墙高为 $H+h$,由均布荷载 q 计算得虚构土层的厚度为 $h_0 = q/\gamma$,在 $\triangle AED$ 中,有

$$AE = AD\ \frac{\sin(90° - \alpha)}{\sin(90° - \varepsilon + \alpha)} = h_0\ \frac{\cos\alpha}{\cos(\varepsilon - \alpha)} \tag{8.40}$$

假想挡土墙墙高的增加值为

$$h = AE\cos\varepsilon = h_0\ \frac{\cos\varepsilon\cos\alpha}{\cos(\varepsilon - \alpha)} \tag{8.41}$$

所以挡土墙假想墙高为 $H + h$，将此挡土墙假想墙高代入库仑土压力计算公式就可以计算均布荷载情况下的土压力，如图 8.22(c)所示。

[例题 8.4] 某重力式挡土墙，墙高 6m，墙背竖直、光滑，墙后土体表面水平，其上作用 $q = 10\text{kPa}$ 的连续均布荷载，墙后土体重度 $\gamma = 18.2\text{kN/m}^3$，内摩擦角 $\varphi = 30°$，黏聚力 $c = 8\text{kPa}$。计算作用在挡土墙上的主动土压力合力及其作用点，并绘出主动土压力强度分布图。

解：由已知条件，可应用朗肯土压力理论计算。

主动土压力系数为

$$K_a = \tan^2\left(45° - \frac{\varphi}{2}\right) = \tan^2\left(45° - \frac{30°}{2}\right) = 0.577^2 = 0.333$$

土体表面作用均布荷载时，主动土压力强度的计算公式为

$$p_a = (\gamma z + q)K_a - 2c\sqrt{K_a}$$

计算挡土墙上各点处的主动土压力强度：

A 点：

$$\begin{aligned}
p_{a,A} &= (\gamma z + q)K_a - 2c\sqrt{K_a} \\
&= [(18.2 \times 0 + 10) \times 0.333 - 2 \times 8 \times 0.577]\text{kPa} \\
&= -5.90\text{kPa}
\end{aligned}$$

令 $p_a = 0$，即 $(\gamma z_0 + q)K_a - 2c\sqrt{K_a} = 0$，求得拉裂缝的深度 z_0 为

$$z_0 = \frac{\dfrac{2c}{\sqrt{K_a}} - q}{\gamma} = \frac{\dfrac{2 \times 8}{0.577} - 10}{18.2}\text{m} = 0.97\text{m}$$

B 点：

$$\begin{aligned}
p_{a,B} &= (\gamma z + q) \times K_a - 2c\sqrt{K_a} \\
&= [(18.2 \times 6 + 10) \times 0.333 - 2 \times 8 \times 0.577]\text{kPa} \\
&= 30.46\text{kPa}
\end{aligned}$$

采用上述计算结果绘出主动土压力强度分布如图 8.23 所示。

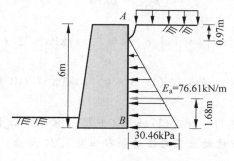

图 8.23 例题 8.4 图

由主动土压力强度分布计算主动土压力合力为

$$E_a = \left[\frac{1}{2} \times 30.46 \times (6 - 0.97) \right] \text{kN/m} = 76.61 \text{kN/m}$$

E_a 作用点距离墙踵为

$$d_a = \frac{H - z_0}{3} = \frac{1}{3} \times (6 - 0.97) \text{m} = 1.68 \text{m}$$

8.7.2 墙后土体分层(Effect of Layered Backfills)

当墙背竖直、光滑,墙后土体表面水平,且墙后土体由多个不同性质的水平土层组成时,可以采用朗肯土压力理论计算,其步骤为:

(1)计算土压力强度沿着挡土墙的分布

计算时应注意不同土层的内摩擦角不同,各自的土压力系数也不相同,因此在相邻两层土的交界面土压力强度不连续;采用式(8.5)和式(8.11)计算不同深度处土压力强度时,竖向应力为该深度处自重应力。

(2)计算土压力合力

作用在单位长度挡土墙上的土压力合力为土压力强度分布图的面积,合力作用点在分布图的形心处。

[例题8.5] 已知一重力式挡土墙,墙高10m,墙背竖直、光滑,墙后土体表面水平。墙后土体分为两层,第一层为粗砂,厚度 $h_1 = 4$m,重度 $\gamma_1 = 17.8 \text{kN/m}^3$,内摩擦角 $\varphi_1 = 34°$;第二层为中砂,厚度 $h_2 = 6$m,重度 $\gamma_2 = 18.2 \text{kN/m}^3$,内摩擦角 $\varphi_2 = 30°$。计算作用在挡土墙上的被动土压力合力及其作用点,并绘出被动土压力强度分布图。

解: 由已知条件,可应用朗肯土压力理论计算。

第一层土体的被动土压力系数为

$$K_{p1} = \tan^2 \left(45° + \frac{\varphi_1}{2} \right) = \tan^2 \left(45° + \frac{34°}{2} \right) = 3.54$$

第二层土体的被动土压力系数为

$$K_{p2} = \tan^2 \left(45° + \frac{\varphi_2}{2} \right) = \tan^2 \left(45° + \frac{30°}{2} \right) = 3$$

计算挡土墙上各点处的被动土压力强度:

A 点:

$$p_{p,A} = 0 \text{kPa}$$

B 点(在第一层土中):

$$p_{p,B1} = \gamma_1 z K_{p1} = (17.8 \times 4 \times 3.54) \text{kPa} = 252.05 \text{kPa}$$

B 点(在第二层土中):

$$p_{p,B2} = \gamma_1 z K_{p2} = (17.8 \times 4 \times 3) \text{kPa} = 213.6 \text{kPa}$$

C 点:

$$p_{p,C} = (\gamma_1 h_1 + \gamma_2 h_2) K_{p2} = [(17.8 \times 4 + 18.2 \times 6) \times 3] \text{kPa} = 541.2 \text{kPa}$$

采用上述计算结果绘出被动土压力强度分布如图8.24所示。

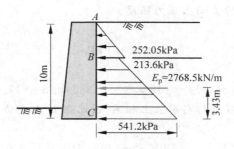

图 8.24　例题 8.5 图

由被动土压力强度分布图计算被动土压力合力为

$$E_{\mathrm{p}} = \left[252.05 \times \frac{4}{2} + 213.6 \times 6 + (541.2 - 213.6) \times \frac{6}{2} \right] \mathrm{kN/m}$$

$$= (504.1 + 1281.6 + 982.8) \mathrm{kN/m}$$

$$= 2768.5 \mathrm{kN/m}$$

E_{p} 作用点距离墙踵为

$$d_{\mathrm{p}} = \frac{504.1 \times \left(\frac{4}{3} + 6 \right) + 1281.6 \times \frac{6}{2} + 982.8 \times \frac{6}{3}}{2768.5} \mathrm{m}$$

$$= 3.43 \mathrm{m}$$

8.7.3　有地下水作用（Effect of Ground Water）

当挡土墙后的土体中存在地下水时，按照墙后土体分层时土压力计算方法，在地下水位处进行分层。地下水位之上的部分按照常规方法计算，而地下水位之下的部分在工程实践中有两种不同的计算方法，即水土分算法与水土合算法。

水土分算法适用于渗透性好的土体。土压力与静水压力分开计算，作用在墙背上的总压力是土压力与静水压力之和。计算土压力时采用的土体指标为有效重度 γ'、有效应力强度指标 c' 和 φ'。

对于渗透性较低的黏性土、黏质粉土，为考虑超静孔隙水压力的影响，可采用水土合算。计算作用在挡土墙上的水土压力时，采用总应力强度指标 c 和 φ，超静孔隙水压力不再单独计算。

[例题 8.6]　已知某挡土墙墙高 7m，墙背竖直、光滑，墙后土体表面水平。墙后土体为中砂，天然重度 $\gamma = 18 \mathrm{kN/m^3}$，饱和重度 $\gamma_{\mathrm{sat}} = 20 \mathrm{kN/m^3}$，内摩擦角 $\varphi = 30°$。墙后地下水位距离墙顶 3m，如图 8.25(a)所示。

(1) 计算作用在挡土墙上的主动土压力合力及其作用点，并绘出主动土压力强度分布图。

(2) 计算作用在挡土墙上的水压力合力及其作用点，并绘出水压力分布图。

解：(1) 由已知条件，可应用朗肯土压力理论计算。

主动土压力系数

$$K_{\mathrm{a}} = \tan^2 \left(45° - \frac{\varphi}{2} \right) = \tan^2 \left(45° - \frac{30°}{2} \right) = 0.577^2 = 0.333$$

计算挡土墙上各点处的主动土压力强度：

A 点：

$$p_{a.A} = 0 \text{kPa}$$

B 点：

$$p_{a.B} = \gamma h_1 K_a = (18 \times 3 \times 0.333) \text{kPa} = 17.98 \text{kPa}$$

由于水下土的抗剪强度指标与水上土相同，因此在 B 点主动土压力无突变现象。

C 点：

$$p_{a.C} = (\gamma h_1 + \gamma' h_2) \times K_a = \{[18 \times 3 + (20 - 10) \times 4] \times 0.333\} \text{kPa} = 31.30 \text{kPa}$$

采用上述计算结果绘出主动土压力强度分布如图 8.25(b) 所示。

由主动土压力强度分布图计算主动土压力合力为

$$E_a = \left[\frac{1}{2} \times 17.98 \times 3 + 17.98 \times 4 + \frac{1}{2} \times (31.30 - 17.98) \times 4\right] \text{kN/m}$$

$$= (26.97 + 71.92 + 26.64) \text{kN/m}$$

$$= 125.53 \text{kN/m}$$

E_a 作用点距离墙踵为

$$d_a = \left[\frac{26.97 \times \left(4 + \frac{3}{3}\right) + 71.92 \times \frac{4}{2} + 26.64 \times \frac{4}{3}}{125.53}\right] \text{m} = 2.50 \text{m}$$

（2）水压力分布

B 点：

$$p_{w.B} = 0 \text{kPa}$$

C 点：

$$p_{w,C} = \gamma_w h_2 = (10 \times 4) \text{kPa} = 40 \text{kPa}$$

采用上述计算结果绘出水压力分布如图 8.25(c) 所示。

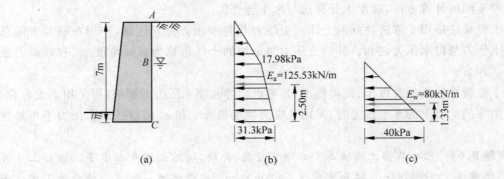

图 8.25 例题 8.5 图

(a) 挡土墙；(b) 主动土压力分布；(c) 水压力分布

由水压力分布图计算总水压力为

$$E_w = \left(\frac{1}{2} \times 40 \times 4\right) \text{kN/m} = 80 \text{kN/m}$$

E_w 作用点距离墙踵为

$$d_w = \frac{h_2}{3} = \frac{4 \text{m}}{3} = 1.33 \text{m}$$

思考题（Thinking Questions）

8.1　什么是挡土结构？什么是土压力？

8.2　土压力有哪几种类型？影响土压力的主要因素是什么？

8.3　挡土结构的位移和变形对土压力有怎样的影响？

8.4　什么是静止土压力？什么是主动土压力？什么是被动土压力？

8.5　在哪些实际工程中，会出现主动、静止或被动土压力的计算？试举例说明。

8.6　试比较库仑土压力理论与朗肯土压力理论的相同点与不同点。

8.7　墙背的粗糙程度、填土排水条件的好坏对主动土压力有何影响？

8.8　若挡土墙直立，墙后、墙前填土水平，当作用在墙后的土压力为主动土压力时，作用在墙前的土压力是否正好是被动土压力？为什么？

习题（Exercises）

8.1　已知某岩石地基上的挡土墙墙高 4.5m，墙背直立、光滑，墙后土体表面水平，土体重度 $\gamma = 18.4\text{kN/m}^3$，有效内摩擦角 $\varphi' = 30°$，黏聚力 $c = 15\text{kPa}$。计算作用在挡土墙上的土压力。

8.2　某挡土墙墙高 5m，墙背竖直、光滑，墙后土体表面水平，土体重度 $\gamma = 18.4\text{kN/m}^3$，内摩擦角 $\varphi = 30°$，黏聚力 $c = 10\text{kPa}$。

（1）计算作用在挡土墙上的主动土压力合力及其作用点，并绘出主动土压力强度分布图；

（2）计算作用在挡土墙上的被动土压力合力及其作用点，并绘出被动土压力强度分布图。

8.3　某挡土墙墙高 5.5m，墙背竖直、光滑，墙后土体为砂土，表面水平，重度 $\gamma = 18.2\text{kN/m}^3$，内摩擦角 $\varphi = 30°$，墙后土体表面有均布荷载 $q = 15\text{kPa}$。试确定作用在挡土墙上的主动土压力合力的大小和作用点位置，并绘出主动土压力强度分布图。

8.4　某挡土墙墙高 6.3m，墙背竖直、光滑，墙后土体为砂土，表面水平。作用在墙后土体表面上的均布荷载 $q = 20\text{kPa}$。地下水位在墙顶以下 3.3m，地下水位以上土体重度 $\gamma = 18.0\text{kN/m}^3$，地下水位以下土体饱和重度 $\gamma_{\text{sat}} = 20.0\text{kN/m}^3$，土体内摩擦角 $\varphi = 30°$。

（1）计算作用在挡土墙上的主动土压力合力及其作用点，并绘出主动土压力强度分布图；

（2）计算作用在挡土墙上的水压力合力及其作用点，并绘出水压力分布图。

8.5　如图 8.26 所示挡土墙，墙背竖直、光滑，墙后土体表面水平，并作用有均布荷载 $q = 45\text{kPa}$。墙后土体分为三层土，每层土的厚度及物理力学指标见图，地下水位在第二、三层土的分界面处。

（1）计算作用在挡土墙上的主动土压力合力及其作用点，并绘出主动土压力强度分布图；

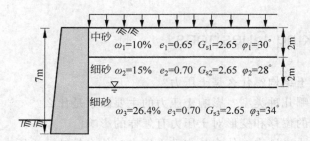

图 8.26　习题 8.5 图

（2）计算作用在挡土墙上的水压力合力及其作用点，并绘出水压力分布图。

8.6　某挡土墙墙高 4m，墙背俯倾且 $\varepsilon=20°$，墙后土体表面倾角 $\alpha=10°$，土体重度 $\gamma=19.4kN/m^3$，内摩擦角 $\varphi=25°$，黏聚力 $c=0kPa$，墙后土体与墙背的摩擦角 $\delta=15°$，试按库仑理论：

（1）计算主动土压力大小并确定作用点的位置和方向；

（2）绘出主动土压力强度沿墙高的分布图。

第 9 章

土坡稳定分析(Stability Analysis of Soil Slopes)

9.1 概述(Introduction)

土坡也称为边坡,是具有倾斜坡面的土体。土坡通常有两种类型:由地质作用自然形成的土坡称为天然土坡,如山坡、江河岸坡等;由人工开挖或回填而形成的土坡称为人工土坡,如基坑、渠道、土坝、路堤等的边坡。土坡在自然或人为因素的影响下,有可能产生剪切破坏。如果靠坡面处剪切破坏的面积很大,则将产生一部分土体相对于另一部分土体沿某一滑动面向下和向外移动而丧失稳定性的现象,如图9.1所示,称为滑坡(landslide)或边坡破坏(slope failure)。导致土坡滑动的因素众多,但滑坡最根本的原因是土体内部某个滑动面上的剪应力达到了它的抗剪强度,使稳定平衡遭到破坏。因此,土坡滑动失稳的原因可以分为两大类,一是外界荷载作用或土坡环境变化等导致土体内部剪应力加大,例如堤坝施工中上部填土荷重的增加、降雨导致土体饱和重度增加、土体内部水的渗透力作用等;二是由于外界各种因素影响导致土体抗剪强度降低,例如孔隙水压力的升高、黏土夹层因雨水入侵而软化等。

图9.1 山体滑坡(阿富汗,2014)

土坡失稳实际上是一个三维问题,但目前在进行土坡稳定性分析时,常简化为平面问题。在平面问题中,滑动面的形状主要有三种,在砂、砾和卵石等均质无黏性土坡中,滑动面常近似为一平面;在均质黏性土坡中,滑动面通常为圆弧形;对于非均质的多层土或含软弱夹层的土坡,滑动面通常是直线和曲线组成的复合滑动面。在工程实践中,一般用极限平衡法分析土坡的稳定性,即假定土坡沿着某一滑动面滑动,计算滑坡体沿滑动面向下的滑动力(或力矩)和由土的抗剪强度产生的抗滑力(或力矩),从而得到土坡的稳定安全系数。不同滑动面对应的安全系数往往不同,稳定安全系数最低的滑动面即为最危险的滑动面。

本章主要介绍无渗流和有渗流作用时的无黏性土坡稳定分析方法,黏性土坡的整体圆弧滑动法、条分法、稳定数法和不平衡推力法等。

9.2   无黏性土坡稳定分析(Stability Analysis of Cohesionless Slopes)

无黏性土坡是由粗颗粒土所组成的土坡。无黏性土坡的滑动一般为浅层平面型滑动,其稳定性分析比较简单,可以根据有无渗流作用分为以下两种情况进行讨论。

9.2.1   无渗流作用时的无黏性土坡(Cohesionless Soil Slopes without Seepage)

无渗流作用时的无黏性土坡可分为两种情况,即均质干坡和水下边坡。均质干坡指由一种土组成,完全在水位以上的无黏性土坡。水下土坡指由一种土组成,完全在水位以下且没有渗透水流作用的无黏性土坡。在上述两种情况下,只要土坡坡面上的土颗粒在重力作用下能够保持稳定,那么整个土坡就是稳定的。

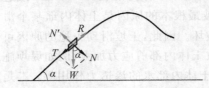

图 9.2   无渗流时无黏性土坡的稳定性分析

如图 9.2 所示,在无黏性土坡表面取一小块土体进行受力分析,设该小块土体的重量为 W,其法向分力 $N=W\cos\alpha$,切向分力 $T=W\sin\alpha$。法向分力产生摩擦阻力,阻止土体下滑,称为**抗滑力**,其值为 $R=N\tan\varphi=W\cos\alpha\tan\varphi$。切向分力 T 是促使土体下滑的**滑动力**。因此土体的稳定安全系数 F_s 为

$$F_s=\frac{抗滑力}{滑动力}=\frac{R}{T}=\frac{W\cos\alpha\tan\varphi}{W\sin\alpha}=\frac{\tan\varphi}{\tan\alpha} \tag{9.1}$$

式中,φ——土的内摩擦角($°$);

$\quad\alpha$——土坡的坡角($°$)。

由上式可见,当 $\alpha=\varphi$ 时,$F_s=1$,即抗滑力等于滑动力,土坡处于极限平衡状态,此时的 α 称为天然休止角,其值等于无黏性土在松散状态时的内摩擦角。当 $\alpha<\varphi$ 时,$F_s>1$,土坡理论上是稳定的。为了使土坡具有足够的安全储备,工程上一般取 $F_s=1.1\sim1.5$。

9.2.2   有渗流作用时的无黏性土坡(Cohesionless Soil Slopes under Seepage Condition)

当土坡的内、外出现水位差时,在土坡内将形成渗流场。如果渗透水流在下游坡面逸出,如图 9.3 所示,在浸润线以下的土体除了受到重力作用外,还受到由于水的渗流而产生的渗透力作用,因而使下游边坡的稳定性降低。假设水流方向与水平面夹角为 θ,沿水流方向的渗透力 $j=i\gamma_w$。

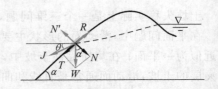

图 9.3   有渗流时无黏性土坡的稳定性分析

在坡面上取微小土体 V 中的土骨架为隔离体,其有效重量为 $\gamma'V$,作用在土骨架上的渗透力为 $J = jV = i\gamma_w V$,因此沿坡面的全部滑动力(包括重力和渗透力)为

$$T = \gamma'V\sin\alpha + i\gamma_w V\cos(\alpha - \theta) \tag{9.2}$$

坡面的正压力为

$$N = \gamma'V\cos\alpha - i\gamma_w V\sin(\alpha - \theta) \tag{9.3}$$

所以土体沿坡面滑动的稳定安全系数为

$$F_s = \frac{N\tan\varphi}{T} = \frac{[\gamma'V\cos\alpha - i\gamma_w V\sin(\alpha - \theta)]\tan\varphi}{\gamma'V\sin\alpha + i\gamma_w V\cos(\alpha - \theta)} = \frac{[\gamma'\cos\alpha - i\gamma_w\sin(\alpha - \theta)]\tan\varphi}{\gamma'\sin\alpha + i\gamma_w\cos(\alpha - \theta)}$$

$$\tag{9.4}$$

式中,i——水力梯度;

$\quad\gamma'$——土的浮重度(kN/m³);

$\quad\gamma_w$——水的重度(kN/m³);

$\quad\theta$——水流方向与水平面的夹角(°);

若水流在逸出段顺着坡面流动,即 $\theta = \alpha$,假定流经路途 dl 的水头损失为 dh,则有

$$i = \frac{dh}{dl} = \sin\alpha \tag{9.5}$$

将其代入式(9.4),得

$$F_s = \frac{\gamma'\tan\varphi}{\gamma_{sat}\tan\alpha} \tag{9.6}$$

由此可见,当逸出段为顺坡渗流时,土坡稳定安全系数降低为没有渗流时的 γ'/γ_{sat} 倍。当 $\gamma_{sat} = 20\text{kN/m}^3$ 时,$\gamma'/\gamma_{sat} \approx 1/2$,即稳定安全系数降低了一半。因此,要保持同样的安全度,有渗流逸出时的坡角要比没有渗流逸出时平缓得多。

[例题 9.1] 一均质无黏性土坡,其饱和重度 $\gamma_{sat} = 20\text{kN/m}^3$,内摩擦角 $\varphi = 31°$。若要求此土坡的稳定安全系数 F_s 为 1.3,试分别计算在干坡情况下和坡面有顺坡渗流时的坡角容许值。

解:干坡时,由式(9.1)得

$$\tan\alpha = \frac{\tan\varphi}{F_s} = \frac{\tan31°}{1.3} = 0.462$$

因此 $\alpha = 24.8°$。

有顺坡渗流时,由式(9.6)得

$$\tan\alpha = \frac{\gamma'\tan\varphi}{\gamma_{sat}F_s} = \frac{(20-10) \times \tan31°}{20 \times 1.3} = 0.231$$

因此 $\alpha = 13.0°$。

由计算结果可知,有渗流作用的土坡稳定坡角比无渗流作用的稳定坡角小得多。

9.3 黏性土坡稳定分析(Stability Analysis of Cohesive Slopes)

黏性土由于颗粒之间存在黏聚力,黏性土坡不会像无黏性土坡一样沿坡面表层发生滑动,其破坏往往是沿某一深入土体内部的曲面产生整体滑动。图 9.4 中的实线表示一黏性土

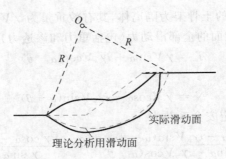

图 9.4　黏性土坡的滑动面示意图

坡滑动的曲面。为了简化计算,在黏性土坡的稳定性分析中,常将其假设为圆弧面,如图中虚线所示。建立在这一假定上的土坡稳定分析方法称为**圆弧滑动法**,圆弧滑动法是极限平衡分析法的一种。

9.3.1　整体圆弧滑动法(The Circular Slip Surface Method)

1. 整体圆弧滑动法原理

整体圆弧滑动法于 1915 年由瑞典彼得森(Petterson)提出,所以也称为**瑞典圆弧法**。该法假定土体滑动面呈圆弧形,滑动土体绕圆心发生转动,通过分析计算**滑动力矩**和**抗滑力矩**得到土坡的稳定安全系数。

如图 9.5(a)所示,设一个均质的黏性土坡失去稳定时沿圆弧面 AC 滑动,滑动土体转动的圆心为 O,半径为 R。把滑动土体当成一个刚体,滑动土体的重量 W 为滑动力,使土体绕圆心 O 旋转,滑动力矩 $M_s = Wd$(d 为通过滑动土体重心的竖直线与圆心 O 的水平距离)。抗滑力矩 M_R 由两部分组成:①滑动面 AC 上黏聚力 c 产生的抗滑力矩,其值为 $c \cdot \overset{\frown}{AC} \cdot R$;②滑动土体的重量 W 在滑动面上的反力所产生的抗滑力矩。滑动面上各点反力的大小和方向与土的内摩擦角 φ 值有关。当 $\varphi = 0$ 时,滑动面是一个光滑曲面,各点反力的方向必定垂直于滑动面,即通过圆心 O,它不产生力矩;此时的抗滑力矩只有第一部分 $c \cdot \overset{\frown}{AC} \cdot R$,可定义黏性土坡的稳定安全系数为

$$F_s = \frac{抗滑力矩}{滑动力矩} = \frac{M_R}{M_s} = \frac{c \cdot \overset{\frown}{AC} \cdot R}{Wd} \tag{9.7}$$

上式即为整体圆弧滑动法计算边坡稳定安全系数的公式。当 $F_s = 1$ 时,表示滑动力矩与抗滑力矩相等,边坡处于极限平衡状态;当 $F_s < 1$ 时,边坡不稳定;当 $F_s > 1$ 时,边坡稳定。应当注意的是,整体圆弧滑动法只适用于 $\varphi = 0$ 的情况;若 $\varphi \neq 0$,则抗滑力矩与滑动面上各点的法向力有关,其求解需采用下一节介绍的条分法。

黏性土坡滑动前,坡顶常出现竖向裂缝,如图 9.5(b)所示。竖向裂缝的深度可采用土压力临界深度公式 $z_0 = 2c/(\gamma \sqrt{K_a})$ 进行近似计算。当 $\varphi = 0$ 时,$K_a = 1$,故 $z_0 = 2c/\gamma$。裂缝的出现会造成滑弧长度由 $\overset{\frown}{AC}$ 减小到 $\overset{\frown}{A'C}$,如果裂缝中有积水,还需考虑静水压力对土坡稳定的不利影响。

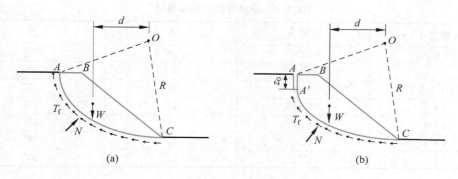

图 9.5　整体圆弧滑动受力示意图

（a）无竖向裂缝；（b）存在竖向裂缝

2. 圆心的确定

黏性土坡滑动面的位置不同，其稳定安全系数 F_s 亦不同，边坡设计中稳定安全系数的最小值 $F_{s,min}$ 应满足验算的要求。稳定系数最小值 $F_{s,min}$ 是通过假定不同的圆心和圆弧面试算得到的，计算工作量较大。当假设滑动面通过坡脚时，可采用 $4.5H$ 线法来确定圆心位置。

图 9.6 为 $4.5H$ 线法确定最危险圆弧滑动面圆心位置的示意图。当土的内摩擦角 $\varphi=0$ 时，最危险滑动面的圆心为图中 C 点，C 点位置由角度 β_1 和 β_2 的边界线相交而定，其中 β_1 以边坡线 AB 为准，β_2 以过 B 点的水平线为准，β_1 与 β_2 取决于边坡坡度，可通过查表 9.1 确定。当土的内摩擦角 $\varphi>0$ 时，圆心的位置在圆心辅助线 EC 的延长线上移动。E 点的位置由 $4.5H$ 法确定：由 A 点作垂线，取深度为 H 确定 D 点，由 D 点作水平线，取距离为 $4.5H$ 确定 E 点。圆心由 C 点沿辅助线向左上方移动，通常取 $4\sim5$ 个圆心点分别求 F_s 值，然后绘制 F_s 值曲线，从而得到 $F_{s,min}$ 值及相应的圆心。

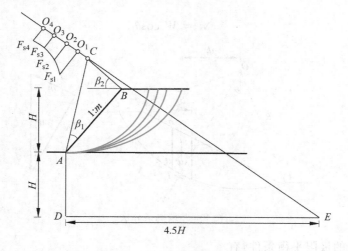

图 9.6　$4.5H$ 线法确定圆心位置

表 9.1   辅助线的作图角值表

边坡坡度 $1:m$	边坡角	β_1	β_2
$1:0.58$	$60°00'$	$29°$	$40°$
$1:1$	$45°00'$	$28°$	$37°$
$1:1.5$	$33°41'$	$26°$	$35°$
$1:2$	$26°34'$	$25°$	$35°$
$1:3$	$18°26'$	$25°$	$35°$
$1:4$	$14°02'$	$25°$	$36°$
$1:5$	$11°19'$	$25°$	$37°$

9.3.2   条分法(The Slices Method)

整体圆弧滑动法只适用于 $\varphi=0$ 的情况,对于 $\varphi>0$ 的黏性土坡,通常采用条分法。条分法是把滑动土体竖直分成若干土条,各土条假设为刚体,分别求作用于各土条上的力对圆心的滑动力矩和抗滑力矩,然后求出在极限平衡状态下土坡的稳定安全系数。在条分法计算中,待求未知量个数多于平衡方程总数,是高次的超静定问题。一种解决途径是对条块间的作用力加上一些可以接受的简化假定,从而减少未知量的个数或者增加方程的个数。根据简化假定的不同,主要有以下三种方法:①瑞典条分法——不考虑土条间作用力;②毕肖普法——仅考虑土条间作用力的一个分量;③简布法——假定土条间作用力的位置。

1. 瑞典条分法

瑞典条分法是条分法中最简单、最古老的一种。该法假定滑动面为圆弧面,并认为条块间的作用力对土坡的整体稳定性影响不大,因而可以忽略不计(也可以认为是假定条块两侧的作用力大小相等、方向相反,且作用于同一直线上)。

图 9.7 中取条块 i 进行分析,由于不考虑条块间的作用力,根据径向力的静力平衡条件,有

$$N_i = W_i\cos\theta_i \tag{9.8}$$

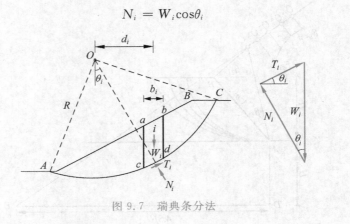

图 9.7   瑞典条分法

根据滑动弧面上的极限平衡条件,有

$$T_i = \frac{T_{ti}}{F_s} = \frac{c_i l_i + N_i\tan\varphi_i}{F_s} \tag{9.9}$$

式中，T_{fi}——在条块 i 滑动面上的抗滑力（kN/m）；

　　l_i——条块 i 滑动面的长度（m），$l_i = b_i / \cos\theta_i$；

　　F_s——滑动圆弧的稳定安全系数。

在条块所受的三个作用力中，法向力 N_i 通过圆心，不产生力矩。重力 W_i 产生的滑动力矩为

$$\sum W_i d_i = \sum W_i R \sin\theta_i \tag{9.10}$$

滑动面上抗滑力产生的抗滑力矩为

$$\sum T_i R = \sum \frac{c_i l_i + N_i \tan\varphi_i}{F_s} R \tag{9.11}$$

由滑动土体的整体力矩平衡，有

$$\sum W_i d_i = \sum T_i R \tag{9.12}$$

将式（9.10）和式（9.11）代入式（9.12），并进行简化，得

$$F_s = \frac{\sum (c_i l_i + W_i \cos\theta_i \tan\varphi_i)}{\sum W_i \sin\theta_i} \tag{9.13}$$

上式即为瑞典条分法稳定安全系数的计算公式。从上述分析过程可以看出，瑞典条分法满足滑动土体整体的力矩平衡条件，但忽略了土条块间作用力，不满足土条的静力平衡条件，这是它区别于其他条分法的主要特点。一般情况下，瑞典条分法得到的安全系数偏低，即偏于安全，目前仍然是工程上常用的方法。

2. 毕肖普法

毕肖普（Bishop）于 1955 年提出一种考虑条块间侧面力的土坡稳定性分析方法，称为**毕肖普法**。

如图 9.8 所示，把滑动土体分成若干个土条后，从圆弧滑动体内取出土条 i 进行分析，作用在条块 i 上的力除了重力 W_i 外，在条块侧面 ac 和 bd 上作用有法向力 P_i、P_{i+1}，切向力 H_i、H_{i+1}。滑弧段 cd 的长度为 l_i，其上作用着法向力 N_i 和切向力 T_i，T_i 包括黏聚阻力 $c_i l_i$ 和摩擦阻力 $N_i \tan\varphi_i$。考虑到条块的宽度不大，W_i 和 N_i 可以看成是作用于 cd 弧段的中点。假设土条处于静力平衡状态，根据竖向力的平衡条件，有

$$W_i + \Delta H_i = N_i \cos\theta_i + T_i \sin\theta_i \tag{9.14}$$

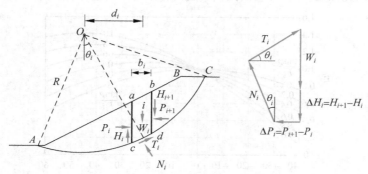

图 9.8　毕肖普法条块作用力

上式即为

$$N_i \cos\theta_i = W_i + \Delta H_i - T_i \sin\theta_i \qquad (9.15)$$

根据满足土坡稳定安全系数 F_s 的极限平衡条件,将式(9.9)代入式(9.15),整理后得

$$N_i = \frac{W_i + \Delta H_i - \dfrac{c_i l_i}{F_s}\sin\theta_i}{\cos\theta_i + \dfrac{\sin\theta_i \tan\varphi_i}{F_s}} = \frac{1}{m_{\theta i}}\left(W_i + \Delta H_i - \frac{c_i l_i}{F_s}\sin\theta_i\right) \qquad (9.16)$$

式中

$$m_{\theta i} = \cos\theta_i + \frac{\sin\theta_i \tan\varphi_i}{F_s} \qquad (9.17)$$

考虑整个滑动土体的整体力矩平衡条件,即各条块所受的作用力对圆心的力矩之和为零。由于条块之间的力 P_i 和 H_i 成对出现,大小相等,方向相反,相互抵消,对圆心不产生力矩,而且滑动面上的法向压力 N_i 通过圆心,也不产生力矩,因此只有重力 W_i 和滑动面上的切向力 T_i 对圆心产生力矩,由力矩平衡有

$$\sum W_i d_i = \sum T_i R \qquad (9.18)$$

将式(9.9)和式(9.10)代入式(9.18),得

$$\sum W_i R \sin\theta_i = \sum \frac{1}{F_s}(c_i l_i + N_i \tan\varphi_i)R \qquad (9.19)$$

将式(9.16)的 N_i 值代入式(9.19),简化后得

$$F_s = \frac{\sum \dfrac{1}{m_{\theta i}}[c_i b_i + (W_i + \Delta H_i)\tan\varphi_i]}{\sum W_i \sin\theta_i} \qquad (9.20)$$

式(9.20)即为毕肖普条分法计算土坡稳定安全系数 F_s 的一般公式。式中的 ΔH_i($\Delta H_i = H_{i+1} - H_i$)仍然是未知量。毕肖普进一步假定 $\Delta H_i = 0$(实际上相当于假定不存在切向作用力 H_i),式(9.20)则简化为

$$F_s = \frac{\sum \dfrac{1}{m_{\theta i}}(c_i b_i + W_i \tan\varphi_i)}{\sum W_i \sin\theta_i} \qquad (9.21)$$

上式称为**简化的毕肖普公式**,式中的参数 $m_{\theta i}$ 包含有稳定安全系数 F_s,因此不能直接求出土坡的稳定安全系数 F_s,而需要采用试算的办法,通过迭代计算求出 F_s 值。

试算时,可以先假定 $F_{s0} = 1.0$,由图 9.9 查出各个 θ_i 所对应的 $m_{\theta i}$ 值,并将其代入式(9.21)

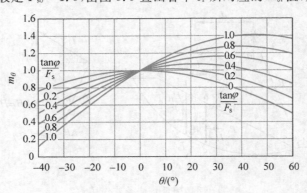

图 9.9 m_θ-θ 关系图

中,求得稳定安全系数 F_{s1}。若 F_{s1} 与 F_{s0} 之差大于允许的误差,则用 F_{s1} 查 $m_{\theta i}$,再次计算出稳定安全系数 F_{s2},通过反复迭代计算,直至前后两次计算的稳定安全系数非常接近,满足规定精度的要求为止。

应当注意的是,当土坡内部土体存在孔隙水压力,且采用有效应力法分析土坡稳定性时,应考虑孔隙水压力的影响。假定土条 i 底部的孔隙水压力为 u_i,此时土条底部的法向力 N_i 包括有效法向应力 N_i' 和孔隙水压力 $u_i l_i$ 两部分,而摩擦阻力由有效法向应力 N_i' 决定,式(9.9)变为

$$T_i = \frac{T_{fi}}{F_s} = \frac{c_i' l_i + N_i' \tan\varphi_i'}{F_s} \tag{9.22}$$

由此可推导得简化毕肖普法的有效应力表达式为

$$F_s = \frac{\sum \dfrac{1}{m_{\theta i}}\left[c_i' b_i + (W_i - u_i b_i)\tan\varphi_i'\right]}{\sum W_i \sin\theta_i} \tag{9.23}$$

式中

$$m_{\theta i} = \cos\theta_i + \frac{\sin\theta_i \tan\varphi_i'}{F_s} \tag{9.24}$$

与瑞典条分法相比,简化毕肖普法考虑条块间有水平力的作用。该方法的特点是:①满足整体力矩平衡条件;②满足各个条块力的多边形闭合条件,但不满足条块的力矩平衡条件;③假设条块间作用力只有法向力而没有切向力;④满足极限平衡条件。该法得到的稳定安全系数较瑞典条分法略高一些,并且很多工程计算表明,毕肖普法与严格的极限平衡分析法(即满足全部静力平衡条件的方法)结果甚为接近,所以该方法目前在工程中很常用。

【人物简介】

毕肖普(Alan Wilfred Bishop)于 1920 年 5 月 27 日出生于英格兰惠特斯特布尔市,是伦敦帝国理工学院(Imperial College London)的岩土工程师和学者。毕肖普从剑桥大学伊曼纽尔学院(Emmanuel College,Cambridge)毕业后,在 Alec Westley Skempton 教授手下任职,1952 年取得博士学位后,1965 年成为土力学专业教授,在土力学试验领域进行了大量研究并且设计了土工试验仪器,例如三轴仪和环剪仪。

毕肖普以提出土坡稳定性分析的毕肖普条分法而著称,他于 1966 年被英国岩土工程协会(British Geotechnical Association)邀请为第六届朗肯讲座报告人,题目为"土作为工程材料的强度性质"。

毕肖普(1920—1988)

毕肖普于 1988 年 6 月 30 日在英格兰惠特斯特布尔市去世,享年 68 岁。目前伦敦帝国理工学院的部分土力学实验室仍然以毕肖普命名,以纪念他长期的贡献。

3. 简布法

简布法由简布(Janbu)提出的,它是普遍条分法的一种,适用于任意形状的滑动面,特别是不均匀土体的情况。该法假定条块间水平作用力的位置在土条底面以上 $1/3$ 高度处,每个土条块都满足全部的静力平衡条件和极限平衡条件,滑动土体的整体力矩平衡条件也自然得到满足。

从图 9.8 所示的滑动土体 ABC 中取任意条块 i 进行静力分析。作用在条块上的力及其作用点如图 9.10 所示,根据竖向力的平衡条件,可得

$$N_i\cos\theta_i = W_i + \Delta H_i - T_i\sin\theta_i \tag{9.25}$$

根据水平方向力的平衡条件,有

$$\Delta P_i = T_i\cos\theta_i - N_i\sin\theta_i \tag{9.26}$$

将式(9.25)代入式(9.26),整理后得

$$\Delta P_i = T_i\left(\cos\theta_i + \frac{\sin^2\theta_i}{\cos\theta_i}\right) - (W_i + \Delta H_i)\tan\theta_i \tag{9.27}$$

由式(9.25)得

$$N_i = \frac{1}{\cos\theta_i}(W_i + \Delta H_i - T_i\sin\theta_i) \tag{9.28}$$

将式(9.28)代入式(9.9),整理后得

$$T_i = \frac{\dfrac{1}{F_s}\left[c_i l_i + \dfrac{1}{\cos\theta_i}(W_i + \Delta H_i)\tan\varphi_i\right]}{1 + \dfrac{\tan\theta_i\tan\varphi_i}{F_s}} \tag{9.29}$$

将式(9.29)代入式(9.27),得

$$\Delta P_i = \frac{1}{F_s}\frac{\sec^2\theta_i}{1 + \dfrac{\tan\theta_i\tan\varphi_i}{F_s}}\left[c_i l_i\cos\theta_i + (W_i + \Delta H_i)\tan\theta_i\right] - (W_i + \Delta H_i)\tan\theta_i \tag{9.30}$$

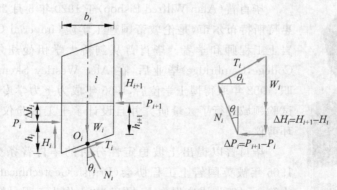

图 9.10   简布法条块作用力

作用在条块侧面的法向力 P_i 如图 9.11 所示,显然有 $P_0 = 0$,$P_1 = \Delta P_1$,$P_2 = P_1 + \Delta P_2 = \Delta P_1 + \Delta P_2$,以此类推,有

$$P_i = \sum_{j=1}^{i}\Delta P_j \tag{9.31}$$

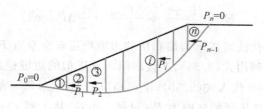

图 9.11　条块侧面法向力

若全部条块的总数为 n，则有

$$P_n = \sum_{i=1}^{n} \Delta P_i = 0 \tag{9.32}$$

将式(9.30)代入式(9.32)，得

$$\sum \frac{1}{F_s} \frac{\sec^2\theta_i}{1 + \dfrac{\tan\theta_i\tan\varphi_i}{F_s}} [c_i l_i \cos\theta_i + (W_i + \Delta H_i)\tan\varphi_i] - \sum (W_i + \Delta H_i)\tan\theta_i = 0$$
$$\tag{9.33}$$

整理后得

$$F_s = \frac{\sum [c_i l_i \cos\theta_i + (W_i + \Delta H_i)\tan\varphi_i] \dfrac{\sec^2\theta_i}{1 + \tan\theta_i\tan\varphi_i/F_s}}{\sum (W_i + \Delta H_i)\tan\theta_i}$$

$$= \frac{\sum [c_i l_i \cos\theta_i + (W_i + \Delta H_i)\tan\varphi_i] \dfrac{1}{m_{\theta i}\cos\theta_i}}{\sum (W_i + \Delta H_i)\tan\theta_i} \tag{9.34}$$

式中 $m_{\theta i}$ 计算见式(9.17)。

　　比较毕肖普公式(9.20)和简布公式(9.34)，可以看出两者很相似，但分母有差别。毕肖普公式是根据滑动面为圆弧面，滑动土体满足整体力矩平衡条件推导得到，而简布公式则是根据力的多边形闭合和极限平衡条件，最后从 $P_n = 0$ 解得。在式(9.34)中，ΔH_i 是待定的未知量。毕肖普没有解出 ΔH_i，而直接令 $\Delta H_i = 0$，从而成为简化的毕肖普公式，而简布法则利用条块的力矩平衡条件求解 ΔH_i。如图 9.10 所示，将作用在条块上的力对条块滑弧段中点 O_i 取矩，并令 $\sum M_{O_i} = 0$。重力 W_i 和滑弧段上的力 N_i 和 T_i 均通过 O_i，不产生力矩，而条块间力的作用点位置已确定，故

$$H_i \frac{b_i}{2} + (H_i + \Delta H_i)\frac{b_i}{2} - (P_i + \Delta P_i)\left(h_i + \Delta h_i - \frac{1}{2}b_i\tan\theta_i\right) +$$
$$P_i\left(h_i - \frac{1}{2}b_i\tan\theta_i\right) = 0 \tag{9.35}$$

其中

$$\Delta H_i = H_{i+1} - H_i \tag{9.36}$$

式(9.35)略去高阶微量整理后得

$$H_i b_i - P_i \Delta h_i - \Delta P_i h_i + \frac{1}{2}\Delta P_i b_i \tan\theta_i = 0 \tag{9.37}$$

由式(9.37)解得

$$H_i = \frac{P_i \Delta h_i}{b_i} + \frac{\Delta P_i h_i}{b_i} - \frac{1}{2} \Delta P_i \tan\theta_i \qquad (9.38)$$

由以上公式利用迭代法可以求得简布法的边坡稳定安全系数 F_s，其步骤如下：

（1）假定 $\Delta H_i = 0$，利用式（9.34），迭代求第一次近似的边坡稳定安全系数 F_{s1}；

（2）将 F_{s1} 和 $\Delta H_i = 0$ 代入式（9.30），求得相应的 ΔP_i（对每一条块，从 1 到 n）；

（3）用式（9.31）求条块间的法向力 P_i（对每一条块，从 1 到 n）；

（4）将 P_i 和 ΔP_i 代入式（9.36）和式（9.38），求条块间的切向作用力 H_i（对每一条块，从 1 到 n）和 ΔH_i；

（5）将 ΔH_i 重新代入式（9.34），迭代求出新的稳定安全系数 F_{s2}。

如果 $|F_{s2} - F_{s1}| > \Delta$（$\Delta$ 为规定的稳定安全系数计算精度），重新按上述步骤（2）～（5）进行第二轮计算。如此反复进行，直至 $|F_{s(k)} - F_{s(k-1)}| \leqslant \Delta$ 为止。$F_{s(k)}$ 就是该假定滑动面的稳定安全系数。通过假定不同的滑动面进行计算，找出稳定安全系数最小的滑动面，其稳定安全系数才是土坡真正的安全系数。

[**例题 9.2**]　如图 9.12 所示，一简单的黏性土坡，高 15m，坡比 1:2，填土的重度 $\gamma = 19.5 \text{kN/m}^3$，内摩擦角 $\varphi = 26.2°$，黏聚力 $c = 12 \text{kPa}$，试分别用瑞典条分法和简化毕肖普法计算该滑动面的稳定安全系数，并对结果进行比较。

解：将滑动土体分成 6 个土条，并对土条进行编号，分别计算各土条的重量 W_i、滑动面弧长 l_i 和土条中心线与竖向的夹角 θ_i，然后分别用瑞典条分法和简化毕肖普法计算抗滑稳定安全系数。

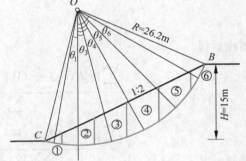

图 9.12　例题 9.2 附图

（1）瑞典条分法

瑞典条分法分项计算结果见表 9.2，由表 9.2 中结果得

$$\sum W_i \sin\theta_i = 1043.5 \text{kN/m}, \quad \sum W_i \cos\theta_i \tan\varphi_i = 1170.1 \text{kN/m}, \quad \sum c_i l_i = 432.9 \text{kN/m}$$

所以边坡稳定安全系数为

$$F_s = \frac{\sum (W_i \cos\theta_i \tan\varphi_i + c_i l_i)}{\sum W_i \sin\theta_i} = \frac{1170.1 + 432.9}{1043.5} = 1.54$$

表 9.2　瑞典条分法计算结果

编号	b_i/m	θ_i/(°)	W_i/ (kN/m)	$\sin\theta_i$	$\cos\theta_i$	$W_i\sin\theta_i$ /(kN/m)	$W_i\cos\theta_i$ /(kN/m)	$W_i\cos\theta_i\tan\varphi_i$ /(kN/m)	l_i/m	$c_i l_i$/ (kN/m)
1	3	−9.89	60.95	−0.17	0.99	−10.47	60.04	29.54	3.05	36.54
2	6	0.00	425.69	0.00	1.00	0.00	425.69	209.47	6.00	72.00
3	6	13.24	694.60	0.23	0.97	159.07	676.14	332.70	6.16	73.97
4	6	27.26	784.26	0.46	0.89	359.20	697.16	343.05	6.75	80.99
5	6	43.39	629.36	0.69	0.73	432.39	457.32	225.03	8.26	99.09
6	3	59.18	120.28	0.86	0.51	103.29	61.62	30.32	5.86	70.26

（2）简化毕肖普法

根据瑞典条分法得到 $F_s = 1.54$，由于毕肖普法的稳定安全系数稍高于瑞典条分法，因此设 $F_{s1} = 1.70$，按简化的毕肖普条分法列表分项计算，结果如表 9.3 所示。

表 9.3　毕肖普法分项计算结果

编号	$\sin\theta_i$	$\cos\theta_i$	$\dfrac{\sin\theta_i\tan\varphi_i}{F_s}$	$m_{\theta i}$	$W_i\sin\theta_i$ /(kN/m)	c_ib_i /(kN/m)	$W_i\tan\varphi_i$ /(kN/m)	$\dfrac{c_ib_i+W_i\tan\varphi_i}{m_{\theta i}}$/(kN/m)
1	−0.17	0.99	−0.05	0.94	−10.47	36	29.99	70.54
2	0.00	1.00	0.00	1.00	0.00	72	209.47	281.47
3	0.23	0.97	0.07	1.04	159.07	72	341.79	397.98
4	0.46	0.89	0.13	1.02	359.20	72	385.90	448.26
5	0.69	0.73	0.20	0.93	432.39	72	309.68	412.41
6	0.86	0.51	0.25	0.76	103.29	36	59.18	125.09

由表 9.3 中的结果得

$$\sum \frac{c_ib_i+W_i\tan\varphi_i}{m_{\theta i}} = 1735.75\text{kN/m}$$

毕肖普法稳定安全系数公式中的滑动力 $\sum W_i\sin\theta_i$ 与瑞典条分法相同，因此稳定安全系数为

$$F_{s2} = \frac{\sum \dfrac{1}{m_{\theta i}}(c_ib_i+W_i\tan\varphi_i)}{\sum W_i\sin\theta_i} = \frac{1735.75}{1043.48} = 1.663$$

因为 $|F_{s2}-F_{s1}| = 0.037$，误差较大。按 $F_{s2} = 1.663$ 进行第二次迭代计算，结果列于表 9.4 中。

表 9.4　毕肖普法第二次迭代计算结果

编号	$\sin\theta_i$	$\cos\theta_i$	$\dfrac{\sin\theta_i\tan\varphi_i}{F_s}$	$m_{\theta i}$	$W_i\sin\theta_i$ /(kN/m)	c_ib_i /(kN/m)	$W_i\tan\varphi_i$ /(kN/m)	$\dfrac{c_ib_i+W_i\tan\varphi_i}{m_{\theta i}}$/(kN/m)
1	−0.17	0.99	−0.05	0.93	−10.47	36	29.99	70.63
2	0.00	1.00	0.00	1.00	0.00	72	209.47	281.47
3	0.23	0.97	0.07	1.04	159.07	72	341.79	397.42
4	0.46	0.89	0.14	1.02	359.20	72	385.90	446.97
5	0.69	0.73	0.20	0.93	432.39	72	309.68	410.45
6	0.86	0.51	0.25	0.77	103.29	36	59.18	124.19

由表 9.4 中的结果得

$$\sum \frac{c_ib_i+W_i\tan\varphi_i}{m_{\theta i}} = 1731.11\text{kN/m}$$

因此稳定安全系数为

$$F_{s3} = \frac{\sum \dfrac{1}{m_{\theta i}}(c_ib_i+W_i\tan\varphi_i)}{\sum W_i\sin\theta_i} = \frac{1731.11}{1043.48} = 1.659$$

因为 $|F_{s3}-F_{s2}|=0.004$，十分接近，因此可认为 $F_s=1.659$。

计算结果表明，简化毕肖普条分法的稳定安全系数较瑞典条分法高约 8%。

9.4 黏性土坡稳定分析的其他方法（Other Methods for Stability Analysis of Cohesive Slopes）

9.4.1 稳定数法（The Stability Number Method）

应用前述条分法分析黏性土坡的稳定性，计算工作量大，为了减少计算工作量，苏联学者洛巴索夫提出了一种用于分析简单土坡稳定性的简化图表计算法，该方法可用于坡高在 10m 以内的均质土坡稳定性分析，也可用于较复杂情况的初步估算。此方法将影响土坡稳定性的 5 个参数——土体抗剪强度指标 c 和 φ、土体重度 γ、坡角 α 和坡高 H 之间的密切关系用图表来表示。为了简化，又把参数 c、γ 和 H 合并为一个新的无量纲参数 N_s，称为**稳定数**（stability number）。稳定数 N_s 的表达式为

$$N_s = \frac{c}{\gamma H} \tag{9.39}$$

对于不同的 φ 值，洛巴索夫绘出 N_s 与 α 的关系曲线，如图 9.13 所示。利用稳定数的定义和该图可解决简单土坡稳定性分析中的下述问题：

（1）已知土坡坡角 α 及土的性质指标 c、φ 和 γ，求土坡的临界坡高 H_{cr}

首先由 φ、α 查图 9.13 得相应的稳定数 N_s，然后根据稳定数的定义求得临界坡高 $H_{cr}=c/(\gamma N_s)$。

（2）已知土的性质指标 c、φ、γ 和土坡坡高 H，求土坡的临界坡角 α_{cr}

由 c、γ 和 H 计算得稳定数 $N_s=c/(\gamma H)$，由 N_s 和 φ 查图 9.13 得临界坡角 α_{cr}。

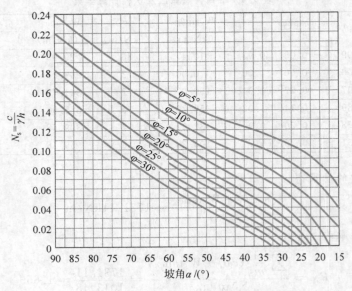

图 9.13 简单土坡稳定计算用图表（洛巴索夫）

[**例题 9.3**]　已知一简单黏性土坡,土的内摩擦角 $\varphi=15°$,黏聚力 $c=12.0\text{kPa}$,重度 $\gamma=18.2\text{kN/m}^3$,则:

(1) 若土坡的坡角 $\alpha=55°$,试用稳定数法确定土坡的临界坡高;

(2) 若土坡的坡高 $H=5\text{m}$,试用稳定数法确定土坡的临界坡角。

解:(1) 由坡角 $\alpha=55°$ 和内摩擦角 $\varphi=15°$,查图 9.13 得稳定数 $N_s=0.101$,而

$$N_s=\frac{c}{\gamma H}$$

所以

$$H_{cr}=\frac{c}{\gamma N_s}=\frac{12}{18.2\times0.101}\text{m}=6.5\text{m}$$

(2) 由黏聚力 c、重度 γ 和坡高 H 求稳定数

$$N_s=\frac{c}{\gamma H}=\frac{12}{18.2\times5}=0.132$$

根据稳定数 N_s 和内摩擦角 φ,查得土坡的临界坡角 $\alpha_{cr}=67°$。

9.4.2　不平衡推力法(The Imbalance Thrust Force Method)

不平衡推力法亦称传递系数法或剩余推力法,是我国独创的实用边坡稳定性分析方法。该法计算简单,适用于土质和岩质边坡任何形状的滑裂面。例如覆盖在起伏变化的基岩面上的一些土坡,其失稳多数沿这些界面发生,形成如图 9.14 所示的折线滑动面。对于岩质边坡,破坏面沿断层或裂隙发生时形成的折线滑动面,也可以采用不平衡推力法进行稳定分析。

1. 基本假设和受力分析

如图 9.14 所示,不平衡推力法按折线滑动面将滑动土体分成条块,**并假定条块间力的合力与上一条块底面平行**,根据各个条块的平衡条件,逐条向下推求,直到最后一条块的推力为零。

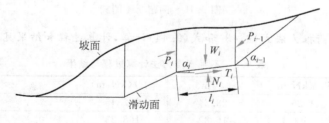

图 9.14　不平衡推力法示意图

2. 计算公式推导

对任一土条,根据垂直及平行条块底面方向力的平衡条件,有

$$N_i-W_i\cos\alpha_i-P_{i-1}\sin(\alpha_{i-1}-\alpha_i)=0 \tag{9.40}$$

和

$$T_i+P_i-W_i\sin\alpha_i-P_{i-1}\cos(\alpha_{i-1}-\alpha_i)=0 \tag{9.41}$$

根据安全系数定义和莫尔-库仑破坏准则,有

$$T_i = \frac{c_i l_i + N_i \tan\varphi_i}{F_s} \tag{9.42}$$

联合解式(9.40)、式(9.41)和式(9.42),消除 T_i 和 N_i,得如下计算公式:

$$P_i = W_i \sin\alpha_i - \left(\frac{c_i l_i + W_i \cos\alpha_i \tan\varphi_i}{F_s} \right) + P_{i-1} \psi_i \tag{9.43}$$

式中,ψ_i 称为传递系数,其表达式为

$$\psi_i = \cos(\alpha_{i-1} - \alpha_i) - \frac{\tan\varphi_i}{F_s} \sin(\alpha_{i-1} - \alpha_i) \tag{9.44}$$

3. 计算步骤

采用不平衡推力法计算时,先假设 $F_s = 1$,然后从坡顶第一个条块开始逐条向下推求 P_i,直至求出最后一条的推力 P_n,P_n 必须为零,否则要重新假定 F_s 进行试算。

采用不平衡推力法计算时,抗剪强度指标 c、φ 值可根据土的性质及当地经验,采用试验和滑坡反算结合的方法确定。另外,因为条块之间不能承受拉力,所以任何条块的推力 P_i 如果为**负值**,则此 P_i **不再向下传递**,而对下一条块取 P_{i-1} 为零。该法也常用来按照设定的安全系数,反推各条块和最后一个条块承受的推力大小,以便确定是否需要和如何设置支挡结构。

[**例题 9.4**]　图 9.15 为基岩上的土坡,已知土体的重度 $\gamma = 18\text{kN/m}^3$,土体与基岩之间的摩擦角 $\varphi = 12°$,黏聚力 $c = 10.0\text{kPa}$。若在图示位置设置挡土墙,试用不平衡推力法计算作用在挡土墙上的力(抗滑安全系数 F_s 取 1.2)。

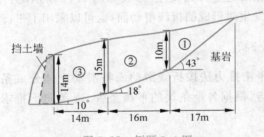

图 9.15　例题 9.4 图

解：采用不平衡推力法式(9.43)和式(9.44)计算,计算过程和结果见表 9.5。

表 9.5　不平衡推力法计算过程与结果

条块编号	$W_i/(\text{kN/m})$	l_i/m	$c_i l_i/(\text{kN/m})$	ψ_i	$P_i/(\text{kN/m})$
1	1530	23.24	232.45		612.81
2	3600	16.82	168.23	0.83	847.29
3	3654	14.22	142.16	0.97	673.10

所以作用在挡土墙上的力为 673.10kN/m。

思考题(Thinking Questions)

9.1　影响土坡稳定的因素有哪些?如何防止土坡滑动?

9.2　土坡稳定性计算有哪些常用方法?

9.3 土坡稳定性分析中,如何考虑渗透水流的作用?

9.4 简化毕肖普法与瑞典条分法的区别是什么?

9.5 不平衡推力法与简布法可否用于圆弧滑动分析?为什么?

9.6 什么是稳定数?稳定数法在哪些情况下可以使用?

习题(Exercises)

9.1 一砂砾土坡,饱和重度 $\gamma_{sat} = 19.5 \text{kN/m}^3$,内摩擦角 $\varphi = 35°$,坡比为 $1:3$。试问在干坡及坡面有顺坡渗流时,其稳定安全系数为多少?

9.2 无限土坡如图 9.16 所示,地下水沿坡面方向渗流。坡高 5m,坡角 $\alpha = 15°$,土与基岩接触面的摩擦角 $\delta = 18°$,黏聚力 $c = 12\text{kPa}$,土的颗粒比重 $G_s = 2.65$,孔隙比 $e = 0.7$。求土坡沿界面滑动的稳定安全系数 F_s。

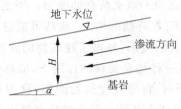

图 9.16 习题 9.2 图

9.3 一均质黏性土土坡如图 9.17 所示,高 15m,坡比为 $1:2$,土的黏聚力 $c = 35\text{kPa}$,内摩擦角 $\varphi = 10°$,重度 $\gamma = 19.8\text{kN/m}^3$,滑动圆心假定为 O 点,滑动半径为 27m,滑动体分为 7 个土条,每个土条宽度为 5m。试用瑞典条分法计算土坡的稳定安全系数。

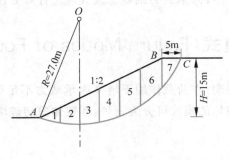

图 9.17 习题 9.3 图

9.4 某土坡外形尺寸及滑动圆心和半径如图 9.17 所示,所有参数均与题 9.3 相同,试用简化毕肖普法计算土坡的稳定安全系数,并与瑞典条分法计算结果进行比较。

9.5 已知一简单黏性土坡,土的内摩擦角 $\varphi = 10°$,黏聚力 $c = 18.0\text{kPa}$,重度 $\gamma = 18.5\text{kN/m}^3$,则:

(1) 若土坡的坡角 $\alpha = 60°$,试用稳定数法确定土坡的临界坡高;

(2) 若土坡的坡高 $H = 8\text{m}$,试用稳定数法确定土坡的临界坡角。

地基承载力（Bearing Capacity of Foundation Soil）

10.1 概述（Introduction）

地基承载力是指地基单位面积上承受荷载的能力。当上部建筑物的荷载通过基础传递到地基上时，地基将产生变形，随着荷载的增大，地基可能进入两种不同的极限状态：一种是在荷载作用下地基产生了过大的变形，超过了建筑物的允许范围，影响了建筑物的正常使用，称为正常使用极限状态；另一种是在荷载的作用下，地基中的土体出现剪切破坏从而失去稳定性，发展成连续的滑动面时，将导致建筑物倒塌，称为承载力极限状态。因此在进行地基基础设计时，必须满足如下两个条件：①建筑物基础在荷载的作用下产生的沉降量和沉降差应在该建筑物所允许的范围之内；②建筑物基础底面处的基底压力应不超过地基所允许的最大承载能力。因此，确定地基承载力是基础设计中的重要一步。

确定地基承载力的方法有三类，即理论公式计算、现场原位试验和查规范表格，本章主要介绍临塑荷载、临界荷载和极限承载力的概念及其理论计算方法。

10.2 地基破坏模式（Failure Modes of Foundation Soil）

试验研究和工程实例表明，在荷载作用下地基因承载力不足引起的破坏往往是由地基土的剪切破坏引起。地基破坏的模式可分为三种，即**整体剪切破坏**、**局部剪切破坏**和**冲切破坏**，如图 10.1 所示。

10.2.1 整体剪切破坏（General Shear Failure）

现场载荷试验表明，整体剪切破坏时基底压力 p 与沉降 s 之间的关系如图 10.2 中的曲线 I 所示，地基变形的发展可分为三个阶段，即线性变形阶段、塑性变形阶段和破坏阶段。当荷载较小时，p 与 s 基本呈直线关系（OA 段），属线性变形阶段，相应于 A 点的荷载称为临塑荷载，以 p_{cr} 表示。在线性变形阶段，土中各点处于弹性变形状态，地基中的应力分布可用弹性理论求解。当基底压力大于 p_{cr} 后，基础边缘土体开始发生剪切破坏，产生塑性变形，随着荷载的增加，塑性变形区逐渐扩大加深，土体向周围挤出，p 和 s 呈非线性关系；当荷载增加到 B 点时，塑性变形区扩展为连续滑动面，地基濒临失稳破坏，B 点对应的荷载称为极限荷载,以 p_u 表示。如在 B 点以后继续增加荷载,基础将急剧下沉或向一侧倾斜,同时土体被挤出,四周地面隆起,地基发生整体剪切破坏,如图 10.1(a)所示。整体剪切破坏一般发生在紧密的砂土、硬黏土地基中。

10.2.2 局部剪切破坏(Local Shear Failure)

局部剪切破坏是介于整体剪切破坏和冲切破坏之间的一种破坏模式。如图 10.1(b)和图 10.2 中曲线 Ⅱ 所示,局部剪切破坏的主要特征有:①$p\text{-}s$ 曲线没有明显的线性段,从曲线中难以确定临塑荷载 p_{cr};②随着荷载的增大,剪切破坏区从基础边缘开始,发展并终止在地基内部某一位置,滑动面未延伸到地表;③基础两侧地面有隆起,但不是很明显。局部剪切破坏一般发生在中硬黏性土和中等密实砂土中,发生局部剪切破坏时基础一般不会发生倒塌或倾斜破坏。

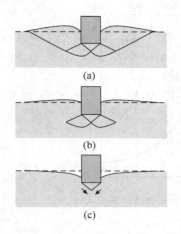

图 10.1 地基的破坏模式
(a) 整体剪切破坏;(b) 局部剪切破坏;(c) 冲切破坏

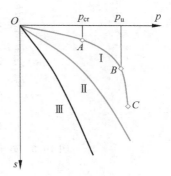

图 10.2 地基的典型 $p\text{-}s$ 曲线

10.2.3 冲切破坏(Punching Shear Failure)

冲切破坏也称刺入破坏,一般发生在饱和软黏土和松散的粉土、砂土地基中。如图 10.1(c)所示,冲切破坏的特征与整体剪切破坏、局部剪切破坏的特征具有明显的区别。在荷载作用下,基础周围的土体产生剪切破坏,基础向下切入土中,只在基础边缘和基础正下方出现滑动面,基础两侧地面无明显隆起现象,在基础的周边还会出现凹陷现象。冲切破坏的 $p\text{-}s$ 曲线也无明显的特征点,如图 10.2 中曲线 Ⅲ 所示。

表 10.1 总结了条形基础受竖直中心荷载作用时地基各种破坏模式的特征。地基的破坏模式除了与地基土的性质有关外,还与基础宽度、基础埋置深度和加载速率等因素有关。图 10.3 为魏锡克(Vesic,1973)根据模型试验结果,得出的砂土相对密度和基础相对埋深对地基破坏模式的影响。从中可以看出,在密砂地基中,当基础的埋置深度较大时,也可能发生局部剪切破坏,甚至发生冲切破坏。

表 10.1   条形基础受竖直中心荷载作用时地基破坏模式的特征

破坏模式	滑动面特征	荷载与沉降曲线的特征	基础周边地面情况	破坏时的沉降	基础的表现	设计的控制因素	事故出现情况	适用条件	
								地基土	基础相对埋深
整体剪切破坏	完整	有明显特征点	明显隆起	较小	倾倒	强度	突然倾倒	密实砂土硬黏土	小
局部剪切破坏	不完整	特征点不易确定	隆起不明显	中等	一般不倾倒	变形为主	较慢下沉有时倾倒	中密砂土中硬黏土	中
冲切破坏	很不完整	特征点无法确定	出现凹陷	较大	只出现下沉	变形	缓慢下沉	松散砂土软黏土	大

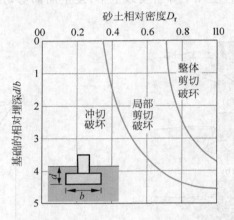

图 10.3   砂土相对密度和基础埋深与地基破坏模式的关系

10.3   地基临塑荷载和临界荷载（The Critical Edge Pressure and the Critical Pressure of Foundation Soil）

临塑荷载是指地基土中将要而尚未出现塑性变形区时的基底压力，临界荷载指塑性区达到某临界深度时的基底压力，下面介绍条形基础的临塑荷载和临界荷载的推导过程和理论计算公式。

10.3.1   塑性区边界方程的推导（Derivation of the Boundary Equation of Plastic Zone）

塑性区边界方程推导的基础是基于弹性假定的土中附加应力计算公式和土体极限平衡条件。

如图 10.4（a）所示，在均质地基表面作用均布条形荷载 p，根据弹性理论，土中任意点 M 由 p 引起的大、小主应力 σ_1 和 σ_3 为

$$\left.\begin{array}{c}\sigma_1\\\sigma_3\end{array}\right\} = \frac{p}{\pi}(2\beta_0 \pm \sin2\beta_0) \qquad (10.1)$$

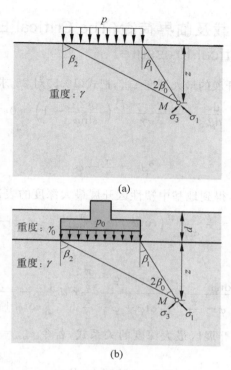

图 10.4　条形均布荷载作用下的地基应力

(a) 荷载作用在地基表面；(b) 基础埋深为 d

考虑土体自重的影响，M 点由土体自重引起的竖向应力 $\sigma_z = \gamma z$，水平应力 $\sigma_x = k_0 \sigma_z = k_0 \gamma z$。为了简化起见，**假定土的侧压力系数 $k_0 = 1$**，则由土体自重引起的应力在各个方向是相等的，均为 γz。因此，考虑土体自重后 M 点的大、小主应力 σ_1 和 σ_3 为

$$\left.\begin{array}{c}\sigma_1 \\ \sigma_3\end{array}\right\} = \frac{p}{\pi}(2\beta_0 \pm \sin 2\beta_0) + \gamma z \tag{10.2}$$

实际上，一般基础都有一定的埋深。假定埋深为 d，埋深范围内土体的加权平均重度为 γ_0，如图 10.4(b)所示，则基底附加压力为 $p - \gamma_0 d$，M 点的自重应力为 $\gamma_0 d + \gamma z$。此时，M 点的大、小主应力 σ_1 和 σ_3 为

$$\left.\begin{array}{c}\sigma_1 \\ \sigma_3\end{array}\right\} = \frac{p - \gamma_0 d}{\pi}(2\beta_0 \pm \sin 2\beta_0) + \gamma_0 d + \gamma z \tag{10.3}$$

当 M 点达到极限平衡状态时，大、小主应力 σ_1 和 σ_3 将满足下列关系式：

$$\sigma_1 = \sigma_3 \tan^2\left(45° + \frac{\varphi}{2}\right) + 2c\tan\left(45° + \frac{\varphi}{2}\right) \tag{10.4}$$

将式(10.3)代入式(10.4)并整理可得

$$z = \frac{p - \gamma_0 d}{\pi \gamma}\left(\frac{\sin 2\beta_0}{\sin \varphi} - 2\beta_0\right) - \frac{c}{\gamma}\cot\varphi - \frac{\gamma_0}{\gamma}d \tag{10.5}$$

式(10.5)为在基底压力 p 作用下地基中塑性区的边界方程。若基底压力 p 和埋深 d 确定，地基土的参数 c、φ 已知，z 值只是 $2\beta_0$ 的函数。

10.3.2 临塑荷载及临界荷载（The Critical Edge Pressure and the Critical Pressure）

为求得地基中塑性区开展的最大深度 z_{max}，把式（10.5）对 $2\beta_0$ 求导，并令导数等于零，即

$$\frac{\mathrm{d}z}{\mathrm{d}\beta_0} = \frac{2(p - \gamma_0 d)}{\pi\gamma}\left(\frac{\cos 2\beta_0}{\sin\varphi} - 1\right) = 0 \tag{10.6}$$

由此解得

$$2\beta_0 = \frac{\pi}{2} - \varphi \tag{10.7}$$

将式（10.7）代入式（10.5），得到地基中塑性区开展最大深度的表达式为

$$z_{max} = \frac{p - \gamma_0 d}{\pi\gamma}\left(\cot\varphi + \varphi - \frac{\pi}{2}\right) - \frac{c}{\gamma}\cot\varphi - \frac{\gamma_0}{\gamma}d \tag{10.8}$$

由上式可得

$$p = \frac{\pi\cot\varphi}{\cot\varphi + \varphi - \frac{\pi}{2}}c + \frac{\cot\varphi + \varphi + \frac{\pi}{2}}{\cot\varphi + \varphi - \frac{\pi}{2}}\gamma_0 d + \frac{\pi}{\cot\varphi + \varphi - \frac{\pi}{2}}\gamma z_{max} \tag{10.9}$$

上式即为基底压力与塑性开展区最大深度的关系式，若令 $z_{max} = 0$，则基底压力即为临塑荷载 p_{cr}，其计算公式为

$$p_{cr} = cN_c + \gamma_0 dN_q \tag{10.10}$$

其中

$$N_c = \frac{\pi\cot\varphi}{\cot\varphi + \varphi - \frac{\pi}{2}} \tag{10.11}$$

$$N_q = \frac{\cot\varphi + \varphi + \frac{\pi}{2}}{\cot\varphi + \varphi - \frac{\pi}{2}} \tag{10.12}$$

工程经验表明，在中心荷载作用下，可允许地基土中塑性区达到的最大深度为 $z_{max} = b/4$（b 为基础宽度）。将 $z_{max} = b/4$ 代入式（10.9）中，此时的基底压力为中心荷载作用下地基的临界荷载 $p_{1/4}$，其计算公式为

$$p_{1/4} = cN_c + \gamma_0 dN_q + \frac{1}{4}\gamma b N_\gamma \tag{10.13}$$

式中

$$N_\gamma = \frac{\pi}{\cot\varphi + \varphi - \frac{\pi}{2}} \tag{10.14}$$

其他符号的意义同前。

在中小偏心荷载作用下，可允许地基土中塑性区达到的最大深度为 $z_{max} = b/3$，将 $z_{max} = b/3$ 代入式（10.9）中，此时的基底压力为偏心荷载作用下地基的临界荷载 $p_{1/3}$，其计算公式为

$$p_{1/3} = cN_c + \gamma_0 dN_q + \frac{1}{3}\gamma b N_\gamma \tag{10.15}$$

N_c、N_q 和 N_γ 称为临塑荷载和临界荷载的承载力系数,这些系数只与土的内摩擦角 φ 有关,数值可用前述公式计算,也可通过查表 10.2 得到。

表 10.2   临塑荷载和临界荷载的承载力系数 N_c、N_q 和 N_γ

$\varphi/(°)$	N_c	N_q	N_γ	$\varphi/(°)$	N_c	N_q	N_γ
0	3.14	1.00	0.00	26	6.90	4.37	3.37
2	3.32	1.12	0.12	28	7.40	4.93	3.93
4	3.51	1.25	0.25	30	7.95	5.59	4.59
6	3.71	1.39	0.39	32	8.55	6.34	5.34
8	3.93	1.55	0.55	34	9.22	7.22	6.22
10	4.17	1.73	0.73	36	9.97	8.24	7.24
12	4.42	1.94	0.94	38	10.80	9.44	8.44
14	4.69	2.17	1.17	40	11.73	10.85	9.85
16	4.99	2.43	1.43	42	12.79	12.51	11.51
18	5.31	2.73	1.73	44	13.98	14.50	13.50
20	5.66	3.06	2.06	46	15.34	16.89	15.89
22	6.04	3.44	2.44	48	16.90	19.77	18.77
24	6.45	3.87	2.87	50	18.70	23.29	22.29

应当注意的是,临塑荷载和临界荷载计算公式只适用于条形基础,若将其用于矩形基础,则结果偏安全;在推导过程中假定土的侧压力系数 $k_0 = 1$,这与大多数的实际情况不符;在推导临界荷载 $p_{1/4}$ 和 $p_{1/3}$ 时,仍用弹性理论计算土中附加应力,使结果存在一定的误差。虽然存在这些不足,但临界荷载的计算公式表明了影响地基承载力的主要参数包括地基土的内摩擦角 φ 和黏聚力 c,重度 γ 和 γ_0,以及基础的宽度 b 和埋深 d。

[**例题 10.1**]   某条形基础宽 $b = 2.8\text{m}$,埋深 $d = 1.5\text{m}$,建于均质的黏土地基上,土层的参数为 $\gamma = 18\text{kN/m}^3$,$c = 15\text{kPa}$,$\varphi = 20°$。试计算地基的临塑荷载 p_{cr} 及临界荷载 $p_{1/4}$ 和 $p_{1/3}$。

解:由 $\varphi = 20°$ 查表 10.2 得到承载力系数 $N_c = 5.66$,$N_q = 3.06$,$N_\gamma = 2.06$,因为基础建于均质黏土地基,$\gamma_0 = \gamma = 18\text{kN/m}^3$,所以

$$p_{cr} = cN_c + \gamma_0 d N_q$$
$$= (15 \times 5.66 + 18 \times 1.5 \times 3.06)\text{kPa}$$
$$= 167.52\text{kPa}$$

$$p_{1/4} = cN_c + \gamma_0 d N_q + \frac{1}{4}\gamma b N_\gamma$$
$$= \left(15 \times 5.66 + 18 \times 1.5 \times 3.06 + \frac{1}{4} \times 18 \times 2.8 \times 2.06\right)\text{kPa}$$
$$= 193.48\text{kPa}$$

$$p_{1/3} = cN_c + \gamma_0 d N_q + \frac{1}{3}\gamma b N_\gamma$$
$$= \left(15 \times 5.66 + 18 \times 1.5 \times 3.06 + \frac{1}{3} \times 18 \times 2.8 \times 2.06\right)\text{kPa}$$
$$= 202.13\text{kPa}$$

10.4　地基极限承载力(The Ultimate Bearing Capacity of Foundation Soil)

地基极限承载力是地基内部整体达到极限平衡状态时外部施加的荷载。求解地基极限承载力的方法一般有两种:一种是根据静力平衡和极限平衡条件建立微分方程,然后根据边界条件求出地基整体达到极限平衡时各点的应力状态从而计算出极限承载力;另一种是假定滑动面的形状,然后根据滑动面内土体的静力平衡条件求出极限承载力。第一种方法在较为复杂的边界条件下往往不能得到解析解,而第二种方法概念清晰,计算简单,应用较广。下面介绍几个经典的地基极限承载力公式。

10.4.1　普朗德尔-瑞斯纳公式(Prandtl-Reissner's Equation)

假设**基底光滑**的条形基础置于地基表面($d=0$),并且不考虑地基土的自重($\gamma=0$),当基础在竖向荷载作用下,导致地基形成连续的**塑性区**而处于极限平衡状态时,普朗德尔(Prandtl)于 1920 年根据塑性理论得到如图 10.5 所示的地基滑动图。图中的地基极限平衡区可分为三个区,即Ⅰ区、Ⅱ区和Ⅲ区。由于基底光滑,Ⅰ区基底平面是大主应力作用面,滑动面与基底平面夹角为 $45°+\varphi/2$,所以Ⅰ区为主动朗肯区。当基础下沉,Ⅰ区土楔向两侧挤压,Ⅲ区土体被挤出,因此Ⅲ区为被动朗肯区,地基表面为小主应力作用面,滑动面与水平面的夹角为 $45°-\varphi/2$;Ⅰ区与Ⅲ区之间的Ⅱ区是过渡区,Ⅱ区中连接Ⅰ区和Ⅲ区的滑动面 AC' 是对数螺旋线,其表达式为

$$r = r_0 e^{\theta\tan\varphi} \tag{10.16}$$

式中,φ 为土的内摩擦角;r_0 为Ⅱ区的起始半径,其值等于Ⅰ区的边界长度 $\overline{AB'}$;θ 为射线 r 与 r_0 的夹角,由图 10.5 中可知 $0\leqslant\theta\leqslant\pi/2$。

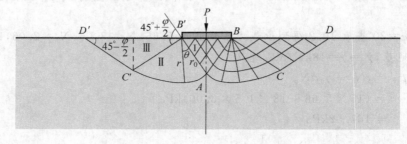

图 10.5　普朗德尔地基滑动图

根据极限平衡区部分滑动土体的静力平衡条件,普朗德尔推导出了条形基础的极限承载力理论公式,即

$$p_u = c\left[e^{\pi\tan\varphi}\tan^2\left(45°+\frac{\varphi}{2}\right)-1\right]\cot\varphi = cN_c \tag{10.17}$$

式中,c 为土的黏聚力;φ 为土的内摩擦角;N_c 为承载力系数,其表达式为

$$N_c = \left[e^{\pi\tan\varphi}\tan^2\left(45°+\frac{\varphi}{2}\right)-1\right]\cot\varphi \tag{10.18}$$

普朗德尔公式假定基础设置于地基的表面,而实际工程的基础都有一定的埋置深度。

当基础埋置深度较小时,为简化起见,可忽略基础底面以上土的抗剪强度,而**将基础底面以上的土当成作用在基础两侧的均布荷载** $q(q = \gamma_0 d$, γ_0 为基础底面以上土体的加权平均重度,d 为基础的埋置深度)。这部分荷载提高了地基的极限承载力,瑞斯纳(Reissner)于1924年在普朗德尔假定的基础上,推导得到了极限承载力中由 q 产生的那部分的计算公式:

$$p_u = q \left[\mathrm{e}^{\pi \tan\varphi} \tan^2 \left(45° + \frac{\varphi}{2} \right) \right] = q N_q \tag{10.19}$$

其中

$$N_q = \mathrm{e}^{\pi \tan\varphi} \tan^2 \left(45° + \frac{\varphi}{2} \right) \tag{10.20}$$

将式(10.19)和式(10.20)合并,可得不考虑基础底面以下土体自重且埋置深度为 d 的条形基础的普朗德尔-瑞斯纳极限承载力公式,即

$$p_u = c N_c + q N_q \tag{10.21}$$

式中,承载力系数 N_c 和 N_q 是土的内摩擦角 φ 的函数,这些系数可由前述公式计算,也可由表 10.3 查得。

表 10.3　普朗德尔-瑞斯纳公式的承载力系数

$\varphi/(°)$	N_c	N_q	$\varphi/(°)$	N_c	N_q
0	5.14	1.00	26	22.25	11.85
2	5.63	1.20	28	25.80	14.72
4	6.19	1.43	30	30.14	18.40
6	6.81	1.72	32	35.49	23.18
8	7.53	2.06	34	42.16	29.44
10	8.34	2.47	36	50.59	37.75
12	9.28	2.97	38	61.35	48.93
14	10.37	3.59	40	75.31	64.20
16	11.63	4.34	42	93.71	85.37
18	13.10	5.26	44	118.37	115.31
20	14.83	6.40	46	152.10	158.50
22	16.88	7.82	48	199.26	222.30
24	19.32	9.60	50	266.88	319.06

10.4.2　太沙基公式(Terzaghi's Equation)

1. 地基整体剪切破坏

普朗德尔-瑞斯纳公式的推导忽略了基底以下土体的自重,这和实际情况差距较大。太沙基对此进行了修正,推导出了均质地基上条形基础受中心荷载作用下的考虑土体自重影响的极限承载力公式。在推导过程中,太沙基假定:

(1) 基础的埋深不大于基础的宽度;

(2) 基础底面以下土体是有自重的,即 $\gamma \neq 0$;

（3）基础底面完全粗糙，基础与地基之间存在摩擦力；

（4）忽略基础底面以上土的抗剪强度，将基础底面以上的土当成作用在基础两侧的均布荷载 $q(q=\gamma_0 d,\gamma_0$ 为基础底面以上土体的加权平均重度，d 为基础的埋置深度）；

（5）在极限荷载作用下，地基发生整体剪切破坏。

由于基础底面与土之间的摩擦力限制了土的剪切变形的发展，图 10.6(a) 中基底下部的 Ⅰ 区不再进入朗肯主动状态，而是处于弹性状态，称为**弹性区**。太沙基假定弹性区中 AB 和 AB' 与水平面的夹角等于土的内摩擦角 φ。图 10.6(a) 中 Ⅲ 区为被动朗肯区，而 Ⅱ 区为过渡区，Ⅱ区中连接 Ⅰ、Ⅲ 区的滑动面为对数螺旋线。取单位长度弹性区为隔离体，如图 10.6(b) 所示，考虑竖直方向力的平衡，有

$$p_u b = 2P_p + 2C_a \sin\varphi - W \tag{10.22}$$

式中，b 为条形基础的宽度；W 为弹性区的土体重量（$W=1/4\gamma b^2 \tan\varphi$，$\gamma$ 为土体重度）；C_a 为作用在弹性区 AB 和 AB' 平面上的黏聚力 $\left(C_a=\dfrac{b}{2}\cdot\dfrac{c}{\cos\varphi}\text{，}c \text{为土的黏聚力}\right)$；$P_p$ 为作用在弹性区 AB 和 AB' 平面上的被动土压力，由于弹性区中 AB 和 AB' 与水平面的夹角等于土的内摩擦角 φ，所以 P_p 的作用方向为竖直向上。被动土压力 P_p 包含三部分，分别为由土的黏聚力 c、基础两侧的均布荷载 q 和土体的自重所引起的被动土压力，太沙基推导得到

$$P_p = \frac{b}{2\cos^2\varphi}(cK_{pc} + qK_{pq}) + \frac{1}{8}\gamma b^2 \frac{\tan\varphi}{\cos^2\varphi}K_{p\gamma} \tag{10.23}$$

式中，K_{pc}、K_{pq} 和 $K_{p\gamma}$ 分别是与 c、q 和 γ 相关的被动土压力系数，这些系数由 φ 确定。

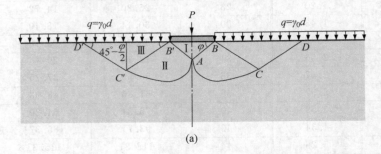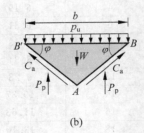

图 10.6　太沙基地基滑动图

(a) 滑动面；(b) 弹性区受力

结合式（10.22）和式（10.23）可得

$$p_u = c\left(\frac{K_{pc}}{\cos^2\varphi} + \tan\varphi\right) + q\frac{K_{pq}}{\cos^2\varphi} + \frac{1}{4}\gamma b\tan\varphi\left(\frac{K_{p\gamma}}{\cos^2\varphi} - 1\right) \tag{10.24}$$

令

$$N_c = \frac{K_{pc}}{\cos^2\varphi} + \tan\varphi \tag{10.25}$$

$$N_q = \frac{K_{pq}}{\cos^2\varphi} \tag{10.26}$$

$$N_\gamma = \frac{1}{2}\left(\frac{K_{p\gamma}}{\cos^2\varphi} - 1\right)\tan\varphi \tag{10.27}$$

则式（10.24）可写成

$$p_u = cN_c + qN_q + \frac{1}{2}\gamma bN_\gamma \tag{10.28}$$

式中，N_c、N_q 和 N_γ 称为太沙基地基承载力系数。实际上，普朗德尔和瑞斯纳已经推导出了 N_c 和 N_q 的表达式：

$$N_c = \left[\frac{e^{(3\pi/2-\varphi)\tan\varphi}}{2\cos^2\left(45° + \dfrac{\varphi}{2}\right)} - 1\right]\cot\varphi = (N_q - 1)\cot\varphi \tag{10.29}$$

$$N_q = \frac{e^{(3\pi/2-\varphi)\tan\varphi}}{2\cos^2\left(45° + \dfrac{\varphi}{2}\right)} \tag{10.30}$$

因为 $K_{p\gamma}$ 没有显式的表达式，需要由试算确定，计算出 $K_{p\gamma}$ 后才能得到 N_γ。太沙基直接给出了承载力系数图，如图 10.7 所示。计算中也可查表 10.4 得到各个系数。

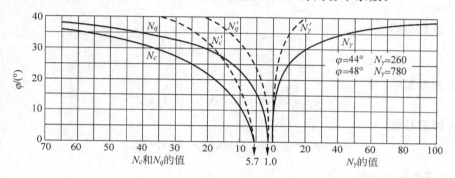

图 10.7　太沙基承载力系数图（Terzaghi，1943）

表 10.4　太沙基载承载力系数 N_c、N_q 和 N_γ

$\varphi/(°)$	N_c	N_q	N_γ	$\varphi/(°)$	N_c	N_q	N_γ
0	5.7	1.0	0.0	34	52.6	36.5	36.0
5	7.3	1.6	0.5	35	57.8	41.4	42.4
10	9.6	2.7	1.2	40	95.7	81.3	100.4
15	12.9	4.4	2.5	44	151.9	147.7	260.0
20	17.7	7.4	5.0	45	172.3	173.3	297.5
25	25.1	12.7	9.7	48	258.3	287.9	780.1
30	37.2	22.5	19.7	50	347.5	415.1	1153.2

式（10.28）是在假定地基发生整体剪切破坏情况下条形基础的地基极限承载力，对于其他形式的基础，太沙基给出了相应的经验公式。对于圆形基础，计算公式为

$$p_u = 1.3cN_c + qN_q + 0.6\gamma rN_\gamma \tag{10.31}$$

式中，r——圆形基础的半径（m）。

对于方形基础，计算公式为

$$p_u = 1.3cN_c + qN_q + 0.4\gamma bN_\gamma \tag{10.32}$$

式中，b——方形基础的边长（m）。

对于长度为 l、宽度为 b 的矩形基础，可根据 l/b 值在条形基础（假定 $l/b=10$）和方形基础（$l/b=1$）的极限承载力之间用线性插值得到。

2. 地基局部剪切破坏

对于地基发生局部剪切破坏时的地基极限承载力,太沙基建议对土的抗剪强度进行折减,取原抗剪强度指标的 2/3,即

$$c^* = \frac{2}{3}c \tag{10.33}$$

$$\varphi^* = \arctan\left(\frac{2}{3}\tan\varphi\right) \tag{10.34}$$

然后根据折减后的指标 φ^* 由图表查得地基承载力系数 N_c、N_q 和 N_γ 后,用 c^* 代替 c,根据基础形式按式(10.28)、式(10.31)或式(10.32)计算局部剪切破坏时的极限承载力。也可以根据 φ 由图 10.7 查虚线得 N_c'、N_q' 和 N_γ' 后,按下列公式计算局部剪切破坏时的极限承载力:

(1) 条形基础

$$p_u = \frac{2}{3}cN_c' + qN_q' + \frac{1}{2}\gamma bN_\gamma' \tag{10.35}$$

(2) 方形基础

$$p_u = 0.87cN_c' + qN_q' + 0.4\gamma bN_\gamma' \tag{10.36}$$

(3) 圆形基础

$$p_u = 0.87cN_c' + qN_q' + 0.6\gamma rN_\gamma' \tag{10.37}$$

3. 地下水位的影响

用公式计算地基承载力时,地下水位以下土体的重度应采用有效重度,根据地下水位位置的不同,可分为如下三种情况。

(1) 地下水位在基础底面以上

如图 10.8(a)所示,地下水位在基础底面以上,如其距地表的距离为 $d_w(d_w<d)$,在地基承载力计算公式中,基础底面两侧土体产生的均布荷载 q 为

$$q = \gamma d_w + \gamma'(d - d_w) \tag{10.38}$$

式中,γ——地下水位以上土体的重度(kN/m³);

γ'——地下水位以下土体的有效重度(kN/m³)。

承载力计算公式中与基础宽度有关的重度取地下水位以下土体的有效重度 γ'。

(2) 地下水位在基础底面以下,且距基础底面在1倍基础宽度内

如图 10.8(b)所示,地下水位的深度 $d\leqslant d_w\leqslant d+b$,假定影响深度在基础底面下1倍宽度,此时承载力计算公式中与基础宽度有关的重度 γ 为基础底面下且在影响深度范围内的土体的加权平均重度,用符号 $\bar{\gamma}$ 表示,其计算公式为

$$\bar{\gamma} = \gamma' + \frac{d_w - d}{b}(\gamma - \gamma') \tag{10.39}$$

(3) 地下水位在基础底面以下,且距基础底面超过1倍基础宽度

如图 10.8(c)所示,地下水位在基础底面以下,且距基础底面超过1倍基础宽度,即 $d_w>d+b$。假定影响深度在基础底面下1倍宽度,此时可不考虑地下水位的影响。

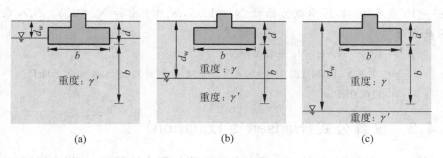

图 10.8 地下水位的影响

(a) $d_w < d$; (b) $d \leqslant d_w \leqslant d+b$; (c) $d_w > d+b$

[**例题 10.2**] 某条形基础宽 $b=2.8\text{m}$,埋深 $d=1.5\text{m}$,建于均质的黏土地基上,土层的参数为 $\gamma=18\text{kN/m}^3$,$c=15\text{kPa}$,$\varphi=20°$,地下水位在地表下 6m,地下水位以下黏土的饱和重度 $\gamma_{sat}=18.9\text{kN/m}^3$。假定基础底部完全粗糙且破坏时地基为整体剪切破坏,则:

(1) 试用太沙基公式计算地基极限承载力;

(2) 若地下水位上升至地表下 1.0m,则太沙基地基极限承载力又为多少?

解:(1) 由 $\varphi=20°$ 查表 10.4,得承载力系数 $N_c=17.7$,$N_q=7.4$ 和 $N_\gamma=5.0$。

由于 $d_w=6.0\text{m} > d+b=4.3\text{m}$,可不考虑地下水位的影响。

根据太沙基极限承载力公式,得

$$p_u = cN_c + qN_q + \frac{1}{2}\gamma b N_\gamma$$

$$= \left(15 \times 17.7 + 18 \times 1.5 \times 7.4 + \frac{1}{2} \times 18 \times 2.8 \times 5.0\right)\text{kPa}$$

$$= 591.3\text{kPa}$$

(2) 由于 $d_w=1.0\text{m} < d=1.5\text{m}$,所以

$$q = \gamma d_w + \gamma'(d - d_w)$$

$$= [18 \times 1.0 + (18.9 - 10) \times (1.5 - 1.0)]\text{kPa}$$

$$= 22.45\text{kPa}$$

根据太沙基极限承载力公式,得

$$p_u = cN_c + qN_q + \frac{1}{2}\gamma b N_\gamma$$

$$= \left[15 \times 17.7 + 22.45 \times 7.4 + \frac{1}{2} \times (18.9 - 10) \times 2.8 \times 5.0\right]\text{kPa}$$

$$= 493.93\text{kPa}$$

可见,由于地下水位的上升,地基的极限承载力降低了。

[**例题 10.3**] 某圆形基础半径 $r=4.0\text{m}$,埋深 $d=2.0\text{m}$,建于均质的黏土地基上,土层的参数为 $\gamma=19\text{kN/m}^3$,$c=21\text{kPa}$,$\varphi=21.9°$,地下水位较深。假定基础底部完全粗糙且破坏时地基为局部剪切破坏,试用太沙基公式计算地基极限承载力。

解:由于是局部剪切破坏,先计算折减后的指标:

$$\varphi^* = \arctan\left(\frac{2}{3}\tan\varphi\right) = 15°$$

$$c^* = \frac{2}{3}c = 14\text{kPa}$$

由 $\varphi^* = 15°$ 查表 10.4,得承载力系数 $N_c = 12.9$,$N_q = 4.4$ 和 $N_\gamma = 2.5$。代入式(10.31),得极限承载力为

$$
\begin{aligned}
p_u &= 1.3c^* N_c + qN_q + 0.6\gamma r N_\gamma \\
&= (1.3 \times 14 \times 12.9 + 19 \times 2 \times 4.4 + 0.6 \times 19 \times 4 \times 2.5)\text{kPa} \\
&= 516.0\text{kPa}
\end{aligned}
$$

10.4.3　汉森公式(Hansen's Equation)

汉森(Hansen)和魏西克(Vesic)等人在普朗德尔理论的基础上,提出了可以考虑基础形状、埋置深度、倾斜荷载、地面倾斜和基础底面倾斜等因素影响的地基极限承载力公式。对于均质地基且基底完全光滑,在中心倾斜荷载作用下竖向(与基础底面垂直的方向)的极限承载力,汉森建议的公式如下:

$$
p_u = cN_c s_c d_c i_c g_c b_c + qN_q s_q d_q i_q g_q b_q + \frac{1}{2}\gamma b N_\gamma s_\gamma d_\gamma i_\gamma g_\gamma b_\gamma \tag{10.40}
$$

式中,N_c、N_q 和 N_γ 为地基承载力系数,其表达式为

$$
N_q = e^{\pi\tan\varphi}\tan^2\left(45° + \frac{\varphi}{2}\right) \tag{10.41}
$$

$$
N_c = (N_q - 1)\cot\varphi \tag{10.42}
$$

$$
N_\gamma = 1.5(N_q - 1)\tan\varphi \tag{10.43}
$$

式中,s_c、s_q、s_γ——基础形状修正系数;

$\quad\quad d_c$、d_q、d_γ——基础深度修正系数;

$\quad\quad i_c$、i_q、i_γ——荷载倾斜修正系数;

$\quad\quad g_c$、g_q、g_γ——地面倾斜修正系数;

$\quad\quad b_c$、b_q、b_γ——基底倾斜修正系数。

设基础和地基的各参数如图 10.9 所示,基础深度修正系数可按下式确定:

$$
d_c = \begin{cases} 0.4k, & \varphi = 0 \\ 1.0 + 0.4k, & \varphi > 0 \end{cases} \tag{10.44}
$$

$$
d_q = 1.0 + 2.0\tan\varphi(1 - \sin\varphi)^2 k \tag{10.45}
$$

$$
d_\gamma = 1.0 \tag{10.46}
$$

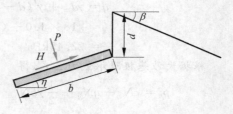

图 10.9　地面或基底倾斜

式中,当地基沿长边 l 方向破坏时:①当 $d/b \leqslant 1.0$ 时,$k = d/b$;②当 $d/b > 1.0$ 时,$k = \arctan(d/b)$,d_c 和 d_q 分别用符号 d_{cb} 和 d_{qb} 表示。当地基沿短边 b 方向破坏时:①当 $d/l \leqslant 1.0$ 时,$k = d/l$;②当 $d/l > 1.0$ 时,$k = \arctan(d/l)$,d_c 和 d_q 分别用符号 d_{cl} 和 d_{ql} 表示。

荷载倾斜修正系数可按下式确定:

$$
i_c = \begin{cases} 0.5 - 0.5\sqrt{1 - \dfrac{H}{Ac}}, & \varphi = 0 \\[2mm] i_q - \dfrac{1 - i_q}{N_q - 1}, & \varphi > 0 \end{cases} \tag{10.47}
$$

$$
i_q = \left(1.0 - \frac{0.5H}{P + Ac\cot\varphi}\right)^5 \tag{10.48}
$$

$$i_\gamma = \begin{cases} \left(1.0 - \dfrac{0.7H}{P + Ac\cot\varphi}\right)^5, & \eta = 0 \\[3mm] \left[1.0 - \dfrac{(0.7 - \eta/450°)H}{P + Ac\cot\varphi}\right]^5, & \eta > 0 \end{cases} \qquad (10.49)$$

式中，A 为基底面积；H 和 P 分别为倾斜荷载平行和垂直于基础底面的分力；c 为基础底面与土之间的黏着力；η 为基础底面与水平面的夹角。当平行于基础底面的荷载分力 H 与短边 b 平行时，i_c、i_q 和 i_γ 分别用 i_{cb}、i_{qb} 和 $i_{\gamma b}$ 表示；当平行于基础底面的荷载分力 H 与长边 l 平行时，i_c、i_q 和 i_γ 分别用 i_{cl}、i_{ql} 和 $i_{\gamma l}$ 表示。

当平行于基础底面的荷载分力 H 与短边 b 平行时，基础形状修正系数可按下式确定：

$$s_{cb} = \begin{cases} 0.2\dfrac{b}{l}i_{cb}, & \varphi = 0 \\[3mm] 1.0 + \dfrac{N_q}{N_c}\dfrac{b}{l}i_{cb}, & \varphi > 0 \end{cases} \qquad (10.50)$$

$$s_{qb} = 1.0 + \sin\varphi\,\frac{b}{l}i_{qb} \qquad (10.51)$$

$$s_{\gamma b} = 1.0 - 0.4\,\frac{b}{l}\,\frac{i_{\gamma b}}{i_{\gamma l}} > 0.6 \qquad (10.52)$$

当平行于基础底面的荷载分力 H 与长边 l 平行时，基础形状修正系数可按下式确定：

$$s_{cl} = \begin{cases} 0.2\dfrac{l}{b}i_{cl}, & \varphi = 0 \\[3mm] 1.0 + \dfrac{N_q}{N_c}\dfrac{l}{b}i_{cl}, & \varphi > 0 \end{cases} \qquad (10.53)$$

【人物简介】

　　汉森(Jørgen Brinch Hansen)于 1909 年 7 月出生。他作为本科生在哥本哈根大学学习了几年之后转入丹麦技术大学学习土木工程。1935 年毕业后进入丹麦著名的 Christiani & Nielsen 公司，先后担任工程师、总工程师和哥本哈根设计部主管。在该公司任职的 20 年期间，汉森利用理论方法解决了很多和土力学有关的技术难题，例如基于塑性理论，提出了土压力计算的普遍适用方法及基础的极限状态设计方法。

　　汉森于 1954 年成为丹麦技术科学院院士，从 1955 年开始担任丹麦技术大学土力学和基础工程的教授，同时担任丹麦技术科学院下属的岩土工程研究所的主任。此后，汉森以极大的热情投身于土力学相关研究中，课题涉及地基承载力、桩的水平承载力、土体稳定、沉降、次固结和桩基负摩阻力等，他还参与了隧道、桥梁和干船坞等工程项目的咨询工作。

汉森(1909—1969)

$$s_{ql} = 1.0 + \sin\varphi \frac{l}{b} i_{ql} \tag{10.54}$$

$$s_{\gamma l} = 1.0 - 0.4 \frac{l}{b} \frac{i_{\gamma l}}{i_{\gamma b}} > 0.6 \tag{10.55}$$

式中，φ 为土的内摩擦角。

地面倾斜修正系数可按下式确定：

$$g_c = \begin{cases} \dfrac{\beta}{147°}, & \varphi = 0 \\[2mm] 1 - \dfrac{\beta}{147°}, & \varphi > 0 \end{cases} \tag{10.56}$$

$$g_q = (1 - 0.5\tan\beta)^5 \tag{10.57}$$

$$g_\gamma = g_q \tag{10.58}$$

基底倾斜修正系数可按下式确定：

$$b_c = \begin{cases} \dfrac{\eta}{147°}, & \varphi = 0 \\[2mm] 1 - \dfrac{\eta}{147°}, & \varphi > 0 \end{cases} \tag{10.59}$$

$$b_q = e^{-2.0\eta\tan\varphi} \tag{10.60}$$

$$b_\gamma = e^{-2.7\eta\tan\varphi} \tag{10.61}$$

在式（10.60）和式（10.61）中，η 取弧度。

当荷载为偏心荷载时，在以上公式中的长度 l、宽度 b 和面积 A 应该用有效长度 l'、有效宽度 b' 和有效面积 A'，其计算公式为

$$l' = l - 2e_l \tag{10.62}$$

$$b' = b - 2e_b \tag{10.63}$$

$$A' = b'l' \tag{10.64}$$

式中，e_l 为沿长度方向的竖向荷载偏心距；e_b 为沿宽度方向的竖向荷载偏心距。

10.4.4　地基承载力的安全度（Factor of Safety for Bearing Capacity of Foundation Soil）

由太沙基公式和汉森公式等理论公式计算的极限承载力，是地基内部整体达到极限平衡时的承载力，在进行基础设计时，应以一定的安全度将极限承载力进行折减，从而保证建筑物的安全并确保地基的变形不会影响建筑物的正常使用。满足这两项要求，地基单位面积上所能承受的荷载称为地基在正常使用极限状态设计中的容许承载力，容许承载力一般按极限承载力除以安全系数得到，即

$$p_a = \frac{p_u}{F_s} \tag{10.65}$$

式中，p_a——容许承载力；

　　　F_s——承载力安全系数。

承载力安全系数与上部结构的类型、荷载性质、地基土类等众多因素有关，通常取 $2\sim3$。

[**例题 10.4**]　如图 10.10 所示，在倾斜的正方形基础上作用有垂直中心荷载 600kN，

水平荷载 200kN,具体参数如图所示。试用汉森公式估算其竖向极限承载力。如果取安全系数为 3,该基础是否安全?

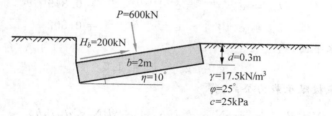

图 10.10　例题 10.4 图

解:假定基础底面与土之间的黏着力等于土的黏聚力 c,基础埋深 $d = 0.3$m(取埋深较浅一侧的深度)。

由于是正方形基础,所以

$$A = b \times l = (2 \times 2)\text{m}^2 = 4\text{m}^2$$

根据 $\varphi = 25°$ 算得地基承载力系数分别为

$$N_q = \text{e}^{\pi\tan\varphi}\tan^2\left(45° + \frac{\varphi}{2}\right) = 10.66$$

$$N_c = (N_q - 1)\cot\varphi = 20.72$$

$$N_\gamma = 1.5(N_q - 1)\tan\varphi = 6.76$$

因为 $d/b = d/l = 0.3/2 = 0.15 < 1.0$,所以深度修正系数为

$$d_{cb} = 1.0 + 0.4d/b = 1.06$$

$$d_{qb} = 1.0 + 2.0\tan\varphi(1 - \sin\varphi)^2 d/b = 1.05$$

$$d_{\gamma b} = 1.0$$

计算荷载倾斜修正系数为

$$P + Ac\cot\varphi = (600 + 4 \times 25 \times \cot25°)\text{kN} = 814.5\text{kN}$$

$$i_{qb} = \left(1.0 - \frac{0.5H}{P + Ac\cot\varphi}\right)^5 = \left(1.0 - \frac{0.5 \times 200}{814.5}\right)^5 = 0.519$$

$$i_{\gamma b} = \left[1.0 - \frac{(0.7 - \eta/450°)H}{P + Ac\cot\varphi}\right]^5 = \left[1.0 - \frac{(0.7 - 10/450) \times 200}{814.5}\right]^5 = 0.402$$

$$i_{\gamma l} = 1.00(因为 H_l = 0)$$

$$i_{cb} = i_{qb} - \frac{1 - i_{qb}}{N_q - 1} = 0.519 - \frac{1 - 0.519}{10.66 - 1} = 0.469$$

计算基础形状修正系数:

$$s_{cb} = 1.0 + \frac{N_q}{N_c}\frac{b}{l}i_{cb} = 1.0 + \frac{10.66}{20.72} \times \frac{2}{2} \times 0.469 = 1.241$$

$$s_{qb} = 1.0 + \sin\varphi\frac{b}{l}i_{qb} = 1.0 + \sin25° \times \frac{2}{2} \times 0.519 = 1.219$$

$$s_{\gamma b} = 1.0 - 0.4\frac{b}{l}\frac{i_{\gamma b}}{i_{\gamma l}} = 1.0 - 0.4 \times \frac{2}{2} \times \frac{0.402}{1} = 0.839 > 0.6$$

计算基底倾斜修正系数:

$$\eta = 10° = 0.175\text{rad}$$

$$b_{cb} = 1 - \frac{\eta}{147°} = 1 - \frac{10}{147} = 0.93$$

$$b_{qb} = e^{-2.0\eta\tan\varphi} = e^{-2.0\times0.175\times\tan25°} = 0.849$$

$$b_{\gamma b} = e^{-2.7\eta\tan\varphi} = e^{-2.7\times0.175\times\tan25°} = 0.802$$

由于地面为水平面,则

$$g_c = g_q = g_\gamma = 1.0$$

代入汉森地基极限承载力公式,得

$$p_u = cN_c s_{cb} d_{cb} i_{cb} b_{cb} + qN_q s_{qb} d_{qb} i_{qb} b_{qb} + \frac{1}{2}\gamma BN_\gamma s_{\gamma b} d_{\gamma b} i_{\gamma b} b_{\gamma b}$$

$$= (25 \times 20.72 \times 1.241 \times 1.06 \times 0.469 \times 0.93 +$$

$$0.3 \times 17.5 \times 10.66 \times 1.219 \times 1.05 \times 0.519 \times 0.849 +$$

$$1/2 \times 17.5 \times 2 \times 6.76 \times 0.839 \times 1.0 \times 0.402 \times 0.802)\text{kPa}$$

$$= 360.77\text{kPa}$$

容许承载力

$$p_a = p_u/F_s = (360.77/3)\text{kPa} = 120.26\text{kPa}$$

考虑基础和回填土的自重,基底竖向(与基础底面垂直的方向)压力为

$$p = \frac{P + G\cos\eta}{A} = \frac{600 + 2 \times 2 \times 0.3 \times 20 \times \cos10°}{2 \times 2}\text{kPa} = 155.91\text{kPa}$$

由于 $p > p_a$,所以基础不安全。

思考题(Thinking Questions)

10.1　进行地基基础设计时,地基必须满足哪两个条件?

10.2　什么是地基承载力? 确定地基承载力的方法有哪些?

10.3　地基破坏模式有哪几种? 各种模式的发展过程和特征分别是什么?

10.4　什么是临塑荷载? 塑性区边界方程推导的基础是什么? 推导过程中的哪个假定与大多数的实际情况不符?

10.5　普朗德尔公式的假定有哪些?

10.6　太沙基公式的假定有哪些? 对于地基发生局部剪切破坏时的地基极限承载力,如何利用太沙基公式进行计算?

10.7　地下水位对地基极限承载力有何影响?

10.8　汉森公式能考虑哪些因素对地基极限承载力的影响?

习题(Exercises)

10.1　某条形基础宽 $b = 3.0\text{m}$,埋深 $d = 1.2\text{m}$,建于均质的黏土地基上,土层的参数为 $\gamma = 17.8\text{kN/m}^3$,$c = 12\text{kPa}$,$\varphi = 15°$,则:

(1) 地基的临塑荷载 p_{cr} 及临界荷载 $p_{1/4}$ 和 $p_{1/3}$ 分别为多少?

(2) 若基础宽度 b 增加至 3.5m,埋深不变,临界荷载 $p_{1/4}$ 为多少?

（3）若基础宽度不变，埋深增加至 1.5m，临界荷载 $p_{1/4}$ 又为多少？

10.2　某条形基础宽 $b=3.2m$，埋深 $d=1.0m$，建于均质的黏土地基上，土层的参数为 $\gamma=18.5kN/m^3$，$c=20kPa$，$\varphi=15°$，地下水位在地表下 3m，地下水位以下土体的饱和重度 $\gamma_{sat}=19.0kN/m^3$。假定基础底部完全粗糙且地基破坏时为整体剪切破坏，则：

（1）试用太沙基公式计算地基极限承载力；

（2）若地下水位上升至地表，则太沙基地基极限承载力又为多少？

（3）若安全系数 $F_s=3.0$，以上两种情况的地基容许承载力分别为多少？

10.3　某正方形基础边长 $b=3.5m$，$d=2.0m$，建于均质的黏土地基上，土层的参数为 $\gamma=18kN/m^3$，$c=12kPa$，$\varphi=14.8°$，地下水位较深。假定基础底部完全粗糙且地基为局部剪切破坏，试用太沙基公式计算地基极限承载力。

10.4　某条形基础宽 $b=2.6m$，埋深 $d=1.5m$，建于均质的黏土地基上，土层的参数为 $\gamma=18.2kN/m^3$，$c=15kPa$，$\varphi=20°$，地下水位较深，分别按临界荷载 $p_{1/4}$、太沙基公式（假定地基为整体剪切破坏）和汉森公式确定地基容许承载力（取安全系数为 3），并比较它们的大小。

10.5　如图 10.11 所示，在倾斜的正方形基础上作用有垂直中心荷载 500kN，水平荷载 120kN，具体参数如图所示。试用汉森公式估算其竖向极限承载力。如果取安全系数为 3，该基础是否安全？

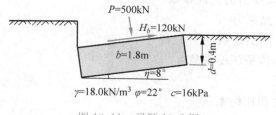

图 10.11　习题 10.5 图

常用术语符号表（Notations）

a——压缩系数；内截面面积；土水特征曲线模型的土性参数

A——面积；偏应力增量作用下的孔隙压力系数

A_s——比表面积

A'——基础有效面积

b——基础宽度；土水特征曲线模型的土性参数

b'——基础有效宽度

B——各向均等应力作用下的孔隙压力系数

c、c'——土的黏聚力、有效黏聚力

c——土水特征曲线模型的土性参数

c_u——土的不排水黏聚力

C_c——曲率系数；压缩指数

C_f——孔隙流体的体积压缩系数

C_r——再压缩指数

C_s——土骨架的体积压缩系数

C_u——不均匀系数

C_v——固结系数

C_α——次压缩指数

d——粒径；基础埋置深度；剪胀系数

d_{10}——有效粒径

d_{30}——中值粒径

d_{50}——平均粒径

d_{60}——限定粒径

d_w——地下水位距地表的距离

D_c——压实度

$\boldsymbol{D}_{ijkl}$——弹塑性刚度矩阵

D_r——相对密度

e——孔隙比；基底竖向荷载的偏心距

e——自然常数

e_{cs}——临界孔隙比

e_F——基础顶面竖向荷载的偏心距

$e_{\max}$、$e_{\min}$——最大孔隙比、最小孔隙比

e_{N}——e-$\ln p'$平面内正常固结线在e轴的截距

e_{Γ}——e-$\ln p'$平面内临界状态线在e轴的截距

e_{κ}——e-$\ln p'$平面内卸载再加载线在e轴的截距

E——弹性(杨氏)模量

E_0——静止土压力的合力

E_a——主动土压力的合力

E_p——被动土压力的合力

E_s——压缩模量

f_{rk}——岩石饱和单轴抗压强度标准值

F——颗粒接触力；上部结构传至基础顶面的竖向荷载

F_h——作用在基础上的水平荷载

F_{ij}——反映吸力作用效应的张量

F_s——稳定安全系数

g——重力加速度

G——剪切模量；基础和基础台阶上回填土的自重

G_s——土粒比重

h——水头

H——与吸力变化有关的弹性模量

h_c——毛细水上升高度

h_z、h_p、h_v——位置水头、压力水头、速度水头

Δh——水头损失

i——水力梯度

i_{cr}——临界水力梯度

I_{L}——液性指数

I_{N}——影响因子

I_{P}——塑性指数

j——单位体积的渗透力

k——渗透系数

k_s——饱和渗透系数

k_{w}——非饱和土水相的渗透系数

K——弹性体积压缩模量

K_0——静止侧压力系数

K_a——主动土压力系数

K_p——塑性模量；被动土压力系数

l——基础长度

l'——基础有效长度

L——距离

$\mathrm{d}L$——加载比例系数

m——质量

m_v——侧限体积压缩系数

M——临界状态应力比

M_c——三轴压缩临界应力比

M_R——抗滑力矩

M_s——滑动力矩

M_x、M_y——竖向偏心荷载对基础底面 x 轴、y 轴的力矩

n——孔隙率；Gardner 渗透性函数形式中的土性参数

n'——Arbhiraman 渗透性函数形式中的土性参数

N——标准贯入试验锤击数

$N_{63.5}$——重型圆锥动力触探锤击数

N_c、N_q、N_γ——承载力系数

OCR——超固结系数

p——基底平均压力；平均正应力

p_0——基底附加压力；静止土压力强度

$p_{1/4}$、$p_{1/3}$——临界荷载

p_a——大气压力；主动土压力强度；容许承载力

p_{cr}——临塑荷载

p_h——基底水平应力

p_{max}、p_{min}——基底压力最大值、基底压力最小值

p_p——被动土压力强度

p_t——三角形分布荷载最大值

p_u——极限承载力

p'——平均有效正应力

P——作用在基础底面的荷载

q——流量；偏应力

q_u——原状土的无侧限抗压强度

q'_u——重塑土的无侧限抗压强度

r——半径；毛细管半径

R——抗滑力；通用气体常数

R_1、R_2——三维弯液面在正交平面上的曲率半径

R_s——弯液面的曲率半径

s——地基最终固结沉降量

s_s——次固结压缩沉降量

s_t——土层经过时间 t 后的固结沉降量

s_u——不排水抗剪强度

S_r——饱和度

S_t——灵敏度

t——时间

T——界面张力；绝对温度

T_s——水的表面张力

T_v——时间因数

u——孔隙水压力

u_a——孔隙气压力

$u_a - u_w$——基质吸力

$(u_a - u_w)_b$——土的进气值

u_c——毛细水压力

u_e——超静孔隙水压力

u_s——静水压力

$\bar{u}_v$——孔隙水的部分蒸气压

$\bar{u}_{v0}$——纯水平面上方的饱和蒸气压

$\bar{u}_{v1}$——溶液(具有与土中水相同成分)处于平衡部分的部分蒸气压

u_w——孔隙水压力

U_t——t 时刻整个土层的平均固结度

$U_{z,t}$——t 时刻深度 z 处的固结度

v——渗透速度；比体积

v_s——实际平均流速

v_{w0}——水的比体积或水的密度的倒数，$v_{w0} = l / \rho_w \ (\mathrm{m^2/kg})$

V——体积

W——重量

w——含水率

w_L、w_P、w_S——液限、塑限、缩限

w_{op}——最优含水率

w_v——水蒸气的摩尔质量

X——土粒累积百分含量

z_0——拉裂缝的深度

α——附加应力比；坡角；接触角；Gardner 渗透性函数形式中的土性参数

α_0——圆形面积竖向均布荷载作用下中心点的附加应力系数

α_{cr}——破裂面与大主应力作用面的夹角

α_h——水平均布荷载作用矩形角点下的附加应力系数

α_p——超越角

α_s——竖向均布荷载作用矩形角点下的附加应力系数

α_h^z、α_h^x、α_h^{xz}——条形面积水平均布荷载作用下的竖向附加应力系数、水平附加应力系数、附加剪应力系数

α_s^z、α_s^x、α_s^{xz}——条形面积竖向均布荷载作用下的竖向附加应力系数、水平附加应力系数、附加剪应力系数

α_t^z、α_t^x、α_t^{xz}——条形面积三角形竖向荷载作用下的竖向附加应力系数、水平附加应力系数、附加剪应力系数

β'——结合系数

γ——剪应变

γ、γ_d、γ_{sat}、γ'——土的重度、干重度、饱和重度、有效重度(浮重度)

γ_G——基础和回填土的平均重度

γ_w——水的重度

γ_0'——基底标高以上天然土层的有效加权平均重度

θ_r——残余体积含水率

θ_s——饱和体积含水率

θ_w——体积含水率

δ——墙背与土体间的外摩擦角

ε——正应变;墙背倾角

ε_q——偏应变

ε_v——体应变

ε_{ij}^e——弹性应变

ε_{ij}^p——塑性应变

ε_q^p——塑性偏应变

ε_v^p——塑性体应变

η——水的黏度;应力比

κ——e-$\ln p'$平面内卸载再加载线的斜率

λ——e-$\ln p'$平面内正常固结线的斜率

ν——泊松比

π——渗透吸力

ρ、ρ_d、ρ_{sat}、ρ'——土的密度、干密度、饱和密度、有效密度

ρ_{dmax}、ρ_{dmin}——最大干密度、最小干密度

ρ_s——土颗粒的密度

ρ_w——水的密度

σ、σ'——总应力、有效应力

σ_1、σ_3——大主应力、小主应力

σ_n、σ_n'——法向应力、法向有效应力

$\sigma - u_a$——净应力

$\sigma_n - u_a$——剪切面上作用的净法向应力

$\sigma_{xs}(\sigma_{ys})$、$\sigma_{xs}'(\sigma_{ys}')$——自重产生的水平总应力、自重产生的水平有效应力

σ_{zs}、σ_{zs}'——自重产生的竖向总应力、自重产生的竖向有效应力

σ_{zf}'——最终竖向有效应力

σ_{zp}'——先期固结应力

$\Delta\sigma_x$、$\Delta\sigma_y$、$\Delta\sigma_z$——正应力增量

τ——剪应力

τ_f、τ_p、τ_cs——土的抗剪强度、峰值强度、临界状态强度

$\Delta\tau_{xy}$、$\Delta\tau_{yz}$、$\Delta\tau_{zx}$——剪应力增量

φ——土的内摩擦角

φ'——有效内摩擦角；与净法向应力有关的内摩擦角

φ^b——表示抗剪强度随吸力增加的速率

φ_u——土的不排水内摩擦角

φ'_cs——土的临界有效内摩擦角

φ'_p——土的峰值有效内摩擦角

χ——与土饱和度有关的参数

ψ——状态参数；土的总吸力

ψ_r——土的残余吸力

习题参考答案(Reference Answers)

第 1 章 土的物理性质及分类

1.1 $C_u = 9.66, C_c = 0.68$,级配不良。

1.2 $w = 38.74\%, e = 1.03, \gamma = 18.14\text{kN/m}^3, \gamma_d = 13.07\text{kN/m}^3, \gamma' = 8.14\text{kN/m}^3$。

1.3 需加 158g 水。

1.4 $\rho = 1.8\text{g/cm}^3, \rho_{sat} = 1.91\text{g/cm}^3, w = 23.5\%, e = 0.82, S_r = 76.1\%$。

1.5 (1) $\gamma_{sat} = 18.6\text{kN/m}^3, \gamma_d = 13.87\text{kN/m}^3, \gamma' = 8.6\text{kN/m}^3, e = 0.91, n = 47.6\%,$
$S_r = 93.2\%$;

(2)天然状态的质量为 219.6g,烘干后的质量为 166.4g。

1.6 $\rho_d = 1.6\text{g/cm}^3, e = 0.67, D_r = 0.71$,土样为密实。

1.7 (1) $I_P = 14.4, I_L = 0.73$,土样处于可塑状态;

(2)粉质黏土。

1.8 级配不良砂(SP)(根据《土的分类标准》);砾砂(根据《建筑地基基础设计规范》)。

1.9 (1)料场至少要有 5689.4m³ 土料;

(2)从料场运来的每立方米土中需要加 45.6kg 水;

(3) $S_r = 83.5\%, e = 0.698$。

1.10 略。

第 2 章 土中应力

2.1 (1) $\sigma_1 = 216.1\text{kPa}, \sigma_3 = 123.9\text{kPa}, \alpha = 24.7°$;(2) $\tau_{max} = 46.1\text{kPa}$。

2.2 $\varepsilon_x = \varepsilon_y = 0.037\%, \varepsilon_z = 0.148\%$。

2.3 (1) $\sigma'_{zs,0} = 0\text{kPa}, \sigma'_{zs,1} = 30.6\text{kPa}, \sigma'_{zs,2} = 40.8\text{kPa}, \sigma'_{zs,3} = 84.96\text{kPa}$;

(2) $\sigma'_{xs,0} = 0\text{kPa}, \sigma'_{xs,1\text{上}} = 15.91\text{kPa}, \sigma'_{xs,1\text{下}} = 14.69\text{kPa}, \sigma'_{xs,2\text{上}} = 19.58\text{kPa}, \sigma'_{xs,2\text{下}} = 45.7\text{kPa}, \sigma'_{xs,3} = 95.16\text{kPa}$;

(3) $\sigma_{xs,0} = 0\text{kPa}, \sigma_{xs,1\text{上}} = 15.91\text{kPa}, \sigma_{xs,1\text{下}} = 14.69\text{kPa}, \sigma_{xs,2\text{上}} = 31.58\text{kPa}, \sigma_{xs,2\text{下}} = 57.7\text{kPa}, \sigma_{xs,3} = 155.16\text{kPa}$。

2.4 (1) $p_{max} = 262.96\text{kPa}, p_{min} = 54.82\text{kPa}, p_{0,max} = 243.76\text{kPa}, p_{0,min} = 35.62\text{kPa}$;

(2)基础底面中心点下 1、2、3、5 和 10m 处的竖向附加应力分别为 129.52kPa、99.07kPa、69.45kPa、35.31kPa 和 10.90kPa。

2.5 10.88kPa。

2.6 37.45kPa。

2.7 17.69kPa。

2.8 圆环中心 O 点下 2、4m 和 6m 处的竖向附加应力分别为 25.2kPa、56.2kPa 和 55.04kPa。

2.9 竖向附加应力为 30.58kPa,水平附加应力为 0.62kPa。

第 3 章 土的渗透性与渗流

3.1 $k=0.041$cm/s。

3.2 $k=0.017$cm/s。

3.3 $k=2.93\times10^{-5}$cm/s。

3.4 $k=5.78\times10^{-3}$m/s。

3.5 (1) $i_1=0.42,i_2=0.83,i_3=0.21$;

(2) $q=4.2$cm^3/s;

(3) 当总水头差 Δh 增大到 16.8cm 时,试样内土样 2 和土样 3 界面处的竖向有效应力将为零(计算时取 $\gamma_w=10$kN/m^3)。

3.6 (1) $u_A=203.5$kPa;(2) $Q=2.61\times10^{-5}$m^2/s;(3) 不会发生流土。

3.7 2.16×10^{-5}m^2/s。

第 4 章 土的一维压缩与固结

4.1 $a_{1-2}=0.35$MPa^{-1},$E_s=5.56$MPa,中压缩性土。

4.2 (1) $C_c=0.22,C_r=0.04$;(2) $\sigma'_{zp}=56$kPa,该土样为超固结土。

4.3 (1) 9.2cm;(2) 1.7cm;(3) 6.0cm。

4.4 28.3cm。

4.5 (1) 13.7cm;(2) 4.5cm,$u_e=124.9$kPa;(3) 2.86a。

4.6 (1) 0.23a;(2) 1.06a。

4.7 (1) 0.24MPa^{-1};(2) 0.63a。

4.8 $C_v=6.4$mm^2/min。

4.9 10.6cm。

第 5 章 土的剪切性状和抗剪强度

5.1 (1) 未破坏;(2) 136.8kPa。

5.2 (1) 未破坏;(2) $\sigma_3=126.67$kPa,$\sigma'_n=130.0$kPa,$\tau=75.06$kPa。

5.3 $\sigma_n=40$kPa,$\tau=25$kPa,$\varphi=32°$,$F_2=125$N,$N_3=400$N。

5.4 (1) $\varphi'=23.74°$,$c'=4$kPa;(2) $\tau_{f3}=92$kPa。

5.5 $\varphi'=7.86°$,$c'=23.87$kPa。

5.6 (1) $\varphi'=14.48°$,$\varphi_{cu}=13.17°$;

(2) $\sigma'_n=442.50$kPa,$\tau=114.25$kPa,$\alpha_{cr}=52.24°$;

(3) $\sigma_{1f}=666.7$kPa。

5.7 (1) 饱和;(2) $\varphi'=33.17°$;(3) $\sigma_{1f}=1708.11$kPa。

5.8　$\tau_{fh}=30.0\text{kPa},\tau_{fv}=35.0\text{kPa}$。

5.9　(1) 略；(2) 略；(3) $M_c=1.11,\varphi'_{cs}=27.93°$；(4) 略。

第6章　土的临界状态和本构模型

6.1　$p'_f=576.9\text{kPa},q_f=530.8\text{kPa},e_f=1.37,\varepsilon_v=9.5\%$。

6.2　(1) $w_A=50.6\%,w_B=44.3\%$；

(2) $s_{uA}=57.8\text{kPa},s_{uB}=116.0\text{kPa},u_{fA}=172.0\text{kPa},u_{fB}=345.4\text{kPa}$。

6.3　(1) $e_{0A}=0.835,e_{0B}=0.967$；(2) $u_{fA}=352.2\text{kPa},u_{fB}=-57.1\text{kPa}$。

6.4　略。

6.5　略。

6.6　略。

第7章　非饱和土的基本性状

7.1　体积含水率的变化值为 $\Delta\theta_w=-0.105$，在平衡状态时饱和度为 $\Delta S_r=-15.9\%$。

7.2　弹性模量参数 $H=4.23\text{MPa}$。

7.3　$\varphi'=27.9°,\varphi^b=14°$。

7.4　略。

7.5　56.7kPa。

第8章　土压力理论

8.1　$E_0=93.15\text{kN/m},d_0=1.5\text{m}$。

8.2　(1) $E_a=29.8\text{kN/m},d_a=1.04\text{m}$,图略；(2) $E_p=863.2\text{kN/m},d_p=1.83\text{m}$,图略。

8.3　$E_a=119.27\text{kN/m},d_a=2.04\text{m}$,图略。

8.4　(1) $E_a=149.09\text{kN/m},d_a=2.48\text{m}$,图略；(2) $E_w=45\text{kN/m},d_w=1.0\text{m}$,图略。

8.5　(1) $E_a=223.52\text{kN/m},d_a=3.07\text{m}$,图略；(2) $E_w=45\text{kN/m},d_w=1.0\text{m}$,图略。

8.6　(1) $E_a=100.72\text{kN/m},d_a=1.33\text{m}$,方向略；

(2) 土压力强度沿墙高呈三角形分布,墙底处 $p_a=50.36\text{kPa}$。

第9章　土坡稳定分析

9.1　干坡时 $F_s=2.1$,有顺坡渗流时 $F_s=1.02$。

9.2　$F_s=1.08$。

9.3　$F_s=1.38$。

9.4　$F_s=1.44$。

9.5　(1) $H_{cr}=7.2\text{m}$；(2) $\alpha_{cr}=55°$。

第10章　地基承载力

10.1　(1) $p_{cr}=107.21\text{kPa},p_{1/4}=124.56\text{kPa},p_{1/3}=130.35\text{kPa}$；

(2) $p_{1/4}=127.46\text{kPa}$；

(3) $p_{1/4}=136.85\text{kPa}$。

10.2 (1) $p_u = 399.16\text{kPa}$;

(2) $p_u = 333.6\text{kPa}$;

(3) 情况一：$p_a = 127.83\text{kPa}$；情况二：$p_a = 110.53\text{kPa}$。

10.3 $p_u = 227.28\text{kPa}$。

10.4 $p_{1/4} = 192.81\text{kPa}$，太沙基 $p_a = 195.27\text{kPa}$，汉森 $p_a = 155.71\text{kPa}$。

10.5 不安全。

参考文献（**References**）

[1] 龚晓南.土力学[M].北京：中国建筑工业出版社,2002.

[2] 李广信.高等土力学[M].2版.北京：清华大学出版社,2016.

[3] 李广信.有效应力原理能够推翻吗[J].岩土工程界,2007,10(7)：22-26.

[4] 李广信,张丙印,于玉贞.土力学[M].2版.北京：清华大学出版社,2013.

[5] 卢廷浩.土力学[M].南京：河海大学出版社,2002.

[6] 钱德玲.土力学[M].北京：中国建筑工业出版社,2009.

[7] 苏栋.有效应力原理表达式的推导和理解[J].中国建设教育,2015(105)：109-111.

[8] 王成华.土力学[M].武汉：华中科技大学出版社,2010.

[9] 杨平.土力学[M].北京：机械工业出版社,2005.

[10] 姚仰平.土力学[M].北京：高等教育出版社,2004.

[11] 赵成刚,白冰.土力学原理[M].北京：清华大学出版社,北京交通大学出版社,2004.

[12] 赵明华.土力学与基础工程[M].武汉：武汉理工大学出版社,2000.

[13] 赵树德.土力学[M].北京：高等教育出版社,2001.

[14] 中华人民共和国交通部.公路土工试验规程：JTG E40—2007[S].北京：人民交通出版社,2007.

[15] 中华人民共和国交通运输部.港口岩土工程勘察规范：JTS 133—1—2010[S].北京：人民交通出版社,2010.

[16] 中华人民共和国水利部.土工试验规程：SL 237—1999[S].北京：中国水利水电出版社,1999.

[17] 中华人民共和国水利部.土的工程分类标准：GB/T 50145—2007[S].北京：中国计划出版社,2008.

[18] 中华人民共和国铁道部.铁路工程岩土分类标准：TB10077—2001[S].北京：中国铁道出版社,2001.

[19] 中华人民共和国住房和城乡建设部.建筑地基基础设计规范：GB 50007—2011[S].北京：中国建筑工业出版社,2011.

[20] BEEN K,JEFFERIES M G. A state parameter for sands[J]. Géotechnique,1985,35(2)：99-112.

[21] BISHOP A W. The use of the slip circle in the stability analysis of slopes[J]. Géotechnique,1995,5(1)：7-11.

[22] BISHOP A W. The principle of effective stress[J]. Teknisk Ukeblad,1959,106(39)：113-143.

[23] BUDHU M. Soil mechanics and Foundations[M]. Yew York: John Wiley & Sons,Inc. ,2010.

[24] CLAYTON C R I,STEINHAGEN H M,POWRIE W. Terzaghi's theory of consolidation,and the discovery of effective stress[J]. Geotechnical Engineering,ICE,1995,113(4)：191-205.

[25] DARCY H P G. The public fountains of the city of dijon[M]. Appendix D,1856. (in English, translated by Patricia Bobeck,Kendall Hunt Publishing,Dabuque,2004)

[26] DAS B M. Principles of geotechnical engineering[M].7th ed. Stamfort: Cengage Learning,2006.

[27] FREDLUND D G, RAHARDJO H. 非饱和土土力学[M]. 陈仲颐,张在明,陈愈炯,等,译. 北京：中国建筑工业出版社,1997.

[28] KHALILI N, KHABBAZ M H. A unique relationship for the determination of the shear strength of unsaturated soils[J]. Géotechnique, 1998, 48(5)：681-687.

[29] LI X S,DAFALIAS Y F. Dilatancy for cohesionless soils[J]. Géotechnique,2000,50(4)：449-460.

[30] LI X S, WANG Y. Linear representation of steady-state line for sand[J]. Journal of Geotechnical and Geoenvironmental Engineering,1998,124(12)：1215-1217.

[31] LI X S. Effective stress in unsaturated soil: a microstructural analysis[J]. Géotechnique, 2003, 53(2): 273-277.

[32] RICHART F E J, HALL J R, WOODS R D. Vibrations of soils and foundations[M]. Englewood Cliffs, NJ: Prentice-Hall, 1970.

[33] ROSCOE K H, BURLAND J B. On the generalized stress-strain behaviour of "wet" clay. Engineering plasticity[M]. London: Cambridge University Press, 1968.

[34] ROSCOE K H, SCHOFIELD A N. Mechanical behaviour of an idealized "wet" clay[C]. Proc. of European Conf. SMFE, Wiesbaden, 1963, 47-54.

[35] ROSCOE K H, SCHOFIELD A N, THURAIRAJAH A. Yielding of clays in states wetter than critical[J]. Géotechnique, 1963, 13(3): 211-240.

[36] ROSCOE K H, SCHOFIELD A N, WROTH C P. On the yielding of soils[J]. Géotechnique, 1958, 8(1): 22-53.

[37] SCHOFIELD A N, WROTH C P. Critical state soil mechanics[M]. London: McGraw-Hill book Company, 1968.

[38] SKEMPTON A W. The pore-pressure coefficients A and B[J]. Géotechnique, 1954, 4(4): 143-147.

[39] TERZAGHI K. Theoretical soil mechanics[M]. New York: John Wiley & Sons, Inc., 1943.

[40] TERZAGHI K. The shearing resistance of saturated soils and the angle between the planes of shear[C]//Proceedings of the 1st International Conference on Soil Mechanics and Foundation Engineering. Harvard University, 1936: 54-56.

[41] WOOD D M. Soil behavior and critical state soil mechanics[M]. London: Cambridge University Press, 1990.